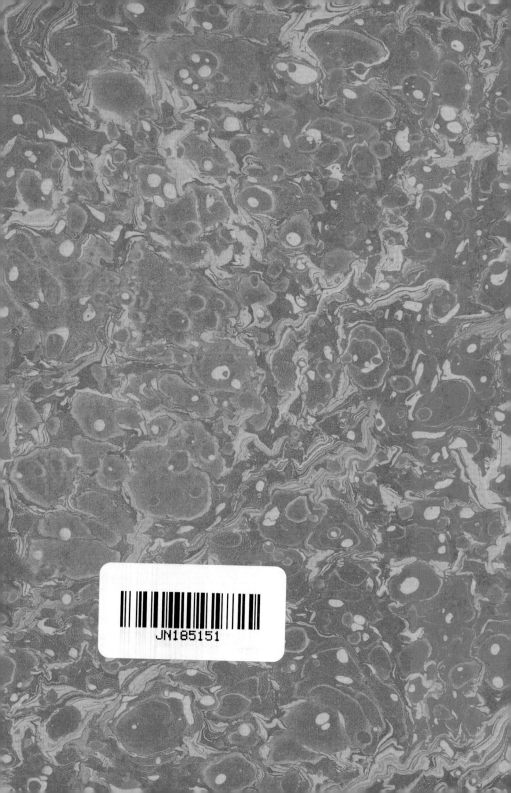

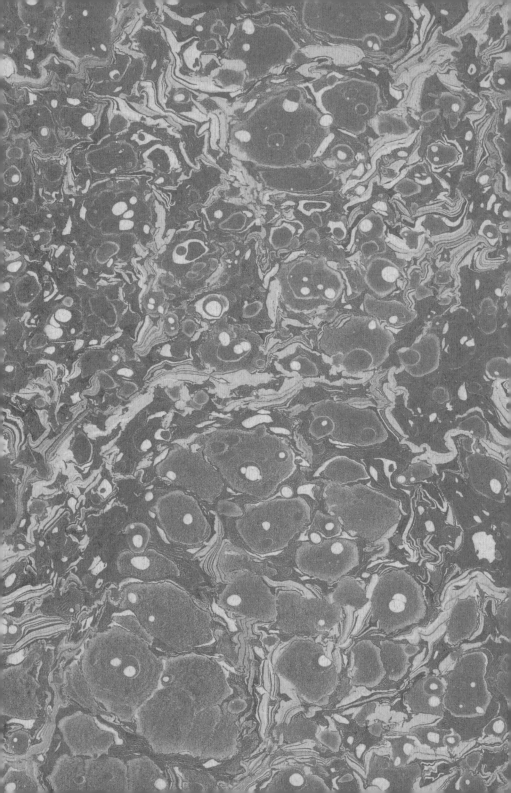

完訳 ファーブル昆虫記

集英社

装幀＝太田徹也

ラングドックサソリの住むガリーグ。クシヒゲハンミョウが大発生し、満開のニースベンケイソウにきていた。

棚網の奥まった筒状の部分に潜む南仏産のイナヅマクサグモ。

イナヅマクサグモ

イナヅマクサグモは、草の上に棚状《たなじょう》に広がる網《あみ》(棚網《たなあみ》)を張り、その上に迷宮《ラビリンス》状の糸を巡らす。この入り組んだ糸に飛んできた虫がぶつかって水平な棚網に落下すると、奥に隠れていたクモは跳びかかって捕食する。この棚網は、オニグモの円網《えんもう》のように毎日張り替えられるのではなく、修理しながら長期間使われる。日本には、ファーブルが観察したイナヅマクサグモのほか、類似のクサグモ、コクサグモが分布する。

地上近くの草むらに広がるイナヅマクサグモの棚網。中央の筒状の部分が上掲写真。

ヒラタグモ

ヒラタグモは、その名のとおり体が扁平《へんぺい》なクモで、天幕《テント》状の巣を張って中に潜《ひそ》んでいる。近くを獲物の昆虫が通りかかると跳びかかって捕食する。日本でもヒラタグモ *Uroctea compactilis* がごくふつうに観察できる。ファーブルが観察した種《しゅ》は、イギリスやヨーロッパの平原に分布するクロトヒラタグモ *Uroctea durandi* である。本種は腹部によく目立つ５つの黄色い斑点をもつ。石の裏に紡《つむ》がれる独特の天幕《テント》状の巣については本文を参照。

南仏産のクロトヒラタグモ。

日本産のヒラタグモ。冬眠中の巣を開けた状態。

粗く糸を張り、仮の巣を造るクロトヒラタグモ。

樹皮に造られた日本産のヒラタグモの巣。

上の写真を横から見たところ。

石を持ち上げてみると巣穴があり、中からラングドックサソリが出てきた。夜行性なので急に明るい陽差しを浴びて驚いている。

サソリ

サソリは世界の熱帯を中心に約1200種が知られるが、ヨーロッパにはラングドックサソリなど、わずかな種《しゅ》しか分布していない。ファーブルが観察した2種は、ヨーロッパの地中海沿岸地方に分布している。「なかば透きとおっているために、まるで琥珀《こはく》を彫って造ったように見える」とファーブルが述べているとおり、体色は黄色からクリーム色をしている。日本の先島諸島や小笠原諸島にも近縁のマダラサソリが分布している。

サソリのダンス。右側の、腹部(前体部)の太いほうが雌。雄はさかんに雌を誘導する。

ラングドックサソリの頭胸部。

触肢。表面には感覚毛が生えている。

腹部の後体部に接続する尾節。先端に毒針がつく。

クロサソリの親子。サソリの幼体はどの種でも白色。

成体(左)と亜成体。

ヤスシハカマカイガラムシの若い雌成虫。蠟状の虫体被覆物がまだ短い。

ハカマカイガラムシ

ハカマカイガラムシは、雌が成虫になっても肢《あし》で動くことのできるカイガラムシの仲間。雄の成虫は、翅《はね》をもつ移動型の有翅虫《ゆうしちゆう》であるが、数は少ない。日本に分布するヤスシハカマカイガラムシでは、雄はほとんどみられず、単為生殖《たんいせいしよく》で繁殖が行なわれている。雌の成虫は、成長とともに体表から分泌《ぶんぴつ》する蠟状《ろうじよう》の虫体被覆物《ちゆうたいひふくぶつ》が体の後方に長く伸びる。この部分は卵嚢《らんのう》と呼ばれ、内部で産卵した卵や幼虫を保護している。

ヤスシハカマカイガラムシの成虫(雌)と卵嚢から出てきた一齢幼虫。

タマカイガラムシ

タマカイガラムシは、雌が成虫になると植物に固着して移動しなくなるカイガラムシの仲間。いっぽう、雄の成虫は、翅をもつ移動型の有翅虫である。地中海沿岸に分布するケルメスタマカイガラムシの雌成虫は、ケルメスガシなどの木に固着すると、その実《み》のように見える。この虫の殻《から》は、西洋で古代より赤い染料の原料として用いられてきたが、新大陸から養殖の簡単なコチニールカイガラムシが輸入されると、その利用は減少した。

ケルメスタマカイガラムシの甘露を求めてやってきたアリ。

ケルメスタマカイガラムシの雌成虫。木の実のようだ。

ケルメスタマカイガラムシの若い成虫。

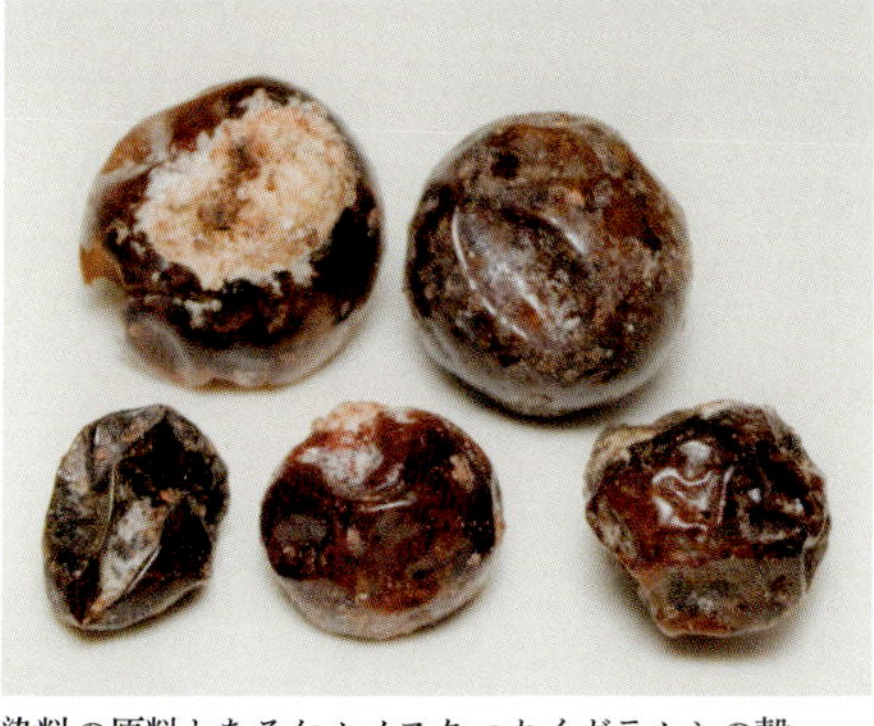

染料の原料となるケルメスタマカイガラムシの殻。

コチニールカイガラムシの図譜(ルキアン博物館蔵)。

ファーブルの時代

中央の森がアルマスの全景。凧による空撮。

アルマス①

ファーブルは、55歳のときにオランジュからセリニャンの村はずれに引っ越した。これが終《つい》の棲家《すみか》となる研究所兼住居の荒地《アルマス》である。現在はパリ国立自然史博物館の分館として公開されている。

アルマスの正門。周囲は高い塀に囲まれている。

村の交差点にはファーブルの座像(左下)がある。

世界初の虫の写真集

1936年、『昆虫記』の発売元であるドラグラーヴ社より、ファーブルの4男ポール＝H・ファーブルが撮影した虫の写真集『INSECTES』が刊行された。当時の写真の技術では、生きて動きまわる虫を撮影することは不可能であったので、標本を用いて、虫の生態がわかるようにジオラマ仕立てで撮影されている。

イスパニアダイコクコガネの撮影用ジオラマ。

掲載されている虫の情景写真は、ファーブルが生前にポールに指示を与えて撮影された。第7巻19章(168頁)に撮影場面を再現した写真を掲載。

サソリのダンスを再現した写真。

完訳　ファーブル昆虫記

第9巻　下

第9巻　下　目次

第9巻 上 目次

口絵写真（各頁、各ブロック右上より左下へ）
伊地知英信　Ⅰ・1／Ⅱ・1〜2／Ⅳ・1／Ⅴ・1〜4／Ⅶ・4〜5／Ⅷ・1、5〜6
鈴木格　Ⅲ・1〜2、4／Ⅴ・5／Ⅶ・1〜3
海野和男　Ⅲ・3、5／Ⅳ・2／Ⅷ・2〜4
河合省三　Ⅵ・1〜2

標本提供　河合省三・Ⅶ5、国立科学博物館・15、鈴木格・87、伊地知英信・91
提供者名のない標本は訳者所蔵
訳注中の挿図写真　撮影者名のないものは伊地知英信
5頁地図　ログテック

南フランスと
ファーブル関連地図

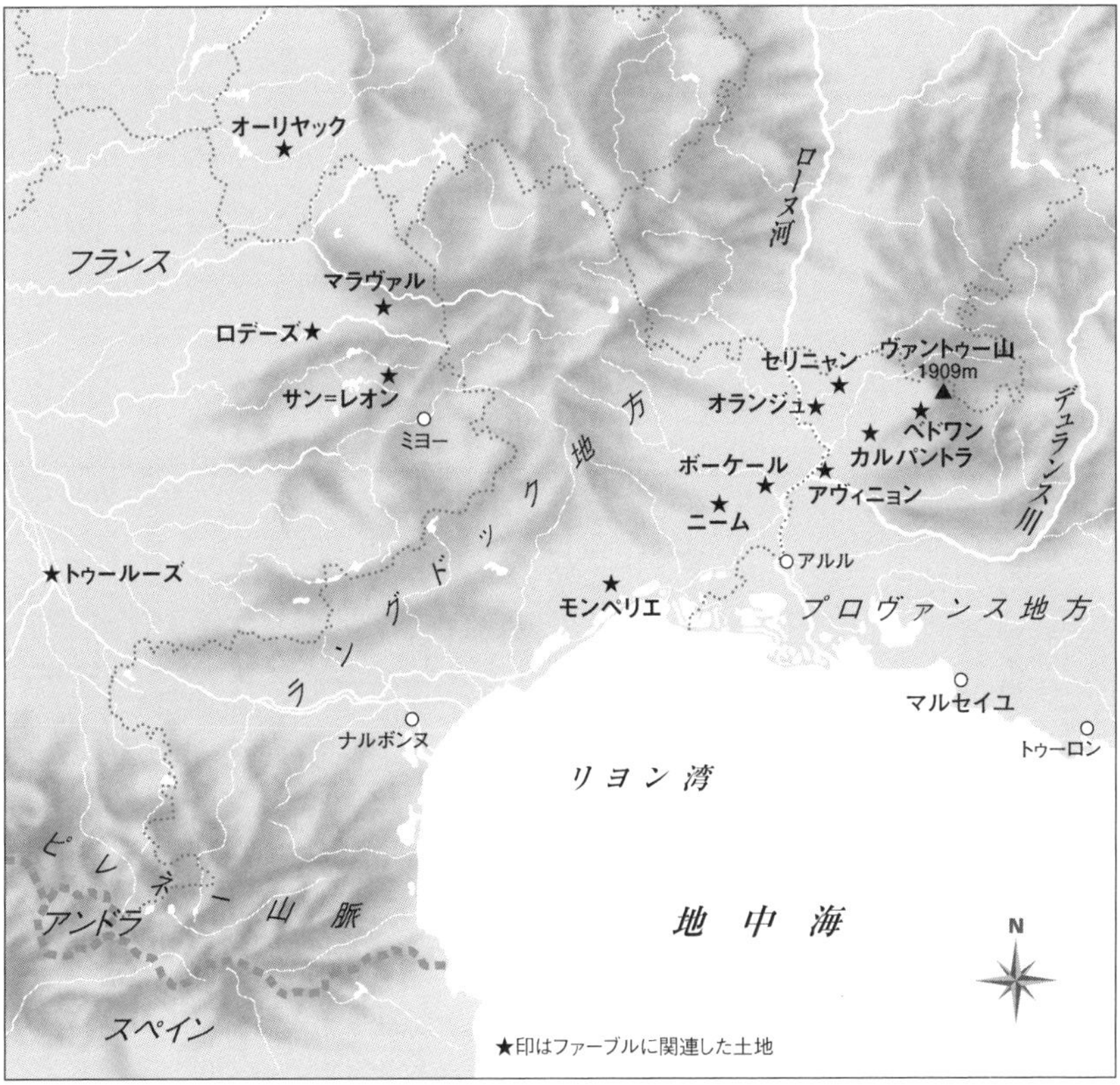

凡例

本書は J.-H. FABRE, *SOUVENIRS ENTOMOLOGIQUES* (Delagrave, Paris, 1920-1924) の全訳である。底本としてこれを用い、部分的に SCIENCES NAT 版（Paris, 1986）をも参照した。

原書は全十巻であるが、本訳は各巻を上下に分け、全十巻二十分冊とした。訳文は、わかりやすい表記を心がけ、地名・人名・生物名などには、一般の使用度が高い言葉を選んだ。

原書の標本画には不正確なものが多く、かつ数も不充分なので、新たにすべての図版を描き起こした。また原書にある白黒写真を割愛し、最新の生態写真を口絵としてカラーで紹介した。

脚注と訳注

主要な昆虫については、また本文だけでは理解しにくいと思われる言葉・事柄については、脚注・訳注を付した。本文中の言葉に付した数字は、脚注の番号に対応している。本文中に「＊」を付した言葉には、各章末に訳注があることを示している。

脚注・訳注に掲載した図版は、標本や実物、写真などの資料から描き起こした。昆虫などで雌雄に形態の差があるものは、原則として鞘翅目《しょうしもく》（甲虫類）は雄を、膜翅目《まくしもく》（ハチ・アリ類）は雌を描いてある。また、章の主人公ともいうべき昆虫には一頁大の標本図を掲出し、体の部位については訳注に「体制模式図」を掲載して示した。

学名と和名

生物学では、自然分類の「界」「門」「綱」「目《もく》」「科」「属」「種」（亜種）という分類階級にしたがって仲間分け（分類）を行なっている。紹介されている生物が大まかに何の仲間に属するのかがわかるように、おもに目や科から紹介した。

既知の生物には、このような分類に基づき、ラテン語による二名法で世界共通の学名が付けられている。二名法は、属（属名）と種（種小名）の組み合わせによってなりたっている。原書にある学名は読みやすさを考えて本文からはぶき、脚注で表記した。

原書中の学名には、第一巻が発刊されて百数十年を経、生物学上の分類にも変更がみられ、現在では無効になっているものもある。その場合、現在支持されている学名を最初に書き、原書で用いられていた学名を括弧内に「旧」を付して記した。また、学名の記載者名（命名者名）は省略してある。原書にない学名も調べがついたものは補った。脚注に掲載した図のうち、原文から種が特定できないものには、近縁種を学名を付して記した。日本語の名前（標準和名）と学名（新・旧）の対照表は、上下各巻の巻末に掲載する。

和名と漢字名

生物には学名以外に、国や地域によって異なる名前が付けられている。日本語の名前（和名）で、日本全国に通用し、学名に対比される名前を標準和名という。標準和名はカタカナで表記される（例＝サメハダオサムシ）。本書では種を正確に特定したい場合は、標準和名を用いた。また、文中繰り返し出てくる普通名詞としての生物名もカタカナで表記した（例＝オサムシ）。漢字表記によって標準和名への理解が深まると思われるものには、漢字名を付した（例＝サメハダオサムシ・鮫肌歩行虫）。漢字名は必要のないものは省き、また複数ある場合は簡単なものを採用した（例＝コガネムシの場合は黄金虫とし、金亀子は採用せず）。また漢名由来で難読なもの（例＝カミキリの場合は髪切とし、天牛は採用せず）、大和言葉由来のもの（例＝スガリ・縋）はあえて付さなかった。

脚注について

生物名についての脚注には原則として、脚注番号、標準和名、漢字名、学名（旧学名）、体長などを記した。学名はイタリック体で表記し、仏名（フランス名）や英名は、必要と思われるものはローマン体で表記した。章や巻によって頻出するものは、内容を省略し、さらに訳注において詳述している場合は、「→訳注」とした。

21 **サメハダオサムシ** 鮫肌歩行虫。*Procrustes coriaceus* 体長26～42㎜ 背面が粗いつぶつぶに覆われた大型のオサムシ。肉食性。→訳注。

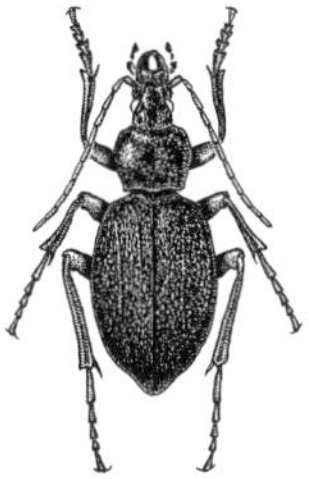

8 **ミスジゾウムシ** 三条象鼻虫。*Chromoderus fasciatus*（旧 *Bothynoderes albidus*） 体長7～11㎜ 体は細長い卵形。灰色の地に黒い破線の横帯がある。

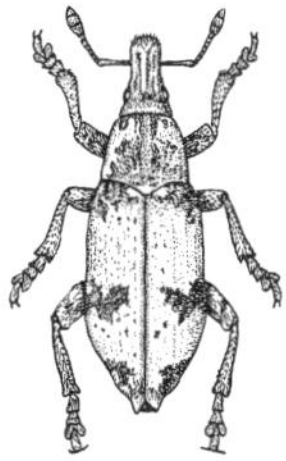

原書に数多く登場する生物は、日本では見られないものが多く、そのほとんどに標準和名が与えられていない。そこで、上位の分類群の名称や近縁の種につけられた標準和名、そしてラテン語（ギリシア語）ででつけられた学名などをもとに、訳者が新たに標準和名（新称）を与えたものがある。

（例）オウシュウヒラタタマオシコガネ *Gymnopleurus*《ギムノプレウルス》 属（タマオシコガネに近縁な仲間）で扁平な体をしており、欧州に分布することから、欧州＋ヒラタ（扁）＋タマオシコガネ（玉押黄金）とした。欧州扁玉押黄金。

（例）サメハダオサムシ オサムシ属で学名（種小名）の *coriaceus* の「ざらざらした」という意味により、サメハダ（鮫肌）＋オサムシ（歩行虫）とした。

『昆虫記』では、サソリやクモも主人公となり、「虫」という言葉（insecte, bête, animal）が、昆虫類を含む節足動物門はもとより、軟体動物門のナメクジ、脊椎動物門のトカゲまでを指す、幅広い任意分類の言葉として使用されている箇所もある。本文中で特に昆虫綱をさす場合は、昆虫と表記した。

その他

昆虫の数を表わす助数詞はすべて、「匹」を使わずに、昆虫学の慣例にしたがい「頭《とう》」を用いた。

昆虫の体長とは、頭部の先端（吻《ふん》や触角を除く）から、腹部の後端（産卵管や尾毛《びもう》などを除く）までの長さを言い、開張《かいちょう》とは開いた翅《はね》の最大長を表わす。植物や鳥類、哺乳類などの大きさについては、おおよその樹高・草丈・全長・肩高などを示した。

本書には、現在では不適切な表現が使われている箇所があります。作品が発表されたフランスの十九世紀後半～二十世紀初頭は、社会全体としてこうした表現は一般的に使われていました。本書は、当時の社会的事実、歴史的背景に基づき、ファーブルの書いた文章を完全に翻訳することを旨としています。そのために、原意を生かす必要がある場合は、そのまま訳出しました。（編集部）

15

イナヅマクサグモ

草むらに張られる迷宮《ラビリンス》状の糸

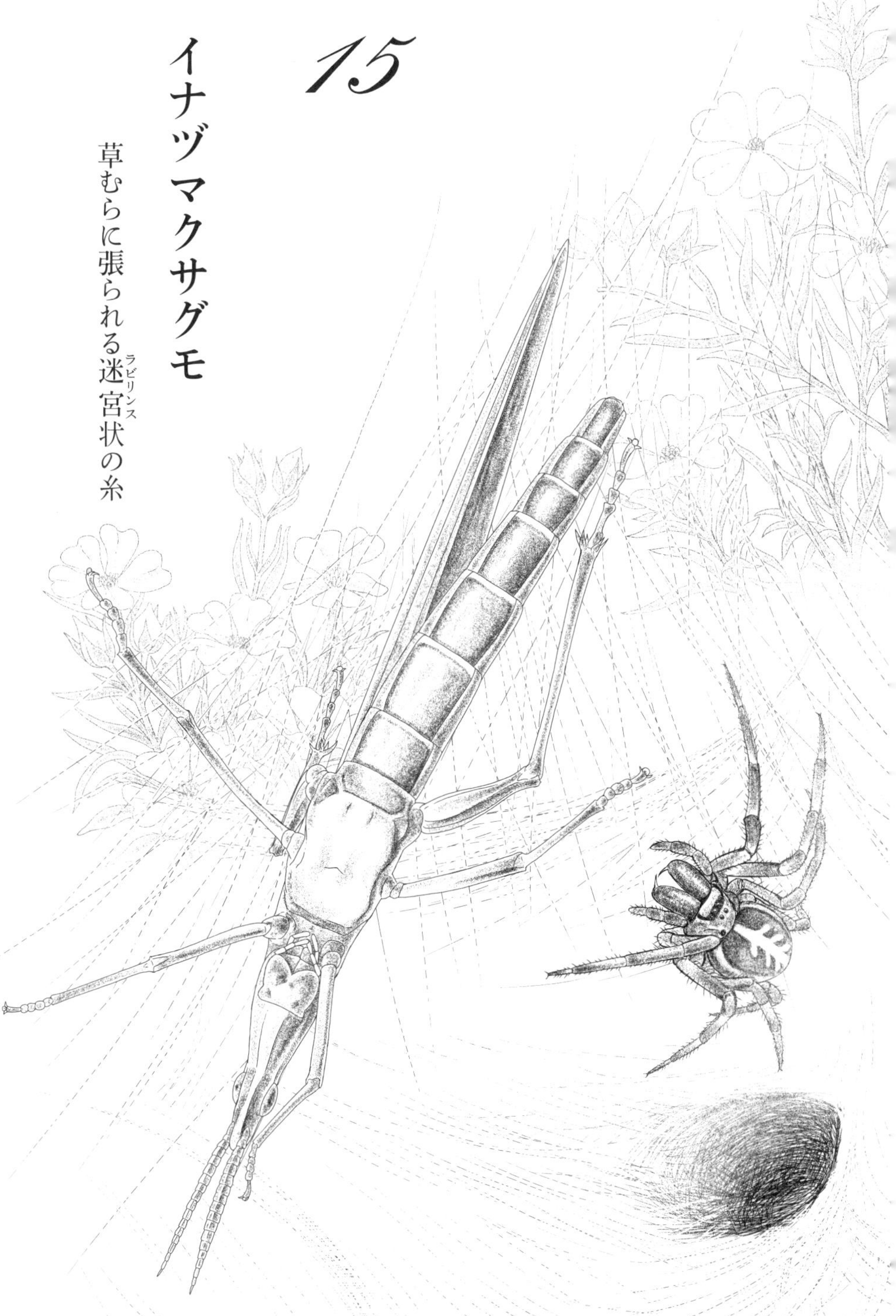

巣の戸口に閂《かんぬき》をかけるトタテグモや、水中に巣を造るミズグモ——珍しいクモに興味はあるが身近にはいない——くわしく観察するためにはふつうに見られる種《しゅ》がいい——イナヅマクサグモは野原で薄い布のような棚網《たなあみ》を紡《つむ》ぐ——母グモは産卵が近づくと棚網を捨て、草むらに卵嚢《らんのう》のついた粗末な巣を造る——障害物のない飼育装置の中で飼うと均整のとれた巣を造った——母グモは産卵したあと卵を保護する——卵嚢は巣の中心に糸の柱で宙吊りにされている——一か月後、子グモが孵化《ふか》するが春まで卵嚢内にとどまる——野外の巣を集めて内部を観察する——卵嚢の内壁には砂粒が織り込まれていた——硬い壁は天敵の侵入を食い止める——飼育下の卵嚢には防御壁がない——卵嚢造りのとき手近に砂粒がなかったのだ——潜在的な能力は、その時の状況が許さなければ発揮されない

扉絵　迷路状の糸に絡《から》まり棚網に落下した獲物とイナヅマクサグモ

垂直円網《すいちょくえんもう》、すなわち縦《たて》の網《あみ》を見事に張るコガネグモ*の仲間は、たぐい稀《まれ》な糸《いと》紡《つむ》ぎの職人であるが、ほかの多くのクモ*の仲間も、胃袋を満たし、子孫を残すという、生き物としてのもっとも重要な定めに従うための巧みな工夫にかけては、実に優れているのである。そうしたクモのなかには、昔からひとびとに知られており、たいていの本にも記されている著名な者もいる。

たとえば、ある種のトタテグモ*1は、ナルボンヌコモリグモ*2のように、地中の巣穴に住んでいるのだが、その巣穴には、荒れ地《ガリーグ》*に住む粗暴なクモであるナルボンヌコモリグモの巣穴にはない改良が施《ほどこ》されている。すなわち、ナルボンヌコモリグモは井戸のように深く掘られた巣の出入口に、石の粒や木屑《きくず》を絹糸で綴《と》じ合《あ》わせて造った、簡単な胸壁《きょうへき》を建てているが、トタテグモのほうは巣の出入口に、蝶番《ちょうつがい》や溝や錠前《じょうまえ》のついた、自由に開けたり閉めたりできる円《まる》い扉を造っているのである。

1　**トタテグモ**　戸閉蜘蛛。クモ目《もく》トタテグモ科 Ctenizidae の仲間。→訳注。▼スナトタテグモ(砂戸閉蜘蛛) *Nemesia caementaria*　体長10～15㎜　ネメシア属。

2　**ナルボンヌコモリグモ**　ナルボンヌ子守蜘蛛。*Lycosa narbonensis*　体長23～28㎜　クモ目コモリグモ科コモリグモ属。→第2巻11章。→第8巻23章。→第9巻1～3章。

このトタテグモが巣の中に戻ると、円い蓋《ふた》は溝に実にぴったり嵌《は》まり込《こ》むので、閉じ目がわからなくなってしまうほどなのだ。敵が無理矢理蓋をこじ開けようとすると、中のクモは閂《かんぬき》をかける。つまり蝶番のついているのとは反対側の穴に爪を打ち込むと、巣穴の内壁に体を突っ張ってぐっと踏ん張り、揺すってもびくともしないほどしっかりと戸口を固めるのである。

また別の者、たとえばミズグモ[*3]は、絹を使って水中に、潜水夫が使うような優雅な釣鐘形《つりがねがた》の巣を造りあげ、中に空気を蓄える。クモは呼吸するための空気をこんなぐあいに準備しておいて、涼しい場所で獲物の到来を見張っているのだ。

かつては常軌を逸した人間が、大理石の塊《かたまり》や切り石を大量に使用して、海中に豪奢《ごうしゃ》な建物を建造しようとしたものだが、夏の暑い盛りにはこのミズグモの巣こそ、まさに贅沢《ぜいたく》好みのあのシバリス人[4]の住居というところである。ティベリウス帝[*5]の造営させたという水中洞窟も、今となってはただ忌《い》まわしい記憶にすぎないけれど、ミズグモの繊細な円天井《ドーム》は今もなお変わらずに造りつづけられている。

もし私が自分自身で観察した資料をもっていて、それを自由に用いることが可能であるのなら、こうした巧みなクモたちについて書いてみたいと思うし、いまだ世に知られていない、いくつかのことを、彼らの生活史に付け加えることもできるであろうが、私としてはそれはあきらめなければならない。ミズグモはこの

3　**ミズグモ**　水蜘蛛。*Argyroneta aquatica*　体長8～15㎜　クモ目ミズグモ科ミズグモ属。日本にも分布する。↓訳注。

4　**シバリス人**　紀元前八世紀から紀元前六世紀にかけて、イタリア南部に栄えた古代ギリシアの植民都市シバリス（シュバリス）Sybaris の住民。シバリスは、強大な政治力を誇ったが、のちに風俗が惰弱《だじゃく》に流れ、シバリス人は奢侈《しゃし》淫蕩《いんとう》に耽《ふけ》る人間の代名詞となった。人々は寝そべって飲み食いし、バラの花弁を褥《しとね》として眠ったという。

5　**ティベリウス帝**

プロヴァンス地方にはいないし、蝶番つきの蓋を造る名人のトタテグモは、いることはいるけれどきわめて稀で、私はたった一度、雑木林に沿った小径《こみち》の縁《へり》で見かけたことがあるだけである。

誰でも知っているように、好機《チャンス》[6]というものはあっという間に消え去るものであって、観察者はほかの誰にもまして、その前髪を摑《つか》まなければならない。そのとき私は別の研究に熱中していたので、せっかくの幸運に恵まれていながら、この素晴らしい研究材料にちらと一瞥《いちべつ》を投げかけただけで、それ以上何もしなかったのだ。好機《チャンス》はそれきり逃げ去ってしまい二度とふたたび現われることはなかった。

だからその埋め合わせに、ごく普通のクモ、よく見かける種《しゅ》にその代わりを務めてもらうことにしよう。しょっちゅう見かけるというのは、継続して研究するのには都合がいいことである。普通種《ふつうしゅ》だからといって興味を惹《ひ》かないわけではない。絶えず注意をはらって見ていよう。そうすれば、今までわれわれが無知ゆえに見逃してきた、連中の優れた能力を発見することができるであろう。辛抱強く観察し、実験すれば、こういう、いっけんとるに足りないごくありふれた生き物でも、生命の大いなる調和にその音色を付け加えていることがわかるのだ。

今日は、近所の野原をひと回りしてきた。足はくたびれて重かったけれど、目

TIBERIUS Julius Caesar Augustus（前四二―後三七）。ローマ帝国の第二代皇帝。離婚した母の連れ子として初代皇帝アウグストゥスの養子となり、武人として義父をよく助けたため後継者となる。親衛隊長に統治を託したのちはカプリ島に隠棲。島内にいくつもの別荘を持っていた。→訳注。

6　**好機《チャンス》というものは……**　ギリシア神話に登場する神カイロス Kairos のこと。Kairos とはギリシア語で「好機」、「機会」を意味する。前髪が長く後頭部に毛のない少年として描かれる。そのため、好機《チャンス》というものは、前髪をすぐに摑《つか》まないと後ろからは摑むことができない、と説明される。

では油断なくあたりを見まわしていたものだ。ところがそれにもかかわらず、*[7]イナヅマクサグモという、ごく普通の種にしか巡りあうことができなかった。生け垣の根元に生えた牧草の中の、陽《ひ》あたりのよいひっそりした隅のほうには、必ずといっていいほど、このクサグモが何頭か住みついているのだ。

　このクモが好んで住むのは、樵《きこり》が木を切り出したために木立ちもなくなってしまった広々とした野原、それも特に、山の上のほうの野原だ。[8]ハンニチバナや[9]ラヴェンダー、[10]ハハコムギワラギク、[11]ローズマリーといった草や灌木《かんぼく》の茂みを羊の群れが短く歯で刈り込んだあたりなのである。

　私が出かけていったのもそんな場所であった。そういうところは邪魔になる人通りなどもないし、クモの網の支えになる草木は茎が柔らかくて扱いやすいので、恐ろしい棘《とげ》だらけの生け垣の中ではやりにくいことができるのである。

　七月の早朝、太陽がうなじにじりじりと照りつけてくるまえの時間に、私は週に何度もここに出かけて、実地にクモの調査をしたのであった。子供たちは喉《のど》の渇きに備えてめいめいがオレンジを一個持って一緒についてきた。実際、空気が乾燥していて、すぐ喉が渇くのだ。この子たちは目がいいし、足もしなやかで軽やかなので、私のいい助けになってくれる。いい結果が得られそうだ。

　やがて、茂みの上に造られた丈の高い絹の建造物が見えてくる。朝の光がクモ

7　**イナヅマクサグモ**　稲妻草蜘蛛。→次頁図、解説。→訳注。

8　**ハンニチバナ**　半日花。ハンニチバナ科キストゥス属 *Cistus* の常緑低木。仏名 ciste《シスト》。

9　**ラヴェンダー**　シソ科ラヴァンドゥラ属 *Lavandula* の多年草、小低木。仏名 lavande《ラヴァンド》。

10　**ハハコムギワラギク**　母子麦藁菊。*Helichrysum stoechas* 草丈60〜80㎝　キク科ムギワラギク属。仏名 immortelle《インモルテル》（不死の草、永久花）。

11　**ローズマリー**　*Rosmarinus officinalis*　樹高80〜120㎝　シソ科マンネンロウ属の常緑低木。枝や葉を香料に用いる。南ヨーロッパ原産。マンネンロウ（万年郎）。漢名では迷迭香《めいてつこう》。仏名 romarin《ロマラン》。

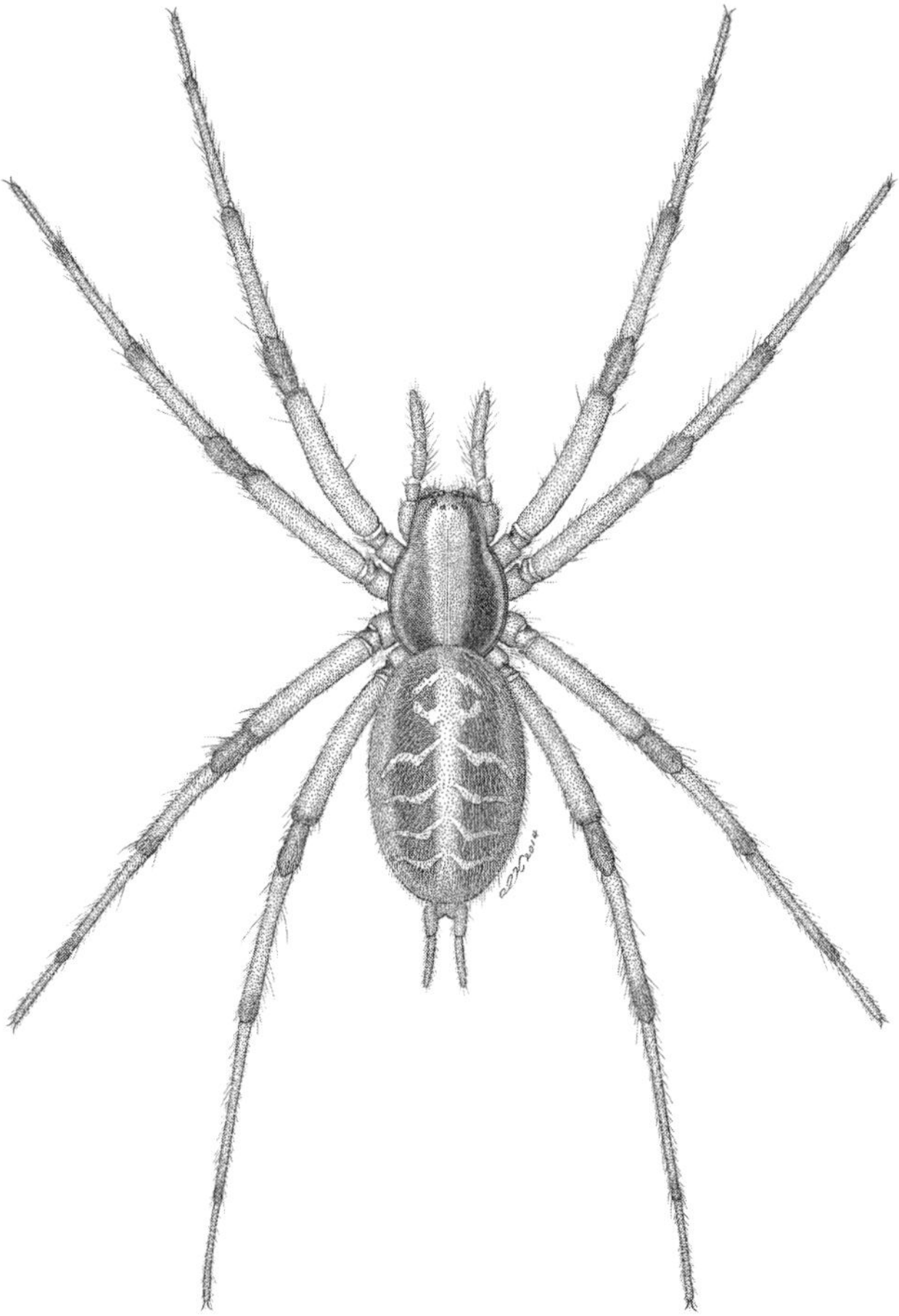

Agelena labyrinthica　（図は雌）

イナヅマクサグモ　稲妻草蜘蛛。体長10〜12㎜　クモ目タナグモ科クサグモ属。草や灌木《かんぼく》を利用して水平に広がる網《あみ》（棚網《たなあみ》）を張り、その上に迷路状の糸を巡らす。棚網に昆虫などが落下すると咬《か》みついて捕食する。網の後端は管状《くだじょう》の隠《かく》れ家《が》兼脱出口になっている。雌は秋になると中央に卵嚢《らんのう》を据《す》えた巣を造り、それを保護する。ヨーロッパからアジアに分布。日本では、全国的にクサグモ *Agelena silvatica* が分布するが、それよりも緯度または標高の高い地域に生息する傾向がある。→訳注。

の糸を露の数珠《ロザリオ》に変化させたので、きらきら輝いて遠目にもそれとわかるのである。子供たちはこの光り輝く絹の飾り燭台に感動して、しばらくはオレンジを食べることも忘れていたほどであった。

私にしてもその美しさに無関心ではいられなかった。夜露の重さに撓《たわ》み、朝日にきらきら光っているこのクモの、絹糸の迷宮《ラビリンス》の光景は実に素晴らしいものであったのだ。加《くわ》うるにクロウタドリ[12]の奏鳴曲《ソナタ》とくれば、それだけでもわざわざ早起きをする値打ちがあろう、というものだ。

太陽に三十分ほど暖められると、この魔法の宝石飾りは露とともに消えてしまう。いよいよ棚網《たなあみ》[13]を調べる時がきたのだ。

このクモはハンニチバナの広がった花束の上に、薄い布のような網を張っている。その大きさはハンカチぐらい。ハンニチバナはあちらこちらと気まぐれに小枝をいっぱい突き出しており、クモはそれを利用して、あちこちふんだんに舫《もや》い綱《づな》を結びつけるように、茂みの上に網を張っている。茂みから茎が少しでも突き出していると、クモは必ずそれを網に固定するために利用しているのである。そのためこの茂みは、がんじがらめに縛り上げられ、まわりにぐるりと糸を張り巡らされ、またその上からも糸を掛けられて、白いモスリンのヴェールの下に隠されてしまっている。

12 **クロウタドリ** 黒歌鳥。*Turdus merula* 全長25㎝ スズメ目ヒタキ科ツグミ属の鳥。ヒヨヒヨと高い美しい声で鳴く。

▼野原に広がるイナヅマクサグモの巣（棚網《たなあみ》）。朝露を反射させて光っている。

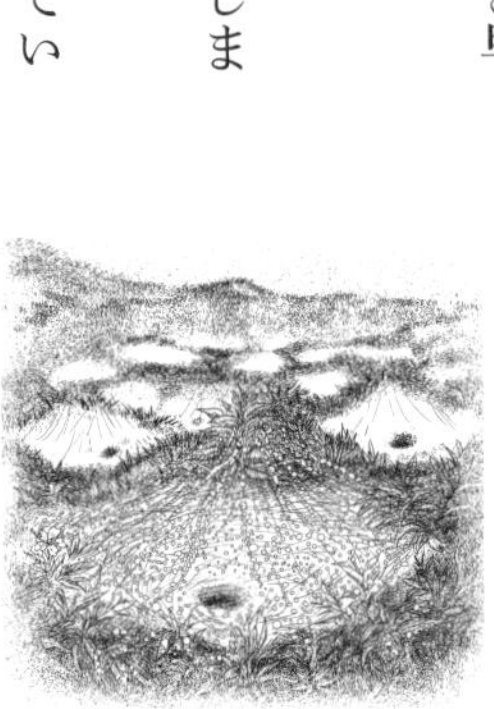

13 **棚網** 草や枝などを利用して水平に張られた膜状の巣。

この網の支えになっているハンニチバナの茎の長さがまちまちなので、完全に平らというわけにはいかないが、棚網の周辺の部分は平たくなっている。それは中央に向かうに従ってだんだんと噴火口のように窄《すぼ》まっていき、狩りの角笛《つのぶえ》のように朝顔形になっている。さらに中心部には漏斗《ろうと》のような円錐形《えんすいけい》の深い穴が開いていて、その漏斗の首の部分はしだいに細くなりながら、真っすぐ緑の茂みの中に潜り込み、そのまま二〇センチとちょっとぐらいの長さに伸びている。

恐ろしい暗黒のこの穴の入口にクモはいて、人がそばにいても、特に怯《おび》えるようすもなくこちらを眺めている。このクモの体は灰色をしており、胸部は黒い二本の帯で控えめに飾られ、腹部は白っぽい斑点と褐色の斑点とが斑《まだら》になったふた筋《すじ》の飾《かざ》り紐模様《ひももよう》で同じように飾られている。腹部末端には二本の短い、よく動く[14]紡《つむ》ぎ疣《いぼ》があって、まるで尻尾《しっぽ》のようだ。これは普通のクモにはあまりみられない特徴である。

この噴火口のような形をした棚網は、全体が均一な構造になっているわけではない。縁のほうは糸の密度がまばらで薄布のようになっており、中心のほうになると、織り目はさながら薄手のモスリンとなり、次に繻子《しゅす》となり、さらに漏斗の奥の急な斜面のようになっているところまで来ると、菱形《ひしがた》に近い網目をもった粗いレースのようになる。そしてクモがいつもじっと腰を据《す》えている漏斗の首のと

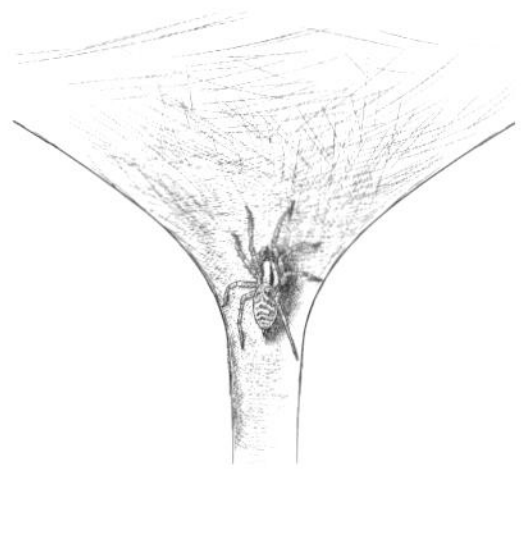

▼棚網の中心部の漏斗状《ろうとじょう》になった部分（断面図）。クモは窄《すぼ》まった首の部分で棚網を見張っている。

14　**紡ぎ疣**　クモの腹部にある糸を射出する疣状《いぼじょう》の突起。複数の出糸管《しゅつしかん》が集まったもので、それぞれの出糸管は、体内で糸腺《しせん》（紡績腺《ぼうせきせん》）に繋《つな》がっている。出糸管の形や開閉によって、出される糸の形状が変わる。多くは三対《つい》六個ある。糸疣《いといぼ》、出糸突起《しゅつしとっき》、紡績突起《ぼうせきとっき》とも呼ばれる。

ころは丈夫なタフタ織りになっているのである。

クモは、自分にとっての見張り台となる足元の敷物に絶えず手を入れている。毎晩そこまで出てきて、くまなく歩きまわり、罠《わな》の具合を点検したり、新しく出した糸でその領地を長く伸ばしたり拡張したりするのだ。この作業は紡ぎ疣からいつも垂れ下がっていて、クモが歩くに従って絶えず引き出される[15]しおり糸《いと》を用いて行なわれる。

漏斗の首にあたる部分は、住まいのほかの部分より頻繁にクモが歩きまわる結果、もっとも厚手の敷物になっている。それより上の噴火口の傾斜の部分もやはり、クモがしょっちゅう歩きまわるところであって、いくらか規則正しく張《は》り巡《めぐ》らされた放射状《ほうしゃじょう》の糸が、漏斗の口の形をきれいにならすように広げている。クモが尾端《びたん》を振るようにして歩くことにくわえて、紡ぎ疣をあちこちに向けて糸を繰り出していくので、この放射状の糸の上に、菱形の網目が張られるのである。クモが毎夜こんなふうに巡回《パトロール》を繰り返すために、この部分は糸が厚く張られ、しっかりしている。残りは巣の縁の部分だが、ここは、クモがあまり歩きまわらないために敷物は薄いままである。

茂みの中に潜り込んでいる、管《くだ》のように細長い廊下の底には、秘密の小部屋が

15 **しおり糸**　クモが移動するとき常に出している糸。牽引糸《けんいんし》とも呼ばれる。落下しても、この糸をたぐればもとの位置に戻ることができる。また、残されたしおり糸に付着したフェロモンは、自分自身の歩いたあとを辿《たど》ったり、異性を追跡したりする道標《みちしるべ》にもなる。一本に見えるが、二本（あるいは複数本）の糸がくっついてできている。糸の原料は瓶状腺《びんじょうせん》と呼ばれる糸腺《しせん》（紡績腺《ぼうせきせん》）で造られる。

あって、何もしないときクモは、その絹張りの小部屋に潜《ひそ》んでいるにちがいない、と誰でも思うであろう。ところがそれは全然違う。

漏斗の細長い首の下は底が抜けているのだ。そこには常に口の開いている秘密の脱出口があって、追いつめられたようなとき、クモはその口から外に出ると、茂みの中を抜けて野原に逃げることができるのである。

もしこのクモを無傷で捕まえたいと思うなら、この住居の構造を心得ておくとよい。真正面からじかに手を出して捕まえようとすると、追われたクモは下へ下へと降りていって、底の穴から逃げ出してしまうから、ガサガサと草を掻《か》き分《わ》けて探してみたところで、たいていは見つからずに終わってしまう。それぐらい、クモは敏捷に逃げるのだ。それにあてずっぽうに探したのでは、クモを傷つける可能性が高い。失敗に終わりやすい、こんな乱暴なやり方ではなく、もっと頭を使ってやってみよう。

クモが漏斗の管の入口のところに見えているとしよう。そんなときに、まわりの状況さえ許すなら、その漏斗の首の部分が隠れている茂みの下のほうを両手でぎゅっと握ってやるのである。もうそれで充分。クモは捕まえられる。退路が断たれたとわかると、クモは差し出された円錐形の紙容器の中に自分から入ってくるのだ。必要ならば、藁稭《わらしべ》か何かで突《つつ》いてやってもいいだろう。こんなぐあいにして私は、怪我などして弱っていない実験材料のクモを、釣鐘形の金網に住まわせてやったのである。

噴火口の形をした棚網は、本来の意味での罠ではない。そこに歩いてきた虫が、この絹の薄布《シーツ》に少しばかり足を取られる、などということも絶対ないとはいえないかもしれない。だがそもそも、そんな危険な場所にのんびり散歩を試みるような間抜けな獲物はめったにいるまい。

だから跳ね飛んで暴れる獲物を取り押さえる罠が必要になる。コガネグモの仲間は鳥黐《とりもち》のついた危険きわまる網をもっているが、草むらに潜むクモも、それに負けない危険な迷路をもっているのだ。

棚網の上のほうを見よう。これはまたなんという錯綜した糸の張り巡らし方であろう！　まるで難破船の帆綱《ほづな》のようだ。糸は支えとなるそれぞれの小枝を起点として、その枝の先に結びつけられている。長短さまざまで、垂直なものも斜めになっているものもある。真っすぐなものも、くの字に曲がったものもある。ぴんと張ったもの、だらんと弛《ゆる》んだもの、いろいろだ。それらはどれも交叉し合い、縺《もつ》れ合《あ》い、解きほぐすことができないほどこんがらがって地上一メートルばかりの高さにまで達している。それは無秩序に入り乱れた捕り縄であり、よほど強い跳躍力をもたないかぎり突き破ることなんかできない迷宮《ラビリンス》である。

▼棚網の上部に複雑に張り巡らされた糸。ここに獲物が絡《から》みついてもがくと、糸が捩《ねじ》れて切れ、下の棚網に落下する。

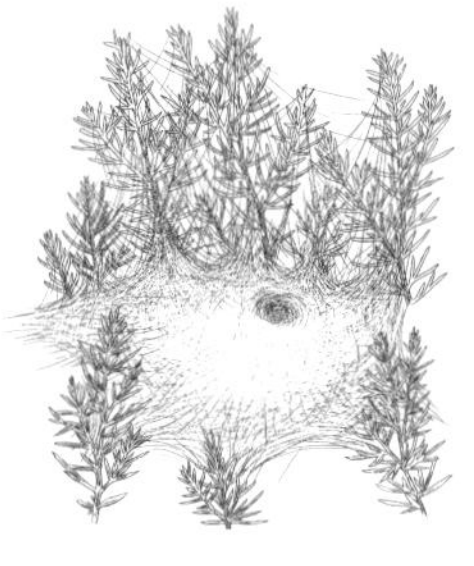

▼ファーブルはイナヅマクサグモの迷宮《ラビリンス》状の糸を難破船の帆綱《ほづな》にたとえている。

このクモの場合、コガネグモの仲間が使用する鳥黐にあたるものはまったくない。糸はねばねばしていないのだ。この罠は、ただたくさんの糸が、複雑に絡《から》み合《あ》っているということだけで機能しているのである。

　この罠の働きがどうしても見たければ、帆網のような網の中に小型のバッタを一頭ぽんと投げ入れてやるとよい。ゆらゆら揺れ動く網の上では安定した姿勢が保てないので、バッタは身をもがく。しかしもがけばもがくほど糸の足枷《あしかせ》が絡みついてくるのだ。巣の管のような部分の入口でようすをうかがいながら、クモはなりゆきまかせにしている。帆網の中で死にもの狂いになっているバッタを捕まえようと、クモが走り寄ってくるようなことはない。絡みついた糸がぐるぐると捩《ねじ》れて、虫が棚網の上に落ちてくるのを待っているだけなのである。

　バッタがぽとりと落ちる。するとクモは近寄ってきて落ちた虫に跳びかかる。しかしこの攻撃のやり方にもやはり多少の危険はある。獲物は縛り上げられて動けないのではなく、動く気力をなくしているだけなのであって、糸といえば、実際には肢《あし》の先にちぎれたその屑《くず》を何本か引きずっている程度なのである。

　それでも大胆なクモはそんなことを気にかけてはいない。このクモはコガネグモの仲間がやるように、白い絹糸の屍衣《しい》で相手をくるんで、動きを封じ込める方

▼ナガコガネグモの巣（円網《えんもう》）。獲物を捕らえる粘《ねば》りのある横糸（鳥黐糸《とりもちいと》）が螺旋《らせん》を描いている。ファーブルは、この螺旋が一定の比率で広がる対数螺旋《たいすうらせん》であると述べている。→第9巻10章。

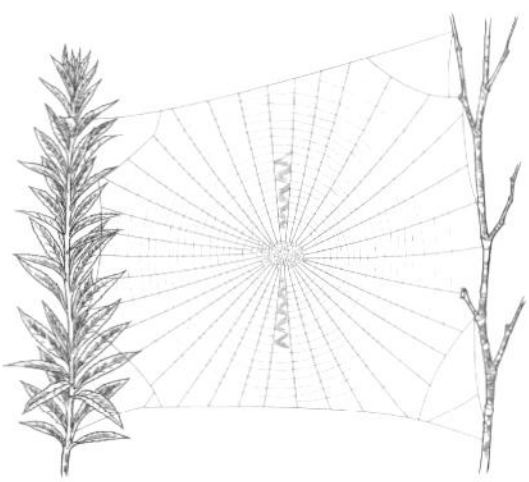

▼イナヅマクサグモの迷路状の糸に絡まったオウシュウショウリョウバッタ。

法はとらず、触ってみてそれがいい獲物だと判断すると、バッタが肢で蹴るのも平気で、グサッと牙《きば》を刺し込むのだ。

クモが咬《か》みつく箇所はたいていバッタの腿《もも》の付け根なのだが、それはその部分の皮膚が薄くて、ほかの場所より傷つけやすいからではなく、どうやらそこがいちばん美味《おい》しいかららしい。

実際、このクモが何を食べているのか知るため、私はいくつか棚網を調べてみたことがあるのだが、さまざまなハエやアブの仲間や、小型のチョウやガ（蛾）そのほかの獲物に交じって、バッタの死骸もあった。それらはほとんど無傷ではあったけれど、後肢《こうし》のすくなくともどちらか一本がとれているのであった。そして網の端のほうには、旨《うま》い中身を吸い尽くされて空っぽになったバッタの腿が、まるで肉屋の鉤《かぎ》に吊されている枝肉のようにぶら下がっていることがよくあった。

私がいたずら小僧で、食べ物についての偏見がまだなかったころのことだが、ほかの子供たちと同様に、バッタの腿を食べてみたものだ。それはごく小さいけれど、ザリガニの大きな鋏脚《はさみあし》と同じような味だった。

そういうわけで、さきほどわれわれがバッタを投げ与えてやった帆綱張りのクモは、まず初めに獲物の腿の付け根から攻撃するのである。咬みつき方はしつこいもので、一度牙を刺し込んだらけっして放すことはない。クモは飲み、吸い、

▼オウシュウショウリョウバッタの腿《もも》の付け根から体液を吸うイナヅマクサグモ。

吸い尽くすのである。この最初の部分が空になって、もういくら吸っても何も出なくなると、ほかの部分、とりわけ二本目の腿に移行する。こうして獲物は、外形はそっくりそのままで空っぽになる。

まえに見たようにコガネグモの仲間も同様のやり方で栄養を摂《と》っている。つまり獲物をもりもり食うのではなく、血を吸って飲む[16]のである。しかし最後には、ゆったりと腹ごなしをしているときに、コガネグモは中身を吸い尽くした獲物をもう一度口に入れ、何度も何度も嚙《か》んでくしゃくしゃの球にしてしまう。これは食後の口さみしいときの慰《なぐさ》みというわけだ。

しかしイナヅマクサグモは食卓でこんなことをして楽しんだりはしない。もぐもぐ嚙んだりすることなしに、汁を吸い尽くした食《た》べ滓《かす》を棚網から投げ捨ててしまうのだ。時間は長くかかりはするけれど、なんの危険もなく食事を終えてしまう。最初に咬みつかれたときから、バッタはもうぴくりとも動かなくなっている。クモの毒が電撃的に効いたのである。

芸術作品として考えると、このクサグモの迷宮《ラビリンス》は、高等幾何学を駆使したコガネグモの糸よりずっと劣るのであって、たしかに創意工夫の点ではなるほどたいしたものであるとはいえ、それでもこのクサグモのほうに対して、好意的な評

16　**血を吸って飲む**　厳密には、獲物の体に消化液（唾液《だえき》）を吐きかけ、どろどろに溶かして吸い込む。このような摂餌《せつじ》方法は体外消化と呼ばれる。

価を与えることはできまいと思う。これはほとんどなりゆきまかせに組み立てられた不様な足場でしかない。

しかしそうはいうものの、規則性の欠如したこの建造物を建てる職人もほかの者たちと同じように、正確さと美しさについての自分の基準はもっているはずである。きわめて美しい菱形の網目で飾られた噴火口形の網を見ただけでも、すでにわれわれにはそれがわかるけれど、クサグモにおいて、母グモの造る傑作ともいうべき[17]卵嚢《らんのう》が、今からこのことを納得のいくように証明してくれるであろう。

[18]卵を産む時期が近づくと、クモは住まいを変える。新品の素晴らしい状態にある網を見捨ててしまい、もはやそこには戻ってこない。これが欲しいなら誰でも勝手に取っていい、と言わぬばかりなのだ。子供のための家を造る時期がきたのである。だがそれはどこに造るのか。母グモにはもちろんそれがよくわかっている。しかし私にはわからない。午前中ずっと何日間もかけて探してみたけれど見つからなかった。網を張ってある茂みを探ってみたのだが駄目であった。私が見つけたいと思うようなものは何もなかったのだ。

私はしかしその秘密をやっとのことで探りあてたのである。棚網がひとつ見つかった。その網の主《あるじ》はいないけれど、まだ破れたりしていない。だからこれは、つい最近クモが見捨てたものなのだ。すぐ下の、網を支えている茂みを探すので

17 **卵嚢** 雌グモが糸で膜を張り、そこに卵塊《らんかい》を産み出して梱《こん》包《ぼう》したもの。卵や孵《ふ》化《か》した子グモを保護する。種《しゅ》によって形態や構造が異なる。ファーブルは「巣」や「卵の袋」などと、言い換えて表記している。

18 **卵を産む時期** 晩夏のころ。

はなく、そこから半径何歩かのあたりを調べてみる。そこに丈の低い、びっしり茂った草むらがあったら、子育てのための卵嚢をつけた巣がある。そこだと誰にも見つかる気づかいはないのだ。巣には誰がそれを造ったかということをちゃんと証明するものがある。つまり、母グモが必ずそこにいるのである。

この探索の方法によって、私は今や迷宮《ラビリンス》式の罠から遠く離れたところ、つまり自分の研究室に、私の研究心を満足させてくれるのに充分な数のクモの巣を集めることができた。ところがそれらの巣は、私の予想を大きく裏切った。母親の才能について思い描いていたようなことをまったく感じさせてくれなかったのだ。

巣とはいっても、それらは絹糸で枯れ葉を雑然と寄せ集めただけの粗雑な包みでしかない。そしてこの粗雑な包みの下には卵の塊を収めた薄い織物の袋があるのだが、それらはどれも茂みの中から取り出す際にどうしても破けてしまうので、ずいぶんとみすぼらしい状態になっていた。いやいや、こんな襤褸布《ぼろきれ》みたいなものでクモの工芸家としての才能を云々《うんぬん》することはできないだろう。

ものを造りあげるうえで、昆虫にはそれぞれ建築上の規範のようなものがあって、それは体の解剖学的な特徴と同じくらい不変のものなのである。それぞれの虫の仲間《グループ》は、みな同一の原則に従ってものを造るのであって、そこには素朴な美

▼イナヅマクサグモの子育て用の巣。獲物を捕獲する網《あみ》を捨てて造られる。この巣の中で雌は産卵を行ない、その卵を梱包した卵嚢を保護する。

の法則が認められるのだ。しかし多くの場合、建築する虫の望みどおりにはいかない、まわりのさまざまな条件によって、設計の計画《プラン》を変更し、建物の形を崩してしまわなければならないことになる。たとえば使用可能な空間の広さとか、場所の形の不規則さとか、材料の性質そのほか、思いもかけなかったようなことがあると、本来なら規則正しいものになるはずが、実際には雑然たるものになってしまう。秩序が無秩序化してしまうのである。

　なんの束縛もなしに巣を造った場合、それぞれの種がどのような型を採用するかということは、興味ある研究の主題《テーマ》である。ナガコガネグモ[19]は、自由に身動きのできる広い場所で、さほど作業の邪魔にならない、まばらに伸びた小枝を足場にして卵嚢を編んだ場合、その出来上がりは素晴らしく優雅な壜《びん》のような形になる。ナナイボコガネグモ[20]の場合もまた、同様に自由に振る舞うことができれば、[21]放射状の蓋のついた、先の丸い円錐形のその卵嚢はなかなか優雅なものになる。

　では、糸紡ぎにかけてはほかの者にひけをとらないイナヅマクサグモ、子グモのために天幕《テント》を織らねばならなくなると、美に関する掟《おきて》を忘れてしまうのであろうか。私は今のところ、このクモの作としては、あの不格好な包み以外お目にかかったことがないのだが、いったいこのクモには、あんなものしか造れないのであろうか。

19 **ナガコガネグモ**　長黄金蜘蛛。*Argiope bruennichii*（旧 *Epeira fasciata*）体長20～25㎜　クモ目コガネグモ科コガネグモ属。→第9巻4～12章。

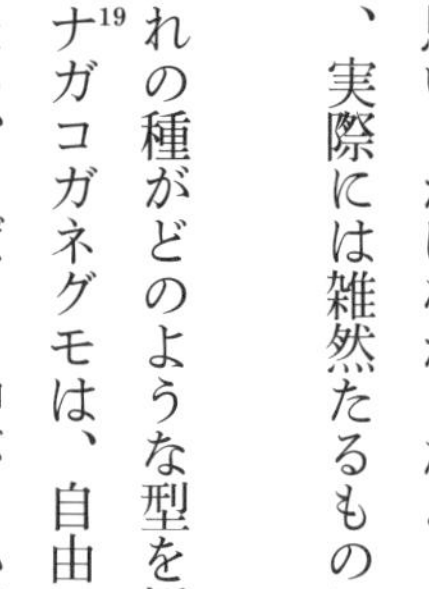

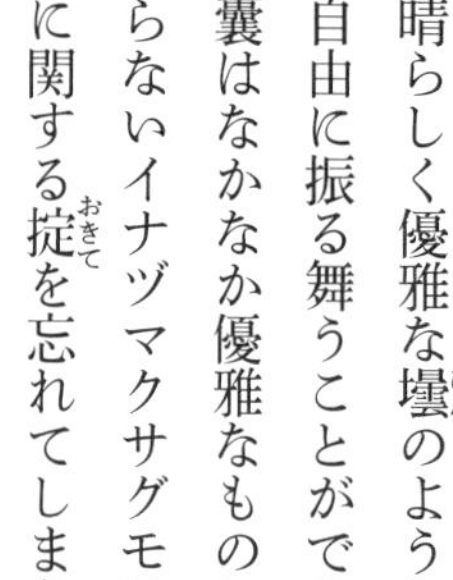

▼ナガコガネグモの卵嚢。

状況さえ整えば、このクモはもっと優れたものを造るであろう、と私は期待していた。びっしり茂った藪《やぶ》の中の、枯れ葉や小枝が混じり合ったところで仕事をしなければならないので、巣が不様な格好になるのだ。しかし邪魔物のないところで巣造りができるように条件を整えてやれば、クモは自由にその才能を発揮して、自分が優雅な巣を造る技術に長《た》けているところを示してくれるであろう。私は見もしないうちからそう確信していた。

八月のなかばの、産卵の時期が近づいたころ、私は砂をいっぱいに敷いた平鉢《ひらばち》の上に、釣鐘形の大きな金網をかぶせたものを六つ用意し、それぞれの中にクモを一頭ずつ住まわせてやった。中央に立てたタイムの枝は建築の際の足場になるであろうし、そのまわりの網目もまた、同じ役目をはたしてくれるであろう。

家財道具としてはこれだけで、枯れ葉なんかは一枚も入れていない。母グモがそういうものを覆《おお》いとして張りつけようとすれば、巣の形が歪《ゆが》められてしまうからだ。食物としては毎日バッタを何頭か与えた。それがあまり大きくなくてまだ軟らかいものであると、クモたちは喜んで食べるのであった。

実験は私の思うとおりに運んだ。八月の末に、見事な形をして、輝くばかりに白い卵嚢つきの巣を六個手に入れていた。仕事をする場所が広くて邪魔になるものがないので、クモは特に支障もなく、本能の命ずるままに作業を進めることが

20　**ナナイボコガネグモ**　七疣黄金蜘蛛。*Argiope lobata*（旧*Epeira sericea*）体長20～25㎜→第9巻4～12章。

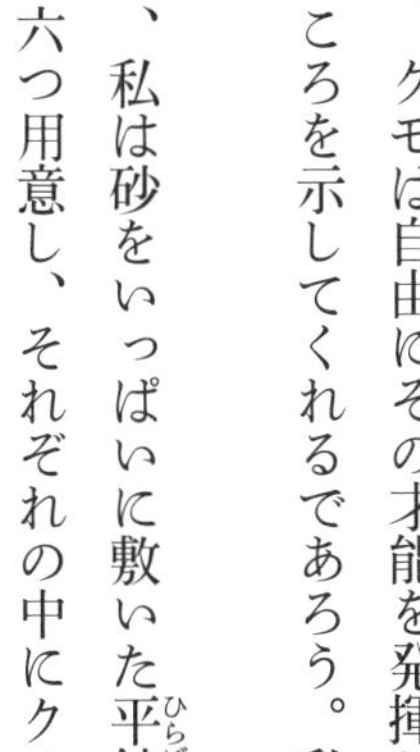

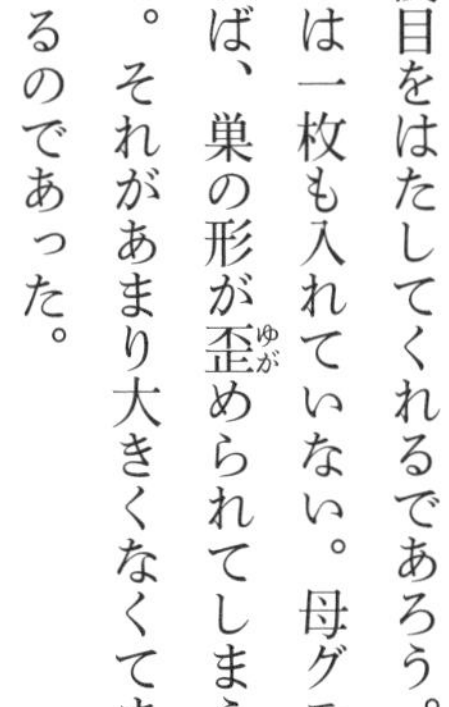

▼ナナイボコガネグモの卵嚢。

21　**放射状の蓋**　実際には蓋ではなく、卵を最初に固定する円盤状の支え。第9巻4章脚注「蓋」参照。

できたのである。その結果、卵嚢を吊り下げるのに欠かせない、いくつかの突出した部分を除けば、形の整った優雅な傑作ができあがった。

それは卵形をした上品な白いモスリンの小部屋というか、半透明の住居であって、母グモはこれから先、子供たちを見張るために、長いあいだここにとどまることになるのである。大きさはほぼ鶏《にわとり》の卵ぐらい。両端は口を開いている。前のほうの口は筒のように伸びていて、先にいくほど大きく広がっており、後のほうの口は漏斗の首のように先細りになっているのだが、この部分が何の役をするのかは私にはわからない。

これより大きい前方の口に関していえば、これは間違いなく食物を補給するための出入口だ。私はクモがときどきそこに陣どってバッタを待ちかまえ、捕まえると我が子の眠る聖域を死骸で汚れさせぬよう、外でこれを食べているところを目撃している。

この巣の構造には、狩猟に専念している時期の住居と似ているところもなくはない。後ろの出入口は、かつての住居にもあった漏斗状の首に相当するものだが、狩猟時代のそれは地面近くまで伸びていて、重大な危険が迫ったとき、非常口の役目をはたしていた。あちらこちらと糸を張っているうちに大きく開いた前のほうの口は、もともとは獲物が落下してきていたあの深い穴の名残りともいえよう。

▼釣鐘形の飼育装置の中で造られたイナヅマクサグモの巣。巣を造る空間に障害物がないため整った形をしている。

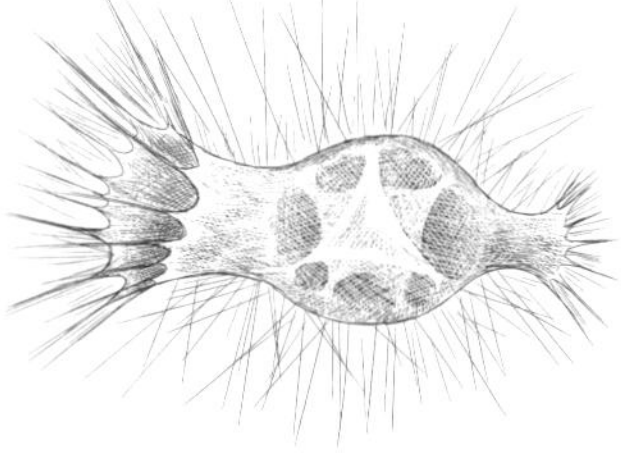

▼巣の一部を拡大したところ。

ここにはもとの住居の各部分が、迷路にいたるまで、たしかにその規模こそ縮小されているけれど、そっくり再現されている。前方のぱっくり開いた口の手前では、複雑に糸が絡み合い、通りすがりの虫を捕まえるのである。

こんなぐあいで、種にはそれぞれ、建造物を造るうえでの原型《プロトタイプ》ともいうべきものがあって、それをとりまく条件がさまざまに変わることがあっても、全体としてみればその構造が維持されているのである。一般に生き物は自分自身の仕事のことは非常によく心得ているけれど、それ以外のことはできないし、そしてまた、できるようにはけっしてならない。改良する術《すべ》を知らないのだ。

さて、この絹の宮殿は結局のところ、見張りのための番小屋にすぎないのである。柔らかそうな乳白色の壁の向こうには、卵を収めた星形の容器が、まるでレ[22]ジオン・ドヌール勲章のような形にぼんやりと透けて見えている。これはゆったりと大きい卵嚢で、色は美しい艶消《つやけ》しの白、放射状に伸びた何本もの糸の柱で中心部に固定され、周囲の壁とはくっついていない。この柱は真ん中の部分が痩《や》せて細く、そのいっぽうの端は円錐形の柱頭となって膨《ふく》らんでおり、土台となる反対側の端も同じ形になっている。これらの柱の数は十本ほどあり、その一本一本が互いに向かい合うように据えられており、そのためにアーチ形の廊下が、いくつか形づくられていて、中心の部屋のまわりをあらゆる方向から巡ることができ

22 **レジオン・ドヌール勲章** フランスで軍事や文化など国家に貢献した功労者に授与されるもっとも権威ある勲章。五つの階級からなる。一八〇二年に、ナポレオン一世によって制定された。ファーブルは一八六八年に五等シュヴァリエ勲章を、さらに四十二年後の一九一〇年、八十六歳のときに一級上の四等オフィシエ勲章を叙勲している。

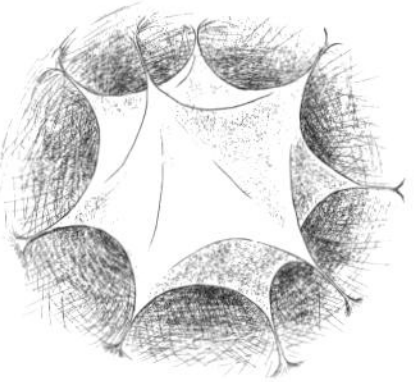

▼巣の中央に造られた卵嚢。

るようになっている。
母親のクモはこの回廊のアーケードの中を重々しい足どりで歩きまわり、ここかしこに立ち止まると、長いあいだ卵嚢を聴診し、繻子の袋の中のようすに耳を傾けている。よっぽど野蛮な人間でもなければその邪魔はできないだろう。

もっと詳細に調査するために、野外から採《と》ってきたぼろぼろの巣を点検してみよう。卵嚢は支えの柱を除外すれば、円錐形を逆さにしたような形をしており、ナナイボコガネグモの卵嚢を思わせる。生地にはある程度の強度があって、ピンセットで引っ張ったくらいでは簡単には破れない。卵嚢の内部には非常に繊細な白い綿と、それから百個ほどの卵のほかには何もない。卵は比較的大型で、一ミリ半もある。これはかなり色の薄い黄褐色の真珠のような卵で、互いにべとべとくっつきあってはおらず、私が包みの綿を剝《は》がすと、ぱらぱら転がり出してくる。孵化《ふか》のようすを観察するためにこの卵全部を私はガラス管に収めておいた。

さて、ここで話を少しまえに戻してみたい。産卵の時期がくると、母グモはその住居を捨ててしまうのであった。獲物が落下して転がるあの噴火口や、飛んできた羽虫を絡めとるあの迷路を放棄するのである――クモはそれまで自分を安楽に養ってくれた家屋を一切合切その場に残して立ち去るわけだ。母親としての義

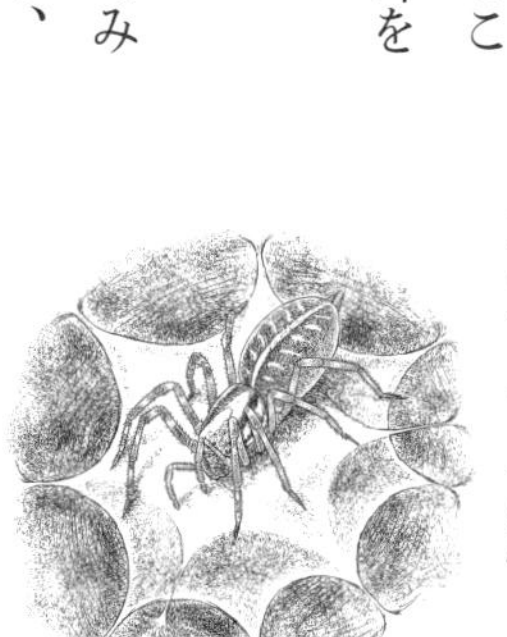

▼卵嚢の中のようすをうかがうイナヅマクサグモの雌。

務をはたそうと、遠いところに別の住まいを建てにいく。しかし、いったいなぜまたそこを立ち去らねばならないのか。

まだ何か月か寿命があるわけだから、母グモには食物が必要である。そうだというのなら、現在の住居のすぐ傍《かたわ》らに卵を宿し、いま使っているあの素晴らしい罠で狩りを続けたほうがずっといいのではないか。卵の入った巣を見張ることと、食物をたやすく手に入れること、この両方のことがうまくいくだろうに。しかしクモにはクモの考えがあるのだ。そして私にはそれがなんとなくわかってきた。

布のように広げた棚網と、その上に張り巡らせてある迷宮《ラビリンス》は、どちらも真っ白で、しかも高い場所にあるので遠くからでもよく見えるのである。虫たちがよく通る場所でそれが陽光にきらめくと、カ（蚊）や、ガ（蛾）の仲間は、ちょうどわれわれの部屋の灯火や鳥刺《とりさ》し[23]の使う鏡に誘われるのと同じように、それに惹き寄せられるのだ。

　きらきら光っているものを見ようと近くに寄りすぎると、虫は自らの好奇心が仇《あだ》となって滅亡する。まわりを往ったり来たりするうっかり者の虫を欺《あざむ》くにはこれ以上のものはないのだけれど、子供たちの安全を考えるとこれ以上危険なものもまたないのである。

　緑の茂みいっぱいに広げられているこの標的を目指してやってくる捕食者は数

23 **鳥刺し**　鳥の捕獲人。長い竿《さお》に鳥黐《とりもち》をつけて、鳥を絡《から》めとる。大がかりになると罠《わな》を用いる。大きな二枚の網《あみ》を張り、そのあいだに囮《おとり》の鳥を入れた籠《かご》や、好奇心を惹《ひ》くための鏡、機械仕掛けの囮などを置いて野鳥をおびき寄せ、頃合いを見計らって網を動かして捕らえる。ちなみにモーツァルトのオペラ『魔笛』に登場するパパゲーノがその鳥刺しである。

多いにちがいない。その連中は網によって場所の見当をつけて、きっとあの大切な卵嚢を発見してしまうことであろう。そしてよそから侵入してきた天敵の幼虫は、百個ばかりの半熟卵を美味しく戴《いただ》いて巣の中の者を全滅させてしまうのだ。イナヅマクサグモの天敵がなんであるのか、寄生する虫の目録を作成するのに充分なだけの研究材料が手に入らなかったので、私にはわからない。しかし他種のクモについての資料《データ》から推測して、何が天敵であるのか、おおよその目安はつく。

たとえばナガコガネグモは卵嚢の布地が丈夫なために自信をもっていて、誰からも丸見えのところに卵嚢を造り、隠そうというような用心はまったくしないで茂みの中に吊り下げておく。しかし、それが災いのもとなのだ。私はこの小壜《アンプル》の形をした卵嚢の中から、長い産卵管をもったヒメバチ[24]の仲間の幼虫を採集したが、寄生バチの幼虫はナガコガネグモの卵を食べて育ったのである。卵嚢の中央にある小さな樽《たる》には、中身を吸い尽くされた卵の殻《から》しか残っておらず、クモの卵は全滅であった。

それにまた、ほかのヒメバチの仲間でクモの巣に寄生するものも知られている。新鮮なクモの卵塊《らんかい》はヒメバチの幼虫のおきまりの食物なのだ。

イナヅマクサグモもまた、ほかのクモと同じように、卵嚢を探しにくる狡猾な

24 **ヒメバチの仲間**　ファーブルは、原文にヒメバチ科（ハチ・アリ類）のクリプトゥス属 *Cryptus* と記しているが、種名にまでは言及していない。本属でクモの卵嚢に産卵する種は不明。ヒメバチ科は膜翅目《まくしもく》で最大の種数をほこる寄生バチの一群で、ここに書かれている属名も現在は変更されている可能性がある。日本ではコガネグモの卵嚢に寄生するヒラタヒメバチ科ヤドリヒラタヒメバチ属 *Tromatobia* の仲間が知られる。▼カザリヤドリヒラタヒメバチ（飾宿扁姫蜂）*Tromatobia ornata*　開張５～7.5㎜　ナガコガネグモの卵嚢に産卵する寄生バチ。

寄生者をひどく恐れている。クモはそれを予見していて、なんとか悪者の手から卵を守ろうと、住居の外の、目印となる網から遠く離れたところを選んで卵嚢を隠すのである。

　卵巣が成熟したことを知ると、母グモは巣を引き払い、より安全な隠《かく》れ家《が》を求めて、夜のあいだに近所を調査に出かけるのだ。このクモが好む場所は、地面を這うように広がった丈の低い茂みであり、冬のあいだも青い葉が密に茂っていて、近くのナラの類《たぐい》の落ち葉がいっぱい絡まっているようなあたりだ。なかでも、養分が足りない岩の上に生えているために、背が高く伸びないかわりに、そのぶんびっしりと密生したローズマリーの藪が、特にこのクモの好きな場所だ。私はいつもそこでこのクモの巣に出会う。とはいえ実に上手に隠してあるので、探しあてるのにはいつも長いことかかるのである。

　これまでのところ、このクモは、虫たちの一般的なやり方からかけ離れた特別なことは少しもしていない。この世は子供の軟らかい肉を食ってやろうと狙っている連中だらけだから、母親の虫たちはどれも不安を抱いている。そこで彼女たちは、用心して自分の卵を人目につかない隠れた場所に産みつけるわけである。こうした注意を怠るものはほとんどいない。それぞれの虫が自分なりのやり方で、産んだ卵を隠しているのだ。

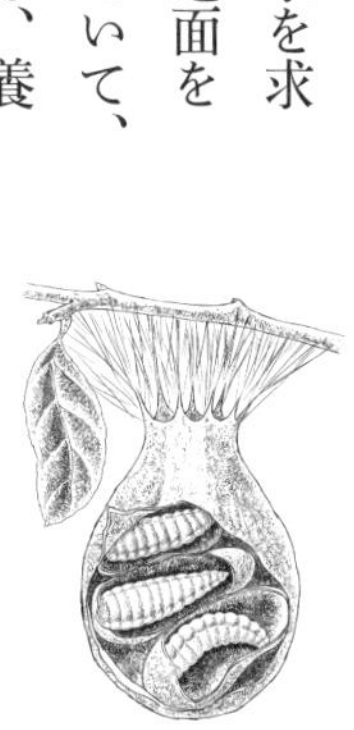

▼ヒメバチの幼虫に食い荒らされたナガコガネグモの卵嚢。ハチの幼虫は繭《まゆ》の中で蛹《さなぎ》（前蛹《ぜんよう》）になっている。

▼ローズマリーの藪《やぶ》の中に造られたイナヅマクサグモの巣。

さてそこで、イナヅマクサグモについてはどうかといえば、卵の保護の仕方は、ある別の条件によって複雑なものとなっている。つまり、ほとんどのクモの場合、卵はひとたびいい場所に隠されるとそのまま置きっ放しにされ、あとはどうなろうと運まかせなのだが、より献身的な母性愛の持ち主のこのクサグモは、[25]シロアズチグモがちょうどそうするように、卵が孵《かえ》るまで自分の子供たちを見守るのである。

アズチグモは小枝の先の高いところに子供たちの巣を造り、その巣の上に何本かの糸と小さな葉っぱとを寄せ集めて、簡単な見張り小屋を造る。母グモは絶えずそこにとどまっているのだが、卵巣が空になり、食物としては何も口にしないものだから、すっかりやつれはて、萎《しな》びた一枚の鱗《うろこ》のようにぺしゃんこになってしまっている。しかもこの、何も食べずにいながらあくまで生きようと頑張っている、ほとんど皮だけになった襤褸布のような母グモは、誰かがそばに近寄ったりすると、卵嚢を守ろうと、けなげにも脚《あし》を上げて攻撃してくる。そして、子グモたちが旅立つまでなんとか生きのびるのである。

イナヅマクサグモの場合はもっと恵まれている。産卵のあとでも、母グモは痩せるどころではない。あいかわらず元気いっぱいで、腹は丸く肥《ふと》っている。それどころかバッタの血を吸うことならいつでもこい、という調子。食欲旺盛なので

25 **シロアズチグモ** 白埰蜘蛛。*Thomisus onustus* 体長7〜10㎜ クモ目カニグモ科アズチグモ属。→第9巻5章。

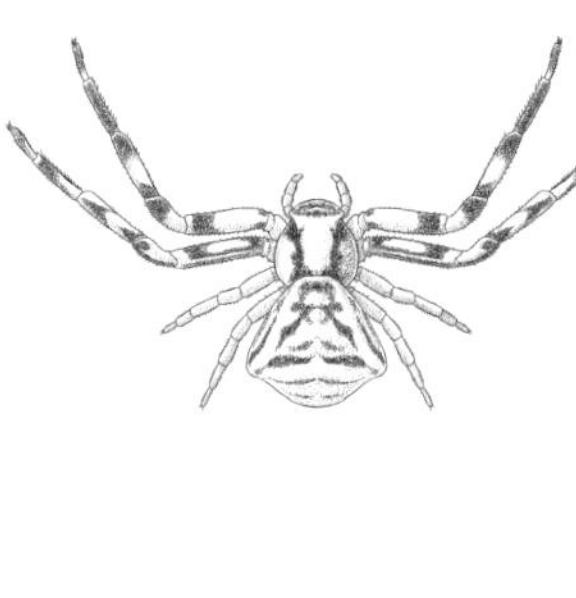

▼見張り小屋から卵を見守るシロアズチグモの雌。

ある。だから見張り番をしている卵のすぐそばのところに、狩りの待ち伏せ場つきの住居が必要なのだ。われわれは釣鐘形の金網を使って飼育したから、クサグモ式の厳密な建築法に則《のっと》って造られたあの住居のことはすでに知っている。

あの見事な卵の見張り小屋のことを思い出してみよう。この巣は、両端が玄関の広間というか、出入口のように伸びており、中心には卵嚢のための部屋が宙吊り状態になっており、十本ほどの糸の柱が突っかい棒の役目をしていて、どこも壁にはくっついていない。前方の出入口は先にいくほど広がり、その上に罠のように、レース糸が張り巡らしてあるわけだ。

外側の包みが半透明なので、巣の中で働いているクモの姿は透けて見える。母グモはアーチ形の天井をもった何本もの回廊を抜けて、卵を収めた星形の袋のどの地点にも向かうことができるのだ。クモは飽くことなく巡回し、ここに、またあそこにと立ち止まり、繻子の布に愛《いと》しそうに手をあてて、卵嚢の奥のようすをうかがっている。

私が藁稭《わらしべ》で一か所を突《つつ》いて揺らしてやると、母グモはたちまち駆《か》け寄《よ》ってきて、いったい何が起きたのか調べてみる。こうした警戒ぶりで、ヒメバチその他卵料理の好きな連中を脅しているのであろうか。おそらくそうであろう。しかしそういう連中がいなくなったところで、母親がそこから立ち去れば、またほかの連中が襲いかかってくるであろう。

卵を見守ることに夢中になってクモが危険を忘れる、などということはない。私がときどき釣鐘形の金網に入れてやる、新しいバッタが一頭、大きいほうの玄関口の張り棚に引っかかった。すると、クモはすぐさま駆けつけて、うっかり者のバッタを取り押さえ、いちばん美味しい両方の腿をもぎとって、中身を吸い出した。その後、バッタの腿を除いた残りの部分は、そのときのクモの腹の空《す》き具合によって、じっくり吸われることも、ちょっとしか吸われないこともある。食事は見張り小屋の外の、入口の敷居の上で行なわれ、クモが巣の内部で獲物を食うことはない。

この場合は、見張りの退屈さを一時的に紛らわすために、なんとなくもぐもぐやるのではない。それは、栄養を充分に摂るための本格的な食事なのであって、しょっちゅう行なわれるものなのである。同じく熱心に卵の見張り番をするシロアズチグモが、私の差し出してやったミツバチを拒んで栄養不良で死ぬのを見たあとだったから、私はこの健啖《けんたん》ぶりに驚いてしまった。母親となっている現在の段階でクサグモが、あんなに食べる必要があるのだろうか。もちろん、ある。母グモにはその必要がある。そうしなければならない絶対的な理由があるのだ。

最初に、卵のための袋を造ったとき、母グモはたくさんの絹を、おそらくは腹

▼卵嚢を保護するイナヅマクサグモの雌。内部ではすでに子グモが孵化している。

の中に蓄えておいた分をすっかり使いはたしてしまっているようである。なぜなら、自分と子供たち、つまり両方のための住居は大きな建物であって、材料がずいぶん多量に必要だからだ。しかし、なお一か月近くも、母グモが糸を付け足していくのを私は見ている。大きい部屋の壁にしても、中央の部屋の壁にしても、初めのうちは半透明の薄絹であった織物が、おしまいには厚い襦子になるほど、一層また一層と糸を付け加えていくのだ。

壁の厚さはいくら厚くても充分ではないようだ。クモはいつまでもそこに手を加えている。そんなわけでこんなに大量の糸の消費をまかなうために、母グモは、常に栄養を摂りつづけて、糸紡ぎのために空になった絹の倉をいっぱいにしておく必要があるのだ。いつまでも糸を途切らせることなくこの工場を維持していくのに、クモは獲物を食べて栄養を補給するのである。

一か月が経過する。九月のなかばごろ、子グモが孵る。しかし中央の袋から外に出ることはなく、その中で柔らかい綿に包まれたまま冬越しをするのだ。母グモはなおも見張りと糸紡ぎを続けているが、日増しに元気がなくなってくる。一頭のバッタを食べるのにもますます長い期間をおくようになるのだ。場合によっては私が罠の糸にバッタをかけてやっても相手にしないことさえある。こんなふうに日ごとに食欲が衰えてくるのは体が弱ってきたしるしだが、糸を紡ぐ仕事もゆっくりゆっくりやるようになり、ついにはその作業もやめてしまう。

なおも四、五週間のあいだ、母グモはつらそうな歩きぶりで監視を続け、生まれたばかりの子グモたちが袋の中にうようよしているのをさも嬉しげにうかがっている。そして最後に、十月も終わるころ、彼女は子グモたちの部屋にしがみついたまま死んで干からびてしまう。母グモは母性愛ゆえにできることをすべてやり尽くしたのだ。あとのことは、小さい子供たちへの神の思《おぼ》し召《め》しにおまかせすることにしたのである。春がくれば、若いクモたちは柔らかな小部屋を出て、飛行用の糸にすがって近所一帯に散らばっていき、タイムの茂みの上で迷宮《ラビリンス》の最初の試作品を編むことになる。

ところで、金網の中に閉じ込められたクモが造る巣は、その構造がいかに整っており、糸に汚れもなくいかにきれいであっても、われわれにすべてのことを教えてくれるものではない。だから野外の複雑な条件の絡み合ったなかでどんなことが起きるか、ということに立ち戻って研究したほうがよいのである。

十二月の終わりごろ、家の若い助手たちみんなに協力してもらって、私はふたたびクサグモの巣を探しに出かけた。樹木の茂った岩だらけの斜面の陰の、小径《こみち》の縁で、われわれはいじけたようなローズマリーを調べ、地面に這《は》っている枝を持ち上げてみた。われわれの熱意は報いられ、二時間ばかりのうちに私は、いく

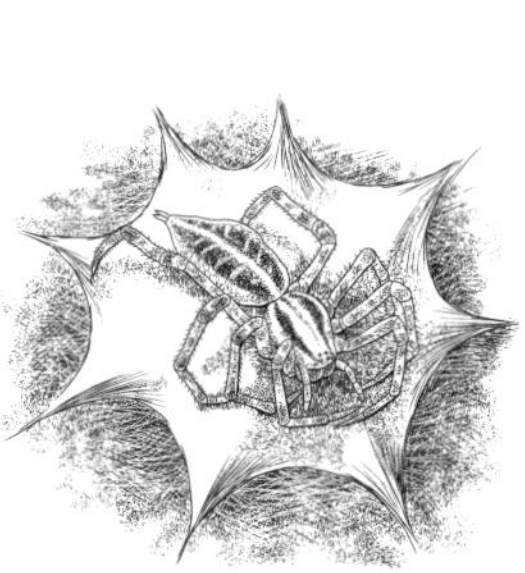

▼卵嚢を守りながら死んだ雌。

▼卵嚢のついた巣から脱出した子グモは、植物の上に登ると、尾端《びたん》から糸を出し、風をとらえて分散していく。

つかの卵嚢の入った巣を手に入れたのであった。

ああ！　しかし、なんという惨《みじ》めな姿であろう。冬の悪天候に晒《さら》されて、本来の卵嚢の面影はすっかり失《う》せている。この、荒屋《あばらや》のようになった巣が実は金網の中で造られたあの建造物と同じものだと認めるためには、是が非でもそれを見つけてやるぞという、それこそ信念のこもった目をもつ必要がある。地面を這っているローズマリーの小枝に繋《つな》がれたまま、この不様な糸の包みは、雨に押し流されて堆積した砂の上に横たわっていた。

わずかな糸で雑然と寄せ集めた何枚かのナラの葉が、四方から巣を包み込んでいる。そしてほかの葉っぱより一段と大きな一枚の葉が屋根の役割をはたして天井を支える葉をくっつけている。前後ふたつの玄関部分の絹がはみ出しているのがもし見えなかったら、そしてもし、包んでいる枯れ葉を一枚一枚剝がしていくときにいくらかの抵抗感が指に感じられなかったら、これは、葉っぱが雨と風とによって偶然寄せ集められたものだと思ったことであろう。

この不格好な掘り出しものをもっと詳しく調べてみよう。ここは母グモの待機する大きな部屋である。が、この葉っぱの包みを剝がすと同時にこれは裂けてしまう。ここは見張りの詰め所の円い回廊だ。そしてここは中央の部屋と糸の柱で、

▼野外に造られたイナヅマクサグモの巣。風雨に晒《さら》されて形が歪《いびつ》になっている。

すべて混じり気のない白い織物でできている。つまり湿った地面の汚れも、枯れ葉の包みに守られて住居の中にまでは達していなかったということである。

それでは、子供たちの小部屋である卵嚢を開けてみよう。「いったいこれは何だ？」私はひどく驚いた。小部屋の中身は土の塊なのである。まるで雨が降ったときの泥水が染み込んで土を残していったかのようである。

いや、この考えは捨てるべきだろう。なぜなら部屋の内側の繻子の壁は、それ自体まったく汚れていないからである。つまり、この塊は母グモがわざわざ意図して入念に仕上げた美しい見事な作品なのだ。砂粒は絹をセメントのように使って固められており、指で押してみると、どこでもいくらか弾むような感じがする。

もっと剝がしていくと、この鉱物でできた層の下から最後に、卵のまわりをぐるりと包んだ絹の産衣《うぶぎ》が現われる。この最終的な包みが破れるやいなや、子グモたちがすぐに怯《おび》えて逃げ出し、この寒くて体の痺《しび》れる季節には信じられないような軽快な身のこなしで四方八方に散らばってしまうのである。

ようするにイナヅマクサグモが野外で何ものにも邪魔されずに仕事をするときには、卵を包む二枚の繻子の蒲団《ふとん》のあいだに、大量の砂粒と少しばかりの絹とで造られた壁をはさむのだ。ヒメバチ*26の産卵管や、その他の天敵の牙から卵を防御するための手段として、母グモは砂利の硬さとモスリンの柔らかさとを組み合わ

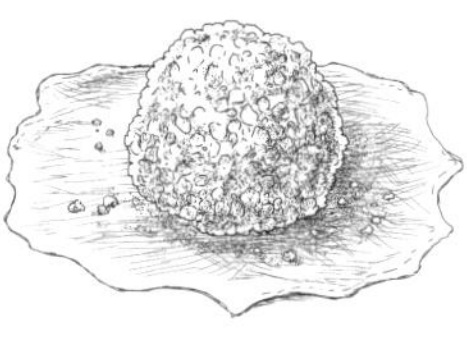

▼卵嚢の内部。内側の壁は砂粒で固められている。

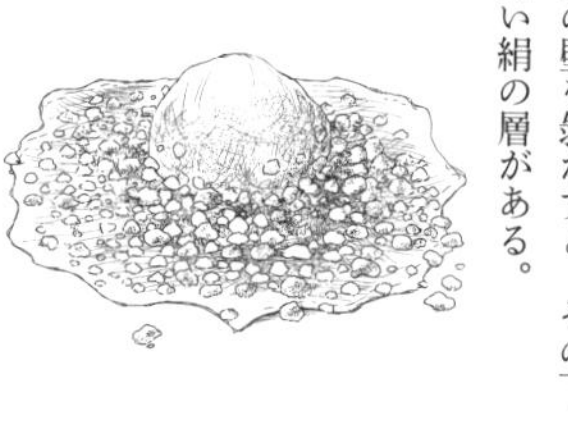

▼砂粒の壁を剝《は》がすと、その下には薄い絹の層がある。

26 **ヒメバチ**　ヒメバチ科Ichneumonidaeの仲間。→訳注。

せたこの防壁が最上だと思ったのだ。こうした卵の守り方は、クモの仲間のあいだではかなり頻繁に用いられているようである。われわれの家の中に住む大型のクモであるイエタナグモ[*27]は、壁の漆喰《しっくい》から剝がれ落ちた粉のような細かい屑と絹糸とで外側を固めた球の中に、卵を封じ込める。
　野外の石の下に住む別種のクモたちもまた、同じような作業を実践している。これらのクモは絹糸を使ってひとまとめにした石などを殻にして卵を包むのだ。同じ不安が同じ防御法を生み出したのである。

　それでは、研究室の釣鐘形の金網に伏せられた五頭の母グモたちがどれも、砂粒で固めた防御壁を造らずじまいであったのはどうしてであろうか。砂はいくらでもあった。金網をかぶせた平鉢の中にたっぷり入れておいたのだ。いっぽう、自然状態でも、この鉱物層を欠いた巣が見つかることもあった。そういう不完全な巣は、地面から少し離れた灌木の茂みの中に宙に浮くように配置されていた。そしてその反対に、砂の層が入っているその他の巣は地面に直接置かれていたのである。

　仕事の経過を辿《たど》れば、この違いを説明することができる。われわれが工事で用いるコンクリートは、細かく砕いた石とセメントとを混合して造られる。同様に

27　**イエタナグモ**　家棚蜘蛛。*Tegenaria domestica*　体長10～13㎜　クモ目タナグモ科タナグモ属。日本を含む世界中の温帯に分布する。→訳注。

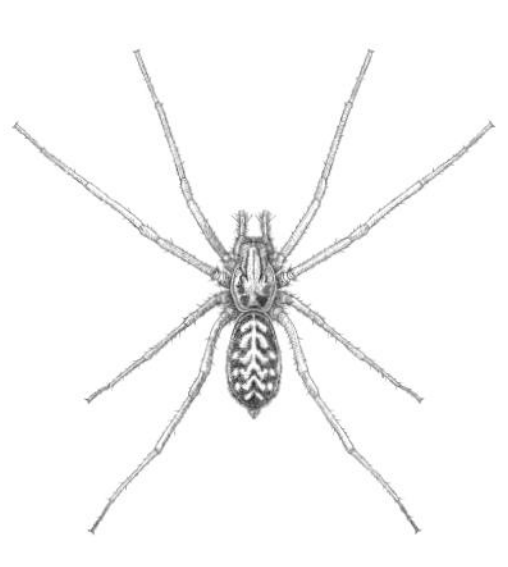

▼イエタナグモの巣（棚網）に造られた卵嚢。

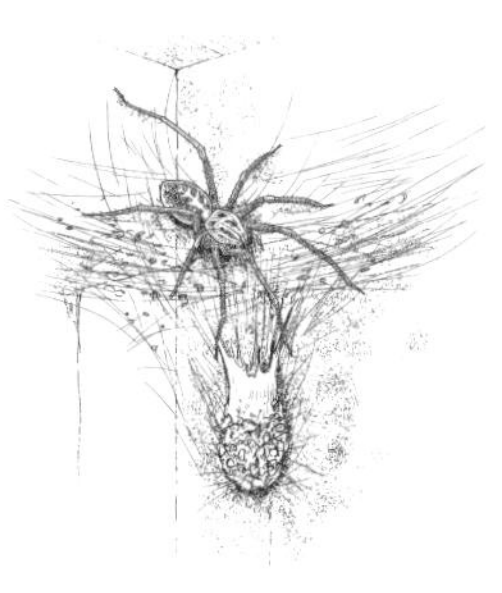

クモは接着剤の絹と砂粒とを混ぜ合わせるのだ。すなわち、紡ぎ疣が働きつづけているときに、脚が真下で掻《か》き集《あつ》めた硬い材料を、ねばねばした糸の流れの中に投げ入れていくというわけである。もしも毎回、糸に砂粒をくっつけたあと、紡ぎ仕事を中断して、遠くまで別の材料の砂粒をいちいち探しにいかなければならないのであったら、能率が悪くて仕事にも何もならないであろう。材料は探さなくても脚の下にある、というのでなくてはならない。そうでない場合には、クモは砂粒を用いることを断念し、そのまま仕事を続けるのである。

釣鐘形の金網の中だと、砂のある場所は遠すぎるのだ。巣は飼育装置の上方、つまり円屋根《ドーム》の網目を足場にして造られている。だから砂を拾いにいこうとすればその場を離れ、二〇センチ以上も下に降りていかねばならないのだ。

母グモとしてはそんな登り降りをする気はない。砂のひと粒ひと粒ごとにそんなことを繰り返していたら、糸紡ぎの仕事は手間のかかるきわめて困難なものになってしまうであろう。それにまた、どういう理由からか、それは私にはわからないけれど、巣を造ろうと選んだ場所がローズマリーの茂みの中の高い場所である場合にも、やはり同じように砂粒を取りにいこうとはしていない。もちろん巣が地面にじかにある場合は、砂粒入りの防御壁は必ず造られている。

この事実のなかに、われわれは本能が修正可能であることの証拠を読みとるべきであろうか――つまりそれは退化の途上にあり、先祖が身を守るために用いていたものをおろそかにするようになっていくのだとか、あるいは逆に、それは進歩の途上にあり、ためらいながらも砂を絹で固める技術を習得するようになっていくのだとか、そういうふうに考えるべきなのだろうか。われわれには退化とも進化とも結論を下すことはできない。イナヅマクサグモがわれわれに教えているのは、たんに本能はその時その時の状況に応じて能力を発揮したり、あるいはその能力を使わずにおくというだけのことなのである。

　つまり、脚の下に砂を敷いてやればクモはコンクリートを捏《こ》ねるであろうし、砂をやらなかったり、遠ざけておいたりすれば、本来、条件さえ整えばいつでも左官屋の仕事ができる技量をもっているにもかかわらず、たんなるタフタ織りの職人のままでいるであろう、ということなのだ。観察者として知りえることを総合して考えてみると、次のように断言することができる――すなわち、このクモがその技術を根底から革新すること、たとえば二つの出入口をもつ部屋や星形の小部屋を放棄して、ナガコガネグモ式の洋梨形の卵嚢を織るようになる、などということを期待するのは、実に馬鹿馬鹿しいことなのである。

11頁　コガネグモの仲間　原綴《げんてつ》は Epeire《エペール》 で、これはラテン語の旧学名（属名）の *Epeira* をフランス語化したものである。ある時代まで *Epeira* は、よく用いられていたクモの属名で、身近なコガネグモ科の仲間の多くが本属に含まれていた。

Epeira という旧属名は、長い歴史をもつ分類名ではあるが、その語源はあまりはっきりしていない。クモが糸を操る動作から、ギリシア語の「引く」、「引き寄せる」を意味する ἐπειρύω《エペイリユオー》（epeiryō）という単語をラテン語化したものという説や、同じくギリシア語で「上」を意味する ἐπι《エピ》（epi）と「織物」や「毛織物」を意味する εἶρος《エイロス》（eiros）を組み合わせた造語ではないかという説がある。

その後、*Epeira* はオニグモ属（現在のオニグモ属よりも広義の種《しゅ》を含む）を表わす学名になったが、これも再検討がなされた結果、狭義のオニグモ属を表わす学名には *Araneus* が用いられるようになり、現在では *Epeira* はまったく使われなくなってしまった。もともと *Epeira* に分類されていた種は、いずれも現在のコガネグモ科 Araneidae に含まれている。

コガネグモ科に含まれるクモは世界で約二千六百種、広義のコガネグモ（コガネグモ上科）は一万一千種と、クモ全体三万五千種の三分の一ちかくを占める大きな一群である。造網性《ぞうもうせい》のクモで、獲物を捕らえるために地面に対してほぼ垂直な円い網《あみ》（円網《えんもう》）を張る。

クモは捕食性の生物で、その狩りの方法には狩猟型や待《ま》ち伏《ぶ》せ型《がた》などがある。コガネグモの仲間のそれは典型的な待ち伏せ型である。狩猟型のクモは、歩脚《ほきゃく》が太く体つきも頑丈であるのに対し、罠《わな》を用いる待ち伏せ型のコガネグモの仲間は、歩脚が細長く華奢《きゃしゃ》なものが多い。コガネグモは、複雑な構造の網を張るために、糸の原料を造る糸腺《しせん》（紡績《ぼうせき》腺《せん》）や液状の原料を糸状に成形する紡《つむ》ぎ疣《いぼ》（出糸突起《しゅつしとっき》）がクモのなかでも特に発達した一群である。『昆虫記』では、第9巻6章から12章で、ナガコガネグモ、ナナイボコガネグモ、オニグモの仲間について詳しく述べられている。

◆**クモの仲間**　分類学的には、クモは昆虫とは区別されている。そのため、『昆虫記』にクモが登場するのは見当違いのようにも思われることであろう。しかし、ファーブルはそんな小さなことには拘泥せず、以下のように述べてい

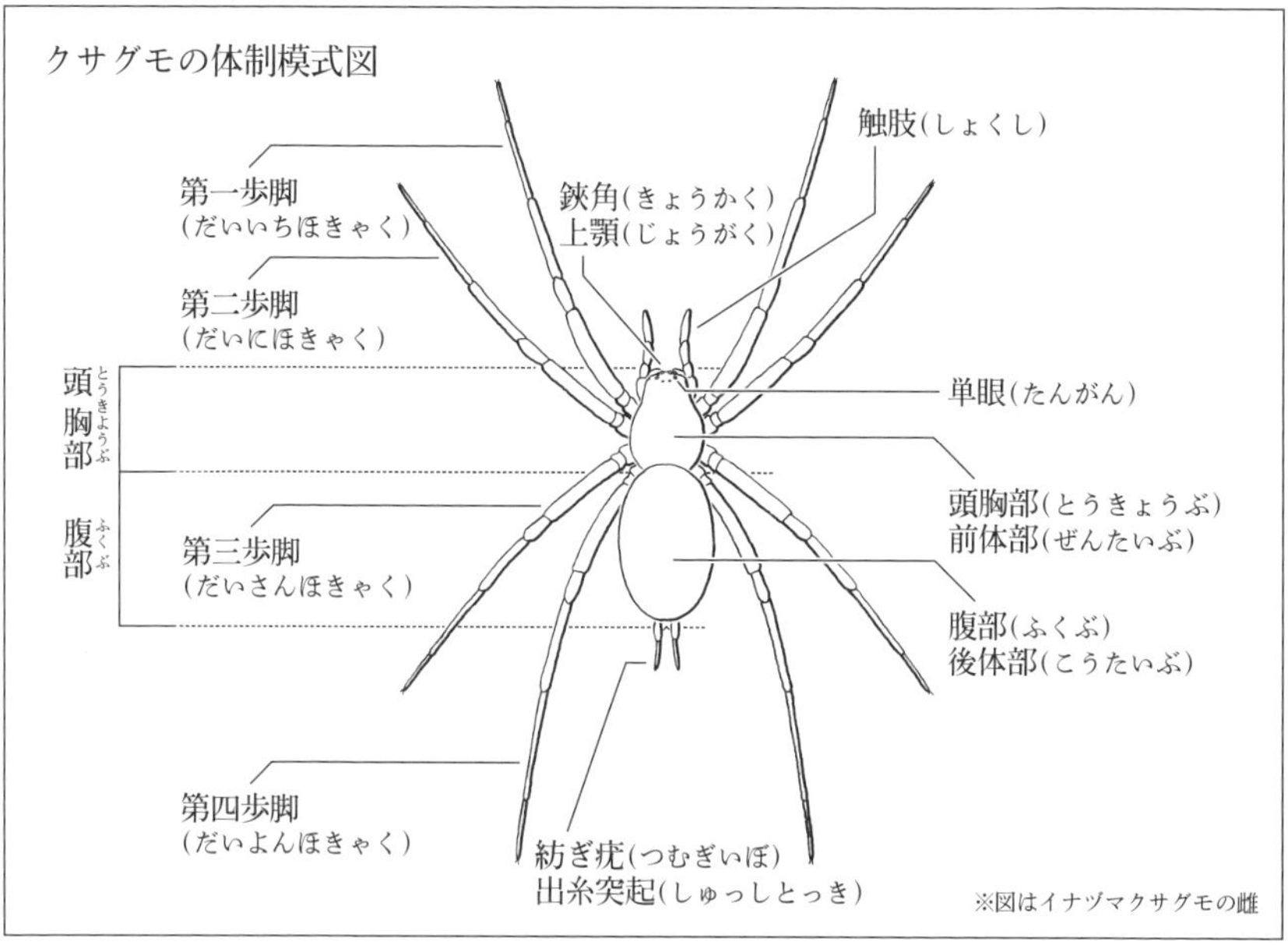

クサグモの体制模式図

る。「分類学なぞこの際どうでもよい。脚《あし》が六本でなく八本であるとか、気管ではなくて書肺《しょはい》をもっているとか、本能の研究において、そんなことはたいした問題ではないのである」（第8巻22章）。

ファーブルは「どうでもよい」というが、クモも昆虫も大きくとらえれば、同じ節足動物門《せっそくどうぶつもん》に含まれる仲間である。念のために大まかな関係を述べると、厖大な種数をほこる節足動物門は、化石種の三葉虫《さんようちゅう》の仲間を除くと、鋏角亜門《きょうかくあもん》（クモやサソリなど）、多足亜門《たそくあもん》（ムカデやヤスデなど）、甲殻亜門《こうかくあもん》（フジツボやエビなど）、六脚亜門《ろっきゃくあもん》（昆虫）の四つに大別される。

同じ節足動物に属するとはいえ、この大きな仲間分けの段階で、すでにクモと昆虫は別の仲間と考えられている。

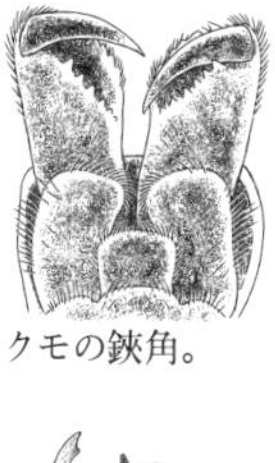
クモの鋏角。

サソリの鋏角。

鋏角《きょうかく》とは、一番目の体節につく一対《つい》の付属《ふぞく》肢《し》（第一付属肢）が鋏状《はさみじょう》になったものである。サソリもダニも第一付属肢がカニのそれのような鋏状になっているが、クモの鋏角は中折れナイフ状（あえて言えば和鋏状）になっていて、その先端が牙《きば》になっている。

鋏角亜門はさらにウミグモ上綱《じょうこう》、カブトガニ上綱、クモ上綱の三つに、クモ上綱はさらに、ダニ亜綱《あこう》（無肺類《むはいるい》）とクモ亜綱（書肺類《しょはいるい》）の二つに分けられる。

クモ亜綱には、サソリ目《もく》、ワレイタムシ目、マルワレイタムシ目、コスリイムシ目、サソリモドキ目、コヨリムシ目、ヤイトムシ目、ウデムシ目、そしてクモ目が含まれる。クモ（クモ目）とサソリ（サソリ目）以外はおそらく一般の人には縁のない生き物で、たとえ目にする機会があっても正体のわからぬ〝変な虫〟であろう。

ではクモと昆虫のどこが違うかといえば、触角の有無である。クモ（もしくは鋏角亜門のすべて）は触角をもたず、昆虫（六脚亜門）は触角をもつ。さらに昆虫はよく知られているとおり、体が頭部、胸部、腹部の三つに分かれ、肢《あし》が三対《つい》六本で基本的に翅《はね》をもつ。それに対し、クモは頭部と胸部が一体になった頭胸部《とうきょうぶ》（前体部）と腹部（後体部）からなる。頭胸部と腹部は腹柄《ふくへい》によって連結され、腹部の尾端《びたん》についた紡《つむ》ぎ疣《いぼ》（出糸突起《しゅつしとっき》）をあらゆる方向に向けることができるようになっている。脚《あし》は昆虫より二本多く四対《つい》八本で触角と翅はない。眼の数は、昆虫の場合、大きな複眼《ふくがん》が二つ、そして単眼《たんがん》が三つ、あったりなかったりするが、クモの場合すべて単眼であって、その数は通常八個、種《しゅ》によっては二、四、六個ということもある。

このようにクモは厳密には昆虫ではないが、その研究は『昆虫記』のなかでも重要な位置を占めている。クモが最初に紹介されるのは、第2巻11章の「ナルボンヌコモリグモ」で、第8巻22章「ナガコガネグモ」、23章「ナルボンヌコモリグモ」と続き、第9巻では1章から12章までを占める。

◆**トタテグモ**　クモの仲間のうちでも、トタテグモは、ハラフシグモと並んでクモの先祖の古い姿を今に伝える一群である。地面に掘られた巣穴の入口に開閉可能な蓋《ふた》をつけるため、蓋を戸と見たててトタテグモ（戸閉蜘蛛）の和名がある。このような巣を造って暮らす生態は複数の種《しゅ》でみられるものであるが、おもにトタテグモ科 Ctenizidae と、カネコトタテグモ科 Antrodiaetidae の仲間に多い。

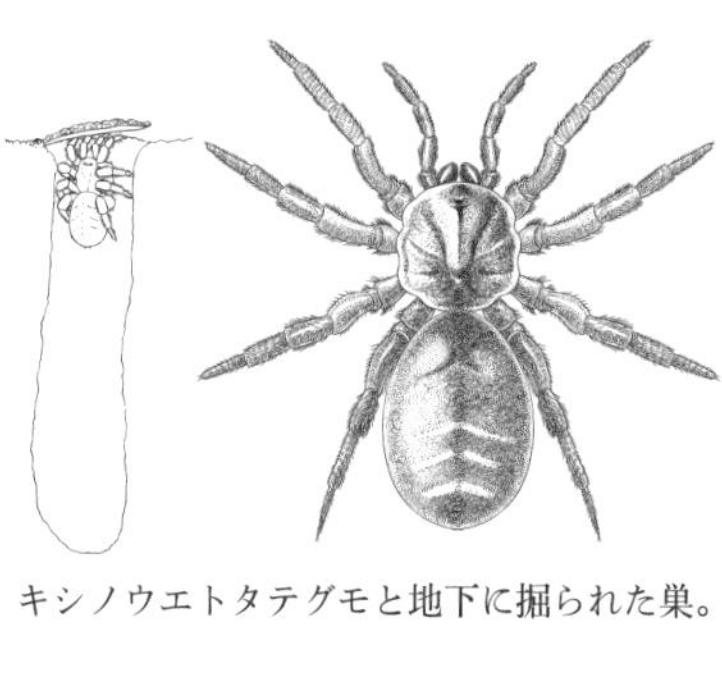
キシノウエトタテグモと地下に掘られた巣。

蓋の一部は、巣穴の壁面に張り巡らされている糸と繋《つな》がっていて、蝶番《ちょうつがい》の役目をはたし、クモが出入りするときだけ蓋が開く仕組みになっている。糸で造られた蓋には、落ち葉の屑《くず》や土などが張りつけられ、周囲の地面と区別しにくなっている。日本でも関東以南にキシノウエトタテグモ *Latouchia swinhoei typica* が知られる。

◆**荒れ地《ガリーグ》**　原綴《げんてつ》は garrigue《ガリーグ》で、地中海沿岸にみられる、表土が失われ、一年生の植物が疎生《そせい》する石灰岩地。夏から秋にかけて、ほとんど雨の降らない地中海性気候の土地には、もともと乾燥に強く、硬い小さな葉をもつセイヨウヒイラギガシやケルメスガシなどの硬葉樹林《こうようじゅりん》が発達していた。ところがこの地域では、古くから放牧や焼き畑などが行なわれたことによって植生が破壊されてきた。降水が少ないため、一度壊された植生は回復しづらいのである。セイヨウヒイラギガシなどの中高木が失われると、低木のカシ類が発達するマキーと呼ばれる植生に遷移《せんい》する。さらに、破壊がすすんで木本《もくほん》が姿を消すと、地表の腐植土は失われて石灰岩質の白く乾燥した荒れ地《ガリーグ》へと移行する。その結果、荒れ地《ガリーグ》にはイネ科の植物やタイム、ローズマリーなどの、乾燥に強いハーブ類が育ち、南仏の風景を形づくっている。ガリグ、フリガーナとも呼ばれる。

12頁　ミズグモ　ミズグモは、ミズグモ科ミズグモ属の、一科一属一種の、水中で暮らす唯一のクモである。かつてはタナグモ科に分類されていたように、その姿はタナグモの仲間に似ている。水中を泳ぐことができ、水生昆虫や小さな甲殻類を捕獲して食物とする。水中の水草などに固定された糸を膜状にして造った気球状の巣は、中に空気が蓄えられている。ミズグモは水面に出て、密生した体毛に空気を層状につけて巣の中に持ち帰るのである。クモは鰓《えら》など、水中で呼吸できる器官をもたないので、この巣内の空気を使って呼吸する。体表についた空気の層や気球状の巣が、水中では銀色に見えるため「ガラスグモ」、「銀色のクモ」などの俗名もある。学名 *Argyroneta aquatica* の属名は、ギリシア語の「銀」arguros と「織糸」netos を組み合わせたもので、種小名の *aquatica* は「水の」という意味。

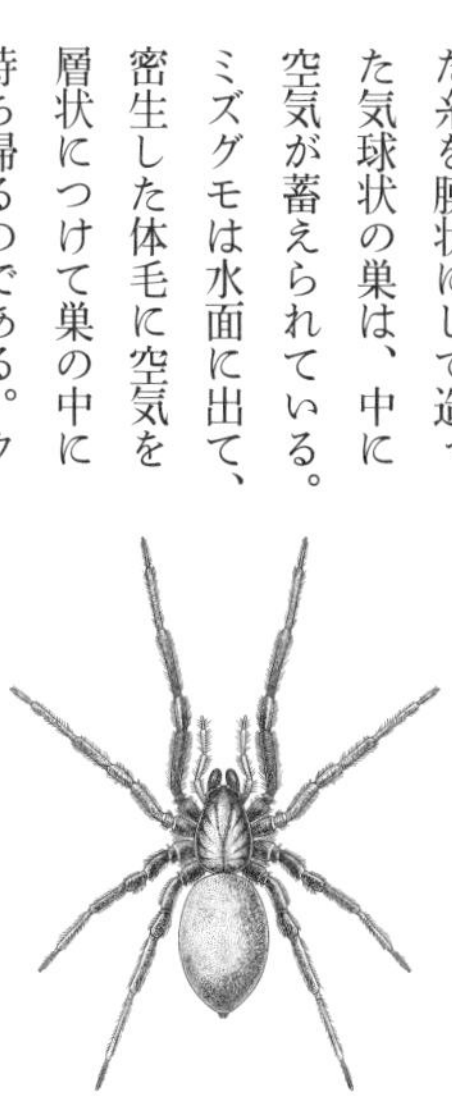
ミズグモ

　クモを含む鋏角《きょうかく》亜《あ》門《もん》の祖先は、もともとは水中で暮らしていたが、進化の過程で陸上へと生活の場を広げてきた。このような鋏角亜門の仲間のなかで、現在でも水中で暮らすものは、本種ミズグモとミズダニ類 Hydrachnellae ぐらいであり、いずれも珍しい存在といえる。これらは、哺乳類のクジラと同様に、いったんは陸上生活をした種《しゅ》が二次的に水中へと暮らしの場を移したものと考えられている。

　ミズグモは、まばらな密度で広い範囲に分布しており、ヨーロッパから日本を含むアジアまでのユーラシア大陸（旧北区）でみられる。フランスでは北部に分布し、ファーブルの住む南仏には生息していない。セキショウモなどの水草が生え、低酸素のために捕食者となる魚の少ない環境を好む。ふつうクモは雄より雌のほうが体が大きいことが多いが、ミズグモの場合は、雄は体長が一〇～一五ミリと、八～一〇ミリほどの雌よりも大きい。これは繁殖のために、雌を求めて雄が抵抗の大きな水中を広く移動するので、体力を蓄えるために大型化したものと考えられている。

ベルギーの作家モーリス・メーテルリンク Maurice MAETERLINCK（一八六二―一九四九）は、アマチュアの博物学者であった祖父の書斎の〝博物誌の小部屋〟で見たミズグモの思い出を、『ガラス蜘蛛』*L'Araignée de verre*（一九三二）という作品に書き記している。

◆ **ティベリウス帝** TIBERIUS Julius Caesar Augustus（前四二―後三七）。第二代ローマ皇帝（在位後一四―三七）。初代ローマ皇帝アウグストゥスの妻リウィア・ドルシッラと、その前夫ティベリウス・クラウディウス・ネロの子。軍事に優れた才能を発揮し、イラン高原北東部のパルティア、ライン川東部（ドイツ、ポーランド、チェコ、スロバキア、デンマーク周辺）のゲルマニア、ドナウ川南西部（オーストリア、クロアチア、ハンガリー、セルビア、スロベニア、スロバキア、ボスニア・ヘルツェゴビナ）のパンノニア、イリュリクム（現在のアルバニア、スロベニア、クロアチア、ボスニア・ヘルツェゴビナ、クロアチア）など各地の反乱を鎮圧。将軍アグリッパの娘ウィプサニアと結婚するが、アグリッパが死ぬとアウグストゥスの命によって彼女と離婚し、アグリッパの妻でありアウグストゥスの娘でもあったユリアと強制的に再婚させられる。後四年アウグストゥスの養子となり、後一四年に五十六歳で皇帝に即位。当初は前皇帝の政策を継承して国を治めるが、のちにはローマを離れてカプリ島に引《ひ》き籠《こ》もり、使者を送って政務を執り行なうようになる。晩年には暗殺への恐れや猜疑心から恐怖政治を行ない、民衆から嫌われた。後三七年に隠棲していたカプリ島で没すると、その訃報に接したローマ市民は悲嘆に暮れるどころか歓喜の声をあげたとされる。

ここでファーブルが述べている「水中洞窟」とは、おそらく、イタリア中西部沿岸のスペルロンガという町にある洞窟と、その周囲にティベリウスが建造させた別荘のことだと思われる。この洞窟は「ティベリウスの洞窟」と呼ばれ、天然の岩の円屋根《ドーム》の下に円い人工池が配され、かつてはその周囲にホメーロスの『オデュッセイア』を題材にした大理石の彫刻が飾られていたのだという。ただし、別荘やその周囲の施設は海に侵食され、今はいくつかの基礎を残してその大半は失われている。

14頁　**イナヅマクサグモ**　日本にも分布するクサグモの一種。イナヅマクサグモ（稲妻草蜘蛛）という和名は、腹部（後体部）背面にある、稲妻のような模様に由来するものと思われる。学名は *Agelena labyrinthica* で、種小名の *labyrinthica* には「迷宮の」、「迷路の」という意味がある。これは、ギリシア神話でミノス王が怪物ミノタウロスを監禁するために造らせた地下の大迷宮 Labyrinthos《ラビュリントス》 に由来する言葉である。イナヅマクサグモは、獲物を捕らえる棚網《たなあみ》の上部に、複雑に錯綜した糸で〝迷宮状〟の網《あみ》を紡《つむ》ぐ。この部分に昆虫などがぶつかると、下の棚網に落下するので、クモはそこで跳びかかって獲物を捕獲する。

40頁　**ヒメバチ**　ヒメバチ科 Ichneumonidae は、膜翅目《まくしもく》（ハチ・アリ類）最大の種数をほこる一群である。いずれも寄生性のハチ（寄生バチ）で、宿主《しゅくしゅ》である昆虫やクモの体、蛹《さなぎ》、卵などに自分の卵を産みつけるため長い産卵管をもつ。孵化《ふか》した幼虫は宿主を食べて育つため、宿主は死ぬことになる。このような寄生を捕食寄生《ほしょくきせい》と呼ぶ。クモの卵嚢《らんのう》に寄生する昆虫は、ヒメバチのほかにも、カマキリモドキや寄生バエの仲間が知られる。

41頁　**イエタナグモ**　イエタナグモが紡《つむ》ぐ網《あみ》（巣）は水平に広がる棚網《たなあみ》と呼ばれるものである。日本をはじめ世界中に分布し、家棚蜘蛛という和名のとおり、人家の中に棚状の網を張り、その中心に管状《くだじょう》の部分を造って潜《ひそ》んでいる。第9巻7章ではこのクモの網のことが説明されている。その構造をファーブルの文章から読み取るのは少し難しいが、全体は塵取《ちりと》りのような形をしており、柄《え》の部分が管状で、クモが潜む隠《かく》れ家《が》になっている。後ろのほうは抜け穴となり、危険が迫るとそこから外へ逃げ出すこともある。正面の塵取り本体（棚）の部分は、目の細かい膜状の網で、その広がりの上に粗い糸が不規則に張られている。ここにハエなどがぶつかると、下の塵取りの部分（棚）に落下し、その振動を感じたクモは駆《か》けつけて、獲物が小さければそのまま、大きければ糸をかけて捕食するのである。

16

クロトヒラタグモ

石の裏に絹の巣を紡《つむ》ぐ織姫《おりひめ》

クロトヒラタグモは、南仏の荒れ地《ガリーグ》で平たい石の裏に巣を造る――巣は円天井《クーポル》を逆さまにした形で、放射状《ほうしやじよう》の吊《つ》り紐《ひも》で石に固定されている――外側には木の屑《くず》や虫の死骸、カタツムリの殻《から》が吊り下げられている――天幕《テント》のような巣の均衡《バランス》を保つ錘《おもり》なのか――クモを巣ごと採集して飼育する――夜のうちに貧相な巣を造った――外側についた異物を取り除く――巣は絹本来の白さを取り戻すが、それに砂粒で造った錘がつけられた――巣には卵の袋が五、六個造られる――母グモは卵の袋の上に陣取る――子グモは十一月に孵化《ふか》し、六月になるまで巣にとどまる――初夏、子グモが旅立つと母グモは新しい巣を造る――子グモは巣から出るまで、なぜ何も食べないでいられるのか――クモの投げかける疑問が、いつの日か、科学によって新しい真理へと導いてくれるだろう

扉絵　荒れ地《ガリーグ》の石の裏に造られたクロトヒラタグモの巣

本種《ほんしゅ》は、これに最初に注目した人物の名にちなんで「デュラン氏のクロトグモ」、[1]ラテン語の学名で *Clotho durandii* Latr.《クロト・デュランディイ・ラトレイユ》と呼ばれている。人は、死ねばその墓もたちまち草[2]に覆《おお》われ、忘れられてしまうのだけれど、小さな虫にその名がつけられたおかげで忘却の淵に沈むことをまぬがれ、いわば虫の通行証を携えて永遠の世界に旅立っていくというのも、これでなかなか馬鹿にしたものでもなかろう。ほとんどの人間はその名を繰り返し呼んでくれる木霊《こだま》さえ残すことなく消え失せ、忘却という、あのもっとも忌《い》むべき墓地に葬り去られてしまうのだから。

いっぽう、博物学者のなかには、生命の宝庫のさまざまなものに名をつけ、小舟にすがるようにして、いくらかでも生き長らえようとする者もいる。

古い樹皮を覆う地衣類《ちいるい》や草の葉、そして弱々しい小さな虫はけなげにも、新しい小惑星と同様に、ひとりの人の名を未来へと伝えていく。死者を顕彰《けんしょう》することの方法は、濫用されることなきにしもあらずだが、限りもなく貴いものだ。いくらかのあいだ残る墓碑銘を彫りつけるのに、コガネムシの翅鞘《ししょう》やカタツムリの殻《から》

1　**ラテン語の学名で……**　学名（旧種小名）の *durandii* には「デュランの」という意味がある。そのあとに記されている Latr. とは学名を記載した著者名の略で、フランスの博物学者ラトレイユ LATREILLE を指す。なお本種《ほんしゅ》は現在、属が *Clotho* から *Uroctea*（ヒラタグモ属）に変更されているため本訳ではクロトヒラタグモとした。↓55頁図、解説。↓訳注「クロトヒラタグモ」。

2　**草**　原綴《げんてつ》は roquette《ロケット》 キバナスズシロ（ロケット、ルッコラ）と mauve《モーヴ》 ゼニアオイ。ゼニアオイは当時流行したモーヴ色（薄紫）の花を咲かせる。

やクモの網《あみ》より優れたものがいったいどこにみられるであろう。御影石《みかげいし》もそれらにはかなわない。そんなふうに硬い石に刻まれた文字もいずれは消えてしまうわけだけれど、チョウの翅《はね》に託された名前が滅びることはないのだ。だからデュランというこの名前は、これでいいことにしよう。

それはともかく、「クロト」[3]などという名がなぜまたこんなところに出てくるのか。まるで波が押し寄せるように、分類しなければならない生物の数がどんどん増えてくるので、名前のつけように窮《きゅう》した分類学者が気まぐれに考えたのであろうか。いや、全然違う。音の響きがよくて、そのうえ織姫《おりひめ》を彷彿《ほうふつ》させる神話上の名前が彼の脳裏に浮かんだのだ。

ギリシア神話のクロトは運命の三女神のうち、もっとも若い女神である。彼女は手に糸巻き棒を持っていて、われわれの運命を紡《つむ》ぎ出《だ》すのだが、その糸巻き棒についているのは、大量の粗い毛の屑《くず》とわずかばかりの絹糸の切れ端、そしてごくごく稀《まれ》に貧相な金の糸屑、といったところである。

博物学者たちの言うクロト、つまりクロトヒラタグモ[4]は、形も衣裳もこのうえなく優雅で美しく、まず何よりも優れた糸紡《いとつむ》ぎの才能を有するクモであって、紡ぎ棒を手にした黄泉《よみ》の国の女神の名をもらったのはこの故《ゆえ》である。しかしクモと女神とのあいだにこれ以上の共通点がないのは残念、と言わねばならない。

3 **クロト** ギリシア神話に登場する運命の三女神の一柱《ひとはしら》。糸巻き棒を手に人間の運命の糸を紡《つむ》ぎ出《だ》す。続いてラケシスが紡錘《つむ》と計測用の棒で糸の長さを割り当て、最後にアトロポスが鋏《はさみ》でこの糸を断ち切るのだという。→訳注。

4 **クロトヒラタグモ** クロト扁蜘蛛。→次頁図、解説。→訳注。

▼クロトヒラタグモが生息する南仏の荒れ地《ガリーグ》。

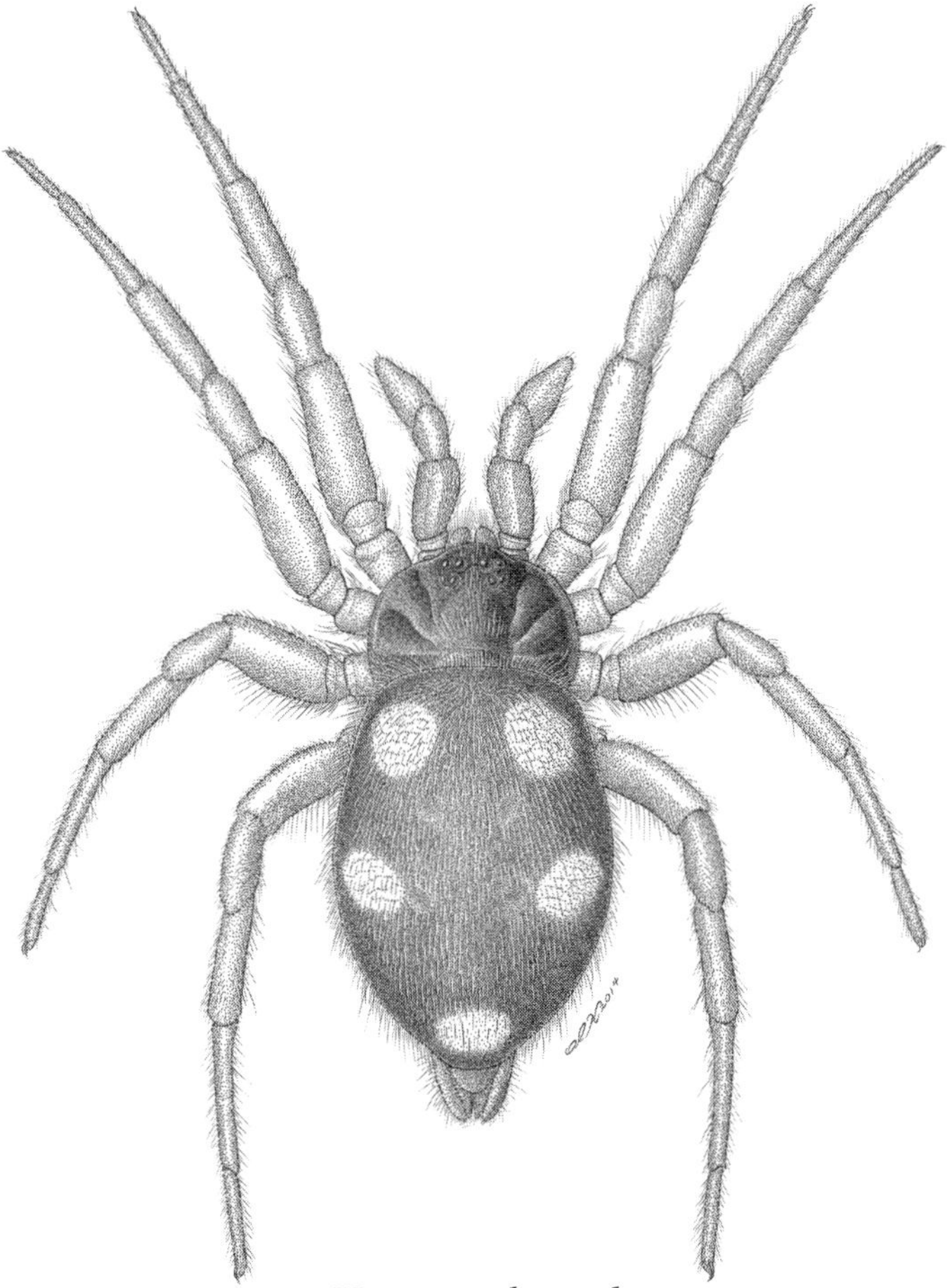

Uroctea durandi　(図は雌)

クロトヒラタグモ　クロト扁蜘蛛。旧学名は *Clotho durandii*　体長14〜16㎜　クモ目《もく》ヒラタグモ科ヒラタグモ属。脚《あし》は飴色《あめいろ》で、褐色の腹部《ふくぶ》背面《はいめん》に五つの黄色い斑点をもつ。平たい石の裏面に天幕《テント》状の巣（網《あみ》）を張り、そこから伸びる糸（受信糸《じゅしんいと》）に昆虫などが触れると、その振動を感じとり巣から飛び出して襲う。イギリス、地中海沿岸、トルコなどの石灰岩質の荒れ地に分布する。なお、原書に記載されている学名（旧学名）は、*Clotho Durandi* と種小名に誤植がみられる。→訳注。

神話に登場する女神のクロトは絹を使うことをひどく惜しみ、粗い屑のような毛ばかりを多量に使って、われわれにつらい人生を紡いでいる。だが八本脚《あし》のクロトは極上の絹糸しか使用しない。クモは自分のために糸を紡ぎ、女神のほうはわれわれのために紡いでくれるのだが、その紡ぎ出す人生は苦しいばかりで少しの報いもないものなのだ。

このクモと知り合いたいと思うなら、オリーヴの木の茂る地方の、太陽が灼《や》きつける石ころだらけの斜面に行って、ちょっと大き目の平たい石を裏返してみるといい。特にいいのは、ラヴェンダーの茂みで草を食べている羊の群れを高みから見張るために、羊飼いが腰掛けとして積みあげた石の山を調べてみることである。ちょっと探してみたぐらいで見つからないからといってがっかりしてはならない。クロトヒラタグモは稀な種《しゅ》で、どんな場所であっても、そこがこのクモの気に入る、というわけにはいかないのだ。

辛抱強く探したかいがあって、最後に幸運が微笑《ほほえ》みかけてくれたなら、持ち上げた石の裏側に、大きさはマンダリンオレンジ[5]半分ほどで、円天井《クーポル》を逆さにしたような形の、いかにも見かけの野暮ったいものが張りついているのがみられる。これがクロトヒラタグモの巣である。その表面には小さな貝殻とか土のかけらとか、それから特に、からからに乾いた昆虫の死骸とかが嵌《は》め込《こ》まれていたり、糸

5　**マンダリンオレンジ**　温《うん》州《しゅう》ミカンなど、果皮が薄くて手で剝《む》きやすく、糖度が高く酸味の弱いミカンの総称。ヨーロッパには十九世紀初頭に伝えられた。マンダリンとは、清朝の高等官吏のことで、その衣服が橙色《だいだいいろ》をしていたことにちなむという。

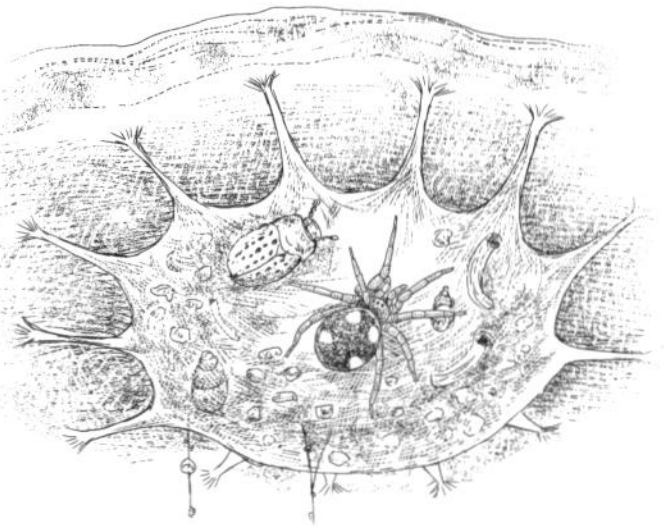

▼平たい石の裏に造られたクロトヒラタグモの巣。

で吊り下げられたりしている。
円天井《クーポル》の縁《ふち》はアメーバの足のように、十数か所、外のほうに向かって棘《とげ》のように伸びていて、放射状に広がったその各先端部分が、吊り紐《つ ひも》となって巣全体を土台の石にくっつけている。そしてこの吊り紐と吊り紐とのあいだには、アーチを逆さまにしたような円《まる》くえぐられた空間ができている。このクモの巣は天地が逆になってはいるが、まるでラクダの毛でできた住居、イシュマエル[6]の子孫、アラブの民の天幕《テント》そっくりだといえるだろう。それぞれの吊り紐のあいだにぱんと張られた一枚の平らな屋根が住まいを天井のように包み込んでいる。

では、出入口はどこにあるのか。アーチ形の構造物はすべて屋根に覆いかぶさるように広がっているが、内部にまで通じているところはどこにもない。どんなにていねいに探してみても無駄であって、外から巣の内部に入り込めそうなところはないのだ。

しかしながら、この天幕《テント》の持ち主は食べ物を捕りにゆくためだけであるとしても、ときどきは外に出ていくはずである。そして外を一巡したあとは、ふたたび中に入らなければならない。いったいどこから出たり入ったりするのか。一本の藁稭《わらしべ》がわれわれにこの秘密を教えてくれる。

巣のえぐれた曲線をところどころ藁で突《つつ》いてみるとよい。どこを突いてみても

6　イシュマエル　旧約聖書「創世記」の登場人物。預言者アブラハムの長男。彼の子孫がアラビア半島の遊牧民系部族となったという。ユダヤ教、キリスト教、イスラム教で、その人物像は異なるが、ユダヤ教やイスラム教では、ここに記述されているように、すべてのアラブ人の祖先とされる。

▼巣のえぐれた曲線の部分を藁《わら》で突《つつ》いてみる。

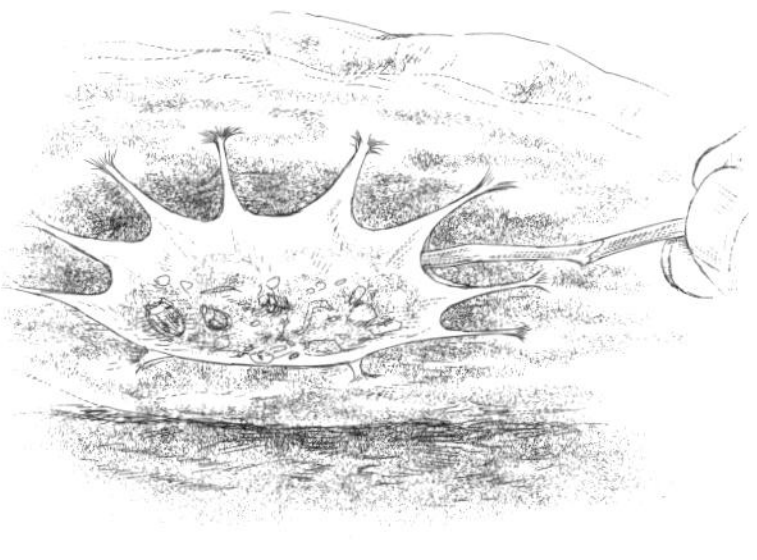

藁は隙間に入らないぐらいで、いかにもきっちり閉じているけれど、一か所だけ、見かけはよそとちっとも変わらないのに、縁の部分が唇《くちびる》のように少し隙間を開けてくれるところがあって、うまくやると藁がすっと入る。

これが出入口なのである。しかしこれも弾力があってすぐに閉まってしまう。しかも、クモは中に入ると閂《かんぬき》をかけることが多いのである。つまり、少量の絹を使って二枚の唇のような扉を寄せ合わせ、きっちりと固着してしまうのだ。

トタテグモの巣穴の蓋《ふた》は地面とまぎらわしく、蝶番《ちょうつがい》によって開けたり閉めたりできるようになっている。しかし、それほどまでにしていても、安全の点ではクロトヒラタグモの天幕《テント》のような巣には勝てない。開け方がわからないかぎり、どんな敵もこの天幕《テント》の中には入れないのだ。

危険を感じると、クロトヒラタグモはすぐに天幕《テント》の中に走り込む。爪の先で、ちょっと引っかけて隙間を押し広げ、さっと中に入って姿を消す。扉は自動的に閉まるが、それでも足りないと思うと何本かの糸で閂をかけてしまう。どれもこれも同じような曲線を描くアーケードがいくつもあるので、悪者はとまどってしまって、自分の追っていたクモがなぜいきなり姿を消したのか、どうしても見破ることができないであろう。

▼巣の出入口の構造①　クモが爪の先で巣の出入口の二枚の隙間を押し広げる。

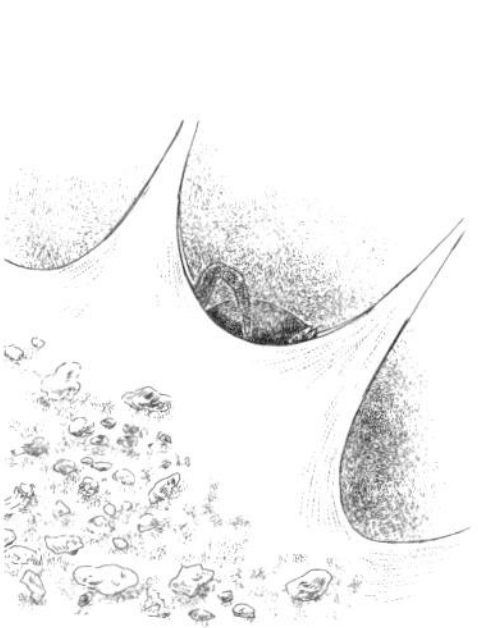

▼巣の出入口の構造②　クモが二枚の隙間の中に入る。

こんなぐあいで、巣を守る仕掛けにかけて、トタテグモよりずっと簡単で巧妙なものを工夫しているクロトヒラタグモは、住まいの快適さの点でも、トタテグモとは比較にならないほど優れている。この天幕《テント》状の小部屋を開けてみよう。なんという豪華さであろう！　古代のシバリス人は、寝床に敷き詰めた薔薇《ばら》の花びらの一枚に皺《しわ》が寄っていたために背中が痛くて眠れなかったという。クロトヒラタグモも負けず劣らず贅沢《ぜいたく》なのだ。寝床の繊細さは白鳥の綿毛以上で、その白さときたら、夏の夕立を孕《はら》んだ積乱雲を欺《あざむ》くばかり。これこそまさに申し分のないメルトンである。

寝台の上には同じくらい柔らかな天蓋《てんがい》があり、このふたつのあいだに、脚が短く、背中に黄色の紋が五つある、黒っぽい衣裳のこのクモが、かなり窮屈《きゅうくつ》そうにじっとしている。

このうえもなく居心地のいいこの隠《かく》れ家《が》で体を休めるためには、それが揺るがず、しっかりしていることが絶対条件である。特に風が激しく吹き荒れるような時期、隙間から風が石の下に吹き込んでくるときなど、巣の裾が風でばたばたはためいたりするようなことがあってはならないわけだが、そうした条件は申し分なく満たされている。

この住居を注意深く点検してみよう。屋根のまわりを手すりのように縁どって、

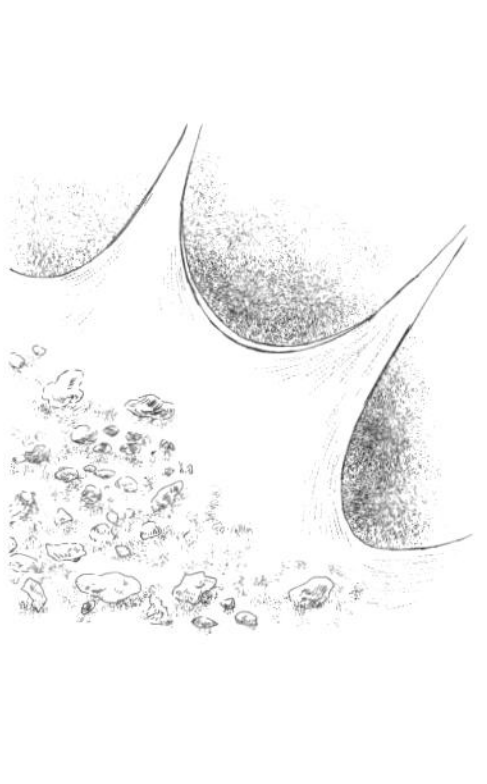

▼巣の出入口の構造③　クモが巣の中に体をすべりこませると、出入口は自然に閉じる。

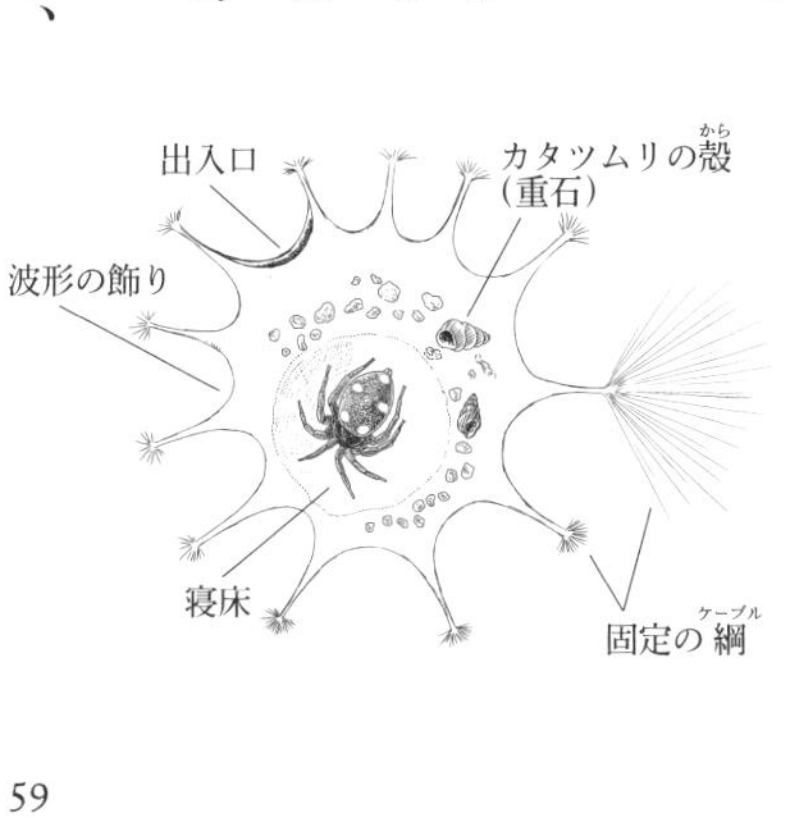

▼クロトヒラタグモの巣（真下から見た模式図）。

巣全体の重みを支えている波形の飾りは、それぞれ紐状の先端部分で平たい石に張りついている。そのうえ、石に張りついたそれぞれの付着点から糸の束がさらに分岐し、石の上を這《は》うかたちで石全体に密着して、ずっと先まで伸びていっている。私の測ったもののなかには二五センチ近くにまで達しているものがあった。これは巣を固定する綱《ケーブル》なのだ。つまりベドウィン族の天幕《テント》をしっかりとどめている杭《くい》と綱《つな》とに相当するものなのである。

これほど本数が多く、しかもこれほど組織立てて配置された支えの綱《ケーブル》があれば、何かクモが予想しなかったような、めったにないほどの荒々しい力が加わらないかぎり、この吊り床《ハンモック》が土台から剝《は》ぎ取《と》られることはないであろう。

もうひとつ、細かいことが目を引く。住居の内部は清潔で気持ちがいいのに、外部は土の塊《かたまり》や、腐った木の屑や、細かい砂粒などの汚れものだらけなのである。もっとおぞましいものがついていることも多い。つまり天幕《テント》の外側は死体置場になっていて、死骸が嵌め込まれたり、糸屑でぶら下げられたりしているのだ。ゴミムシダマシ[7]、ニセスナゴミムシダマシ[8]をはじめ、岩の下の隠れ家を好むゴミムシダマシの仲間のからからに乾いた死骸や、陽《ひ》に晒《さら》されて白っぽくなったヒメヤスデ[9]の体の切れ端や、小石だまりによく見られるベッコウマイマイ[10]の殻、あるいは小型のカタツムリの殻などが見つかるのだ。

7　**ゴミムシダマシ**　芥虫擬。鞘翅《しょうし》目《もく》（甲虫類）ゴミムシダマシ科オパトルム属 *Opatrum* の仲間。
▼タテミゾスナゴミムシダマシ（縦溝砂芥虫擬）*Opatrum sabulosum*　体長7〜10㎜

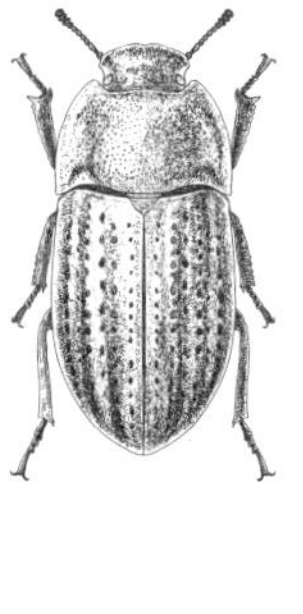

8　**ニセスナゴミムシダマシ**　偽砂芥虫擬。鞘翅目（甲虫類）ゴミムシダマシ科アシダ属 *Asida* の仲間。
▼ニセスナゴミムシダマシ（偽砂芥虫擬）*Asida sabulosa*　体長11〜15㎜

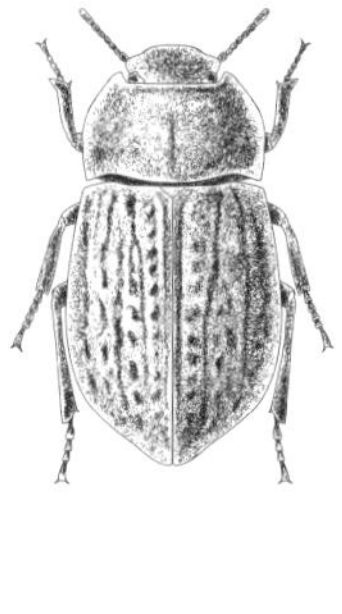

こうした死骸の大半はもちろん、クモの食事の残り物である。クロトヒラタグモは網の罠《わな》を使って獲物を捕る術《すべ》は知らないから、地上で獲物を追いかけて捕まえる。ひとつの石の下から別の石の下へと、うろうろしている虫を食べているのだ。夜のあいだに平たい石の下に入り込んでくる虫は、そこに住んでいるクモに捕食されるわけだ。体液をすっかり吸われた死骸は、遠くにぽいと捨てられるのではなく、絹の城壁にぶら下げられる。そのさまはまるで、クモがこんなものを使って、見る者たちを脅そうとしているかのようである。

だがクモの目的は無論それではない。城の絞首台に獲物をぶら下げて人喰い鬼のように振る舞ったりしたら、いくら待ち伏せて捕まえてやろうとしていても、通りすがりの連中に警戒心を起こさせてしまうであろう。

こういう疑念をさらに強めるほかの理由もある。ぶら下げられているカタツムリの殻はたいてい中身が空っぽなのだが、ときによるとその貝殻の持ち主の軟体動物が中に入っていて、無傷のまま生きていることもあるのだ。

それにしてもハイイロベッコウマイマイ[11]とかヨツバベッコウマイマイ[12]その他、狭い螺旋《らせん》の、手の届かない奥のほうに引《ひ》き籠《こ》もっている連中を、クロトヒラタグモはいったいどうしてやろうというのか。石灰質の殻を壊すこともできないし、入口から手を伸ばしても中にいる軟体動物には届くわけがないのに、それにまた、

9　**ヒメヤスデ**　姫八十手。ヒメヤスデ目 *Julida* の仲間。姿がよく似たムカデの仲間は、各体節に一対《つい》ずつしか脚《あし》がない。いっぽうヤスデの仲間は、各体節に二対ずつ脚があるため倍《ばい》脚類《きゃくるい》と呼ばれる。

▼ヒラタヒメヤスデ（扁姫八十手）*Polydesmus complana*

体長20㎜

10　**ベッコウマイマイ**　鼈甲舞舞。腹足綱《ふくそくこう》オオシイノミガイ科プパ属 *Pupa* の仲間。

11　**ハイイロベッコウマイマイ**　灰色鼈甲舞舞。*Solatopupa similis*（旧 *Pupa cinerea*）

殻高11㎜

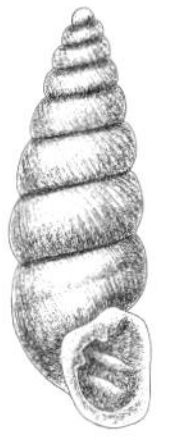

あのねばねばした貝の肉をおそらく、このクモは美味《おい》しいとは思わないであろうに、なぜこんなものを拾い集めるのであろう。
ひょっとするとこれは、たんなる錘《おもり》であり、クモはこれで巣の均衡を保とうとしているだけなのかもしれない。イエタナグモ[13]は壁の隅に織《お》った巣が、ちょっと風が吹いたぐらいで変形しないよう、粉々になった壁土を重石《おもし》にする。つまり、クモは細かい漆喰《しっくい》の屑がそこに溜まるがままに放っておくのだ。われわれは二種のクモにおいて同じ種類の工夫を見ているのではあるまいか。実験してみよう。推測を重ねるより実験のほうが頼りになる。

クロトヒラタグモを飼うためには、巣が張りついている平らな重い石を家の中に運び込むような大変なことはしなくてもよい。ごく簡単な作業ですむ。
私はポケットナイフの先で石からクモの天幕《テント》の吊り紐を剝がしてやった。そんなときでもクモが巣から外に逃げ出すようなことはめったにない。それぐらい、このクモは家に引き籠もるのが好きなのだ。それに、私のほうもできるだけ慎重に巣を取りはずした。そして住居とその持ち主のクモとを、一緒に円錐形《コーンがた》の紙容器に入れて持ち帰ったのである。

平らな石だと持ち運ぶのに重すぎるし、仕事机の上に置いていてもかさばって

12　**ヨツバベッコウマイマイ**　四葉鼈甲舞舞。*Vertigo pygmaea*（旧 *Pupa quadridens*）　殻高2㎜

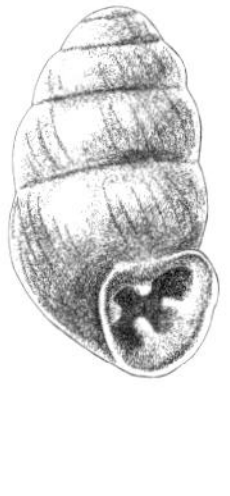

13　**イエタナグモ**　家棚蜘蛛。*Tegenaria domestica*　体長10～13㎜　クモ目《もく》タナグモ科タナグモ属。日本を含む世界中の温帯に分布する。→本巻15章訳注。
▼イエタナグモの巣（棚網《たなあみ》）。巣の一部に溜まった塵が重石《おもし》の役目をはたしている。

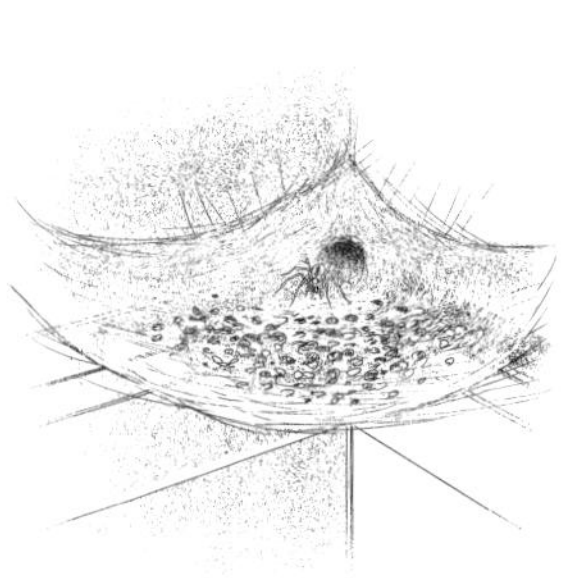

困るので、その代わりにチーズの古い箱を分解して得た樅《もみ》の木の円い薄板やら、ボール紙やら、あり合わせの材料を使うことにした。

そういう材料に、絹の吊り床《ハンモック》から張り出した紐のような部分を、一本一本糊をつけた紙テープでとめておく。こうして準備したあと、三本の短い脚をつけて全体を支えてやる。さあこれで、見た目は小さなドルメン[14]のようになって、岩の下の隠れ家をうまく真似《まね》ることができた。

この作業のあいだ、ぶつけたり揺すったりしないよう注意しさえすれば、クモは住《す》み処《か》から外に出てくることはない。おしまいに、砂をいっぱいに入れた平鉢《ひらばち》の上にこの仕掛けを置き、上から金網をかぶせておいた。

翌日になると、私の訊《き》きたかったことに対する答が、もう得られた。樅の板やボール紙のドルメンの天井裏に張りつけた小部屋のうちのいくつかは、私が剝がすときに破損したりひどく変形したりしたのだが、その巣に住んでいたクモは夜のうちにこれを捨てて、別な場所に、ときによると金網の網目にさえ巣を造るのである。

何時間かの作業で造られた新しい天幕《テント》の大きさは、直径がかろうじて二[15]フラン銀貨ほどしかない。それでも古い館《やかた》と同じ原則に従ってできているのであって、貧相な二枚重ねの布の層からなっている。

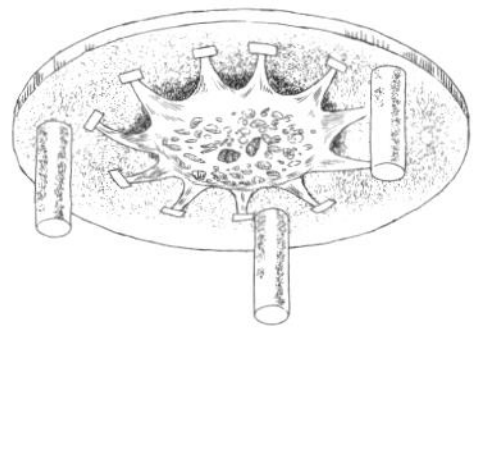

▼採集したクモの巣を薄板の裏に紙テープでとめ、三本の脚で支えた装置。

14　**ドルメン**　数個の石柱に平らな天井石を載せた巨石記念物《モニュメント》。支石墓《しせきぼ》。語源はブルトン語の dol + men で「石のテーブル」という意味。

15　**二フラン銀貨**　十九世紀の主要貨幣。直径二七ミリ。

上の部分は平らで天蓋となっており、下の部分は軽くへこんで袋状になっている。布は非常に薄くて、これではほんのなんでもないことで形が崩れてしまい、それでなくてもクモが中にいるだけでやっと、という狭っ苦しい部屋を、よけい窮屈なものにしてしまいそうである。

さてそこで、この繊細《デリケート》な薄絹をぴんと張り、それを震えないよう安定させ、容量を最大に保つために、クモは何をしたであろうか。静力学[16]の教科書がまさに、こうすればよい、と教えるであろうようなことをクモはしたのである。クモはその巣に重石をつけ、重心をできるかぎり低く下げている。すなわち、袋の膨《ふく》れて垂れた面から、絹の細い糸で連なった砂粒の長い数珠《じゅず》が何本も垂れ下がっているのだ。

この砂の数珠というか細い鍾乳石《しょうにゅうせき》は、全体では密生した顎鬚《あごひげ》のように見えるが、一本一本の数珠の先のほうに、ぽつりぽつりと重そうな塊がついていて、それから先がまた下に伸びている。これらはすべて錘であり、巣の均衡を保ち、その布をぱんと張るための装置になっている。

ひと晩のうちに大急ぎで造られたこの新しい巣は、あとで住まいとなるものの貧弱な下絵みたいなものである。この上から薄い膜が何層にも順々に付け加えら

16 **静力学** 古典力学の一分野で、物体に作用する力の釣り合いを論じる。いっぽうの動力学では運動と力の関係を論じる。

▼平鉢《ひらばち》の飼育装置。なかには金網に新しく小さな巣を造るクモもいる。

れ、外壁は最終的には厚味のあるメルトン[17]となり、部分的に自分の重さでふっくら膨らんで、必要なだけの容量を保つようになる。

そして、初め小さな袋にすぎなかったころには、袋を下に引っ張り、膨らみをもたせるのにあんなに役に立った砂粒の鍾乳石は、そのときには捨てられてしまい、クモはその住居に、なんであれ、やや重みのあるものを張りつけるだけになる。それらはおもに昆虫の死骸であるが、そうなる理由は、虫の死骸が、わざわざ探しにいかなくても食事が終わるたびに足元に転がることになるからである。

そうした残骸は建築材料の石なのであって、戦勝記念品《トロフィー》などではない。遠くから集めてきては苦労して高いところに引き上げなければならない材料の、代わりとなるものなのだ。こんなぐあいに、住居をしっかりさせ、安定もさせる覆いができあがる。さらにいっそうよく均衡を保つために、小さな貝殻その他、さまざまな物体をだらりと長くぶら下げていることも多いのである。

だいぶ前に完成した古い巣から、外側の覆いを取り払ってやったら、いったいどんなことが起きるであろうか。こんな大損害を被った場合、クモは緊急の手段として、砂の鍾乳石をふたたび造って巣の安定を取り戻そうとするだろうか？

実際クモがそうすることは、すぐに確認できた。

金網の下に伏せて飼っているクモの巣の中から見事な大きさのものを選んで、

▼巣に砂粒が長い数珠《じゅず》のように垂れ下がっている。

17　**メルトン**　羊毛などを織ったあと縮ませて繊維をフェルト状にした毛織物。オーバーコートや毛布に用いられる。クモが糸で紡いだ巣を人間の織物にたとえている。

注意深く、外側についている異物をていねいにすべて取り除いて剝《む》き出《だ》しにしてみた。絹はふたたび本来の白さに戻った。住まいは素晴らしいけれど、どうも妙なぐあいに弛《たる》みすぎているようである。

クモもそう思ったようで、その夜、もとどおり巣を適正な状態に戻すための手なおしに着手した。で、どんなふうにやったか、というと、やはり砂粒の数珠を吊ったのであった。

幾晩もかけて、絹の袋のような巣は、長い鍾乳石の顎鬚《あごひげ》をいっぱい生やされ、鬚もじゃにされてしまった。なんだか奇妙な細工物になってしまったけれど、布の袋をまんべんなく膨らませるのにこれは実に優れた工夫である。吊り橋の綱《ケーブル》が橋床《きょうしょう》の重みで安定が保たれているのも同様の原理だ。

そのあとでは、クモが食事をするたびに残骸が巣に嵌め込まれ、揺さぶられたために砂が少しずつ落下して、巣はふたたび死骸置場の様相を取り戻していく。ここにおいてわれわれは、先と同じ結論に立ち返るわけである。すなわち、クロトヒラタグモには自分の静力学があり、錘を付け加えて重心を下げることにより、住居の均衡を保ち、さらには適度の広さを獲得することができるのだ、と。

さて、あんなふんわりした蒲団《ふとん》を敷いた住まいの中で、このクモはいったい何をしているのであろうか。私の知るかぎり、何もしていない。腹がいっぱいにな

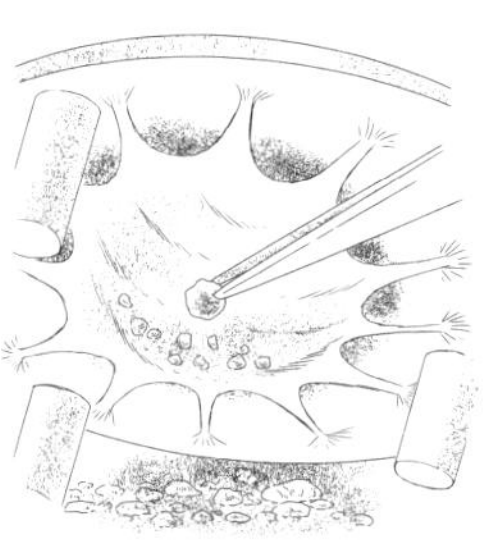

▼飼育しているクロトヒラタグモの巣の外側の異物をすべて取り除いてみる。

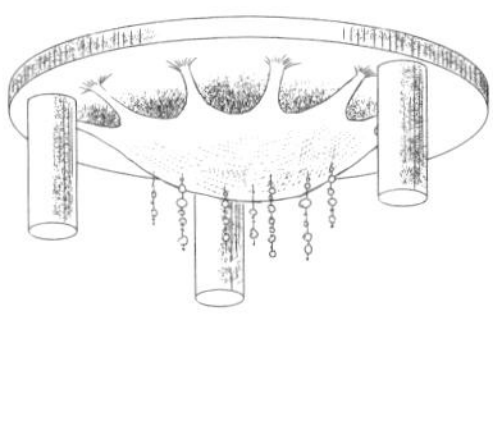

▼夜のうちに手なおしされた巣。砂粒の数珠が吊り下げられている。

ると、柔らかい敷物の上に気持ちよさそうに脚を伸ばし、何にもせず、何も考えていないようである。大地の回る音でも聞いているのであろう。

それは眠りではない。起きているのかといえばなおさら違う。それはただ漠然と幸福な気分だけが持続している、いわば中間の状態なのだ。心地よい寝床で眠りに落ちようというとき、われわれには至福の時間が訪れる。さまざま思いわずらうことどもが消え去ってしまうことへの前奏曲《プレリュード》だ。これほど快い瞬間はほかにない。クロトヒラタグモもそんな瞬間を知り、存分にそれを味わっているのだ。

巣の戸口を開いてみると、クモはまるではてしもない瞑想に耽《ふけ》っているかのように、常に動かず、じっとしている。この瞑想状態からクモを呼び覚ますためには、藁稭で突いてやる必要がある。

クモが外出するのは、空腹に迫られたときである。このクモはひじょうに少食なので、外まで出てくることはきわめて稀である。私の研究室で飼っていて、三年間つぶさに観察していたけれど、昼間金網の下の領地を検分しに出てきたところは一度も見たことがない。このクモが食物探しにあえて外に出てくるのは夜間、それも夜がそうとう更けてからのことだ。このクモの遠征のあとを追跡することはほとんど不可能である。

辛抱を重ねたおかげで、夜の十時頃、私はこのクモが巣の平屋根の上で涼んでいるところを目撃することができた。そこでクモはおそらく獲物の通りかかるのを待ち伏せしていたのだろう。

私がかざした蠟燭《ろうそく》の光に怯《おび》えて、暗闇の好きなこのクモはさっと家の中に引っ込み、秘密を少しも明らかにしてくれなかった。ただ、翌朝になると、小屋の壁にはひとつ余計に死骸がぶら下げられていて、私が行ってしまったあと、クモがまた狩りに出てきて、首尾よく獲物を捕まえたことを証《しょう》していた。

ひどく臆病で、しかも夜行性のこのクモの習性をわれわれが目撃することはできない。クモは、博物誌にとって貴重な資料となる仕事の結果、つまり完成した巣はわれわれに見せてくれるのだが、それをどうやって造るのか、そして特にどういうふうに産卵するのかについては、われわれに明かしてくれない。産卵は十月に行なわれると推測されるだけだ。卵の容れ物は五つか六つの平たいレンズ豆形の小さな袋に分けられていて、全体として母グモの住まいの大部分を占めることになる。

これらの小さな袋はひとつずつ、素晴らしい白い繻子《しゅす》の仕切壁で隔てられているのだが、小袋同士きっちりと綴《と》じ合《あ》わされ、またそれぞれが住まいの床にしっかり固定されているので、ひきちぎるようにしないとひとつひとつ取り分けることはできない。卵の数は全部の小袋のものを合わせると百個ほどになる。

▼卵の袋（卵嚢《らんのう》）を守るクロトヒラタグモの雌（透視図）。

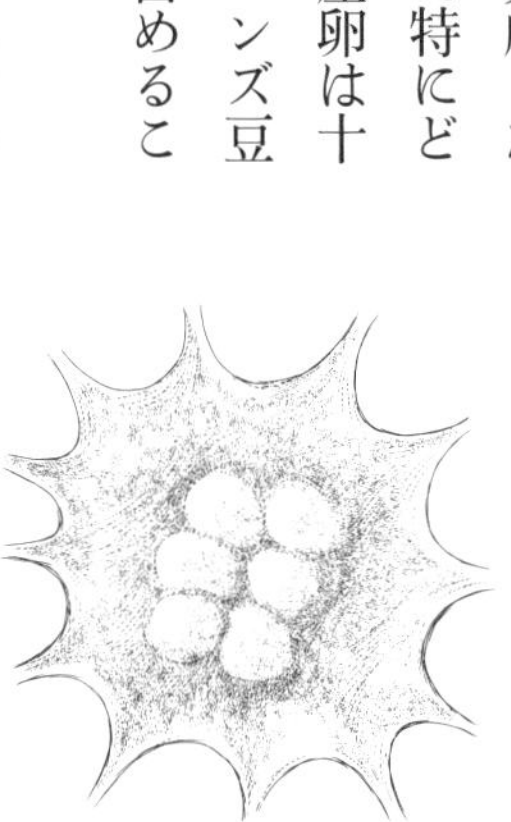

▼巣の内部に造られた卵嚢（雌を取り除いたところ）。

この小さな袋の塊の上に、卵を温めている雌鶏《めんどり》のような献身ぶりで母グモが陣取っている。こんなふうに母性を発揮していても母グモはやつれてはいない。体は少し縮んでいるけれど、見たところは以前と同じようにとても元気そうである。腹がでっぷりしているのと皮膚が張り切っているのが、何よりその役目がまだ終わっていないことの証拠である。

子グモたちが孵化《ふか》してくるのは早い。十一月にならないうちに、卵嚢《らんのう》の小袋の中には、体格こそ小さいものの、成体とまったく同じに五つの黄斑《おうはん》のある、暗い色の衣裳を着た子グモたちがもう孵《かえ》っている。生まれたばかりの子グモたちは各自の小袋から出てこない。連中は互いにくっつき合って冬をずっとそこで過ごし、母親のクモは、その小袋の塊の上にうずくまって、全員の安全を見守っている。しかし、子供たちのことは小部屋の仕切り越しに感じられる愛らしい手応え以外、なんにも知らないのだ。

[18]イナヅマクサグモは前章で見たとおり、二か月のあいだ休むことなく巣の見張り小屋にとどまり、自分の目ではけっして見ることのない子グモたちに、必要とあらば保護の手を差し伸べようと見張っていたけれど、クロトヒラタグモは八か月近いあいだ同じように子供たちを見張っている。そのかいあってクロトヒラタグモは、わずかなあいだにせよ、子グモたちが巣の大部屋の中で自分の傍《かたわ》らをよ

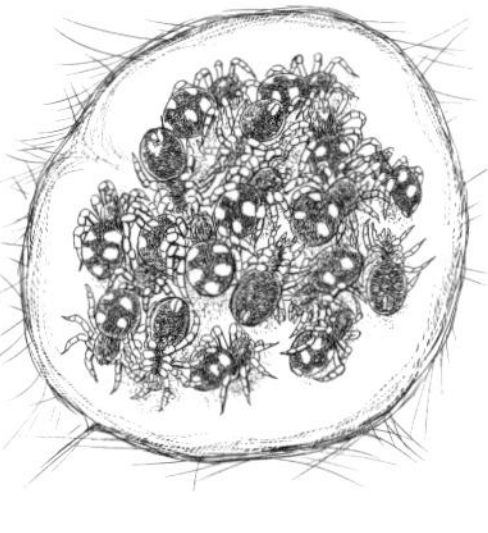

▼孵化《ふか》したばかりのクロトヒラタグモの子グモ。卵嚢の小袋の中にとどまっている。

18　**イナヅマクサグモ**　稲妻草蜘蛛。*Agelena labyrinthica*　体長10〜12㎜　クモ目タナグモ科クサグモ属。→本巻15章。

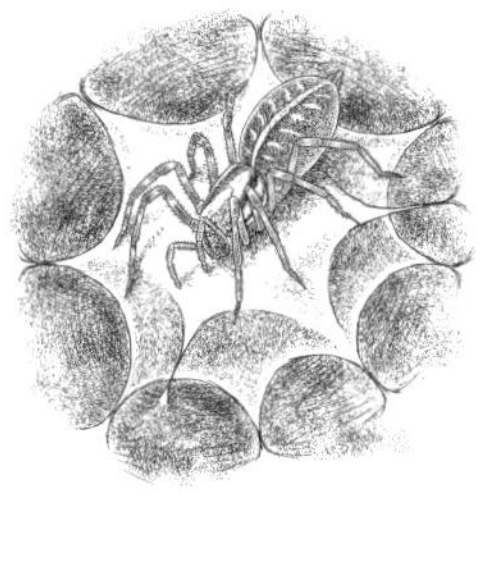

▼卵嚢を守るイナヅマクサグモの雌。

ちよちと歩きまわるところを見ることができるし、また最後の巣立ち、つまり、子グモたちが糸の端に摑《つか》まって大旅行に旅立つさまに立ち合うこともできるのだ。

六月の暑さがくると、子グモたちは、おそらく母グモが手助けしてやるのであろうが、小部屋の壁に穴を開けると、母親の天幕《テント》から出てくる。その秘密の出口はちゃんと心得ているのだ。そして玄関のところで数時間ばかり外気を吸ったあと、ふっと飛び立つ。紡《つむ》ぎ疣《いぼ》を初めて働かせて紡ぎ出した、飛行用の糸に摑まって遠くまで運ばれていくのである。

クロトヒラタグモの老母は、子供たちが旅立って独りぼっちになってしまうことには無関心のまま巣に残っている。彼女は、衰えてしまうどころか、逆に若くなったようにさえ見える。色艶《いろつや》もいいし、活力に満ちた姿から察すると、二度目の産卵が可能なほど長生きするのではないか、と思われるほどなのである。

この問題に関する資料を私は一例しかもっていないけれど、それはかなり説得力のあるものだ。滅多に手に入らぬ母グモたちの行動を私は辛抱強く見張ってきた。飼育するのには細かく面倒をみる必要があり、しかも結果を得るまでには長い時間がかかるにもかかわらず、である。案の定、子グモたちの旅立ちのあと、母グモたちは住居を去り、それぞれが釣鐘形《つりがねがた》の金網の網の目に新しく巣を造りに

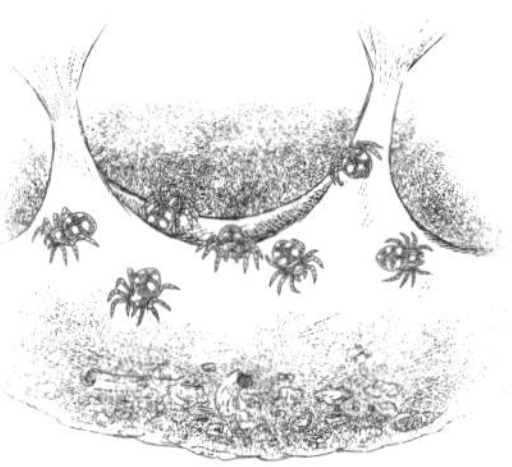

▼巣から脱出してくるクロトヒラタグモの子グモ。

▼紡《つむ》ぎ疣《いぼ》から糸を出し、風に乗って旅立つ子グモ。

いったのである。

この巣はひと晩で造ったいわば略式の家だ。二枚の布が重なったもので、上の布は平たく、下のは膨らんでいて、砂粒の錘がついているだけだ。こうして造られた新しい住み処は、日が経つにつれて一層また一層と重ねて厚くされていき、やがてもとの本格的な巣に似たものになる。

なぜクモは古い住み処を捨ててしまうのか。それは壊れてもおらず、それどころか見たところはまだ素晴らしい状態で役に立ちそうなのである。私の考えちがいでなければ、その理由がなんとなくわかるような気がする。

古い巣には柔らかい蒲団が敷かれてはいるが重大な欠点がある。中は子グモたちの小部屋の残骸でいっぱいなのだ。しかもこれら卵嚢の残滓《ざんし》は、私がピンセットを使って取り除こうとしても、簡単には剝がれないぐらい巣にしっかりくっついているのだから、クロトヒラタグモにとってその作業は大変な労力を要する、あるいはとうてい無理な仕事ということになるであろう。これは[19]ゴルディオスの結び目のようにしっかりと密着しているので、それを結んだ当のクモにさえも解《と》くことはできないのだ。そんなわけで、邪魔な破れた小袋の山はそのまま残しておかれることになるのだ。

19　**ゴルディオスの結び目**　解《と》きがたい結び目のこと。転じて難問、難題を意味する。アナトリア（現在のトルコ）の古代国家フリュギアの神殿に奉納された馬車の轅《ながえ》（馬に連結する平行した二本の棒）を結《ゆ》わえつけた複雑な結び目に由来する。これを解いた者がアジアの支配者になるという伝説があった。マケドニア王国のアレクサンドロス三世（アレキサンダー大王）がフリュギアに遠征した際、神殿でこの話を聞いて、結び目を剣で断ち切り「運命とは、自らの剣で切り拓くものだ」と言い放ったと伝えられる。

クモがもし単独で巣の中に住むのであれば、部屋が狭くなったとしても、結局のところどうということはないだろう。なんとか体を動かせるだけの、ごくわずかな広さがあればよいわけである。それに七、八か月も、大きくかさばる卵嚢と一緒に狭っ苦しい中で暮らしてきたのだ。それが今さらどういうわけで急に広い場所が必要になるのか。

私にはただひとつの理由しか思いつかない。母グモが、自分自身としては狭い隠れ家で充分であるのにもかかわらず広い部屋を必要とするのは、自分のためではなく、次に生まれてくる子グモたちのためなのだ。

まえに生まれた子グモたちの卵嚢の残骸が場所を塞《ふさ》いでいたりしたら、どこに新しい卵嚢を置けばよいのか。新しい子供たちには新しい住まいが必要なのだ。おそらくはそういう理由で、卵巣にまだ産むべき卵があることを感じたクモは、古い巣を捨てて別に新しい巣を造りにいくのであろう。

私に観察できた事実は、実のところこの引っ越しまでである。残念なことだが、ほかの仕事に追われていたことと、長期間の飼育の困難さとから、クロトヒラタグモが複数回産卵を行なうのか、どれだけ寿命があるのか、ということについて、ナルボンヌコモリグモ[20]について行なったほどには観察を継続し、完全に証明することができなかった。

20 **ナルボンヌコモリグモ**
ナルボンヌ子守蜘蛛。*Lycosa narbonensis* 体長23〜28㎜
クモ目コモリグモ科コモリグモ属。→第2巻11章。→第8巻23章。→第9巻1〜3章。

▼腹部に卵嚢をぶら下げたナルボンヌコモリグモの雌。

このクモの話を終えるまえに、[21]すでに取り上げた問題に急いで戻ることにする。ナルボンヌコモリグモの子供たちが母親の背に七か月も負われているあいだ何も食べないのに、身のこなしの軽い体操選手のように動けるのはなぜかという問題だ。

子グモたちは母グモの背からしょっちゅう落下するが、その後母親の脚をよじ登り、素早くもとの場所に戻っていく。これは子グモたちには手慣れた運動である。子グモたちは、物質的に何も補充することなく熱量《エネルギー》を消費しているのだ。

クロトヒラタグモ、イナヅマクサグモ、その他多くのクモの子たちが同じ謎をわれわれに投げかけている。子グモたちは運動するにもかかわらず、何も食べないのである。

クモたちがまだ小さいころのいつでもよい、たとえば冬のさなか、一月のひどく寒いころであっても、こちらのクロトヒラタグモの小部屋、あちらのクサグモの卵嚢といったぐあいに引き裂いてみるとしよう。そこで目にする子グモたちは、食べ物もなく、寒さにかじかみ、無気力な状態に沈みこんでいるはず、と私は思い込んでいた。ところが無気力どころではなかった。小部屋が破られると、中に潜《ひそ》んでいた子グモたちは大急ぎで飛び出し、いちばんいい季節に、自由に野外を駆《か》けまわっているのと同じ敏活《びんかつ》さで、四方八方に散って逃げていくのである。子

21　**すでに取り上げた問題**　この問題については、第9巻2章で論じられている。→訳注。

グモたちがこうしてちょこちょこ走るさまにはまったく目を瞠《みは》らされるほどだ。犬に驚いたウズラの雛《ひな》でもこれほどすばしこく散りぢりになることはあるまい。

雛がまだ可愛い黄色の綿毛の玉みたいなころ、母親が呼び声をたてるとお米の粒を入れた餌《え》皿《ざら》のほうに駆けだしていく。

なんともすばしっこく正確に作動する、こんな愛らしい小さな動物機械[22]の動くさまを見ても、われわれはしょっちゅうそれを見ているために、別になんとも思わない。注目する必要もないほどこれは単純なことに思われるのだ。

しかし科学は物事をじっくり観察し、別の見地から眺めるのだ。科学は言う。無から有は生じない。雛は物を食べて消費する。より正確に言えば、食物を燃焼させて熱を生み出し、それを熱量《エネルギー》に変換するのだ、と。

もし誰かが、鶏《にわとり》の雛《ひよこ》で、卵から孵ったあと七、八か月のあいだ、いっさい物を食うことができず、それなのにずっと元気でいつも敏活に走りまわっているものがいる、などと言ったとしたら、それに対し、いくらなんでもそんなことはありえないという、われわれの不信感を、いったいどう表現したらいいだろうか。

ところが何も食べずに活動するという、この理屈に合わぬことをクロトヒラタグモその他の者は実際にやっているのだ。

22 **動物機械**　動物は、一種の自動機械《オートマトン》であり、物理的な存在であるという考え方。フランス語では automate《オートマット》 となる。→第9巻2章訳注「動物機械」。

ナルボンヌコモリグモの子供たちが母親と一緒にいるあいだ食物を摂《と》らないということを、私は証明できたと思っている。しかし厳密に言えば疑問の余地がないわけでもない。人の目の届かない巣穴の奥で遅かれ早かれ起きるであろうことについては、あの観察をもってしても何も言えないままだからである。

われわれの観察のおよばないところで、あるいは、腹がいっぱいになった母グモが餌袋の中身をいくらか子グモたちに[23]吐き戻してやるのかもしれない。こうした疑問に、クロトヒラタグモが答えてくれる。

ナルボンヌコモリグモと同じく、クロトヒラタグモも子供たちと一緒に住んでいるが、この場合、子供たちは小部屋の仕切り壁の中にきっちり閉じ込められており、母親は子供たちとまったく接触することができないように隔てられているわけだ。だからこんな状態では子供たちに固形の食物を与えることはまったく不可能である。

「母グモが栄養のある液を吐き出し、それが仕切り壁に浸み込んで、中にいる子供たちがそれを飲みにくるのではないか」と考える人がいたら、イナヅマクサグモがそれは違うと教えてくれよう。この種の場合、母グモは子グモが孵化した数週間後に死んでしまうからだ。子グモたちはその後、半年のあいだずっと繻子の部屋に閉じ込められているのだが、それでもやはり活発に動きまわるのである。

23　**吐き戻してやる**　ナルボンヌコモリグモやクロトヒラタグモの場合では不明だが、ヨーロッパのヤチグモなどでは、雌が子グモに咀嚼《そしゃく》した食物（スパイダーズ・ミルク）を子グモに給餌《きゅうじ》することがわかっている。

子グモたちは自分たちを包んでいる卵嚢の絹織物を栄養の源にしているのではないか、つまり自分の家を食べているのではないか。こうした仮説もあながち荒唐無稽とはいえない。なぜなら、コガネグモの仲間のオニグモは、まえに見たように、新しい網を張るまえに、破れた網を飲み込んでしまうからである。[24]

――しかし、そんな説明は認めることができない、と今度はコモリグモが異議を申し立てるだろう。コモリグモは子グモに絹の幕を造ってやらないのだ。ようするに子グモはどれもこれも、食物は絶対に何も摂らないのだ。

最後に、子グモは卵に由来する脂肪その他の物質を体内に蓄えていて、これを徐々に燃焼させて、機械的な働きに変えるのではないかと考えてみる。

もし熱量《エネルギー》の消費がごく短い期間、たとえば、数時間とか数日とかというのであったら、この世に生まれてくるすべての生物には、いわば旅支度のように、生命を維持する動力が与えられているとするこの考えに、喜んで注目したいところだ。

雛《ひよこ》はその熱量《エネルギー》を充分もっている。卵によって供給された栄養分だけで、雛は両肢《りょうあし》でしっかりと立ち、しばらくのあいだ動きまわる。しかし、やがて胃袋の中が空になると熱量《エネルギー》を生み出す炉の火が消えてしまい、雛は死ぬのである。

24 **網を飲み込んでしまう** ファーブルは第9巻7章でカドオニグモが使用ずみの網《あみ》を食べるようすを観察して「古い網の材料は胃で消化されてもう一度液体となり、また新たに使われることになる」と記述している。↓第9巻7章訳注「また新たに使われる」。

もしこの雛が七、八か月のあいだ、絶え間なく立ったり体を揺すったり、危険があれば逃げたりしなければならないとすれば、いったいどういうことになるか。こんな労働量に必要な蓄えを体のどこに収めておけばよいのであろうか。

子グモは体積としては無に近いような微小な体である。これほどまで長い期間、運動するのに足るだけの燃料を体のどこに蓄えることができるであろう。原子《アトム》のように微小な生物が、いつまでも尽きることのない運動熱量《エネルギー》となる脂肪を蓄えている、などという想定をまえにしては、われわれの想像力もとてもついていけないという気になるのだ。

そうなると、われわれが頼らざるをえないのは熱放射《ねつほうしゃ》である。熱放射は、非物質的な無形のもので、特に体外からもたらされ、有機体によって運動に変換される。熱量を発生させる栄養素としてはもっとも単純な形をとって現われるものだ。クモたちは食物から熱を抽出するのではなく、すべての生の源である太陽が放射する運動熱を、そのまま直接に利用しているのだ。無機物は、たとえばラジウム[*25]が証明しているように、思いもかけないような秘密を有している。しかし有機物にはさらに驚くべき秘密があるのだ。

クモの観察から引き出されたこうした推測から、いつの日にか、科学が確固たる真理や生理学の基本原理を生み出さぬと誰が言えるであろう。

25　**ラジウム**　代表的な放射性元素。原子番号88、元素記号Ra。一八九八年、フランスの物理学者ピエール・キュリー Pierre CURIE（一八五九―一九〇六）、ポーランド出身の物理学者、化学者マリー・キュリー Marie CURIE（一八六七―一九三四）夫妻によって発見された。夫妻は一九〇三年に放射能の一連の研究でノーベル物理学賞を受賞。その後キュリー夫人は一九一一年にラジウムとポロニウムの発見とその性質、応用の研究でノーベル化学賞を受賞している。→訳注。

16章　クロトヒラタグモ　訳注

54頁　**クロト**　ファーブルが運命の三女神で「もっとも若い」と述べているクロト Klotho は、本来は長姉《ちょうし》とされ、ギリシア語で「紡《つむ》ぐ者《もの》」という意味をもつ。紡がれる糸が、人の運命を象徴すると考えられていたためである。同様に、生命の糸の長さを割り当てる次女のラケシス Lachesis には「配る者」、生命の糸を断ち切る三女のアトロポス Atropos には「変えられない者」という意味がある。

これら運命の三女神は複数形の呼称でモイライ Moirai と呼ばれ、モイライには「割り当てる者」「切り取る者」という意味がある。もともと、この女神たちは一柱《ひとはしら》と考えられていたようで、その際には単数形でモイラ Moira と呼ばれる。

なお、次女のラケシスの名は、セイヨウシロジャノメというチョウの、南フランスは、ラングドック地方に住む亜種の学名に用いられている。すなわち *Melanargia galathea lachesis* である。

セイヨウシロジャノメ

さらに、上記の *lachesis* 亜種には、*Melanargia galathea lachesis* f. *duponti* という型《タイプ》も記録されている。セイヨウシロジャノメには白と黒の模様があり、フランス人には喪服を連想させるらしく、このチョウはフランス名で Demi-deuil《ドゥミ＝ドウイユ》（「略式喪服」の意味）と呼ばれている。

三女のアトロポスの名は、背中に髑髏《どくろ》模様のあることで有名なガ（蛾）、ドクロメンガタスズメ *Acherontia atropos* の学名に用いられている。

ドクロメンガタスズメ

◆ **クロトヒラタグモ**　ヒラタグモは、ヒラタグモ科ヒラタグモ属 *Uroctea* に含まれる仲間。体が扁平なためこの名前がある。世界に十八種が知られ、日本にもヒラタグモ *Uroctea compactilis* が分布している。物体の隙間や角《かど》などに糸で体が隠れるほどの天幕《テント》状の巣（網《あみ》）を造り、その中に潜《ひそ》む。この巣の周囲からは複数の糸が伸び、これらが全体を固定する吊《つ》り紐《ひも》の役割をはたす。それと同時にこの

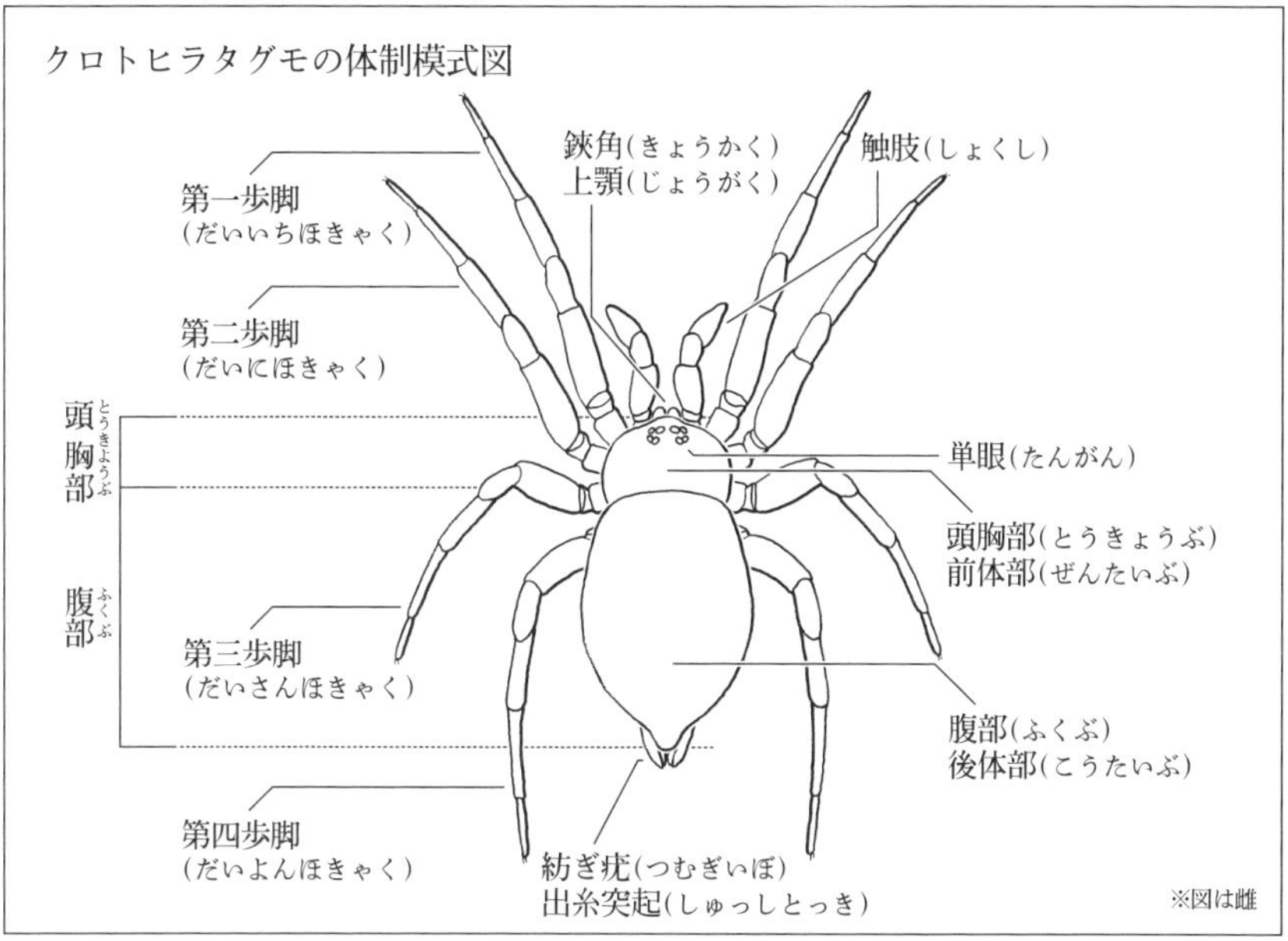

クロトヒラタグモの体制模式図

糸は、獲物などが触れると、その振動を巣の内部にいるクモに知らせる電信線（受信糸《じゅしんいと》）の役割も担っている。獲物の存在を感知すると、クモは天幕《テント》状の巣からさっと飛び出して襲いかかるのである。平身低頭、謝ることを、諺で「平蜘蛛《ひらぐも》のようになって謝る」というが、扁平なヒラタグモはまさにそのような姿をしている。

本章の主人公であるクロトヒラタグモは、背中によく目立つ五つの橙色《だいだいいろ》の斑点をもつヒラタグモの一種。イギリスや地中海沿岸地方に分布し、石の下面に糸で周囲四センチほどの天幕《テント》状の巣（網）を造る。

本種は、一八〇九年にフランスの博物学者ラトレイユ Pierre André LATREILLE（一七六二―一八三三）によって記載された。その後、属名は変更され *Uroctea durandi* となったが、ラトレイユのつけた種小名には「デュランの」という意味がある。これは、ラトレイユからデュランに献じられた名（献名《けんめい》）である。このデュラン氏という人物についての詳細は不明だが、ラトレイユの著わした『昆虫学概論、あるいは甲殻類《こうかくるい》、蛛形類《しゅけいるい》、多足類《たそくるい》、昆虫の博物誌』*Cours d'entomologie, ou de l'histoire naturelle des crustacés, des arachnides, des myriapodes et des insectes*（一八三二）のなかの、クロトヒラタグモについて記された箇所に、「このクモを初めて発見したのは、モンペリエ植物園の研究員、故デュラン氏である」との記述がみられるため、おそらくデュランが本種《ほんしゅ》を採集してラトレイユのもとに送ったのではないかと想像される。ちなみに DURAND という言葉には「永続する」という意味があり、日本の永井、永山などと同様。なおデュランは、フランスでは、デュボワ DUBOIS、デュポン DUPONT などとともに、もっとも多い名字のひとつである。

73頁　すでに取り上げた問題　クモは長い断食《だんじき》に耐えるがファーブルはそう単純には考えない。第9巻2章では、ナルボンヌコモリグモの親子を飼育下で観察することによって、母グモの背中で保護されている七か月あまり、子グモがいっさい食物を摂《と》らないということに気づく。そして、子グモが脱出してくる以前に、卵嚢《らんのう》を母グモが巣穴の外に持ち上げ、太陽の光に当てていたことを思い出す。このことからファーブルは、「太陽のレストランでの熱量《エネルギー》を戴《いただ》く宴会は、今日はこれで終わり」と述べ、子グモが食物を摂るのではなく、太陽の熱と光とによって直接体力を回復するのではないかと推論している。

変温動物のクモは、体内で物質を代謝させること、つまり効率よく食物を分解したり、吸収したり、運動したり、成長したりするために一定の体温を保つ必要がある。クモは、暑いときには日陰に隠れて体温を下げ、寒いときには日向《ひなた》に出て体温を上げるなど、能動的に一定の体温を維持している。寒い時期であれば、卵嚢内の卵の発生や子グモの成長促進のためにも、日光浴は効果がある。しかし、それはあくまでも体内に蓄えられた物質を代謝させるためであり、太陽の熱量《エネルギー》が直接体内に取り込まれるということはない。

コモリグモの場合、卵嚢内で子グモが孵化《ふか》してから母親の背を去るまでは、ずっと絶食した状態にある（ほかのクモの場合でも独り立ちするまでは絶食状態である）。この期間の栄養源は、卵の時代から腹部に持ち越している卵黄《らんおう》である。つまり、ほとんどの種《しゅ》のクモで、子グモは、母親から受け継いだ腹の中の卵黄の栄養を使って、親離れするまでを過ごす。ごく一部の例外として、子グモを守っていた母親自身が子グモの餌《えさ》となる、日本のカバキコマチグモ *Chiracanthium japonicum* や、母親が吐き戻した食物（スパイダーズ・ミルクと呼ばれる）を子グモに給餌《きゅうじ》する、ヨーロッパのヤチグモの仲間が知られている。ナルボンヌコモリグモなど、子グモが一定の期間母親の背中で保護されるものは、もし、それぞれの子グモの体が大きくなれば居場所がなくなってしまうため、結果的にこれはこれで理屈にかなったものであろう。なお、子グモの口器は、三齢《さんれい》になるまでは不完全な状態で、獲物を狩って食べることはできない。

　動物が太陽の熱量《エネルギー》を直接体内に取り込むというファーブルの〝仮説〟は、本巻18章「ラングドックサソリの食物」でもふたたび取り上げられる。ただ、残念なことに、これらの仮説は今日の常識からすれば誤りであろうと思われる。

　もともと恒温動物《こうおんどうぶつ》のわれわれとは異なり、クモやサソリなどの変温動物は代謝も緩やかで断食に耐えやすいエネルギー節約型の生物である。クモやサソリの子は、腹部に母親から受け継いだ高栄養の卵黄を蓄えており、これを少しずつ代謝させて長期間生きのびる。つまりクモは絶食するようにできているのである。ファーブル自身が本章のなかで仮説として提出している「子グモは卵に由来する脂肪その他の物質を体内に蓄えていて、これを徐々に燃焼させて、機械的な働きに変えるのではないかと考えてみる」というのが正しいようである。また「子グモは体積としては無に近いような微小な体である。これほどまで長い期間、運動するのに足るだけの燃料を体のどこに蓄えることができるであろう」と疑問に思っているが、子グモの腹部には、まるでイクラのような卵黄がいっぱいに詰まっている。

77頁　ラジウム　原子番号88の元素。元素記号はRa。一八九八年に、フランスの物理学者ピエール・キュリー Pierre CURIE（一八五九―一九〇六）、ポーランド出身の物理学者、化学者マリー・キュリー Marie Sklodowska-CURIE（一八六七―一九三四）夫妻によって発見された。ラジウム（ラディウム）には非常に強い放射線を出す性質（放射能）がある。そのためこの新元素には、ラテン語で「光線」を意味する radius《ラディウス》 にちなみ radium《ラディウム》 という名がつけられた。
　発見の当時、キュリー夫人は、フランスの物理学者アンリ・ベクレル Antoine Henri BECQUEREL（一八五二―一九〇八）によって発見（一八九六年）されていたウラン鉱石（閃《せん》ウラン鉱）が放射するエックス線に似た物体を透過する光線（ベクレル線）に注目していた。この光線は、ウランそのものが発する放射線の四倍以上も線量が高く、別の新元素が含まれている可能性があった。この発見をもとに、キュリー夫人は夫ピエールとともにウラン鉱石からポロニウムを、続いてラジウムを精製することに成功したのであるが、その作業は困難を極めた。というのも、一トンのウラン鉱石から〇・一グラムのラジウム塩しか分離できなかったからである。しかし、さらに濃縮することで、青白い発光が見られるようになり、この光のスペクトルが新元素固有のものであることが突きとめられたのである。

これがウランにくらべて百万倍以上の強い放射能をもつラジウムの発見となった。キュリー夫妻は、一八九八年七月にまずポロニウムを、ついで十二月にラジウムを発見したと発表した。

このように十九世紀の終わりには、物理学者や化学者たちの目覚ましい活躍によって放射能や放射性元素についての知識が急速に深まっていたのだが、ファーブルも生物学者として、生物がもつ「未知の能力」に強い関心を寄せていた。たとえば、第7巻23章「オオクジャクヤママユ」や、続く24章「チャオビカレハ」では、雄の蛾《が》が遠く離れた雌のもとへ飛来する能力を雌が未知の発散物（知らせの物質）を放出しているのだと考え、実験を繰り返してその機序《メカニズム》を解明しようとしていた。それは、現在では「フェロモン」として知られる信号物質の探求であった。ファーブルは同様の考えにもとづき、七、八か月間食物を摂《と》ることなく生きているクモやサソリの子供が、太陽の光線や未知の光線から栄養を補給しているのではないかと推測している。これも当時の科学の目覚ましい発展のなかで生まれた、ひとつの可能性を追い求める、刺激に満ちた〝仮説〟であったのだろう。

17

ラングドックサソリ

サソリの飼育

サソリの生活史を科学的に記述した人はまだいない――それは星座や暦《こよみ》などの象徴《シンボル》にすぎないのだ――若き日、学位論文を書くためにムカデを探していてラングドックサソリを見かけた――それから五十年のち、サソリを観察することになる――二本の大きな鋏《はさみ》で獲物を摑《つか》み、尻尾《しっぽ》の先についた毒針で頭ごしに刺す――荒地《アルマス》の庭の奥にサソリの集落《コロニー》を造る――室内でも釣鐘形《つりがねがた》の金網で飼育する――気温が低い時期、サソリは単調な日々をおくる――四月になると活動を始め、屋外のものはすべて逃げてしまった――囲いの中で飼ってみるが、やはりすべて逃亡――ガラス張りの飼育箱を造る――木の枠に光沢紙を張り、獣脂《じゅうし》を塗って脱走を防いだ――これらの飼育から得られた知見と、野外での観察結果をあわせてサソリの生活史を語ることにしよう

扉絵　隠《かく》れ家《が》の石の下から顔を出すラングドックサソリ

[*1]サソリというのはむっつり押し黙った虫で、習性も謎めいていて、つきあってみて愛嬌があるとは言いがたい。だからこの虫について語ろうにも、[*]解剖学的に知られている事実を除けば、面白いことはほとんど何もない、とつい思ってしまう。学者たちの解剖刀《メス》はサソリの体の構造を明らかにして見せてくれているが、この虫の詳しい習性について多少なりとも熱意をもって問いかけてやろうとくわだてた観察者は、私の知るかぎりひとりもいないようである。

アルコールに浸けた標本の解剖となると、この虫のことはとてもよく知られている。しかし本能の領域での、その行動については、ほとんど何も知られていないのである。だからこそ、節足動物《せつそくどうぶつ》のうちでサソリほど、詳しい生活史を書いてやる価値のあるものは、ほかにいないのだ。

どの時代にもサソリは民衆の想像力を刺激してきた。[*2]星座にまでその名が記されているほどである。「恐れが神々を創れり」と[*3]ルクレティウスは言った。サソリは恐怖によって神格化され、天上では一群の星にその名がつけられることによ

1 **サソリ**　蠍。節足動物門《せつそくどうぶつもん》鋏角亜門《きょうかくあもん》クモ綱《こう》サソリ目《もく》Scorpiones の仲間。→訳注。

2 **星座**　さそり座は、太陽の通り道に並ぶ黄道《こうどう》十二星座の八番目の星座。十月下旬から十一月下旬にかけて太陽の位置にある。実際に夜空に見えるのは七月から八月。→訳注。

3 **ルクレティウス**　Titus LUCRETIUS Carus（前九四頃—前五五頃）。ローマの詩人、哲学者。唯一の著書『物の本質について』*De Rerum Natura* は、古代ギリシアの哲学者エピクロスの原子論を叙事詩の形式で綴《つづ》ったもの。→訳注。

って栄光を讃《たた》えられ、暦《こよみ》では十月の象徴《シンボル》とされている。サソリに語らせてみよう。

初めて私がラングドックサソリ*[4]と出会ったのは、五十年ほどの昔、ローヌ河をはさんでアヴィニョン[5]の町と向かい合っているヴィルヌーヴの丘の上でのことであった。幸せに満ちた木曜日[6]がやってくると、私はあの場所で朝から晩まで、私の学位論文*の主題《テーマ》であるムカデを求めて、石をひっくり返していた。

ときによると持ち上げた石の下に、ぞっとするような力強いムカデではなく、それに劣らず不気味な別の隠者に出くわすのであった。それがラングドックサソリであった。尻尾《しっぽ》をくるりと曲げて、尾端《びたん》の針の先に毒の滴《しずく》を真珠の玉のように光らせたサソリが、巣穴の入口に鋏*《はさみ》を構えて頑張っていた。ぶるる！　こんな恐ろしい奴は放っておくにかぎる！　私は石をもとに戻すのであった。

くたくたに疲れて私はこの遠出から帰るのであったが、ムカデは多数採集していたし、それに何よりも私の胸は、丈夫な歯で知識というパンを齧《かじ》りはじめたころの、未来を薔薇色《ばらいろ》に彩る幻想でいっぱいであった。

学問よ！　ああ、おまえはなんという魅力で人をたぶらかすことか！　私は喜びでいっぱいになって家に帰るのであった。何しろムカデを所有していたのだ。私の澄みきった無垢の心に、それ以上何が必要だったろう。ムカデは持って帰ったが、サソリのほうはそのままにしておいた。いつの日か、この虫を相手に研究

4　**ラングドックサソリ**　ラングドック蠍。→次頁図、解説。→訳注。

5　**アヴィニョン**　フランス南部のローヌ河沿いの都市。染物の町として栄えていた。ヴィルヌーヴ＝レ＝ザヴィニョン（アヴィニョン城外の新しい町）は、スカラベを観察したレ・ザングルの丘の北東に位置する。

6　**幸せに満ちた木曜日**　当時のフランスの学校は日曜日と木曜日が休みであった。ファーブルはこの休日に勉強することを楽しみにしていた。現在パリでは日曜日と水曜日午後が休み。

▼持ち上げた石の下で見つけたラングドックサソリ。

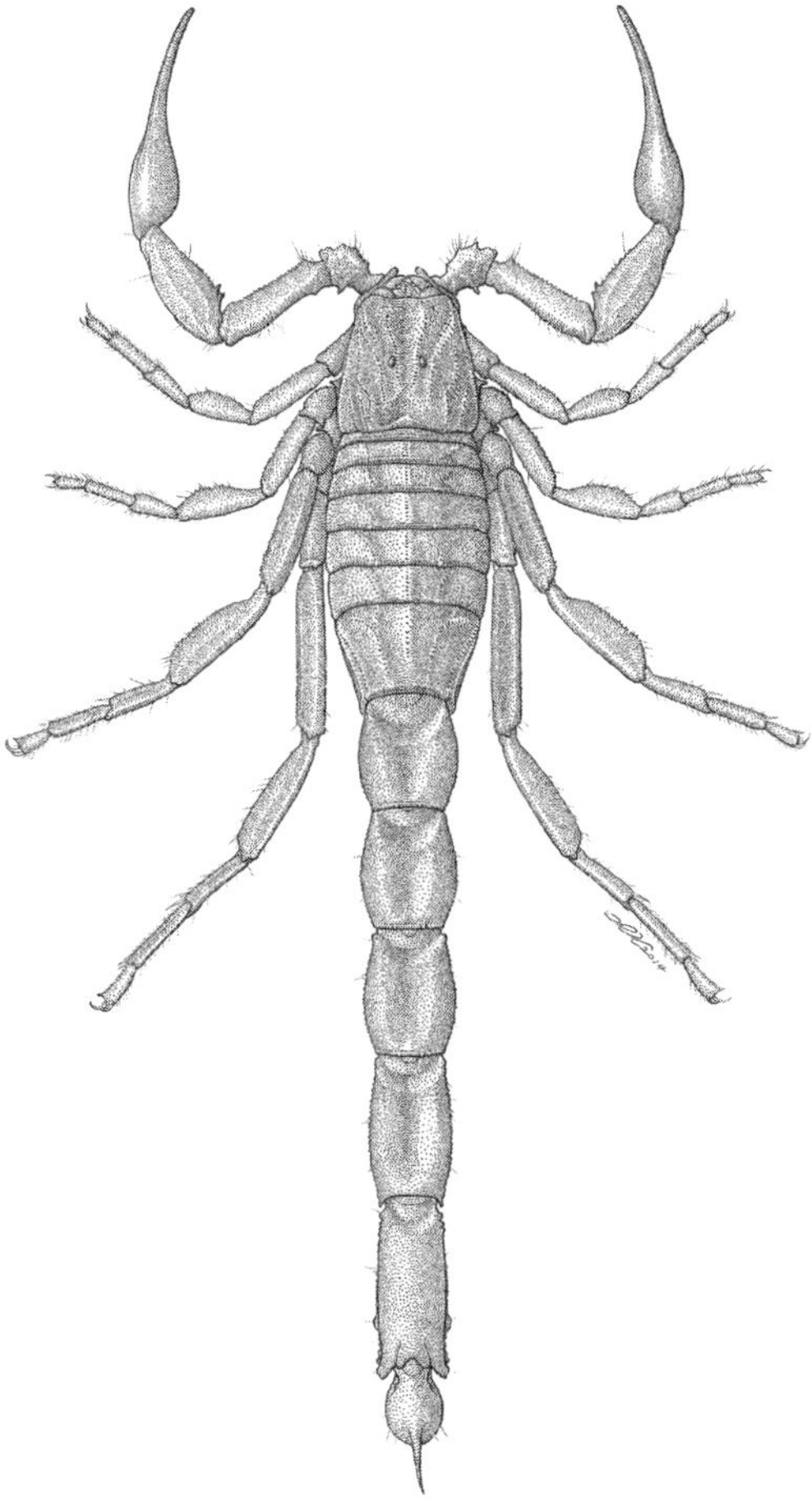

Buthus occitanus

ラングドックサソリ　ラングドック蠍。旧学名は *Scorpio occitanus* 体長60〜80㎜　節足動物門《せつそくどうぶつもん》鋏角亜門《きょうかくあもん》クモ綱《こう》サソリ目《もく》キョクトウサソリ科キョクトウサソリ属。体色は黄色から明るい褐色。ヨーロッパ南西部に分布し、地中海沿岸では、標高1000メートルという冬になると雪が降るような地域で見つかったこともある。英名では、Common yellow《コモン・イエロー・》 european scorpion《ユーロピアン・スコーピオン》 などと呼ばれる。夜行性で、温暖で乾燥した、植物もまばらな地域に分布し、昼間は石の下などに潜《ひそ》んでいる。→訳注。

するときがくるかもしれない、というひそかな予感を抱かないでもなかったが。

五十年の歳月が流れた。そしてついにその日がきたのだ。クモのあとでは、体の構造が似ていて、我が国の[7]クモ形類《がたるい》の大将ともいうべき、この昔なじみのサソリにものを尋ねるのがふさわしいであろう。

実際にラングドックサソリは私の家の近所に多産する。[8]ヤマモモモドキや[9]ヒースの茂る[10]セリニャンの丘陵地帯の、陽《ひ》のあたる石ころ混じりの斜面ほど、このサソリが多く見られる場所はほかにあるまい。ここには寒さを嫌うこの虫の好きなアフリカの暑さと、さらさらした砂混じりの掘りやすい土とがあるのだ。ここがラングドックサソリの生息地の北限なのではないか。

サソリの好む場所は、露頭した頁岩《けつがん》が太陽に灼《や》かれてざっくりと一枚ずつに剝《は》がれ、風雨のために砕けて、おしまいには小さなかけらになってしまっているような土地で、植生の貧弱な場所である。そういう場所にサソリたちはたいてい互いに離れ離れに住んでおり、まるでそのあたり一帯にばらばらに移住したひとつの家族の者たちが、一大部族を形成しているかのようである。

これはサソリに群居性があるからでは、むろんない。それどころか、サソリたちは非常に喧嘩《けんか》早く、独居生活をこよなく愛して、常に単独でそれぞれの隠《かく》れ家《が》に住んでいる。私がどれほど足繁く連中のところに通っていても、ひとつの石の

7 **クモ形類** 現在のクモ綱《こう》Arachnida のこと。蛛形綱《しゅけいこう》とも呼ばれた。節足動物門鋏角亜門クモ綱にあたり、クモ目、サソリ目など十五の目が含まれる。六対《つい》の肢《あし》（付属肢《ふぞくし》）をもち、第一対は鋏角《きょうかく》、第二対は触肢《しょくし》、第三～六対が歩脚《ほきゃく》になっている。

8 **ヤマモモモドキ** 山桃擬。*Arbutus unedo* 樹高5～10 m ツツジ科アルブツス属の常緑樹。赤い実は食用になる。英名は strawberry tree《ストロベリー・ツリー》 第6巻24章にこの木につく毛虫の話がある。

9 **ヒース** 原綴《げんてつ》は bruyère《ブリュイエール・》 en arbre《アン・アルブル》 ツツジ科エリカ属 *Erica* の灌木《かんぼく》。エリカとも呼ばれる。アフリカやヨーロッパに多産し園芸品種も多い。

10 **セリニャン** 南仏のオランジュに近い農村。ファーブルは一八七九年、五十五歳のときに、村はずれに約一ヘクタールの土地を買い求めて研究所兼住居と

下に二頭のサソリを見つけることはけっしてなかった。あるいはもっと正確に言うなら、二頭が一緒にいるのは、一頭がもう一頭を食べているときなのだ。われわれはのちに、この恐ろしい隠者がこんなふうにして結婚式を終えるのを見る機会があるであろう。

　ラングドックサソリの住まいはごく簡単なものだ。石を起こしてみよう。たいていの場合平たくて、ある程度の大きさのある石だ。石の下が大きめの壜《びん》の口ほどの大きさで何プース[11]かの深さの窪《くぼ》みになっていれば、それが、そこにサソリのいるしるしだ。身をかがめてみると、住居の主《ぬし》はふつう、入口のところに鋏を構え、敵を刺そうと尻尾を振り上げている。

　そうでなくて、もっと深い部屋に住んでいる場合だとサソリの姿は見えない。それを明るいところに引き出すためには、携帯用の小型の移植鏝《いしょくごて》を使う必要がある。掘ってみるとたちまち、武器の尾を振りかざしてサソリが出てくるので「指に気をつけろ！」ということになる。

　私はピンセットで尾をはさみ、頭のほうから先に、厚紙でできた円錐《コーン》形《がた》の紙容器に入れる。こうして一頭ずつ隔離するわけである。これらの恐ろしい採集品を私はブリキ製の胴乱《どうらん》[12]に収めておく。こうすれば持ち運ぶにも採集するにも充分な安全性が保たれるわけだ。

し、プロヴァンス語で「荒れ地」を意味するアルマスと名づけた。

11 **プース** かつてフランスで使われていた長さの単位。一プースは約二・七センチ。

12 **胴乱** 植物採集に使われる楕円筒形《だえんとうけい》のブリキ容器。外部は緑色や灰色で、内部は小さなものを見失わないように白色に塗ってあるものが多い。側面が大きく開き、新聞紙などにはさんだ植物標本をしまうことができる。胴乱という名は、江戸時代の鉄砲足軽が使った火薬入れの名称にちなむ。のちに煙草入れや小物入れなどもこう呼ばれるようになった。

飼育のまえに、ラングドックサソリについて簡単にその特徴を記しておこう。

南仏の大部分に分布していて、しょっちゅう目につくクロサソリ[*13]のことはよく知られている。これは人家付近の暗い場所にふつうにいる種《しゅ》である。秋の雨が降りつづくころには家の中にまで入ってきて、ときによるとベッドの毛布の中にまで潜り込んでくる。

このおぞましい虫は、実際の害以上に怖がられている。私がいま住んでいる家にもクロサソリが入り込んでくることは稀《まれ》ではないが、この虫のために何か酷《ひど》い目に遭《あ》った、というようなことはまったくない。評判ほどのことはないこの陰気な虫は、危険というより、姿が恐ろしげなので嫌われているのだ。

これよりずっと恐ろしく、しかも実際にはあまりよく人に知られていないラングドックサソリは、地中海沿岸地方に局地的に分布していて、クロサソリのように人家に入ろうとするどころか、人里離れた荒れ地に住んでいる。クロサソリと比較するとこれは、はるかに大型で、充分成長したものでは全長八、九センチにも達する。色彩は枯れた麦藁《むぎわら》のようなブロンドである。

その尻尾は、というか、実際にはこの虫の腹部なのだが、これは五個のプリズムのような角柱形の体節が繫《つな》がったものである。それらの体節の一個一個は、ま

13 **クロサソリ** 黒蠍。→次頁図、解説。→訳注。

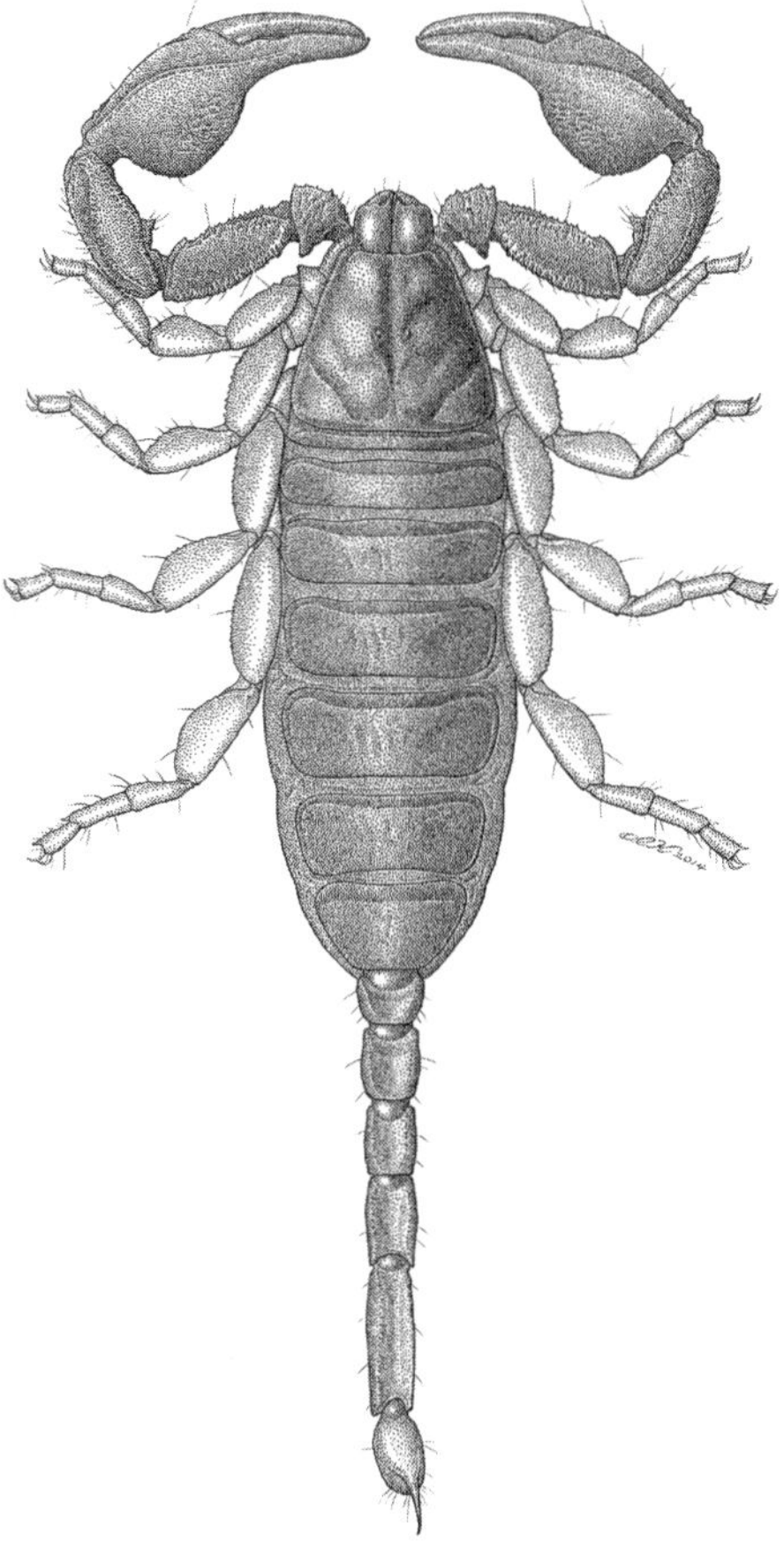

Euscorpius flavicaudis

クロサソリ　黒蠍。旧学名は *Scorpio europaeus*　体長35〜45㎜　節足動物門鋏角亜門クモ綱サソリ目コゲチャサソリ科エウスコルピウス属。石や落ち葉の下などの湿潤な環境に住む小型のサソリ。触肢《しよくし》（鋏《はさみ》）や体は黒色で、歩脚《ほきやく》と尻尾《しつぽ》（後腹部《こうふくぶ》）は飴色《あめいろ》をしている。学名（種小名）の *flavicaudis* は「黄色い尾の」という意味。地中海沿岸（スペイン、フランス、イタリア、アルジェリア、チュニジア）などに分布。毒は弱く、その量も人間からすればわずかなものでほとんど危険はない。→訳注。

さに小さな樽《たる》そのものであって、樽板と樽板との繋ぎ目の、山でいえば稜線にあたる部分に、真珠のような細かい粒々が波打ちながら紐《ひも》のように連なっている。

鋏のついた前腕（触肢《しょくし》）にも同様に、粒々が長い紐状に連なっているが、背中にもやはりこの粒々の紐がうねうねと走っており、鎧《よろい》の継《つ》ぎ目《め》のように、背中の体節のひとつひとつを繋ぎ合わせているようにみえる。こうした粒々の隆起のために、この虫の鎧は荒々しく頑丈になり、これがサソリを特徴づけている。つまりこの虫はまるで、手斧《ちょうな》で削《はつ》った破片でできたような虫なのである。

尻尾の先の第六節はすべすべした辣韮《ラッキョウ》のような形の小さな玉になっている。これは、見かけはただの水のような、あの恐るべき毒液を造って蓄えておく水筒なのだ。この先のところには、くるりと反《そ》って黒ずんだ非常に鋭い針がついている。

先端から少し離れたところに、虫眼鏡を使わないと見えないほどの小さな穴が開いていて、その穴から毒液が刺し傷の中に注ぎ込まれるのだ。鉤針《かぎばり》はきわめて硬質で、きわめて鋭利である。指で摘《つま》んで力を入れると、縫い針と同じように厚紙にぷつぷつと穴が開く。

毒針はぐいと強く湾曲しているので、尻尾を真っすぐに伸ばすと、先端が下を向く。したがってこの武器を用いるとき、サソリはそれを持ち上げ、くるりと逆

▼サソリの体制模式図。頭胸《とうきょう》部《ぶ》と腹部がくびれずに繋《つな》がっている。腹部の後半（後腹部《こうふくぶ》）は尻尾《しっぽ》のように細くなっており、その後端の尾節《びせつ》には毒嚢《どくのう》を具《そな》えた毒針がある。頭胸部には小さな鋏《はさみ》状《じょう》の鋏角《きょうかく》と、大きな鋏状の触肢《しょくし》（鋏脚《きょうきゃく》）の各一対と四対の歩脚《ほきゃく》をもつ。

サソリの体制模式図

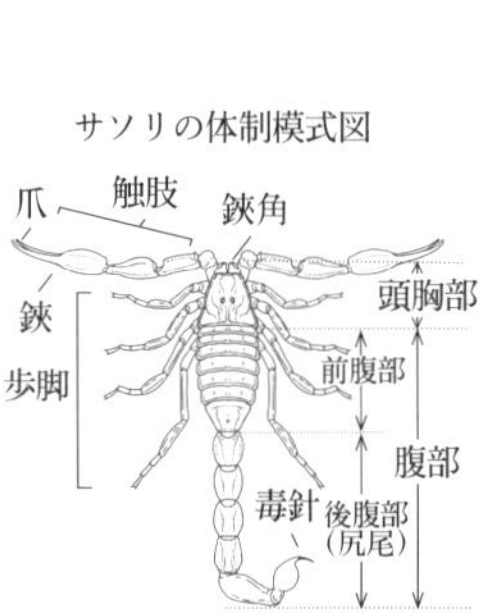

▼サソリの毒針。後腹部後端にある尾節（本当の尾）につく。肛門は後腹部後端に開口する。

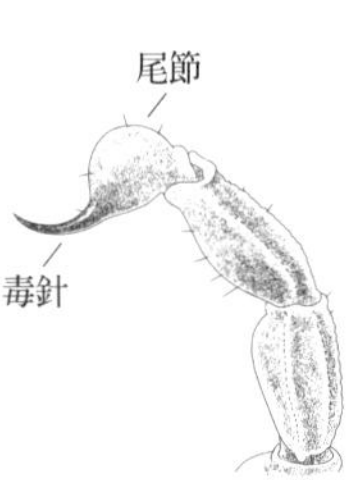

向きにして下から上に突き上げるようにしなければならない。実際にそれがサソリの常に用いる戦法である。尻尾を背中越しにくるりと前方に曲げ、鋏でがっちり押さえ込んだ敵をちくりと刺す。

もっとも、サソリはほとんどいつもこの姿勢をとっている。歩くときでも、休むときでも、この虫は尻尾を背中の上にくるりと巻き上げているのだ。真っすぐ伸ばして引きずったりしていることはきわめて稀である。

触肢の鋏は、実をいうと口器から発達した手なのであって、ザリガニのそれとよく似ているけれど、これは戦いと、あたりを探るための道具なのだ。歩行の際、サソリは鋏の先を開いて前に突き出し、触れたものがなんであるか調べるのである。敵を刺すときには、この鋏で相手を摑《つか》み、押さえつけて、そのあいだに頭ごしに針で刺すというわけだ。

最後に、獲物をゆっくり齧るとき、鋏は、人間でいえば手の働きをし、餌食《えじき》を口のところに保持するのだ。歩くとか、体を支えるとか、穴を掘るとかするのに鋏は絶対に使用しない。

そうした仕事をするのには、本物の脚《あし》を使う。脚はぷつんと切断されたようになっており、先には何本もの曲がった、よく動く鉤爪《かぎづめ》がついていて、それらに向

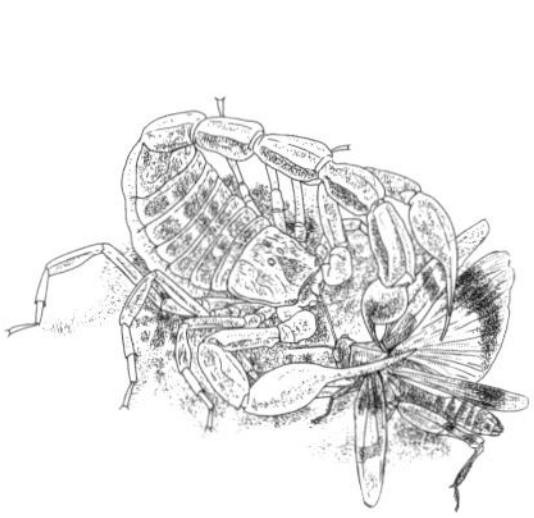

▼獲物を鋏で押さえつけ、頭ごしに毒針で刺す。

▼鋏角を使って獲物を食べる。

かい合う細く短い突起が、いってみれば親指の代わりをしている。
ぷつりと切れたように見える脚の先には剛毛が縁《ふち》どりのように生え、全体として見事な摑《つか》み鉤《かぎ》になっている。だからサソリは体が重く不器用であるにもかかわらず、釣鐘形《つりがねがた》の金網の目の上を歩きまわったり、長いこと逆さまにぶら下がっていたり、垂直の壁をよじ登ったりすることさえできるのだ。

体の下面、脚の付け根のところに櫛状板《しつじょうばん》と呼ばれるものがある。これはサソリだけにしかない奇妙な器官だ。その構造が、櫛《くし》の歯のように小さな薄片が互いに密接してずらりと長く並んでいるためにこう名づけられた。解剖学者たちは、交尾のときに雌雄《しゆう》が櫛の歯を嚙《か》み合《あ》わせて体と体をぴったりくっつけ合う働きをするのではないかと考えている。これから私の飼育するサソリたちがその秘密を明かしてくれて、もっと詳しいことが解明されるまではそういうことにしておこう。

それとは反対に、櫛状板のもうひとつの役目のことはすぐわかる。サソリが金網の内側を逆さまになって、こちらに腹を見せながら歩いているときに、これはたやすく確認できるのだ。休息しているとき、二枚の櫛状板は、脚の後ろで腹部に密着している。サソリが歩きはじめるやいなや、一枚は右に、もう一枚は左に

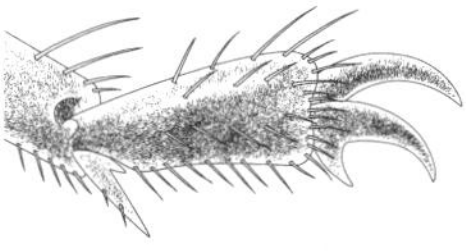
▼歩脚の先端部。

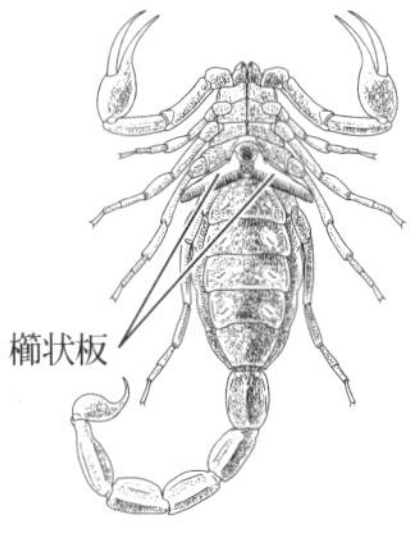

▼頭胸部腹面にある櫛状板《しつじょうばん》。図は広げた状態。

と、体の軸の方向と直角に突き出すような格好になって、まだ羽根の生えていない雛鳥《ひなどり》の短い翼のようになる。そしてそれらをゆっくりと、ほんの少し上に、ほんの少し下に、というふうに上下にゆらゆら動かす。それはまるで、不慣れな綱渡り芸人が平衡《バランス》をとるために持つ竿《さお》の動きのようだ。

　サソリが歩みを止めると櫛状板はすぐもとのところに収められ、腹部に張りついて動かなくなる。そしてサソリがまた動き出すと、たちまち左右に広げられ、ゆっくり揺れはじめるのである。つまりサソリはこれをすくなくとも、体の平衡《バランス》をとる道具に使っているようなのである。

　眼の数は八個あり、三つの群《グループ》に分かれている。頭部でもあり、胸部でもある、あの頭胸部《とうきょうぶ》と呼ばれる変な部分の真ん中に、大きな眼が二つ並んで光っている。これはひどく飛び出していて、ナルボンヌコモリグモ[14]のあの素晴らしい単眼を思わせる。こうした極端な眼の飛び出し方からして、クモもサソリもおそらくは近眼なのであろう。小さな瘤《こぶ》がぽつぽつ並んでいて、そこが曲線を描いて眉の役をはたし、そのためいかにも恐ろし気な顔に見える。両眼はほぼ水平に並んでいるので、視野は横に限られている。

　ほかの二群の眼についても同様のことがいえる。それぞれの群《グループ》は三つの、非常に小さい眼からなり、その位置はもっと前のほう、口器のうえで弓形《アーチ》を描いて

14　**ナルボンヌコモリグモ**　ナルボンヌ子守蜘蛛。*Lycosa narbonensis*　体長23～28㎜　クモ目コモリグモ科コモリグモ属。→第2巻11章。→第8巻23章。→第9巻1～3章。

▼ナルボンヌコモリグモの八つの単眼。

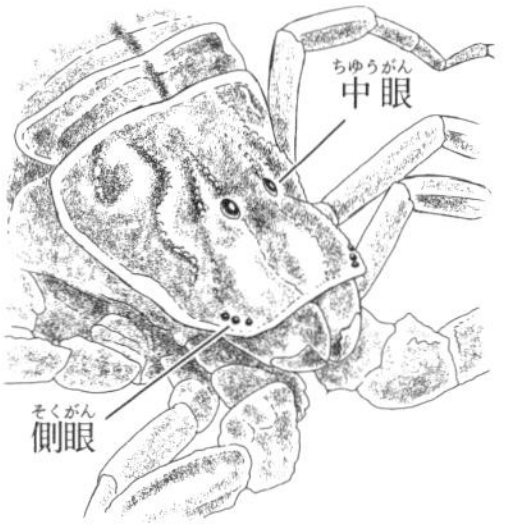

▼頭胸部に並ぶラングドックサソリの眼（単眼）。

いる、いきなりすぱりと切り落としたような箇所の縁のところである。

体の右側においても左側においても、三つの小さい眼が短く一直線に横並びになっている。結局のところ、小さいほうの眼も大きいほうの眼も、その配置からして前方をはっきり見るのにはほとんど適していないのである。

非常な近視眼のうえに、どこを見ているのかわからないラングドックサソリは、前進するときはどうしているのであろうか。目の見えない人のように手探りで歩くのだ。虫は手というか、鋏のついた触肢を前に伸ばし、それを開いて空間を探りながら進んでいく。

二頭のサソリが石の下など隠れる場所のない飼育場の囲いの中を歩きまわるところを見ることにしよう。出会うことは双方にとって不愉快であり、それどころか危険でさえある。それでも後のほうから進んでいくサソリは、前を行く個体に気がついていないかのようにどんどん歩いていく。だが鋏の先が前のサソリに少しでも触れると、びくっと身を震わせる。驚きと恐れのしるしである。サソリはたちまち退却し、別の方向に向きを変える。すぐそばに怒りっぽい相手がいるのに、触ってみるまでその存在に気づかないのだ。

ではいよいよ捕まえてきたサソリたちを飼育場に住まわせることにしよう。近

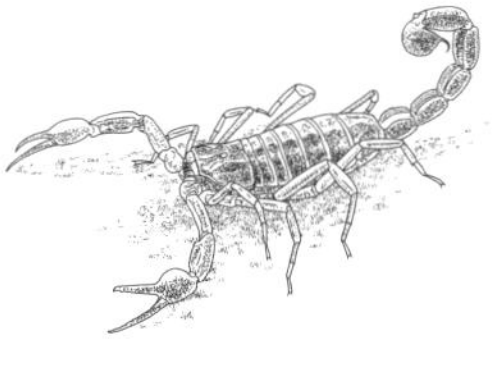

▼鋏（触肢《しょくし》）を突き出し、あたりを探りながら歩くラングドックサソリ。

くの丘の上で石を起こしたりしてたまたま観察できたことに頼っているだけでは、サソリについて詳しく知るには不充分だ。やはり飼育してみなければならない。これが虫に、詳しく生態のことを語ってもらう唯一の方法である。

どのような飼育法を採《と》るのがよいであろうか。私がこれだ、と思ったのは、サソリを自由に放し飼いにしてみるという方法だった。そうすれば食べ物を与えることもしないですみ、しかも一年中いつでもようすを見にいくことが可能だ。私にとってこれは、ほかのどんな方法にもまして優れたものに思え、素晴らしい成功が収められること間違いなしと考えられた。

そのために[15]荒地《アルマス》の庭の屋外にサソリの集落《コロニー》を造ってやることになった。サソリたちが自分の巣で享受していたのと同じ、住み心地のいい条件を私がこしらえてやるのである。

年の初めに、荒地《アルマス》の庭のいちばん奥のほう、静かでよく陽があたり、よく茂った[16]ローズマリーの生け垣で北風が遮られた場所に、私は彼らの集落《コロニー》を造ってやった。土は小石混じりの粘土質の赤土で、サソリには向いていない。しかしひどく外出嫌いであるらしいこの虫の気質からして、この問題を解決するのはごく簡単であるように、私には思われた。

入植者《コロン》たちのそれぞれに、私は容積にして何リットル分かの穴を掘ってやり、

15　**荒地《アルマス》**　一八七九年、ファーブルがセリニャンで手に入れた研究所兼住居。アルマスとはプロヴァンス語で「荒れ地」を意味する。ファーブルは五十五歳以降、亡くなるまでここで過ごした。→第2巻1章訳注「荒地《アルマス》」。→第7巻23章。

16　**ローズマリー**　*Rosmarinus officinalis*　樹高80〜120㎝　シソ科マンネンロウ属の常緑低木。枝や葉を香料に用いる。南ヨーロッパ原産。マンネンロウ（万年郎。漢名で迷迭香《めいてつこう》）、仏名で romarin《ロマラン》という。

▼荒地《アルマス》の庭に造られたサソリの集落《コロニー》。

連中がもといた場所のものとよく似た、砂混じりの土で埋め、この土を軽くとんとんと押さえつけて、サソリが掘ってもざらざら崩れないぐらいに固くし、玄関となる短い穴を掘ってやる。そうすれば、サソリは必ず、自分たちでもこうした短い玄関を設け、自分の好みに合った住まいを造りあげることであろう。その上から、全体を覆《おお》ってまだ余裕があるぐらいの大きさの平たい石を載せ、私が掘った玄関から外に向かって溝をつける。これが入口の門というわけだ。

丘からここまでサソリを運ぶのに使用した、円錐形《コーンがた》の紙容器をすぐに開けてサソリを出し、この溝の前に置いてやる。虫は住み馴れた我が家によく似た隠れ家《かくが》を見ると、自分から中に入っていってもはや出てこない。

こうして、すべて成体の中から選んだ二十頭ほどのサソリからなる集落《コロニー》ができあがった。それぞれの住み処《すか》は、サソリ同士が喧嘩をすることが予想されるので、互いに適当に距離をとって、熊手でならした敷地に一列に並べて造った。こうしておけば夜中でも角灯《ランタン》の明かりさえあれば、サソリの集落《コロニー》に起きていることが簡単に観察できるであろう。

食物については私が用意してやる必要はない。サソリたちは自分で食物を見つけることができるはずだ。そこは連中がもといた場所と同じくらい獲物の多い場所なのだ。

荒地《アルマス》の庭に造った集落《コロニー》だけでは充分とはいえない。観察すべき事柄によっては絶えず詳細に見守っていなければならないから、野外だととても無理なのである。

それで今度は、研究室の大きな仕事机の上に第二の飼育場を設営してやった。なかなか前に進まない考えを追いながら、この机のまわりを、私はこれまでどれほどの距離を歩きまわったことか。そしてこれからも、どれほど歩きまわることであろう。

昔から使いなれた私の大きな平鉢《ひらばち》よ、さあおまえたちの出番だ——私はそれに、砂混じりの土を篩《ふるい》にかけてからいっぱいに満たし、それぞれに植木鉢のかけらをふたつ入れた。どちらも大きな破片で、半分ほど土に埋めると円屋根《ドーム》を形成し、石の下の隠れ家の代わりになる。釣鐘形の金網がこの住まいの上を覆うわけだ。

そこにサソリを二頭ずつ、私に判別できる範囲で雄と雌を住まわせた。私の知るかぎり、雌雄を区別する外見上の特徴というものはない。私は腹の大きいのを雌、それほどでっぷりしていないのを雄ということにした。

サソリの年齢も肥満度に関係してくるので、雌雄の判別間違いは避けられない。でなければ、あらかじめ実験に使う個体の腹を割いてみるしかあるまいが、そんなことをしたのでは飼育も何もあったものではない。

▼植木用の平鉢《ひらばち》と釣鐘形《つりがねがた》の金網を組み合わせて造ったサソリの飼育装置。

だから体が肥《ふと》っているか痩《や》せているかで判定するしかないわけで、ほかにやり方はないのである。それで二頭ずつ、肥った少し色の濃い目のと、痩せたブロンドのものとを一対《つい》として住まわせることにした。これらのなかには本当の夫婦も含まれていることであろう。

いずれこういう研究をしてみようという人たちのために、ほかに二、三細かい注意をしておこう。生き物を飼う作業には習熟することが必要なのだ。上達するためには他人の経験が有益である。その虫がうっかり触ったりすると危険な場合には特にそうだ。

飼っている虫の一頭が金網から逃げて、仕事机の上にごたごた散らばっている器具などのあいだに隠れたとき、不用意に手を触れたりしてはいけない。こういう隣人と何年間も一緒に暮らすにはよくよく気をつけていなければならない。それは以下のようにして、である。

釣鐘形の金網の縁《へり》は平鉢の砂の中に潜り、底の焼き物の部分に達しているが、金網と鉢とのあいだにはぐるりと隙間ができるので、私はそこに湿らせた粘土を詰めておいた。こんなふうに詰め物をしておけば金網はがたがたせず、隙間が開いてサソリの逃げ出す抜け道ができる危険性はない。

それにもし、サソリが住まいの縁の粘土を深く掘り下げたところで、金網か焼き物か、どうしても通過できない障害物に出くわすだけのことである。これでサソリの脱走についてはもう何も心配することはない、というわけだ。

　しかしそれで充分なわけではないのだ。もちろん、飼育する人間側の安全にも気をつけなければならないが、虫の住み心地のよさについても考慮してやらなければならない。

　住まいは衛生的で、そのときそのときの観察の必要性に応じて、日向《ひなた》あるいは日陰に持ち運びしやすいようにできているけれど、しかしこれでは野外と違って食べ物を得ることができない。いくらサソリが少食であるとはいえ、いつまでも食物なしですませられるはずがない。それで金網はそのままにして、食料補給用に、金網のてっぺんに小さな穴を開け、その日ごとに採集してきた生き餌《いえ》を必要な分だけそこから入れてやり、そのあと差し入れ用のその天窓を脱脂綿の栓《せん》で塞《ふさ》ぐことにした。

　これから金網で飼われる連中は、中に入れられるとすぐ、私が石の下に移植鏝で入口を造ってやった野外のサソリたちよりもずっと上手に、穴を掘りはじめた。ラングドックサソリは穴掘り仕事が巧みで、自分で自分の住居となる地下の部屋を造ることができるのだ。

▼平鉢を利用して造ったサソリの飼育装置。脱走を防止するために金網のまわりに粘土を詰め、金網の上部に給餌《きゅうじ》用《よう》の小さな穴を開け、脱脂綿で塞《ふさ》いだ。

飼育装置に入れられた連中は、それぞれ湾曲した大きな鉢の破片を与えられている。その縁は砂に潜ってただアーチ形の隙間が開いた格好になっていて、いかにもそこから掘ればよいというような塩梅《あんばい》だ。だからその下を掘っていって、自分の好きなように住み処を構えるのはサソリ本人の仕事である。

サソリたちはぐずぐずしていないですぐ穴を掘りはじめる。特に日向だと、光が嫌いなものだから、なおさら急いで掘る。第四対目の脚に体重をかけるようにして、その前の三対の脚で土を掻《か》く。サソリが優雅に、しかも軽快に、土を耕すように掘り、細かく砕くそのありさまは、骨を埋めようとして地面を肢《あし》で掻いている犬を思わせる。

まるで脚を急速に回転させるように土を掻いたあと、今度はその上を掃《は》いてならす作業に移る。地面にぴたりと伏せ、力を込めて真っすぐ伸ばした尻尾で、サソリは掘り出した残土を後方に押しのける。そのさまは人間が肱《ひじ》で邪魔な物を払いのける動作と同じである。押しのけた残土がまだ片づかないと、サソリはそっちに行き、もう一度尻尾で押しのけ、そこをすっかりきれいにする。

鋏は非常に強力なものではあるが、穴掘り作業にはまったく使われないことに注意しておこう。砂粒ひとつ鋏で摘むことさえしないのだ。鋏を使うのは、ものを食べたり戦ったり、そして特にあたりを探るときだけである。穴掘りのような

▼三対の歩脚で土を掘るラングドックサソリ。

荒っぽい仕事に使ったのでは指先の繊細な感覚がなくなってしまうのであろう。
サソリは脚で土を掻き出し尻尾で残土を押しのける作業を、こんなふうに代わる代わる何度も行ない、最後にサソリは鉢のかけらの下に姿を消す。そして砂の山が地下道への入口を塞いでしまう。

ときおり、その砂の山の一部がぐらぐらしたり崩れたりするのが見られるが、それはサソリが作業を続けているしるしだ。新しく出た残土を外に押し出しながら、住まいが充分広くなるまで掘りつづけるのだ。土の障壁《バリケード》はとても崩れやすく、サソリが外に出たくなったときは、苦もなく壊すことができるのである。

人家に入り込んでくるクロサソリには、自分で地下に穴ぐらを造ったりする力はない。この虫は、壁の足元の、剝がれて持ち上がった漆喰《しっくい》の隙間とか、湿気を吸ってゆるんだ板張りの継ぎ目とか、暗い場所に積み重なった廃棄物の山などによくいるけれど、隠れ家を改造したりすることはできなくて、こうした隠れ場所をそのまま利用するだけである。クロサソリには穴が掘れないのだ。この虫に穴を掘る能力がないのは、多分尻尾が貧弱ですべすべしていて、箒《ほうき》の役目をはたすにはあまりに弱々しいからであろう。丈夫でぎざぎざのついているラングドックサソリの尻尾とはまったく違うのである。

野外に住まわせたサソリたちは、私が造ってやった粗雑な巣穴を見つけるとすぐに、平たい石の下に姿を消した。石の下には砂混じりの土に私がざっと掘っておいた地下室があるから、連中はそれを完成させようと働きはじめたのだ。そのことは入口に押しやられて溜まってくる砂の山でわかる。

さらに数日待ってから石を持ち上げてみる。住まいというか巣穴の深さは三、四プースばかりで、サソリは夜間、天気が悪ければ昼間でも、しばしばその中に隠れている。巣穴の前の、石の下に入ってすぐのところが玄関になっており、そこから「く」の字なりに曲がってから広い部屋になっていることもよくある。

この隠者は昼間、太陽がぎらぎら照りつけている時間に、好んでその玄関のところにじっとしていて、石を通して感じられる暖かさを味わっている。

至高の喜びであるこの暖かい蒸し風呂にいるところを邪魔すると、サソリは節だらけでごつごつした尻尾を振り振り、慌てて光と人の眼差しを逃れて巣穴の中に隠れてしまう。石をもとどおりに戻し、十五分ほどしてからまた来てみよう。虫はさっきのとおり、洞窟《どうくつ》の戸口のところにいる。気前のよい太陽の光が暖かく屋根に降りそそいでいるかぎり、そこは実に心地よい場所なのだ。

寒い季節のあいだ、サソリは実に何事もなく毎日を送っている。庭の集落《コロニー》でも金網の中でも同じで、昼も夜も外へは出てこないのだ。そのことはサソリの住まいの入口の、砂の障壁《バリケード》が少しも崩れたりせず変化がないことから確認できる。

▼巣の入口で日光浴をするラングドックサソリ。

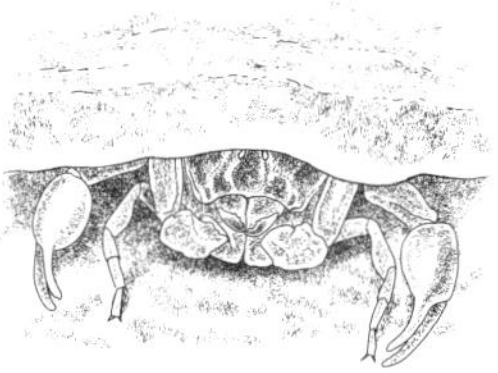

▼巣の構造（断面図）。

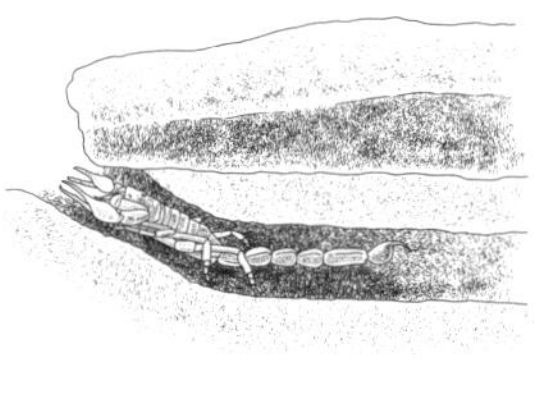

寒くて体が動かないのであろうか。とんでもない。私がまめに訪れて石をどけてみると、人を脅すように尻尾をくるりと曲げて、いつでも動く用意ができているところを見せてくれる。

気温が低くなると隠れ家の奥に引っ込み、天気がよいと入口に出て陽があたった石に背中をくっつけて体を温めている。今のところはそれしかやっていない。隠者の虫の生活は、あるときは地下室の、もわっと湿った温《ぬく》もりのうちに、またあるときは砂の障壁《バリケード》の後方、住まいの庇《ひさし》の下での長い長い瞑想のうちに過ぎていくのだ。

四月中に突然その生活に大きな変化が起きる。釣鐘形の金網に飼われているサソリたちは鉢のかけらの宿から出てくる。連中は昼間でも重々しい足どりで砂の上を歩きまわったり、金網によじ登ったり、そこにじっと止まっていたりする。なかには野宿して、もはや住まいに戻らないのがいる。地下の小部屋でうつらうつらしているより、外で気晴らしするほうがいいのであろう。

庭の集落《コロニー》では、もっと大変なことになってしまっている。住民のうちの小柄な者のなかには、夜のうちに住まいを捨ててどこかにさまよい出てしまったきり、どこに行ったのか行方不明になったのもいる。

そのあたりをひとまわりしたら戻ってくるものと私は考えていた。というのも、この庭のほかのどこにも、連中の好むような平たい石はないからである。

ところが彼らのどれ一頭として帰ってはこないのだ。出ていった者はどれも永久に姿を消してしまったのである。

そのうちに大型の者たちも同じようにさまよいたくなったようである。そしてしまいには出ていく傾向がはなはだしいので、庭の集落《コロニー》には遠からず一頭も残らなくなるかもしれない、と思われるほどになってしまった。

大切に温めてきた私の実験計画よ、さらば！　という事態になったのだ。私がもっとも期待していた放し飼いの集落《コロニー》は、たちまち人口が減ってしまった。住民たちはここを去って、どこに行ったのかわからなくなった。私がどんなに探しても脱走者は一頭も見つからなかったのである。

大病[17]には荒療治が必要である。釣鐘形の金網はサソリたちが自由に動きまわるのには狭すぎる。これよりずっと広い、しかし逃げることはできない囲いが必要なのだ。

ところでうちには、冬のあいだサボテンなどの多肉植物を入れておく、保温と防風を兼ねた囲いがある。この囲いは基礎の部分が地下一メートルの深さまで達している。壁は左官屋の鏝《こて》と濡らした襤褸布《ぼろきれ》とを使って、これ以上ないくらいすべすべに上塗りがしてある。その防風の囲いの床に、私は細かい砂を敷き、あち

17　**大病には荒療治**　深刻な事態には思い切った判断や措置が必要であるというフランスの諺。

▼サソリを閉じ込めた野外の囲い（想像図）。

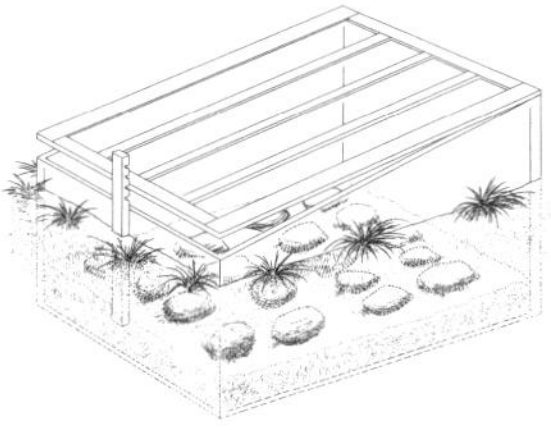

らこちらに大き目の平らな石を配置しておいた。

　これだけの準備をしてから私は残っているサソリと、補充のためにその朝捕まえてきたばかりの連中とを囲いの中に入れ、一頭ずつ、石の下に住まわせてやった。これだけ丈の高さのある垂直の壁があれば、今度こそは虫を逃がすことなく飼えるだろうし、これまで是非とも見たいと思ってきたことを見ることができるであろう。


　ところが私には何も見られなかった。翌日、古くから飼っていたのも、新しく採ってきたのも、すべて消えてしまっていたのだ。全部で二十頭ほどであったが一頭残らず姿を消してしまっていた。

　ちょっと考えてみれば、こんなことぐらい私にはわかるはずであった。秋の長雨の季節に、窓の隙間に身をすくめているクロサソリを何度見ていることであろう。中庭の暗い一隅《いちぐう》にある、いつもの隠れ家がびしょびしょになったために、このサソリは家の壁を這《は》い登《のぼ》って二階にまで達したのだ。漆喰に微妙なざらつきさえあれば、脚先に摑《つか》み鉤《かぎ》があるために、垂直なところであろうと登ってくるのはなんでもないことなのである。

　体に厚味があるとはいえ、ラングドックサソリはクロサソリ同様、よじ登ることは得意である。私はその証拠を目のあたりにしたわけだ。普通の漆喰を用いて造ることのできる、可能なかぎりなめらかな、高さ一メートルの囲いの壁をもってしても、私の飼育しているサソリの一頭さえも中にとどめておくことはできなかったのだ。ひと晩のうちにサソリたちはすべて囲いの中から逃亡してしまっていた。

野外でサソリを飼育することは、たとえ囲いの壁があってもできないということがわかった。羊たちが言うことを聞かなければ羊飼いがいくら苦労しても駄目な道理である。

私にはひとつだけ手だてが残っていた。それは金網の中に閉じ込めることである。こうしてその年のサソリの観察は研究室の大きな仕事机の上に十ほどの飼育用の平鉢を設置することだけで終わってしまった。家の外でこんなふうにして飼育することはできない。夜中に庭をうろうろする猫たちは、飼育場の中で何かが動いているのを見つけると滅茶滅茶《めちゃめちゃ》にしてしまうであろうからだ。

それにまた、飼育籠の中に入れられるサソリの数もせいぜい二、三頭どまりであろう。金網が狭いからである。飼育しているサソリの頭数も充分でないし、連中が生まれ故郷の丘で味わっていた強烈な太陽もないから、大きな仕事机で飼っていたサソリたちは里心《さとごころ》がついてしまったようで、私の期待にはほとんど応えてくれなかった。

サソリたちは植木鉢のかけらの下に隠れていたり、金網に摑まっていたりしながら、たいていはうつらうつらと自由を夢見ているようなのであった。

屈託した虫たちから私が知りえたのはごくわずかなことで、それではとても満足できなかった。私はもっといろいろなことが知りたかったのだ。で、その年はわずかばかりの事実を、落穂拾《おちぼひろ》いのように拾い集めるとともに、飼育場をどう改善したらよいか、あれこれ思案しているうちに過ぎてしまった。

工夫を凝らした結果、とうとう私はガラスの囲いを造ることにした。ガラスの壁だと、摑み鉤の爪もつるつるすべって引っ掛からないから這い登ることは不可能であろう。

指物職人《さしものしょくにん》が骨組みを造り、ガラス屋がガラスを嵌《は》めて仕上げてくれた。私自身も木枠をすべすべにするために、自分で木枠に瀝青《チャン》を塗った。飼育器はガラスの嵌まった窓枠を四枚、横に倒して四角く組み立てたような形である。床は木の板で砂混じりの土を敷いてある。

気温が低くなったり、特に雨が降って、排水口のないこの飼育場が水びたしになりそうな危険のあるときには、蓋《ふた》をぴったり降ろすことができる。この蓋はその日の天気しだいで開け方を加減することができるようになっているのだ。

この飼育場は、鉢のかけらで造った覆いのような隠れ家が二ダース配置できる

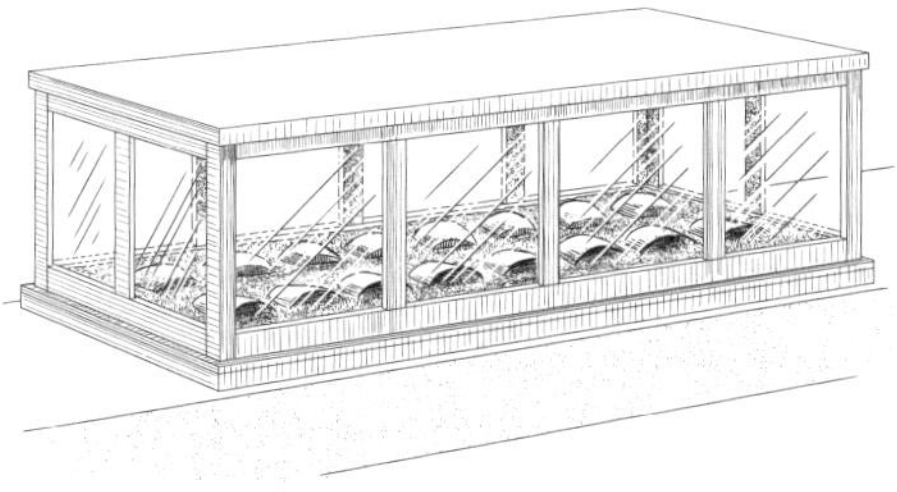

▼ガラス張りのサソリの飼育箱。

だけの広さがあり、そのひとつひとつにサソリが一頭ずつ住んでいる。そのうえ、幅の広い道と広々した四つ辻とがいくつかあって、サソリたちがゆったりと散歩できるようになっている。

ところがである。住まいの問題がやっと解決したと思ったとたん、このガラス張りの放牧場も、ちゃんと対策を講じないと中の住民たちを長くとどめておくことはできない、ということが判明したのだ。

サソリがどんなに頑張ったところで、つるつるのガラス板はその努力を頑としてはねつけてしまう。サソリは、たとえばシギゾウムシ[18]のような、ぺたぺたくっつくサンダルを履《は》いているわけではないから、こんななめらかな表面に取りつくことはできない。連中はガラスを這い登ろうとして悪戦苦闘している。梃子《てこ》として申し分のない役割をはたす尻尾を突っ張ってせいいっぱい伸び上がるのだが、少しでも地面を離れると、たちまちばさりと落ちてしまう。

しかし木の枠のおかげで何もかも台無しになってしまった。もちろんそれはできるだけ細くし、しかも特別念入りに瀝青《チャン》を塗っておいたのだが、なんとしても逃げ出したいサソリたちはこのすべりやすい道を伝って少しずつ登っていくのである。

18 **シギゾウムシ**　鴫象鼻虫。鞘翅目《しょうしもく》（甲虫類）ゾウムシ科シギゾウムシ属 *Curculio* の仲間。長い口吻《こうふん》をもち、つるつるしたカシの堅果《けんか》（ドングリ）の上で硬い皮に穴を開けて内部に卵を産みつける。足の裏は吸盤になっていて、すべりやすい面でも歩くことができる。→第7巻8章。

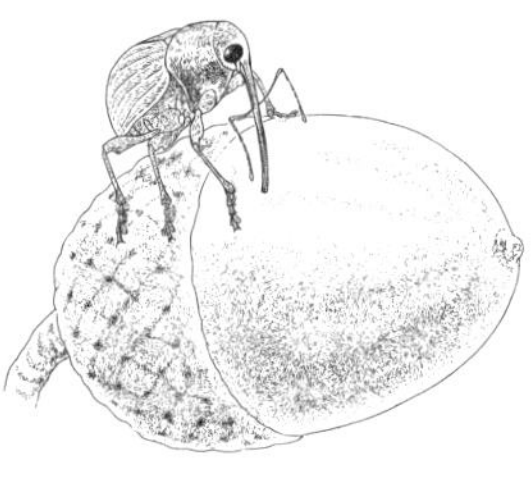

▼産卵のためにドングリに穴を開けようとしているカシシギゾウムシ。

サソリたちはときどき、自由という賞品のついた宝の柱《マ・ド・コカーニュ》[19]に体をぴったりとくっつけてひと休みし、それから難儀な木登りを続けていく。上まで登りつめた連中を私は見つけた。すんでのところで逃げられるところだった。私はピンセットで摘んで中に逆戻りさせてやる。

ガラスの飼育箱の中の換気のために、蓋は一日の大半、上げておかなければならないから、ちゃんと見張っていないと全員がすぐに脱走してしまうことになるわけだ。

脂《あぶら》と石鹸《せっけん》を混ぜて木枠に塗りつけてやろう、と私は思いついた。これで脱走者はいくらか減ったけれど、完全になくすことはできなかった。サソリの爪は鋭く尖《とが》っているので塗料が塗ってあっても木に引っ掛かりを見つけ、またよじ登りはじめるのであった。

つるつるしたものをそこにあてがえばこれが防げるだろうと、私は光沢紙を張りつけてみた。すると今度は、腹のでっぷりした連中には乗り越えることができなくなった。

ところが、ほかのサソリたちにはあまり効果がない。身が軽いものだから、一所懸命努力を繰り返して、そのうちなんとか登ってしまうのだ。光沢紙に獣脂《じゅうし》を塗ってとうとう連中の脱走を防ぐことができるようになったのである。

19　**宝の柱**《マ・ド・コカーニュ》　お祭りのときなどに作られる一種の出し物。つるつるすべる柱の上に菓子や景品を吊るしたもの。登って取ればその人のものになる。

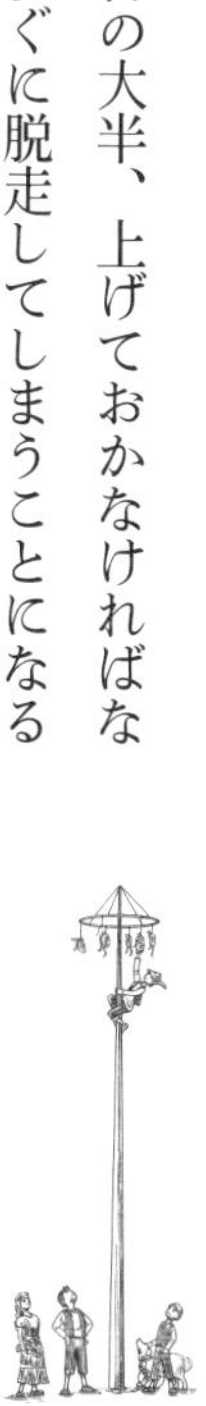

それから以後も、サソリたちは機会さえあれば逃走しようとするのだが、うまくそれに成功したものはいなかった。高さ一メートルの風防の囲いを使ってみて失敗したあともサソリは、それでは、と特設したガラスの飼育箱の枠のつるつるすべる表面を見事に登ってみせて、その肥った体からは想像もできない能力をわれわれに教えてくれたのだ。ラングドックサソリは、人家に入り込んでくる仲間のクロサソリと同じく、熟練した登攀者《とうはんしゃ》なのだ。

そんなわけで私は、三つの飼育場をもつことになった。庭の奥の放し飼いの集《コロ》落《ニー》と、研究室の釣鐘形の金網と、ガラスの飼育箱であるが、そのどれにも一長一短があるわけだ。私はこれらの飼育場を代わる代わる、なかでも特にガラスの飼育箱を観察することにしよう。こうして得られた資料《データ》に、もとの野生の状態で石を引っくり返して得られるわずかばかりの知見を付け加えるのである。

サソリのルーヴル宮殿ともいうべき、ガラス張りの御殿は、今では我が荒地《アルマス》の名所となって、一年中、家の門から数歩のところ、庭の小《こ》径《みち》沿いに置いてあって家族の者たちは誰もみな、そこを通るときは必ずちらりとそれを見ていくのである。無口なサソリたちよ、私はおまえたちに話をさせることができるであろうか。

85頁　サソリ　ファーブルが冒頭で「この虫」と述べているように、サソリも昆虫も同じ節足動物門《せっそくどうぶつもん》に含まれている。膨大な種《しゅ》数をほこる節足動物門は、化石種の三葉虫《さんようちゅう》の仲間を除くと、鋏角亜門《きょうかくあもん》（クモやサソリなど）、多足亜門《たそくあもん》（ムカデやヤスデなど）、甲殻亜門《こうかくあもん》（フジツボやエビなど）、六《ろっ》脚亜門《きゃくあもん》（昆虫）の四つに大別される。同じ節足動物に属するとはいえ、この大きな仲間分けの段階ですでにサソリと昆虫は別の仲間と考えられている。

　いっぽうサソリとクモは、同じ鋏角亜門に含まれ、やや近い関係にあることがわかる。鋏角亜門は、触角をもたず、第二付属肢《だいにふぞくし》は、口器ではなく、歩脚《ほきゃく》や捕獲器になっている。口器は単純で、そのことから昆虫のように多様化できなかったのではないかと考えられている。

　鋏角亜門はさらにウミグモ上綱《じょうこう》、カブトガニ上綱、クモ上綱の三つに分かれる。サソリの含まれるクモ上綱はさらに、ウミサソリ綱（化石種）、クモ綱の二群に分かれる。クモ綱はさらに、クモ亜綱《あこう》（書肺類《しょはいるい》）とダニ亜綱（無肺《むはい》類《るい》）とに大別される。クモ亜綱には、サソリ目《もく》、ワレイタムシ目、マルワレイタムシ目、コスリイムシ目、サソリモドキ目、コヨリムシ目、ヤイトムシ目、ウデムシ目、クモ目が含まれる。ちなみにダニ亜綱は、クツコムシ目、ダニ目、ムカシザトウムシ目、ザトウムシ目、カニムシ目、ヒヨケムシ目の六目である。

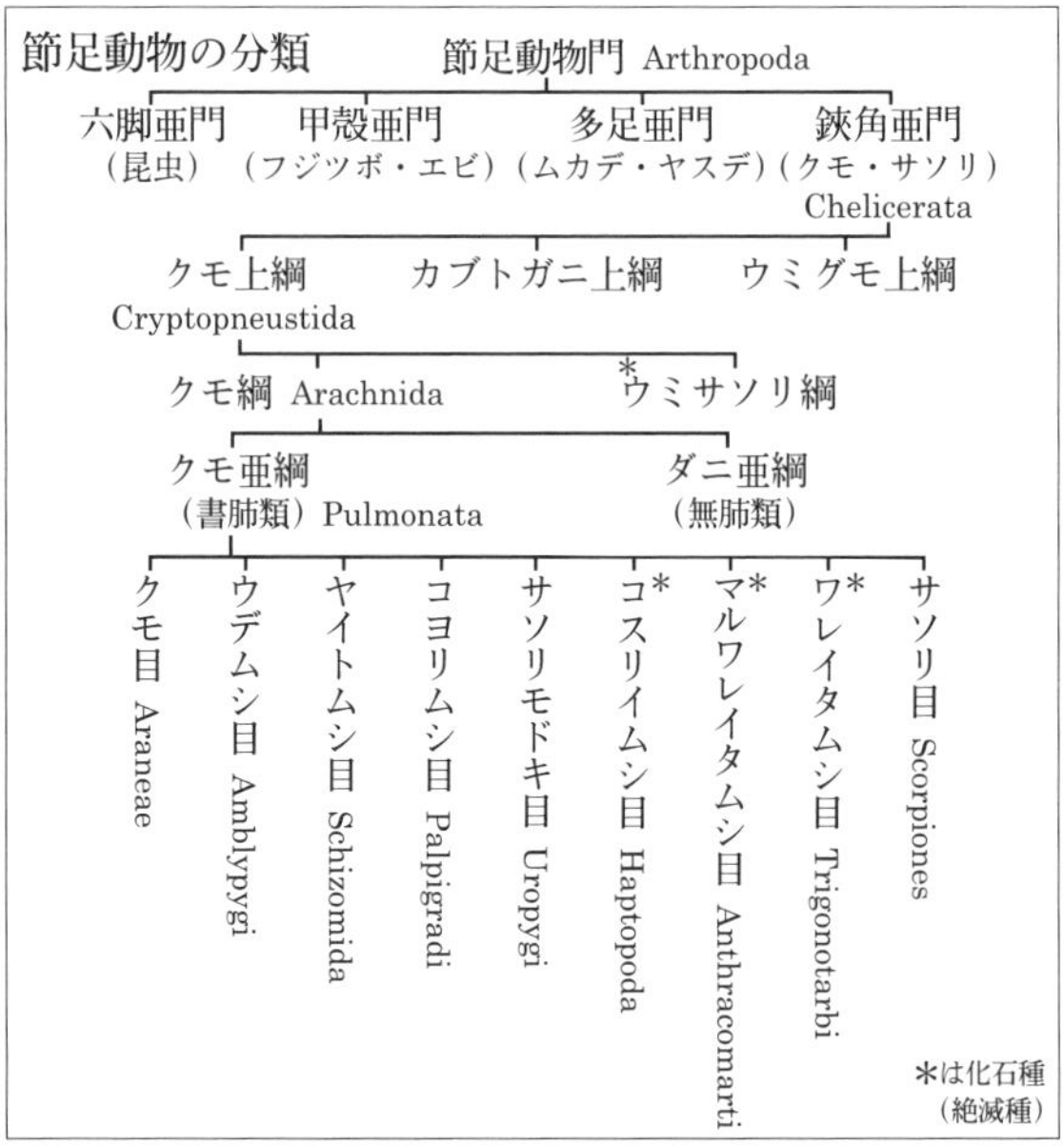

サソリの体制模式図

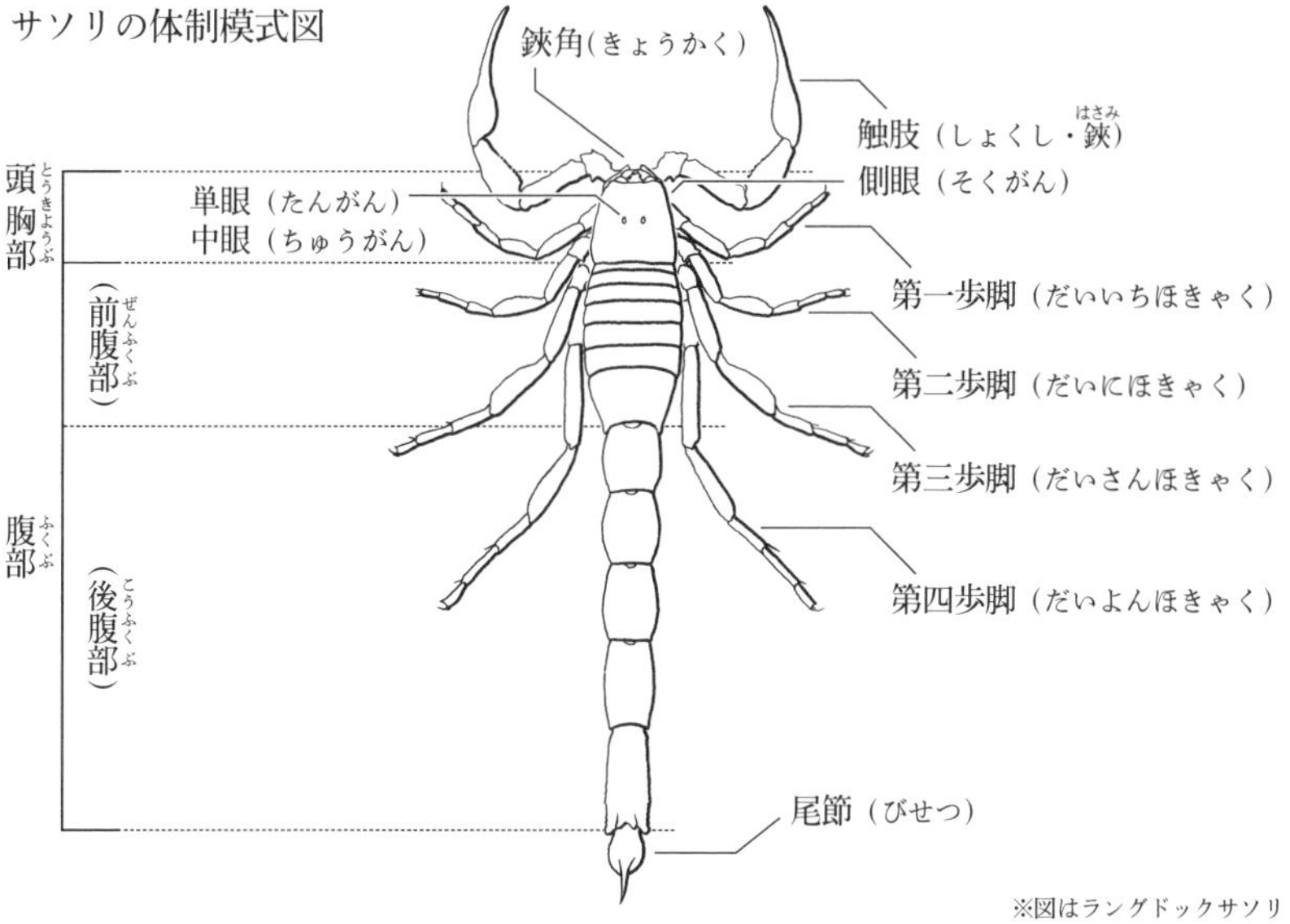

※図はラングドックサソリ

これらクモ綱（クモ亜綱とダニ亜綱）に含まれる目で、もっとも種数が多いのはクモ目で、続いてザトウムシ目、カニムシ目、そしてサソリ目となる。糸を道具として使うクモと、体を小さくして植物食や腐食になり、さらに寄生者としても多様化したダニ以外のクモ綱の仲間は、あまり目立つことのない少数派の存在といえる。

サソリ目 Scorpiones の仲間は、頭胸部《とうきょうぶ》と、七節からなる腹部（前腹部《ぜんふくぶ》）とがくびれずに繋《つな》がっている。五節からなる腹部の後半（後腹部《こうふくぶ》）は〝尻尾《しっぽ》〟のように細くなっており、その後端には毒嚢《どくのう》を具《そな》えた毒針がある。本訳でもファーブルの用いた queue《ク》 に従って「尻尾」と訳したが、後腹部の中には消化管が通っており末端に肛門がある。つまり厳密に言えばこれは腹部であり、尾節《びせつ》が本当の尻尾なのである。

頭胸部には、口の前に小さな一対《つい》の鋏角《きょうかく》と、先端が大きな鋏状《はさみじょう》になった一対の触肢《しょくし》、そして四対の歩脚をもつ。眼は、昆虫の場合、大きな複眼《ふくがん》が二つ、そして単眼《たんがん》が三つ、あったりなかったりするが、サソリはすべて単眼で、頭胸部の上部に一対の中眼《ちゅうがん》、縁《ふち》の部分に二〜五対の側眼《そくがん》をもつ。洞窟生《どうくつせい》の種《しゅ》では単眼を失っているものもある。ラングドックサソリの側眼は三対なので、合計八個の単眼をもつことになる。

呼吸は、腹部に開口した穴（書肺口《しょはいこう》・気門《きもん》）からとり入れた空気を書肺でガス交換する。書肺とは、英語のbook《ブック》 lung《ラング》を翻訳した言葉で、クモ綱に含まれるサソリ、クモなどがもつ呼吸器官のことである。紙を綴《と》じた本のように薄片が並んだ器官で、サソリで四対、多くのクモで一対が腹面に具わっている。ここで得られた酸素は、気管によって体内の各部分に送られる。

サソリは鋏角亜門のなかでも歴史の古い仲間で、その祖先はクモと同様に海中で暮らしていたものと考えられている。これらの化石のなかには全長が三メートルを超えるものも知られる。鋏角亜門のなかでも、サソリの仲間は早くから陸上に進出し、競合するほかの生物が出現するまえに分布を広げることに成功している。そのため系統として起原の古い「生きた化石」でありながら、ヒマラヤやアンデスなどの高地から、海岸、森林、草原、沙漠（砂漠）、樹上や洞窟にまで分布しているのである。

古生代シルル紀後期（約4億1800万年前）の地層の中から発見されたサソリ *Proscorpius osborni* の化石。

サソリ目の現生種はすべて陸生で、最大とされるダイオウサソリ *Pandinus imperator* でも全長は二〇センチほどである。

このようにサソリは厳密には昆虫ではないが、プロヴァンス地方ではよく見かける〝虫〟であり、その研究は『昆虫記』のなかでも重要な位置を占めている。第7巻3章「催眠と自殺」では、サソリが火にあぶられると自殺するという言い伝えの真偽を実験によって否定している。

◆解剖学的に知られている事実　ファーブルの蔵書の中には、フランスの医師、博物学者のレオン・デュフール Léon DUFOUR（一七八〇―一八六五）から署名入りで献呈された『サソリの解剖学的生理学的研究』*Histoire anatomique et physiologique des scorpions*（一八五六）が残されている。おそらくこの本のことを指しているのであろう。その扉には直筆で hommage de l'auteur à M.le Professeur Fabre Léon Dufour（著者謹呈、ファーブル先生へ、レオン・デュフールより）と記されている。

デュフールは、この六百頁ほどの文献のなかで、

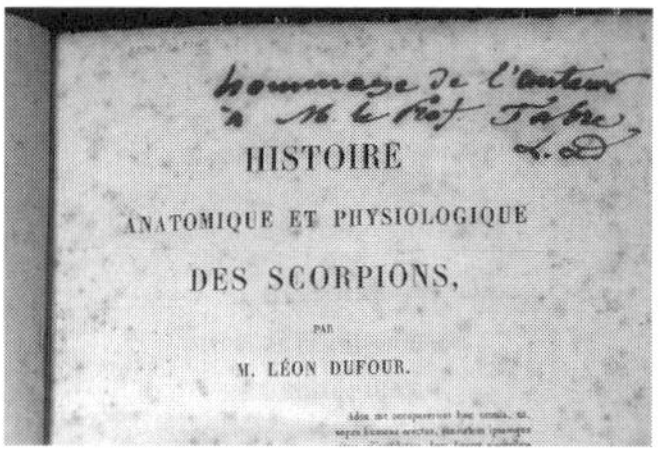

デュフールがファーブルに献本したサソリの本の扉。直筆の献辞が記されている（埼玉大学蔵）。

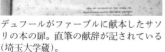

フランスの博物学の泰斗キュヴィエ CUVIER, Georges（一七六九—一八三二）やその弟子であるデュヴェルノワ DUVERNOY, Georges-Louis（一七七七—一八五五）などの先行研究を参照しながら、サソリの各器官の構造について詳細な解説を行なっている。

◆**星座**　さそり座は、古代ローマの天文学者、数学者のプトレマイオス（英称はトレミー Ptolemy）Claudius PTOLEMAEUS（八三頃—一六六頃）が、それまで伝わる星座を整理し、星座ごとの星の区分を定めた四十八星座のひとつ。四十八星座のなかには黄道《こうどう》十二星座も含まれる。夏の星座で大きなS字形をしている。

ギリシア神話によれば、優れた狩人《かりうど》であったオリオンは、自分に狩れない獲物はないと慢心していた。それに怒りをおぼえた女神ヘラがひそかにサソリを放ち、力自慢のオリオンを暗殺した。その手柄によってサソリは天の星座となったのだという。いっぽうのオリオンも憐れみによって天の星座となったが、夏の全天に輝くさそり座を恐れて冬にしか姿を見せないとされている。また別の話では、女神アルテミスはオリオンに恋をするが、アルテミスの兄アポロンがこれを嫌ってオリオンにサソリをけしかけた。サソリを恐れて遠くまで逃げているオリオンを見たアポロンは、「あの遠くの丸太のようなものを射ることができるか」とアルテミスを挑発し、弓の名人でもあるアルテミスはそれと知らずにオリオンを射殺してしまう。

このように神話上のオリオンは、その出自にも死因にも諸説があるが、有能な狩人でありながらサソリを恐れるという点では共通している。さそり座は夏の八時ころ南天に全体を現わす、いわゆる夏の星座であり、いっぽうのオリオン座は冬の星座なので、このような伝説が生まれたのであろう。

夜空でS字形に身をくねらせるさそり座の眼の部分に一等星アンタレス *Antares* が赤く輝いているが、この名はギリシア語の「火星に対抗するもの」に由来する。夏になると、やはり赤く輝く惑星の火星と、星空で拮抗するように見えて目立つため、この名がつけられた。

古代中国で天の赤道を二十八に区分して星座を定めた「二十八宿《にじゅうはっしゅく》」がある。この二十八宿による区分では、さそり座に該当する星野《せいや》は、尾の部分を尾宿《びしゅく》と呼び、これが日本に伝えられて「足垂星《あしだれぼし》」や、またはその姿が釣り針に見立てられて「魚釣り星」や「鯛釣り星」などと呼ばれるようになった。

◆**ルクレティウス**　『物の本質について』は、あらゆる自然現象は、人間の精神活動も含めて原子の運動によるものであるという、エピクロスの原子論的自然観に貫かれている。つまり「恐れが神々を創れり」とは、自然現象には神は介在せず、死への恐怖や、罪から逃れられない苦しみが、勝手に神々を創りあげたのだと主張しているのである。

　物理学者で随筆家の寺田寅彦《てらだとらひこ》（一八七八―一九三五）は、ルクレティウスのこの著書について「しかして読めば読むほどおもしろい本であるという考えを深くした」と述べている。そして「思うにルクレチウスを読み破る事ができたら、今までのルクレチウス研究者が発見し得なかった意外なものを掘り出す事ができはしないかと疑う。それほどにルクレチウスの中には多くの未来が黙示されているのである」（『寺田寅彦全集　第五巻』、「ルクレチウスと科学」岩波書店）と嘆賞している。


86頁　ラングドックサソリ　本種《ほんしゅ》は、スペイン、フランス、イタリアの地中海沿岸地方に分布している。ファーブルが本巻21章で角灯《ランタン》の光に照らされた本種を「なかば透きとおっているために、まるで琥珀《こはく》を彫って造ったように見える」と述べているように、体色が黄色からクリーム色をしているので、英名では Common yellow european scorpion《コモン・イエロー・ユーロピアン・スコーピオン》などとも呼ばれる。かつては、本種が地中海沿岸の北アフリカ側にも分布すると考えられていたため、その地に生息する姿のよく似た別種の Egyptian yellow scorpion《エジプシャン・イエロー・スコーピオン》 *Androctonus amoreuxi* や、オブトサソリ（尾太蠍・英名 Deathstalker《デスストーカー》）*Leiurus quinquestriatus* などがラングドックサソリと混同されてきた。後二者は、すべてのサソリのなかでもきわめて毒性が強いことで有名であって、そのことから、ラングドックサソリもまた恐ろしい毒をもっていると思われてきたのである。

　本種が属するキョクトウサソリ科には八十八属約一千種が含まれ、全サソリ目の約半分を占める大所帯である。南極と北極、ニュージーランドを除く大陸の、温帯から熱帯まで広く分布している。ラングドックサソリが含まれるキョクトウサソリ属 *Buthus* は、そのなかでも五番目に種数の多い仲間で、同属には約四十五種が知られている。キョクトウサソリ属は、サソリのなかでも比較的原始的な仲間で、すらりとした体形をして、細い鋏《はさみ》（触肢《しょくし》）をもつものが多い。

　人間に致命的な毒をもつサソリは、全サソリのなかでも二十種程度と考えられるが、その多くがキョクトウサソリ科に含まれている。体形にくらべて尻尾《しっぽ》（後体部《こうたいぶ》）が太いため広義にオブトサソリ（尾太蠍）と呼ばれることもある。一般に、太い大きな鋏をもつサソリは毒に頼ることなく暮らしているため毒性が弱く、細く華奢《きゃしゃ》な鋏をもつサソリは毒性が強いと言われるが、本科のものには、特にその傾向がみられる。毒の強い種は、沙漠などの極地に住み、獲物に出会う機会も少ないので、その好機《チャンス》に確実に食物を得るために毒を発達させたのだと考えられている。

日本の先島諸島や小笠原諸島にもラングドックサソリと同じ科に含まれるマダラサソリ *Isometrus maculatus* が分布するが、毒性は弱い。本種は世界中の亜熱帯から熱帯にかけて広く分布している。

◆**学位論文**　ファーブルは、物理と数学の中学教師としてコルシカ島に赴任していたが、一八五〇年、植物相《フローラ》を調査するために島を訪れていたフランスの博物学者、植物学者のモカン＝タンドン MOQUIN-TANDON, Christian Horace Bénédict Alfred（一八〇四―六三）と出会っている。このときファーブルは、生まれて初めてカタツムリの解剖の手ほどきを彼から受けた。といっても、食卓で座興のようにではあるが。それでもファーブルにとって、これが生涯唯一の生物学の実習となった。このモカン＝タンドンとの出会いによって、ファーブルの博物学（生物学）への目が開かれ、その後博物学の学士号を取得することになるのである。

ファーブルは一八五四年、三十歳のときに、トゥールーズ大学で博物学（現在の生物学が含まれる学問分野）の学士号を多足類（ムカデ類）の論文で取得している。当時ファーブルはアヴィニョンの国立中等学校《リセ》で物理の教師をしていたが、レオン・デュフールが書いた、タマムシを自分の幼虫の餌《えさ》とするタマムシツチスガリという狩りバチの論文を読んで、昆虫の生態研究という分野を知り、昆虫や植物に対する情熱を燃やしていたのであった。

本章中、ムカデの研究をしている時代、そして初めてラングドックサソリを見た時代から、「五十年の歳月が流れた」との記述があるが、本章が収録されている『昆虫記』第9巻は、一九〇五年、ファーブルが八十一歳のころに刊行された。当時ファーブルは、フランス・アカデミーからジュニエ賞（Genier）年金三千フランを贈られている。

◆**鋏**　サソリの〝鋏《はさみ》〟とは、触肢《しょくし》の先端につく二つの節《せつ》、すなわち跗節《ふせつ》と脛節《けいせつ》とが鋏状に関節した器官で、跗節が可動する〝爪〟の部分にあたる。カニなどの甲殻類《こうかくるい》の〝鋏〟は、指節《しせつ》と前節《ぜんせつ》とからなり、指節が可動する〝爪〟の部分にあたる。サソリやカニの〝鋏〟は「螯」、「鉗」とも書く。

90頁　クロサソリ　本種《ほんしゅ》本来の分布域は地中海沿岸だが、現在ではイギリスや南米などでもみられるようになった。おそらく、植木や荷物などに紛れて人為的な移動が行なわれたものと思われる。

クロサソリが含まれるエウスコルピウス属 *Euscorpius* には、類似した複数の種がおり、ヨーロッパ周辺を中心にバルカン半島や中央アジアにかけて分布している。いずれも三〜五センチ前後の小型のサソリである。ファーブルの用いた学名（旧学名）の *Scorpio europaeus* は、スウェーデンの博物学者リンネ LINNE, Carl von （一七〇七―七八）によって一七五八年につけられたものだが、現在では同物異名《シノニム》となっており、*Euscorpius flavicaudis* が用いられる。学名（種小名）*flavicaudis* には「黄色い尾の」という意味があり、類似種の多い本属のなかで、この特徴は際立っている。

18

ラングドックサソリの食物

大食と断食

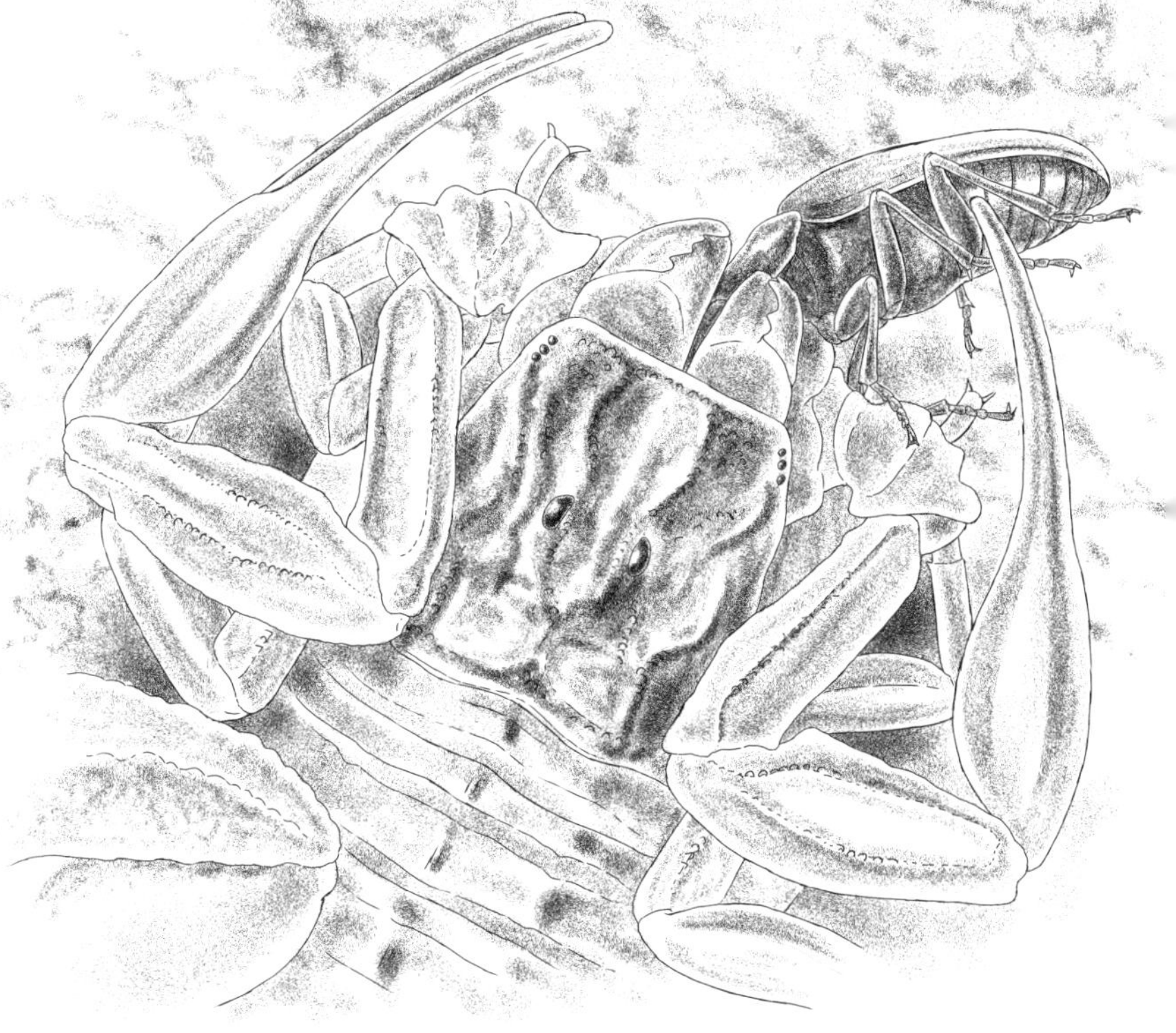

十月から半年間、サソリは巣の中でじっとしている――三月下旬、ようやく食事を始める――獲物は小さな虫――狩りに毒針は使わない――飼っているサソリにイナカコオロギを与える――怯《おび》えて食べない――生息地に多いワラジムシやヤスデを与える――食べない――皮が硬いものは好まないのだ――軟らかいチャバネクチキムシを与える――鋏《はさみ》で掴《つか》むと齧《かじ》りはじめた――獲物が暴れると毒針でおとなしくさせる――翅《はね》を切ったチョウを与えても、あまり食べない――しかし四月、五月の繁殖期になると節食家は暴食家になる――共食いもみられた――中ぐらいのサソリを断食させると九か月間も生きのびた――孵化《ふか》後二か月の幼《よう》体《たい》も半年以上絶食に耐える――寿命はどのくらいなのか――野生のサソリは体長から五つの集団に区分できる――サソリはなぜ長期間の断食に耐えられるのだろうか

扉絵　チャバネクチキムシを食べるラングドックサソリ

ラ[1]ングドックサソリは、強奪行為と大食の象徴ではないかと思わせるあの恐ろしげな武器、すなわちあの鋏《はさみ》と尻尾《しっぽ》の毒針に似合わず、*ひどく少食だということを、まず初めに私は知ったのである。

近所の丘陵地帯の、石ころだらけの土地にあるサソリの生息地を訪れたとき、私は人喰い鬼の饗宴の食べ残しが見られるものと期待して、その巣を注意して探してみたのだが、実際には、なんと隠者の食事の、ささやかな残りものしか見つけることができなかったのだ。それどころか、食べ残しなんか何も採集できないことがごくふつうなのである。カメムシの緑色の前翅《ぜんし》とか、ウスバカゲロウの翅《はね》とか、貧弱なバッタのばらばらにはずれた体節《たいせつ》とか、私がかろうじて拾い集めたのはそんなものであった。

庭[2]のサソリの集落《コロニー》をまめに調査してみて、私はさらにいろいろなことを知ることができた。サソリの食生活には、節制のために、決められた時間に少ししか食

1　**ラングドックサソリ**　ラングドック蠍。*Buthus occitanus*（旧 *Scorpio occitanus*）体長60〜80㎜　サソリ目《もく》キョクトウサソリ科キョクトウサソリ属。→本巻17章87頁図、解説。→本巻17〜23章。

▼ラングドックサソリが生息する乾燥した丘陵地帯。

べない半病人のような時期があるのだ。

十月から翌年の四月にかけての六、七か月間、サソリは、必要とあらばいつ何時でも、素早く尾端《びたん》の剣で刺してやろうという構えを崩していないけれど、隠《かく》れ家《が》の中から外へは出てこない。

この時期であると、手の届くところに何か食物を出してやっても、サソリはまるで馬鹿にしたようにそんなものを相手にしない。尻尾で巣穴の外にそれを掃《は》き出《だ》してしまい、それきり注意を払わないのだ。

そろそろ物を食おうか、という気持ちが兆《きざ》しはじめるのは三月の終わりころである。このころに隠れ家を訪ねてみると、私の飼っているサソリたちが、ときどき一頭、また一頭と、もの静かに獲物を齧《かじ》っているのを見ることがある。獲物は、ちっぽけなメナシムカデ[3]、イシムカデ[4]などだ。それに、獲物は小さなものであるが、その食物の小ささを、たくさん食べることで補うということはない。貧弱な獲物しか食べないのに、長い間《ま》をおかないと、次の食物を口にすることはないのである。

私としてはもっと凄いことを期待していた。本格的な戦いに備えて、これほどまでに身ごしらえをしている残忍そうな虫が、ほんのお口よごしみたいなもので満足しているのはおかしいではないか。たかが小鳥一羽を射るために、吹矢の筒《つつ》

2 **庭のサソリの集落《コロニー》** ファーブルは、採集してきたサソリを荒地《アルマス》の庭の一部に放して観察を試みている。ほかにも園芸用の囲い（風防）、ガラスの飼育箱、釣鐘形《つりがねがた》の金網の、計四つの場所でサソリを飼育している。→本巻17章。

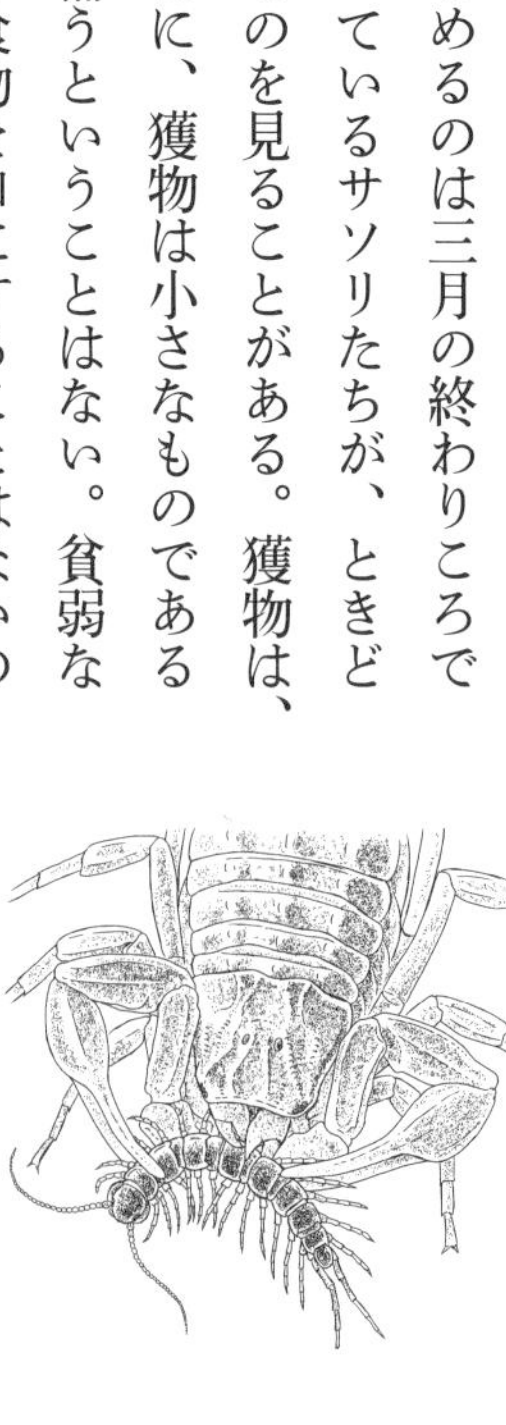
▼イシムカデを食べるサソリ。

3 **メナシムカデ** 目無百足。オオムカデ目メナシムカデ科メナシムカデ属 *Cryptops* の仲間。眼が退化した小型のムカデ。脚《あし》は二十一対《つい》。日本にもニホンメナシムカデ *Cryptops japonicus* が分布。

にダイナマイトを詰め込んでおく、などという馬鹿なことはあるまい。小さな虫を刺すのに、サソリはあの恐るべき尻尾の毒針を用いることはないのだ。サソリの食物は大型の獲物のはずだ——いや、私は間違っていた。こんな重装備を身につけてはいても、サソリはごくつまらない獲物しか狩らないのである。

それにこの虫は臆病者なのだ。その日に卵から孵《かえ》ったばかりのカマキリの子に出会ってもびくっとするし、翅を切られたオオモンシロチョウ[5]がぱたぱた暴れただけで逃げ出してしまうくらいなのである。チョウは翅を切られてしまって手出しができないのに、それでもサソリは怯《おび》える。攻撃してやろうという気をこの虫に起こさせるのには、飢えという刺激が必要なのだ。

四月になって、サソリに食欲が湧いたときに、何を与えたらいいのであろうか。クモと同様サソリには、まだ硬直していない、血の味のする生きた獲物がいる。死の苦しみにぴくぴく震えている食物が必要なのだ。死んでしまった獲物に咬《か》みつくようなことはけっしてしない。そのうえ、食物は軟らかくて小さなものでなければならない。

サソリを飼いはじめたころ、私は御馳走をやるつもりで特に大きなバッタを選んで与えたものであった。ところがサソリはどうしても食べようとはしないのだ。それはあまりに皮が硬すぎるし、それに後肢《こうし》でびんびん蹴るものだから、恐がり

4　**イシムカデ**　石百足。イシムカデ目イシムカデ科イシムカデ属 *Lithobius* の小型のムカデ。脚は十五対。日本にもモモブトイシムカデ *Lithobius pachypedatus* が分布する。

5　**オオモンシロチョウ**　大紋白蝶。*Pieris brassicae*　開張29〜34㎜　鱗翅目《りんしもく》（チョウ・ガ類）シロチョウ科シロチョウ属。図は雄。

の虫は近寄れないのである。

私は試しにイナカコオロギ[6]をやってみた。これは腹がでっぷりして、バターの玉のようにとろけそうである。ガラスの飼育箱の中にこの虫を六頭ほど入れ、レタスを与えておいた。こんな餌《えさ》でも、獅子の穴の中に放り込まれたコオロギの恐怖をいくぶん和らげてくれるであろう。

コオロギの楽師たちは恐ろしい隣人を気にしてはいないようである。連中は美しい旋律《メロディ》を演奏し、レタスをもりもり食べている。散歩に出てきたサソリの姿を見ても、コオロギたちは細い触角《しょっかく》をそっちに向けはするけれど、化け物の出現に特に驚いたようすも見せない。

ところがサソリのほうでは、コオロギに気がつくとたちまち逃げ腰になる。こんな見知らぬ連中とかかわりあいになったらどんな酷《ひど》い目に遭《あ》わされることかと、まず恐怖心が湧くのだ。サソリは、自分の鋏の先にコオロギが触れたりすると、びくっとすくみあがって逃げ出してしまう。

一か月間というもの、六頭のコオロギは猛獣たちと暮らしていたけれど、そのなかのどれにも、何ごとも起きなかった。イナカコオロギは獲物としては大きすぎ、肥《ふと》りすぎているのだ。それで六頭の獲物は、飼育箱に放り込まれたときと同様、元気いっぱい、無傷のまま無罪放免となった。

6 **イナカコオロギ** 田舎蟋蟀。*Gryllus campestris* 体長20～25㎜ 直翅《ちょくし》目《もく》（バッタ類）コオロギ科フタホシコオロギ属。↓第6巻13～14章。

7 **ワラジムシ** 草鞋虫。等《とう》脚《きゃく》目《もく》ワラジムシ亜目ワラジムシ科 Porcellionidae の仲間。

8 **タマヤスデ** 球八十手。タマヤスデ目 Glomerida の仲間。驚くと体を丸めて球状になるのでこの名がある。

9 **ヒメヤスデ** 姫八十手。ヒメヤスデ目 Julida の仲間。ヒメヤスデなどが属するヤスデ綱《こう》 Diplopoda の仲間は、ムカデ綱 Chilopoda がひとつの体節《たいせつ》に一対《つい》の脚をもつのに対し、二対の脚をもつ。

10 **ニセスナゴミムシダマシ** 偽砂芥虫擬。*Asida sabulosa* 体長11～15㎜ 鞘翅《しょうし》目《もく》（甲虫類）ゴミムシダマシ科アシダ属。

私は[7]ワラジムシ、[8]タマヤスデ、[9]ヒメヤスデなど、サソリの好きな石ころだらけの場所にふつうにいる虫を与えてみたり、[10]ニセスナゴミムシダマシ、[11]ゴミムシダマシなど、サソリのいる場所の石の下によく見られ、サソリの通常の食物になりそうな虫も試しに与えてみた。またサソリの巣穴の近くの藪《やぶ》の中で捕まえた[12]ヨツボシナガツツハムシや、サソリたちのまさに本拠地たる砂地で捕らえた[13]ハンミョウなども与えてみた。しかし、何も、絶対に何も、サソリは受けつけなかった。おそらくはどの獲物も皮が硬すぎるのであろう。

軟らかくて味がよく、しかも苦労しなくても手に入る獲物をどこで捕まえたらよいだろう。偶然、それを私は入手することができた。五月に、翅鞘《ししょう》の軟らかい、体長一センチばかりの甲虫、[14]チャバネクチキムシがやってきたのである。それは突然[15]荒地《アルマス》の庭に大発生した。真っ黄色の尾状花序《びじょうかじょ》に木全体が覆《おお》われた一本の[16]セイヨウヒイラギガシのまわりで、この虫の大群はまるで雲のように渦を巻き、ぶんぶん飛びまわったり、花にたかったり、蜜を吸ったり、熱狂的に交尾したりしているのである。

チャバネクチキムシの歓喜の生活は二週間ばかり続き、それから群れをなしてどこかへ行ってしまった。私は飼育中のサソリたちのためにこの放浪者のような甲虫を捕まえてみた。きっと連中の口に合うだろうと思ったのだ。

11　**ゴミムシダマシ**　芥虫擬。鞘翅目（甲虫類）ゴミムシダマシ科オパトルム属 *Opatrum* の仲間。

12　**ヨツボシナガツツハムシ**　四星長筒葉虫。鞘翅目（甲虫類）ハムシ科ヨツボシナガツツハムシ属 *Clytra* の仲間。→第7巻17章。

13　**ハンミョウ**　斑猫。鞘翅目（甲虫類）ハンミョウ科ハンミョウ属 *Cicindela* の仲間。

14　**チャバネクチキムシ**　茶翅朽木虫。*Omophlus lepturoides* 体長13〜16㎜　鞘翅目（甲虫類）クチキムシ科オモフルス属。ヨーロッパに分布する。

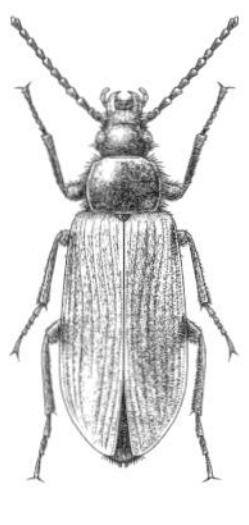

私の予想は的中した。長いあいだ、とても長いあいだ待たされたあとで、私はサソリの食事を見ることができた。見ているとサソリはじりじりとチャバネクチキムシのほうに近寄っていく。いっぽう甲虫のほうは地面の上でじっとしている。これでは狩りというよりは収穫である。慌てず騒がず、戦うこともなく、尻尾を動かすこともなく、毒針を使用することもない。

両方の鋏の先で、サソリは静かに獲物を捕まえる。腕を曲げて虫を口にもっていき、食事のあいだ両方の鋏で押さえている。食われるほうの虫は生きているわけだから、サソリの口の[17]鋏角《きょうかく》ではさまれるとさすがに死にもの狂いで暴れる。静かに獲物を食べるのが大好きなサソリとしてはこれが気にいらない。

それで尻尾が曲げられ、毒針が口元までもってこられる。サソリはごく穏やかに甲虫を刺したかと思うと、もう一度刺し、静かにさせる。

そしてふたたびもぐもぐ*嚙《か》みはじめるが、そのあいだ中、針でちくちくと刺しつづける。そのさまはまるで、人がフォークを細かく使って肉か何かをむしゃむしゃ食べているかのようだ。

何時間ものあいだ、ゆっくり、根気よく鋏状の鋏角で細かく引きちぎられた獲物の体は、とうとう、胃袋も受けつけないような、味のない食《た》べ滓《かす》の玉になってしまう。しかしこの残滓《ざんし》は喉《のど》に引っかかっていて、サソリは吐き出そうと思って

15 **荒地**《アルマス》 南仏のセリニャンにあるファーブルの研究所兼住居。→第2巻1章訳注「荒地《アルマス》」。→第7巻23章。

16 **セイヨウヒイラギガシ** 西洋柊樫。*Quercus ilex* 樹高10～20m ブナ科コナラ属の常緑硬葉樹。

▼セイヨウヒイラギガシの花に集まるチャバネクチキムシ。

▼捕らえたチャバネクチキムシを毒針で刺すサソリ。

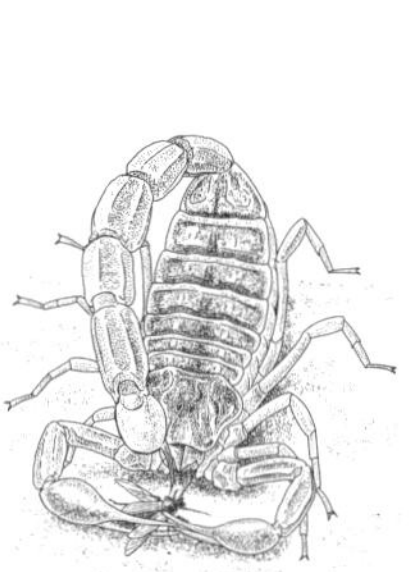

も吐き出すことができないのだ。これを喉の奥から引っ張り出すには鋏を使わなければならない。

サソリは鋏のいっぽうを用いて食べ滓を摘《つま》み、そっと喉から引っ張り出して地面に捨ててしまう。食事は終わりである。これで当分のあいだ、サソリは物を食べないであろう。

ガラス張りの広々とした箱の中は、黄昏時《たそがれどき》になるとにぎやかになってきて、サソリのこの奇妙な節制ぶりについて金網の中よりずっと多くのことを教えてくれる。

四月と五月の、サソリの集会と饗宴のもっとも盛んな季節に、私は食物をいっぱい仕入れておいた。その季節には荒地《アルマス》の庭のリラの小径《こみち》にはオオモンシロチョウやキアゲハ[18]がいっぱいいたのである。それを捕虫網《ほちゅうもう》で捕まえ、翅を半分に切断してサソリの飼育箱の中に入れてやった。その数は一ダースほど。翅が切られているから、チョウどもはそこから飛んで逃げることができない。

夜の八時頃になると、猛獣どもは洞穴《ほらあな》の隠れ家から出てくる。彼らはちょっとのあいだ、鉢《はち》のかけらの隠れ家の入口で足を止め、あたりの気配をうかがっているようである。そのうち、あちらからもこちらからもサソリたちは出てきて、そ

17　**鋏角**　サソリの最初の体節につく一対の口器《こうき》。先端が鋏《はさみ》状《じょう》になっている。→訳注「もぐもぐ嚙《か》みはじめる」。▼先端が鋏状になった一対の鋏角《きょうかく》で獲物を引きちぎって口の中に送り込む。

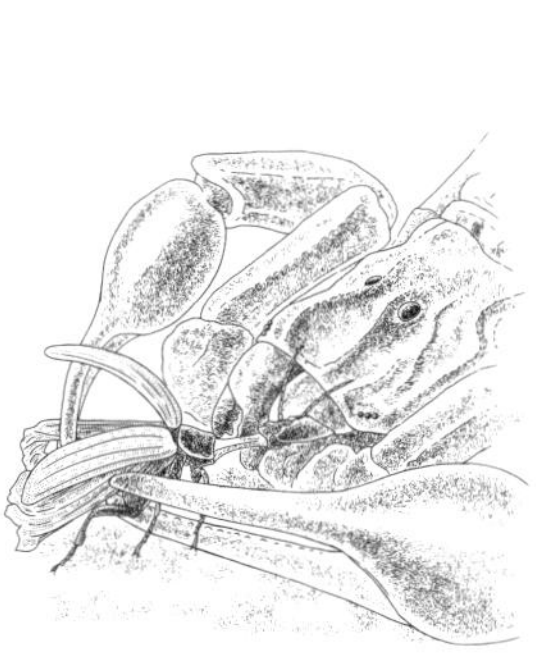

18　**キアゲハ**　黄揚羽。*Papilio machaon*　開張90～120㎜　鱗翅目（チョウ・ガ類）アゲハチョウ科アゲハチョウ属。ふつうヨーロッパでアゲハといえば本種《ほんしゅ》を指す。

れぞれ尻尾をくるりと巻き上げたり、あるいは真っすぐ伸ばしたまま、先だけを反《そ》り返《かえ》らせて引きずったりしながら、うろうろ歩きまわりはじめる。そのときの気分しだい、出会ったものしだいで、サソリたちのとる姿勢《ポーズ》は決まるのである。ガラスの飼育箱の前に吊り下げてある角灯《ランタン》のほのかな光を頼りに、私はこれから起きることをなんとか観察することができる。

翅を切られて飛べなくなったチョウたちは、地面でばたばたしている。絶望的にもがくこのチョウどもの乱れ騒ぐなかを、サソリたちは往ったり来たり、チョウを突き飛ばしたり、踏みつけたりするけれど、それ以上べつに注意を払うこともない。

ときには混乱のあまり、翅なしのチョウが人喰い鬼のようなサソリの背中に飛び乗ってしまうような椿事《ちんじ》さえ出来《しゅったい》する。サソリはこういうなれなれしい行動にむっとするようなこともなく、委細かまわずチョウのやりたい放題にさせて、突飛な騎士を背に乗せて歩きまわっている。

そそっかしいチョウのなかには散歩途中のサソリの鋏の下に飛び出すような者もおり、そうかと思うとあの恐るべき口元に触ってしまう者もいる。それでもなんにも起こらない。サソリは食物には手をつけないのだ。

こうした実験を私は毎晩毎晩、チョウたちがリラの花を訪れるあいだ中繰り返

▼翅を切られたチョウのあいだを往ったり来たりするサソリ。

して行なった。サソリたちに御馳走してやろうとしたのだけれど、なんの成果も得られなかったのである。

それでもときたま、サソリがチョウを捕まえるところは見ることができた。チョウが一頭、地面でばたばたしているところを、散歩していたサソリがぱくっと口でくわえとったのである。虫は歩みを止めずにチョウをくわえたまま、相変わらず両方の鋏で前方を探りながら、興奮して腕を振りまわすように歩きつづける。

この場合、鋏で獲物を口のところにもってくるようなことはしていない。腕は前のほうを探るために使っているのであって、獲物を保持するのに使っているのは口の鋏角だけなのだ。チョウは生きたままくわえられているわけであるから、切られて残った翅を死にもの狂いに羽ばたいている。

そのさまはあたかも、残忍な勝者の額にはためく白い羽飾りのようである。くわえとられたチョウがあまりに激しくもがいて邪魔になるようだと、強奪者は立ちどまることなく、もぐもぐ口を動かしつづけながら、尻尾の針でちくちく刺して獲物を静かにさせてしまう。そして最後にそれをぽいと捨てるのである。いったいサソリは獲物のどこを食べたのか。頭部だけである。

こんなことよりもっと稀《まれ》にしか起こらないけれど、獲物を鉢のかけらの隠れ家の中に急いで引き込むこともある。そして外の騒ぎも知らぬげに、そこで食事をするのだ。ほかにも、獲物を捕獲するや飼育箱の隅に引きさがり、腹を砂の中に埋めながら外で食べてしまう者もいる。

　こうした場面が何度か繰り広げられたあと一週間経って、サソリがどれくらいの獲物を食べたのか調べてやろうと、隠れ家をひとつひとつ点検してみた。翅は食べられずに残ることになるから、この点について知ることができるであろう。

　さて結果は、きわめて稀な例を除くと、チョウの翅は死骸からもぎとられてはいなかった。すなわち、ほとんどのチョウがどこも損傷していないのだ。食べられることなく、死んでからからになってしまったわけである。ただ三頭か四頭は頭がとれている。私が注意深く調査してみた結果は、せいぜいこの程度のものでしかなかった。サソリの活動力の盛んな時期の一週間分として、これらチョウの頭を齧る連中には、ほんのひと口で足りることになる。飼育箱の中には二十五頭のサソリがいたが、それら二十五頭は、ほんのひとかけの食物で腹がいっぱいになっていたわけだ。


　しかし、チョウという食べ物はサソリにとって、これまでほとんど見たことのない献立《メニュー》だったにちがいない。花々を縫って舞い飛ぶことを好むこういう餌食《えじき》を、地上の石ころの迷宮に住むサソリが、ときたまにせよ捕まえるようなことがあるなどとは思えない。こんな獲物は知らないから、サソリはおそらく食べたがらないのであろう。ほかにちょうどいい獲物がないから、しかたなしに少しだけ齧ってみたのではないか。

さてそれでは、太陽の照りつける野外の領土のなかで、サソリたちはどんな獲物を見つけるのだろうか。

それはおそらくバッタ[19]であろう。もりもり齧ることのできるイネ科植物さえあればどこにでもいるありふれた虫、バッタの仲間にちがいない。モンシロチョウその他、ふつうに見られるチョウの季節が終わったとき、私がよくサソリの食物にしたのもさまざまなバッタ類であった。

そのころには荒地《アルマス》の庭にも、生まれてすぐの翅の短いつんつるてんの礼服《モーニング》を着たようなバッタやキリギリス[20]の若虫[21]がたくさんいた。それこそまさに軟らかい食べ物を好む、うちのサソリたちの欲するものであろう。この仲間には、灰色をした者、緑色をした者、腹の太い者、痩せた者、ひょろりと肢《あし》の長いまるで竹馬に乗ったような者、肢の短いずんぐりした者などいろいろいたのだ。食べ手のほうはこんなよりどりみどりの獲物のなかから好きなものを選ぶのであろう。

夜になると飼育箱の中の、ぼんやりした角灯《ランタン》の光で照らされているあたりに、採集してきたバッタたちをばらまいてやる。夜遅い時間になると、連中は割合に静かにしていて、ぴょんぴょん跳ねたりしないのだ。

19　**バッタ**　蝗。直翅目《ちょくしもく》（バッタ類）Orthoptera の仲間。ここでは、触角が短く、後肢《こうし》が跳躍のために発達しているバッタやイナゴなどのバッタ科 Acrididae を指す。直翅目には、ほかにコオロギ、ケラ、カマドウマ、コロギス、キリギリス、ヒシバッタ、ノミバッタなどが含まれる。いずれも蛹《さなぎ》の期間をもたない不完全変態で成長する。

20　**キリギリス**　直翅目キリギリス科 Tettigoniidae の仲間。

21　**若虫**　「わかむし」または「じゃくちゅう」と読む。バッタ（直翅目）は、不完全変態によって成長する昆虫で、卵から孵化《ふか》すると、翅《はね》をもつ成虫になるまで五～七回脱皮する。この、成虫になるまでの翅をもたない期間を幼生《ようせい》（幼虫、若虫）という。完全変態をする昆虫とは異なり蛹の期間をもたない。

サソリたちはすぐに隠れ家から外に出てくる。生《い》き餌《え》のバッタたちはそこらへんにうようよいる。連中が少しでもぴょんと跳ねると、そこにいた散歩中のサソリはびくっとして退《しりぞ》く。これは翅を切ったチョウをやってみたときとまったく同じだ。サソリはこんな旨《うま》そうな食べ物を、たしかに眼で見ており、触ってさえもいるのに——なぜならしょっちゅうぶつかったり、バッタの上を乗り越えて歩いたりしているからだ——それなのに、どのサソリもこれを問題にもしないのである。

一頭のバッタが偶然、なんとサソリの鋏の歯のあいだに嵌《は》まり込《こ》んでしまったことがある。それなのにサソリのほうでは鷹揚なもので、その鋏をぎゅっと締めようともしなかった。少しでもそれを締めれば、けっこうな獲物が手に入るというのに、無《む》頓着《とんちゃく》なサソリはバッタが逃げるにまかせておいたのである。

また小さな緑色のキリギリスの仲間が一頭、たまたま散歩途中のサソリの背に乗ってしまったのも見たことがある。恐ろしい乗馬は、しずしずとこの虫を運んで、危害を加えようなどとする気配もない。

サソリが獲物と、額と額をこつんと合わせるぐらいに対面したり、獲物を避けようと身を退《ひ》いたり、道で出会ったうっかり者を、邪魔だとばかり尻尾で払いのけたりするところは何回となく見たけれど、獲物と本気で格闘するところは見たことがないし、まして後を追っかけるところなぞまったく見たことがない。毎日

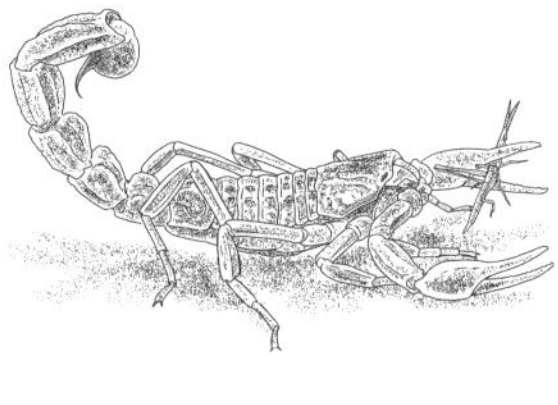

▼サソリの鋏のあいだに嵌《は》まり込《こ》んだオウシュウショウリョウバッタ。

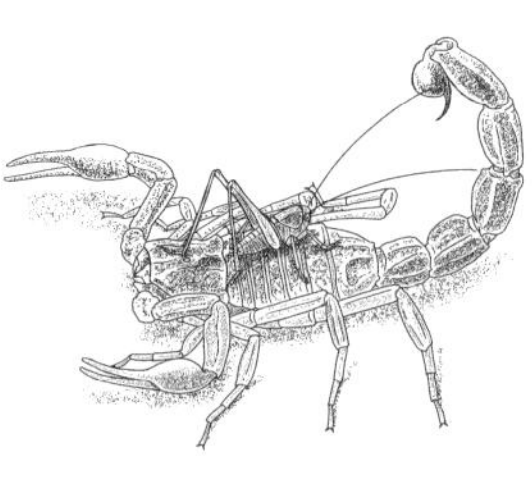

▼背中にキリギリスを乗せて歩きまわるサソリ。

見張っていると、ほんのときたま、少食のサソリたちの一頭か二頭が、バッタを捕まえているのを見ることができるだけなのである。

四月と五月の繁殖期になると、サソリは態度を急変させ、節食家が暴食家となり、言うもおぞましい饗宴に耽《ふけ》ることになる。ガラス張りの放牧場のサソリが、鉢の屋根の下で、まるで普通の獲物を食べてでもいるかのようにあっけらかんと、仲間のサソリを食べているところを私は何度も見ている。

サソリは仲間を丸齧りするが、ふつう、尻尾の部分だけは食べ残す。腹がいっぱいになったサソリの口器《こうき》の先に、それが何日間もだらりと垂れ下がったままになっていて、最後に名残り惜しそうに捨てられたりする。

サソリがほかのサソリの尻尾を食べないのは、その末端に毒の袋があることと関係があると思われる。おそらく毒液は食べるほうにとっても不快な味がするのであろう。

この食べ残される部分、つまり尻尾を除くと、食べられたほうのサソリの体は丸ごと、食べるほうのサソリの腹の中に姿を消してしまうわけだが、大きさからいえば腹の容量のほうが、食われたサソリより小さそうに思われるのだ。

こんな餌食をすっかり腹の中に収めてしまうからには、よほど融通のきく胃袋

▼共食いをするサソリ。

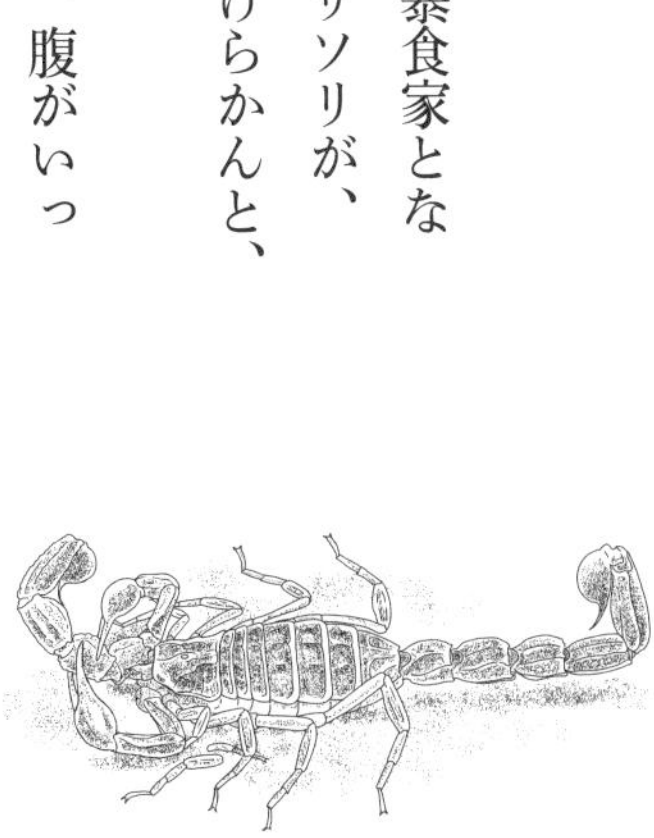

をもっているのでなければなるまい。嚙み砕かれ、ぎゅっと圧縮されてしまうまえは、中身のほうが入れ物よりずっと大きいことであろう。

とはいえ、こんなとんでもない大饗宴は普通の食事ではなく、婚礼の儀式なのだ。これについては、あとで述べることにしよう。こんなことは繁殖期にしか起きず、食べられるのは決まって雄のほうなのである。


それゆえ、結婚のあと犠牲となって死亡する雄に関しては、通常の食物について述べるこの章には書かないことにしよう。こうしたことは繁殖期のサソリの異常な饗宴であって、[*22]ウスバカマキリの悲劇的な結婚とくらべるべきものである。

また両者の戦うところが見たいために私が仕組んで、二頭の強いサソリを対峙させ、苛立《いらだ》たせてやったために起きた共食いのことについても、ここでは述べないことにする。向かい合わされ、けしかけられたサソリは、怒って身を守り、相手を針で刺す。そのあと勝利に酔いしれて敗者を、胃袋に詰め込めるだけ詰め込む。これがサソリ式の勝利の祝い方である。

しかし私が手を貸さなければ、サソリはけっしてこんな強敵に攻撃を仕掛けようとはしなかったであろうし、こんな大きな獲物を食べようとすることもなかったであろう。

こんな盛大な食事はあまりに例外的すぎて参考にはならないが、こういうのを

22 **ウスバカマキリの悲劇的な結婚**　カマキリの雌が交尾中に雄を食べてしまうこと。→訳注。→第5巻19章。

別にすれば、サソリはごく軽い食事を摂《と》るだけなのだ。私の見張り方がおそらくは不充分なのであろう。深夜、誰も見ていない時間にもっとたくさん食べているのかもしれないのだ。それで、サソリどもに極度の節食家という証明書を与えるまえに、私は次のような実験をしてみた。これがはっきりした解答を与えてくれるであろう。

秋の初めに、中くらいの大きさのサソリを四頭、それぞれ一頭ずつ別々の平鉢《ひらばち》の中に入れてやった。中には細かい砂を敷き、鉢のかけらを備えつけてある。上からガラス板で蓋《ふた》をしておけば、器用に壁をよじ登るサソリの脱走を防げるし、陽《ひ》の当たる明るい住まいになるわけだ。空気の流通は妨げられてはいないし、しかもきちんと戸締まりがなされているから、イガ[23]（衣蛾）やカ[24]（蚊）のようなごく小さい虫が中に入り込んでサソリの獲物になることもない。これら四つの鉢を収めてある温室[*]の中は、一日の大半、熱帯のような気温になっている。

食物として、私は何も与えていないし、外部から食物は、ひと口ぶんたりとも入ってこない。その辺をうろついているアリ一匹でさえも入らないようになっているのだ。こんなふうに食物を完全に無くしておいたときに、中に囚《とら》われたサソリたちはどうなることであろうか。

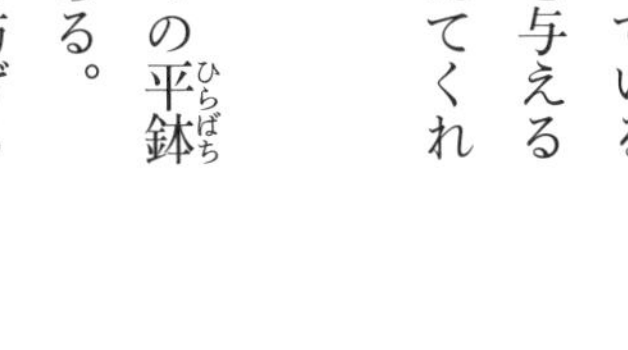

▼平鉢《ひらばち》とガラス板を利用したサソリの観察装置。

23 **イガ**　衣蛾。*Tinea translucens*　開張10～12㎜　鱗翅目（チョウ・ガ類）ヒロズコガ科ティネア属。幼虫が衣類などを食害する。

24 **カ**　蚊。双翅目《そうしもく》（ハエ・アブ類）カ科 Culicidae の仲間。後翅《こうし》が退化して平均棍《へいきんこん》になっている。

食べ物がまったくなくてもサソリたちは相変わらず元気で、鉢のかけらの下に引《ひ》き籠《こ》もっている。連中は穴を掘って隠れ家を造り、砂の壁で入口を閉ざしているのだ。

ときどき、特に黄昏時に、サソリたちは巣穴を出て軽い散歩をし、それから家に戻る。食物を与えられているときでも別にこれと異なった行動はとらない。

冬の寒さがやってくると、温室の中が凍てつくことはないけれど、囚われのサソリたちは厳しい季節に備えて巣穴を少し掘り下げ、そこからもう出なくなる。それでも健康状態は相変わらず良好である。ときおり、私が好奇心から隠れ家を暴いてみると、サソリたちは常に健康そうで、動きも活発であって、私がいま引《ひ》っ掻《か》きまわした巣穴をもとどおりの状態に戻すのが見られる。

冬は恙《つつが》なく終わるが、特に驚くようなことは起きない。寒い季節には活動が停止状態になるので、食事を摂る必要はあまりなくなり、まったくの絶食状態になりさえする。しかし暖かさが戻ってくると、同時に栄養を摂る必要性も戻ってきて、食物に依存することになる。

ところで、ガラスの飼育箱の中にいる仲間がチョウやバッタを食べているとき、断食させられている連中はどうしているのだろうか。憔悴してへたり込んでいるであろうか。——とんでもない。

連中は食物を摂っている仲間と変わらず元気いっぱいで、私が突《つつ》いてやったりすると節くれだった尾を振り上げて威嚇《いかく》してくるのだ。あまり刺激しすぎるとサソリは平鉢のまわりに沿って慌てて逃げ出す。飢餓に苦しんでいるようには見えない。

だがこんな状態が無限に続くはずがない。六月のなかばころ、鉢に閉じ込めておいたうちの三頭が死んだ。四頭目は七月まで生きのびていた。サソリの活動力にとどめを刺すには九か月間の完全な絶食が必要だったわけである。

生後二か月ばかりの幼体《ようたい》でもう一度実験してみた。彼らの体長は、額の部分から尾端まで三〇ミリぐらい、色彩は成体より鮮明で、特に鋏は琥珀《こはく》か珊瑚《さんご》の彫刻のようである。のちには恐ろしい姿になる鋏も、ごく若いころには美しさを有しているのだ。

こういう若いサソリは十月頃から石の下で見つけることができる。年を経た者と同じように単独で暮らしていて、自分で選んだ石の下に穴を掘り、掘り返した砂で防護壁を築いている。隠れ家から引っ張り出されると、サソリの子供は敏捷に走る。尾を背中でくるりと巻き、か弱い毒針を振りたてるのだ。

十月になるとすぐ、私はそういう若いサソリを四頭、それぞれ一頭ずつガラスのコップに入れ、口をモスリンの布で覆ってやった。この蓋さえあれば、どんな

▼ガラスのコップの中に隔離されたサソリの幼体《ようたい》。

小さな虫でも中に入ることができないから、サソリの獲物になることはあるまい。囚われのサソリには、穴を掘って潜れるように、指の幅ぐらいの厚さに細かな砂を敷いてやり、隠れ家として円《まる》い厚紙を置いてやった。

さて、この若いサソリたちは親とほとんど同じくらい、絶食によく耐えた。常に活発に動いていていながら、五月、六月になっても死ななかったのだ。

これらふたつの実験が、サソリが活動力を保持しながらも、一年の四分の三もの期間、断食に耐えることを証明しているとすれば、サソリが充分大きくなるためには長い成長の期間が必要ということになる。

[25]鱗翅目《りんしもく》の場合、幼虫、つまり芋虫《いもむし》や毛虫でいる期間は、ふつう何日間かしか続かないが、そのあいだに、将来チョウ、ガになるための物質を体内に蓄える必要があって、休むことなく植物を食べつづける。幼虫時代が短いからこそ、猛烈な食べっぷりを発揮するのだ。

サソリは長い間《ま》をおいて、ほんのわずかずつしか食べないのに、あれほどの体を造りあげるだけの物質を、どうやって溜め込むのか。きっと虫としては例外的に長生きすることによって蓄えていくのにちがいあるまい。

サソリがどれくらい生きるのかについて、おおよそのところを知るのはたいし

25 **鱗翅目** チョウやガなどの仲間、鱗翅目 Lepidoptera は、幼虫、蛹、成虫と完全変態を行なって成長する。

て難しいことではない。一年のいろいろな時期に石を起こしてみると、まるで戸籍の資料を見るように、はっきりした答が得られる。サソリをその体の大きさによって五つの集団にわけられることが私にはわかった。

いちばん小さいものは体長一センチ五ミリで、いちばん大きいものは九センチである。この最大と最小のもののあいだが、さらにはっきりと三つの大きさの集団にわけられる。

それぞれの集団は、疑いもなく、年齢的に一年ずつ違っているわけだ。あるいは一年以上の開きがあるのかもしれない。というのは、おのおのの段階で成長にもっと時間がかかる可能性があるからである。すくなくとも私が飼っているサソリたちは、一年経ったのちでも体長の増加はほとんど認められないくらいなのだ。

ということは、ラングドックサソリは、年をとっても元気でいられるという特権を有していることになる。この虫は五年、あるいは多分、それ以上も生きるのであろう。サソリにはたっぷり時間があり、わずかばかりの食物で大きくなることがわかる。

大きくなるというだけでは足りないわけで、サソリは動きまわらなければならないのだ。ほんの少しばかりの食物ではあっても、たしかに何度も繰り返して摂る。とはいうものの、それはいつも本当に少量で、しかも長い期間をおいている

▼体長によって五つの成長段階にわけられたサソリ。

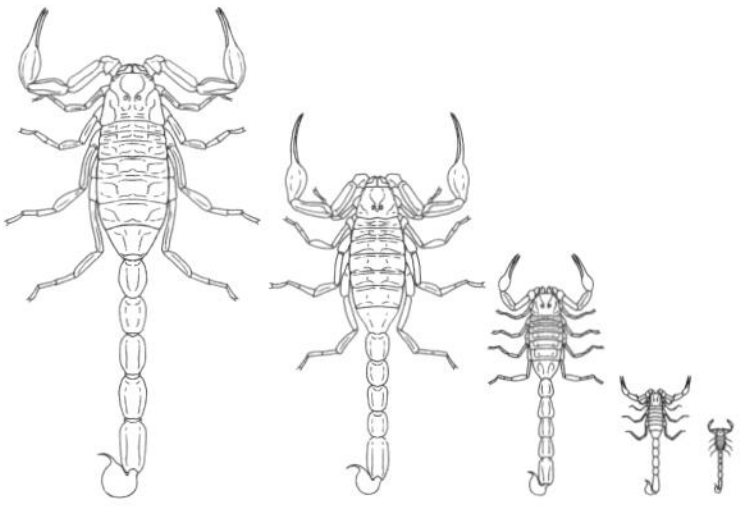

ので、この虫の場合、食事というものはいったいどういう役割をはたしているのか、訊《き》きただしてみたくなるほどだ。

厳格な断食を強制されているガラス蓋つきの平鉢の中のサソリたちは、小型のものも大型のものも、特にこのことについて考えさせる。連中がじっと休んでいるところを妨害してやると、——可哀想だとは思うが、好奇心にかられてのことだ——彼らはいつでも活発に動きまわり、尻尾を振りかざしたり、砂を掘ったり、それを掃いて押しのけたりする。つまり力学用語でいう数[26]キログラムメートル分の仕事をするのだ。しかもそれが八か月から九か月も続くのである。

こういう労働をするために、物質としては何を消費しているのであろうか。何も、なのだ。私の鉢に閉じ込められてからというもの、栄養となるものは一切断たれている。となると体内に蓄えられている栄養、つまり脂肪が蓄積されているのではないか、という考えが浮かぶ。消費した力を補うために、サソリは蓄えた脂肪を燃やしているのかもしれないのだ。

大型の成体であったら、この説明で、ある程度納得もいくであろう。しかし実験に用いたのは年齢からいって中くらいの、痩せた個体である。そしてその次は生まれたばかりの若い虫であった。こんな小さな虫たちが、腹の中に何をもつことができるだろうか。というか、生きるために不可欠な酸化作用によって運動

26 **キログラムメートル**　仕事量の慣用単位。運動によって消費される熱量《エネルギー》のこと。一キログラムメートル（kgf.m）は、約九・八ジュール（J）に相当する。

熱量《エネルギー》に変換されるような何をもっているだろうか。

解剖してみてもそのようなものは見つからないし、どう考えてみても想像がつかない。成し遂げられる労働の総量と、労働する者の体の大きさとの不均衡《アンバランス》はそれぐらい大きいのだ。

もしサソリの体全体が特別優れた燃焼物であって、最後の原子《アトム》まで燃やし尽くされるとしても、取り出される熱の総量と力学的仕事の総量とのあいだには、非常に大きな隔たりがある。人間の工場の場合、ひと塊《かたまり》の石炭を燃料として一年中機械を動かすことなどできはしない。

ところで、こうした燃焼物の塊を、私のサソリたちが消費しているとはとても思えないのだ。長い完全な断食のあとでも、連中は実験の初めのころと同じように生き生きして色艶《いろつや》もよく、いかにも健康そうである。

殻《から》の中に閉《と》じ籠《こ》もっていてじっと動かず、入口を石灰質の蓋か羊皮紙《ようひし》[27]のような膜で閉ざしているカタツムリ[28]の場合ならわからないこともない。彼らも食物は摂らない、しかしこういうときのカタツムリは運動しないのだ。ぎりぎりの限界まで生命の活動を抑制して、蓄えたもので生きているのだ。しかし異常に長いあいだ断食に耐えながらも、常に動きまわっているサソリとなると、これはもはや理解の範囲を超えている。

27 **羊皮紙**　羊、山羊《やぎ》、牛などの皮を薄く鞣《なめ》し、筆写に用いたもの。西洋では紙が普及する以前の古代から中世にかけて利用された。

28 **カタツムリ**　蝸牛。有肺目《ゆうはいもく》柄眼亜目《へいがんあもく》Stylommatophora の仲間。雌雄同体《しゆうどうたい》で肺をもつ陸生巻き貝。世界に約二万種が知られる。

本巻のなかで引きつづき、まず最初にコモリグモの子供、次いでクロトヒラタグモの子供、そして最後にサソリと、合計三度、われわれは同一[29]の疑問に逢着《ほうちゃく》したわけである。

われわれとは体の組織が非常に異なっていて、酸化作用によって一定の体温を保つということがない動物たちは、すべての生き物に不変の、生物学の法則に支配されているのであろうか。こうした生物の場合でも、運動熱量《エネルギー》は、常に食べることによって材料を供給される燃焼の結果として得られるのだろうか。その活動力を、すくなくとも部分的には、熱や電気や光そのほか、さまざまな現われ方をしている、周囲にある同一の熱量《エネルギー》から借りているのではないだろうか。

これらの熱量《エネルギー》は、いわば世界の魂であり、物質としての宇宙を動かしている計りしれないほどの渦巻である。もしそうだとするなら、それは場合によっては、まわりの熱を吸収し、それを体の組織内で機械的な熱量《エネルギー》に変換して、運動という形で放出することの可能な、高度に完成された熱量《エネルギー》蓄積器としての動物が存在するという、逆説的な考えに辿りつくのであろうか。そういうふうに考えてみると、食物という物質的な熱量《エネルギー》源が欠如していても活動できる動物も存在するのではないかと、なんとなく想像がつくような気がする。

29 **同一の疑問**　ファーブルは、第9巻2章でナルボンヌコモリグモ、本巻16章でクロトヒラタグモの子グモを観察し、これらが孵化してから長期間食物を摂《と》らないことに疑問を抱いている。→本巻16章訳注「すでに取り上げた問題」。

▼母グモの背に乗るナルボンヌコモリグモの子グモ。

30 **石炭紀**　約三億六千万年前から二億九千万年前に相当する古生代の一時代。巨大な木生シダが大森林を形成し、地上にはサソリや昆虫を含む節足動物《せつそくどうぶつ》や爬虫類《はちゅうるい》が出現した。現在採掘される石炭の多くは、この時代ああ！　石炭紀[30]に生命がサソリを創り出したというのは、なんという素晴らしい発明であろう。食べることなしに活動するとは！　もしこの方法が生物全体に広がっていたら、なんという素晴らしい恵みとなったことであろう！

食べなければ死んでしまうという、胃袋の暴虐を免れるならば、この世からどれほどの貧困、どれほどの残忍な行ないが一掃されることであろうか。この驚くべき試みが次の世代の生物にも引き継がれ、さらに高等動物において完璧な姿にならなかったのはなぜなのであろうか。サソリのような先駆者のあとに続き、進歩しながら増殖していく者がいなかったというのは、いかにも残念なことだ！

人間がものを考えるという行為は、生命活動のもっとも繊細かつ至高の表現であるが、サソリの方法が後代に受け継がれていれば、今ごろ人間は食物を摂らなければならないというおぞましい軛《くびき》から自由になり、考え疲れても、ひと条《すじ》の太陽光線を浴びれば疲労から回復しているのではないだろうか。

この太古の賜物《たまもの》はいまだはたされていない約束事をたっぷり含んでいるけれど、それでもいくらかの細かいことは動物界全体に広まっている。われわれ人間もまた太陽の放射熱で生きているのである。われわれは部分的に、太陽光から熱量《エネルギー》を借りている。

*ひと握りのナツメヤシ[31]の実で生きているアラブ人は、肉とビールをたらふく食

に生えていたシダの化石である。

31　**ナツメヤシ**　棗椰子。*Phoenix dactylifera*　樹高25～30 m　ヤシ科フェニックス属の高木。果肉は生で食したり、乾燥させて加工食品にしたりする。樹液を発酵させて酒を醸《かも》すこともある。葉や材《ざい》は建材としても重要。世界の熱帯地方で栽培されている。ペルシア湾沿岸が原産。→訳注「ひと握りのナツメヤシの実で生きている……」。

らっている北方の民族に劣らず活動的である。アラブ人が北方人ほど腹いっぱい食べないのは、太陽をたっぷり浴びることによって主要な栄養を得ているからなのだ。

考えてみると、サソリは熱量《エネルギー》を生み出す物質の大部分を、周囲の熱から汲みとっているようなのだ。成育に欠かすことのできない体を造る食物についていえば、脱皮によって、それを口にする時期がきたということが遅かれ早かれ知らされることになる。硬い殻が背中から裂け、サソリはゆっくり滑り出すように、窮屈になりすぎた古い皮から出てくる。

そうなると、なんとしてでも食べる必要性に迫られる。たんに新しい皮膚を造るのに消費する熱量《エネルギー》を補給するためだけにでも、その必要性があるのだ。そしてこの時期からあと、絶食が長引くと、私の飼っているサソリたち、特に小さな者たちは、まもなく死んでしまうのである。

18章　ラングドックサソリの食物　訳注

123頁　ひどく少食　サソリといえば誰でもその姿を思いうかべることができるであろう。しかし実際に、生きたその実物を見たことのある人は、といえば、あまりいないかもしれない。あくまでも恐ろしい生き物という印象が先に立ち、サソリの実態はほとんど知られていないようである。大きな鋏《はさみ》（触肢《しょくし》）と尻尾《しっぽ》（腹部《ふくぶ》〔後腹部《こうふくぶ》〕）の先端についている毒針はいかにも恐ろしげである。この有毒であるということが、さらに人々を恐れさせるのであろう。映像に残される場合には、たいていサソリをわざと驚かせて、威嚇《いかく》している場面ばかりを撮影しているので、その悪印象はますます強まっていく。

昆虫標本を作り慣れた人でも、サソリの標本を展足《てんそく》（縮んでいた脚《あし》を広げて整え、標本として固定すること）するとなると、つい脚をふんばらせ、体を地面から高く持ち上げさせて、鋏を振り上げた威勢のよい姿に整えたくなる。このような強面《こわもて》の〝虫〟なら、次々と獲物を襲って、盛大に食い散らかすのだろうと思ってしまうのだ。しかし、飼育下でみるかぎり、サソリは繁殖期の雌などいくつかの例外を除けば、わりあい少食の生き物なのである。また、ファーブルが飼育したときの印象を記しているように、サソリはかなり臆病であって狭い飼育装置の中で〝元気のい い〟獲物を与えると、怯《おび》えて絶食状態になってしまうこともある。本章のなかに、ファーブルがサソリに翅《はね》を切ったチョウを与える場面がある。しかしサソリがこの食物をほとんど食べなかったため、「こんな獲物は知らないから、サソリはおそらく食べたがらないのであろう」とファーブルは推測している。それも理由のひとつかもしれないが、ガラス張りの飼育装置の中で動きまわる獲物を、臆病なサソリが嫌がったという可能性もある。

サソリは、外骨格をもつ動物としては全体に軟らかい体をしている。したがって外骨格に付着する筋肉も弱いのであろう、動きも昆虫ほどは速くない。昆虫や甲殻類《こうかくるい》よりも、分類どおりクモに近い、ある種の弱々しさを感じる。ファーブルは本巻17章で、クロサソリについて「このおぞましい虫は、実際の害以上に怖がられている」と述べているが、まさにそのとおりなのである。

エジプトではスカラベが生の象徴であるのに対して、サソリは死の象徴とされている。これもまた、おそらく毒針をもつ恐ろしげな姿からの連想であろう。それがサソリのいない北ヨーロッパに話として伝わり、今日のサソリの印象ができあがったのかもしれない。

128頁　もぐもぐ噛《か》みはじめる　ファーブルはサソリの口（口器《こうき》）を mandibule《マンディビュル》 と呼んでいるが、この単語はふつう昆虫や甲殻類《こうかくるい》などの口器である「大腮《おおあご》」を意味する。したがってファーブルは、サソリも肉食性の昆虫と同じように、一対《つい》の大腮で食物に咬《か》みついていると考えていたようだ。しかし実際には、サソリは鋏角《きょうかく》と呼ばれる、先端が鋏状《はさみじょう》になった一対の口器を使い、食物は摘《つま》み取《と》られる、あるいは引きちぎられるようにして細かくされ口内に送られる。そのため本訳では、原文を損なわない範囲で「大腮」を「鋏角」とし、それにともない、場合によって「噛む、齧《かじ》る」を「引きちぎる」などと訳した。

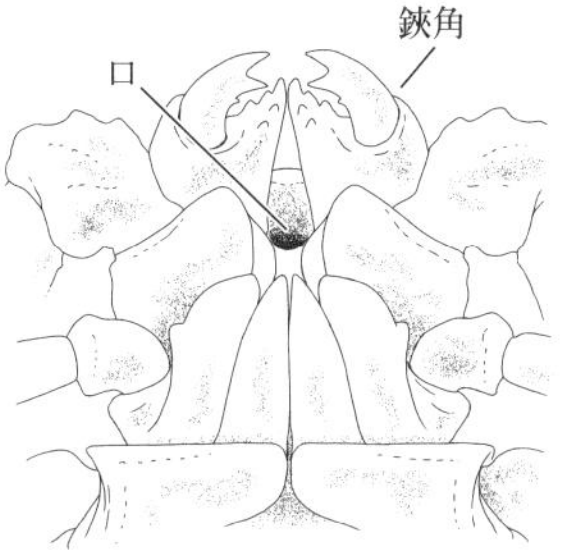

サソリの鋏角と口（腹面から見た図）。

食物を〝咀嚼《そしゃく》〟する鋏角は、体の一番目の体節《たいせつ》につく一対の付属肢《ふぞくし》（第一付属肢）が変化したもので、鋏角亜門《きょうかくあもん》を特徴づける器官である。サソリやダニの場合は鋏状になっているが、クモの鋏角は中折れナイフ状になっていて、その先端が牙《きば》になっている。

サソリの口は、腹面に開口した筒《つつ》のような形状をしており、中間に嘴状《くちばしじょう》の蓋《ふた》があって、鋏角で引きちぎられた食物を吸い上げるようにして食べる。この口は、鋏角の後方、触肢《しょくし》、第一歩脚《だいいちほきゃく》、第二歩脚のそれぞれ付け根に囲まれるように開口している。筒のいちばん奥に、消化管の入口としての、厳密な意味での口がある。

136頁　ウスバカマキリの悲劇的な結婚　カマキリの雌が交尾中の雄を食べてしまうという話は、『昆虫記』第5巻19章に記されている。これは飼育下での観察によるもので、七頭の雄が一頭の雌に次々と食べられてしまうという、やや極端な事例になっている。ファーブルが『昆虫記』に記して以来、このカマキリの話は大袈裟に伝えられ、またのちの研究者からは批判を浴びることになった。ファーブル自身も文中で述べているように、これらの雄は、狭い飼育空間の中ではその俊敏さを活かすことができず、不幸にも雌に捕まってしまったものと考えられる。もちろん、自然状態でも雌に食べられてしまう雄は存在するが、その数は少ない。むしろ、まんまと四、五頭の別の雌と交尾しおおせる雄の例も観察されている。

カマキリの雌には、交尾しようと近づいてきた雄が獲物なのか配偶者なのかすぐにはわからない。これはクモやサソリの場合でも同様である。そのため、カマキリの場合は触角での接触によって、クモの場合は震動や視覚的なディスプレイ（誇示行動）によって、そしてサソリの場合はダンスという接触的なディスプレイと、おそらくは化学物質（フェロモン）によって、それぞれの雄は雌の攻撃を抑止しながら交配を行なう。

　ただし、同種の雌雄《しゆう》であっても、雌が繁殖する状態でなければ、そばに雄を放り込んでも交配する相手だと認識されることはない。人間が狭い飼育装置の中に無理やり閉じ込めると、ついには雌は雄を殺してしまうのである。このような場合、雄の死体は食べられることなく、そのまま放置されてしまうことのほうが多い。

137頁　**温室**　荒地《アルマス》の温室は、現在も改修されたものが保存されている。床面が三×七メートルほどの大きさのものである。南に面した長い辺がガラス張りになっており、その端は住居兼研究室の母屋の壁と接している（内部で往き来はできない）。庭に面した長い辺の内側は、ガラスに沿って高さ六〇センチ、奥行き六〇センチほどのコンクリートで造られた棚になっており、植木鉢が並べられるようになっている。なかなか立派な温室で、南仏セリニャンの片田舎にあっては、さながらルイ十三世がパリに造った薬園、Le Jardin des plantes de Paris《ル・ジャルダン・デ・プラント・ド・パリ》 の温室を小型にしたような趣である。

荒地の温室。右の建物の2階が研究室。

温室の内部。

145頁　**ひと握りのナツメヤシの実で生きている……**　この部分はアラブ人を理想化しているともとれるし、考えようによっては少し見下しているようにもとれる。当時のヨーロッパでは〝アラブ世界〟について、このような認識が一般的であったのだろうか。

　ナツメヤシ *Phoenix dactylifera* は、アラブ世界において古くから重要な農産物として栽培されてきた植物で、数千ともいわれる品種が知られている。その果実は、主食にも、酒を醸《かも》すのにも、おやつにも、また家畜の飼料《しりょう》としても利用されており、日本でいえばイネのような、重要な存在である。

抹茶を入れておく蓋《ふた》つきの容器のことを棗《なつめ》というが、これはもともと、その形がナツメ（クロウメモドキ科のナツメ属 *Ziziphus*）の実に似ているために、そう呼ばれるようになった。同様にナツメヤシという和名も、実の形がナツメの実に似ていることに由来している。

ナツメヤシの果実は一本あたり年間で二〇〜一〇〇キロちかく収穫される。果実の直径は二〜三センチほどで、長さは三〜六センチである。英語でこの実は date《デート》 といい、日本では「デーツ」と呼ばれるが、この呼称は、ギリシア語で「指」を意味する Dactulos《ダクテュロス》 を語源とする種小名 *dactylifera* に由来するといわれている。fera《フェラ》 は、ラテン語で「野生の」という意味、あるいは feracitas《フェラキタス》 には「多産」、「豊饒」という意味があるので、細長いナツメヤシの果実を「野生の指」、「豊饒の指」と見たてたのであろうか。果肉を除いた種子は、炒《い》ってから粉砕してコーヒーの代用にしたり、水でふやかして家畜の飼料にしたりする。ナツメヤシは雌雄異株《しゆういしゆ》で、豊饒の象徴となり、古くから宗教的にも〝聖なる木〟としてあがめられてきた。

19

ラングドックサソリの毒

毒が効く虫と効かない虫

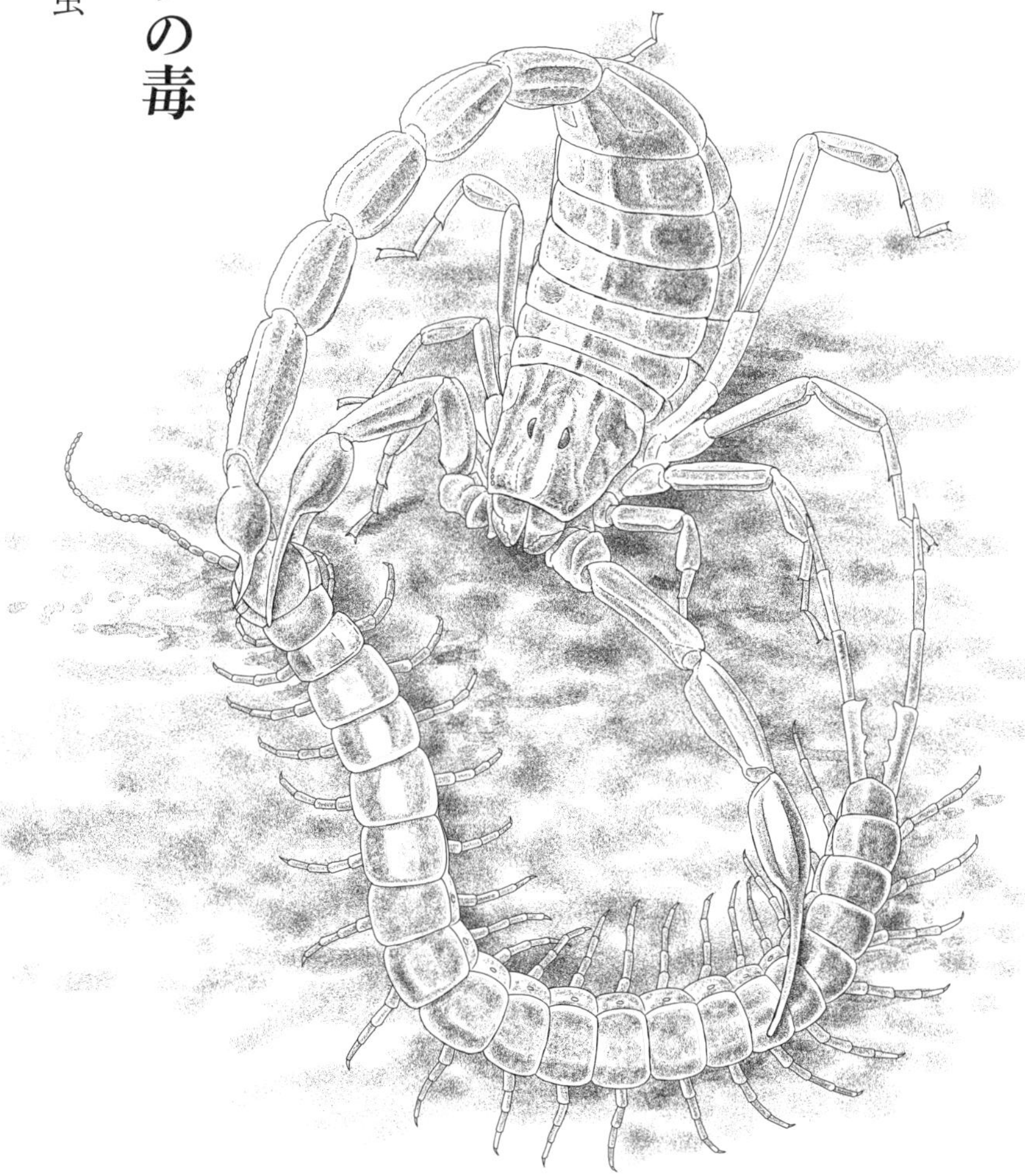

ラングドックサソリは鋏《はさみ》を使って小さな獲物を捕らえる――狩りに毒針は使わない――食事中に獲物が暴れると軽く刺しておとなしくさせる――毒針は身を守るために使われる――広口壜《ひろくちびん》の中にさまざまな虫を入れてサソリと対峙させた――ナルボンヌコモリグモが威嚇してもサソリは気にせず鋏で摑《つか》み、毒針を突き立てる――毒の効き目は電撃的だ――円網《えんもう》を張るコガネグモの仲間は、巣の上ではカマキリやスズメバチにも勝つが、巣から離れるとサソリの敵ではない――カマキリ、ケラ、コバネギスなども死んだ――セミも即死――身を守る鞘翅《しょうし》を取り除いたスカラベやサイカブトも毒針に斃《たお》れた――チョウやガで実験してみる――オオクジャクヤママユは毒に耐えて産卵した――ムカデは四日目に死んだ――獲物によって毒の効き目は異なる――この違いは体の構造によるものなのか

扉絵　獲物のタイワンオオムカデに毒針を打ち込むラングドックサソリ

[1]ラングドックサソリは、ふつうは小さな虫などを食べているのだが、そういう獲物を襲うときには、めったにその武器である尻尾《しっぽ》の毒針を使わない。両方の鋏《はさみ》で獲物を捕らえ、それをずっと口のところに抱え持ったまま、少しずつむしるようにして食べるのである。

ときどき、食われる虫がばたばた暴れて食事がしにくかったりすると、サソリは尻尾を曲げてちくちくと軽く刺し、獲物の虫をおとなしくさせる。ようするに、食物を手に入れることに関して毒針は、ほんの二次的な役割しかはたしていないのだ。

毒針がサソリにとって本当に役立つのは、敵と対峙して身に危険が迫ったときだけである。しかし、この恐ろしい虫に、身を守るべきいったいどんな敵がいるのか、私は知らないのだ。石ころだらけの原っぱに住んでいる生き物のうちの、何が、サソリにあえて攻撃を仕掛けるというのか。

自然状態のどんな場面で、サソリが自分の身を守らなければならないのか、私

1　**ラングドックサソリ**　ラングドック蠍。*Buthus occitanus*（旧 *Scorpio occitanus*）体長60〜80㎜　サソリ目《もく》キョクトウサソリ科キョクトウサソリ属。↓本巻17章87頁図、解説。↓本巻17〜23章。

▼ヒメヤスデを食べるラングドックサソリ。摂餌《せつじ》には大きな二本の鋏《はさみ》ではなく、顎《あご》にある鋏状になった一対《つい》の鋏角《きょうかく》が使われる。

は知らないわけだが、すくなくとも私が策略を用いて、サソリが真剣に戦わざるをえないような、きわめて深刻な状況を作ってやるのはたやすいことである。

その毒*の強力さを知るために、さまざまな強敵と対峙させてみよう。ただし、敵は昆虫、ムカデ、クモなど、いわゆる虫の類《たぐい》にかぎることにする。

大型の広口壜《ひろくちびん》の中に、脚《あし》がガラスの上ですべらないよう砂を敷いてから、ラングドックサソリとナルボンヌコモリグモ[2]とを入れてみた。どちらも同じように毒牙、毒針をもっているこれら二頭のうち、どちらが戦いに勝利して相手を食べてしまうことになるであろうか。

コモリグモはサソリほど体は頑丈にできてはいないが、動きは敏捷で、いきなりぱっと跳びかかって攻撃することができる。反撃の鈍いサソリが戦闘体勢をとるまえに、コモリグモはがぶりと咬《か》み、相手が毒針を振りかざすまえにさっと退《ひ》くであろう。動きの速いクモの勝つ可能性が高いように思われる。

ところが戦いの結末はこんな予想とは一致しないのである。敵の姿を見るとすぐに、コモリグモは半身を起こし、毒の滴《しずく》がきらりと光る牙《きば》をぐわっと開いて勇敢に待ちかまえる。

サソリは鋏を前方に突き出し、じりじりと近寄っていったかと思うと、鋏でクモを捕まえて動きを封じてしまう。クモは必死で抵抗し、牙を開いたり閉じたり

2 **ナルボンヌコモリグモ**
ナルボンヌ子守蜘蛛。*Lycosa narbonensis* 体長23〜28㎜ クモ目コモリグモ科コモリグモ属。→第2巻11章。→第8巻23章。→第9巻1〜3章。

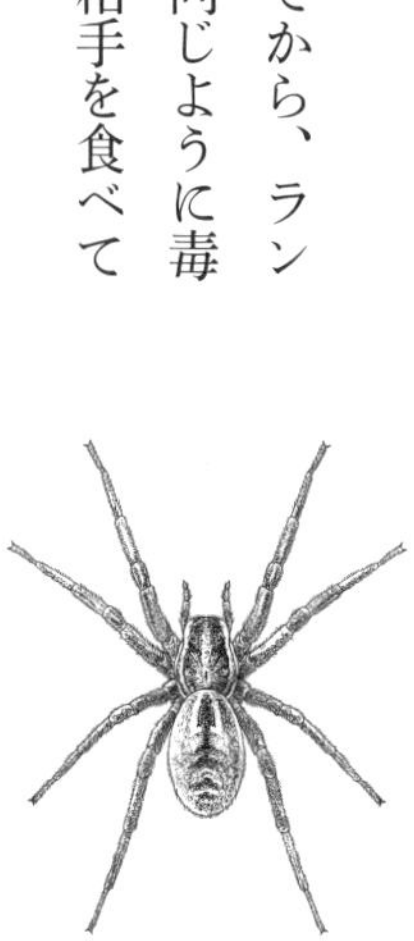

▼広口壜《ひろくちびん》の中で向き合うラングドックサソリとナルボンヌコモリグモ。クモは脚《あし》を振り上げて威嚇する。

するが、サソリの両腕で押さえられていてそれ以上近寄れないから、咬みつくことができない。こんなふうに鋏のついた長い触肢《しょくし》をもっていて、相手を遠くから押さえ込み、寄せつけようとしない敵が相手では、クモにとって格闘は不可能である。

　だから、少しも揉み合うことなく、サソリは尾を曲げ、自分の頭の前方にもっていくと、落ちついてコモリグモの胸の黒い部分に毒針を突き立てる。

　ただしこの場合は、[3]ベッコウバチその他の狩りバチのように、一撃で刺すのではない。サソリが武器を突き立てるためにはいくらか力を込める必要がある。節くれ立った尻尾をかすかに震わせながらぐりぐり押し込むのである。サソリは毒針を左右に回転させるのだが、それはちょうど、われわれが先の尖《とが》ったものを指で、少し硬いところにねじ込むようなぐあいである。

　穴が開くとサソリは、針をしばらく傷口の中に挿したままにする。おそらくそのあいだに毒をたっぷり注ぎ込んでいるのであろう。毒の効き目はまさに電撃的である。刺された、と思うと、あの頑丈なコモリグモがぎゅっと脚を縮める。そしてもう死んでいる。

　六頭ほどのクモを犠牲にして、私はこの衝撃的な光景を再現させてみた。結果はいずれも、最初の実験で見たことの繰り返しであった。コモリグモの姿を認め

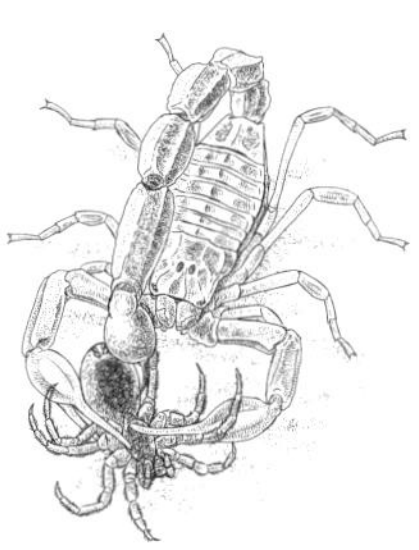

▼サソリはクモを鋏《はさみ》で摑《つか》み、毒針で刺す。

3　**ベッコウバチその他の狩りバチ**　原文は la Guêpe et des autres bretteurs à quatre ailes で、直訳すると「ハチ、その他四枚翅の決闘好きの連中」となる。

ると、サソリはいつも、すぐさま攻撃に移り、鋏を用いる戦術で敵を自分から離れた位置に押しとどめ、毒針を刺す。そしていつも、クモが即死するのである。足で踏みつぶしたとしても、これほどすみやかにクモを殺すことはできまい、と思われるほどである。まるで雷に撃たれたようだ。

敗者は必ず食われることになるが、それは丸々肥《ふと》ったこのクモが、サソリのふだんの狩猟場ではおそらく、めったに手に入らないような素晴らしい獲物であるだけに、当然のことである。

サソリはその場ですぐ食事にかかり、まず頭から食べはじめる。どんな獲物でも、サソリはこうやって食べてしまうのが決まりなのだ。

じっと身動きもせず、ひと口ひと口、少しずつクモを引きちぎって飲み込んでいく。サソリはクモをすっかり食い尽くすのだが、ただ硬くて食べにくい脚のかけらが少しばかり残される。こんなガルガンチュア[4]のような暴食は一昼夜続く。

この大宴会が終わったとき、いつも不思議でならないのは、食われたほうと大きさのたいして変わらないサソリの腹の中に、どうやってあの餌食《えじき》が収まるのか、ということである。

いつになったら次にまた食物にありつけるのかわからない、という状況がいつまでも続くことに慣れている、この虫の胃袋には特別な能力があって、ひとたび

▼即死したナルボンヌコモリグモを食べるラングドックサソリ。

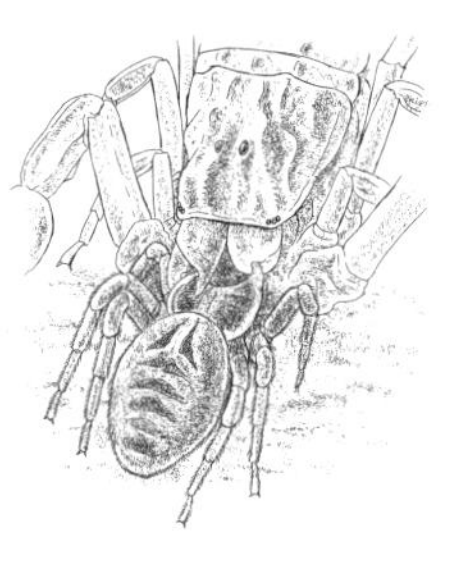

4 **ガルガンチュア** ラブレー著『ガルガンチュア物語』の主人公で大食漢の巨人。

5 **カドオニグモ** 角鬼蜘蛛。*Araneus angulatus*（旧 *Epeira angulata*） 体長12〜23㎜ クモ目コガネグモ科オニグモ属。

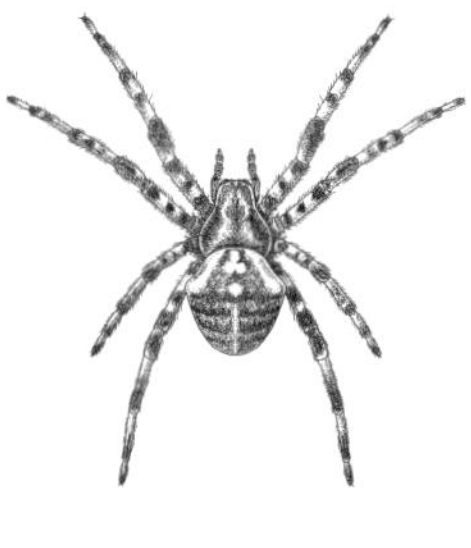

食事の機会に恵まれると、度はずれに詰め込むのにちがいない。

　コモリグモは、わざわざ立ち上がって無防備な胸を相手にさらけ出したりして、威嚇なんかせず、さっと襲いかかっていれば、もっと有利に戦えたであろう。サソリがそういう、あえて向かってくる敵に攻撃を加えるのだとすれば、穏やかなコガネグモが相手の場合、いったいどういうことになるだろうか。

　実際にやらせてみると、カドオニグモ[5]、ナガコガネグモ[6]、ナナイボコガネグモ[7]など、コガネグモの仲間のうちの最強の連中でさえ、サソリの激しい攻撃を受けることになる。しかも哀れな糸紡《いとつむ》ぎの虫は恐怖に身がすくんでしまって、いつもなら敵をあれほど手際よく縛りあげる糸の束を投げつけようともしないので、なおのこと、手もなくサソリにやられてしまうのである。

　コガネグモたちは自分の網《あみ》の上での戦いなら、獰猛《どうもう》なカマキリであろうと、恐ろしいモンスズメバチ[8]であろうと、強力な肢《あし》で蹴りつける大型のバッタであろうと、糸の束を大量に投げつけて取り押さえてしまう。ところがひとたび網を降りて、獲物ならぬ敵を相手にしたとき、コガネグモたちはあの強力な簀巻《すまき》の戦術をすっかり忘れる。彼らもまた毒針に刺されて一瞬で死んでしまうのだ。そしてサソリは旨《うま》そうにクモを食うことになる。

　クモの味を好むサソリが石の下で、ナルボンヌコモリグモやコガネグモの仲間

6　**ナガコガネグモ**　長黄金蜘蛛。*Argiope bruennichii*（旧 *Epeira fasciata*）体長20～25㎜　クモ目コガネグモ科コガネグモ属。→第9巻6～12章。

7　**ナナイボコガネグモ**　七疣黄金蜘蛛。*Argiope lobata*（旧 *Epeira sericea*）体長20～25㎜　→第9巻6～12章。

8　**モンスズメバチ**　紋雀蜂。*Vespa crabro*　体長19～35㎜　膜翅目《まくしもく》（ハチ・アリ類）スズメバチ科スズメバチ属。ヨーロッパ最大のハチ。北米には人為的に分布。→第8巻18～20章。

▼巣（円網《えんもう》）の上でモンスズメバチを捕らえるカドオニグモ。

のような、異なる場所で暮らしている連中と遭遇することはけっしてないだろうが、同じように石の下の隠《かく》れ家《が》を好むクモの仲間、特に臆病なクロトヒラタグモ[9]とたまに出くわす可能性はある。したがってこうした類の獲物はサソリにとって少しは馴染みのあるものなのだ。というわけで、そのときサソリが空腹でさえあれば、大型のクモはどれでも獲物にするのである。

ウスバカマキリ[10]もコガネグモに劣らぬ豪華な獲物であるが、この虫を捕獲することにサソリがやはり関心を示すのではないか、と私は考えた。

もちろん、サソリは、カマキリがいつも生活している草むらの中にまで遠征していって襲いかかるようなことはしない。見事に壁をよじ登ることはできるけれど、サソリには葉っぱのようにゆらゆら揺れる足場の上を歩くようなことは絶対にできないであろう。

だから、夏の終わりごろ、カマキリの雌が産卵しているときなどに襲撃することがあるのにちがいない。実際にウスバカマキリの卵嚢《らんのう》が、サソリがよくうろついている石の、その下の面に産みつけられているのを見つけることはわりによくあるのだ。

産卵中のカマキリが、静かな夜に、中に卵のいっぱい詰まった〝巣〟の粘液を泡立てているとき、食物を探して歩いている悪党のサソリがたまたまそこに来る

9 **クロトヒラタグモ** クロト扁蜘蛛。*Uroctea durandi*（旧*Clotho durandii*） 体長14～16㎜ クモ目ヒラタグモ科ヒラタグモ属。→本巻16章55頁図、解説。

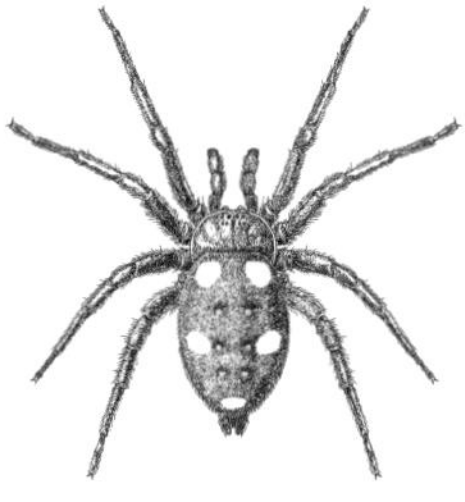

10 **ウスバカマキリ** 薄羽鎌切。*Mantis religiosa* 体長50～70㎜ カマキリ目カマキリ科ウスバカマキリ属。→第5巻18～21章。

ことがあるだろう。

そのときどんなことが起きるか、私は一度も目撃したことはないし、またおそらくこれからも見る機会はまずないと思われる。そのためにはよほどの幸運に恵まれなければならない。その不足を工夫で補うことにしよう。

平たい鉢《はち》の闘技場《アレーヌ》でサソリとカマキリとを対決させてみた。双方とも大型の個体が選んである。必要とあらば私が、両者を向かい合うように駆り立ててやることもできる。

私にはすでによくわかっていることだが、サソリが尻尾を振るそのたびに、いつも相手を実際に刺すとは限っていない。多くの場合、それは単に相手をぴしゃりと打つだけのことである。毒液を節約しているゆえに、サソリは本当に危険が身に迫らないかぎり、あえて刺そうとはせず、針を使用しないで邪魔者を尾で払いのけるようにする。さまざまな実験をする場合、針が獲物の体に刺さったしるしとして、獲物の体から体液が出たときだけを数に入れることにしよう。

鋏で捕まえられると、カマキリは例のお化けの姿勢《ポーズ》をとり、鋸歯《きょし》のついた捕獲《ほかく》肢《し》を開き、翅《はね》を兜《かぶと》の羽飾りのように広げる。

だが、この威嚇の身振りも効果がないというか、かえって相手の攻撃をうなが

▼平鉢《ひらばち》の上で対峙するウスバカマキリとラングドックサソリ。カマキリは〝お化けの姿勢《ポーズ》〟をとって威嚇している。

してしまうことになる。サソリの毒針が両方の鎌《かま》の真ん中、ちょうどその付け根のあたりに打ち込まれ、しばらくのあいだその傷口の中に刺されたままになっている。そして、針が引き抜かれたとき、その先にはなおも毒液の小さな滴が玉になっているのだ。

　するとそのとたん、カマキリは中肢《ちゅうし》と後肢《こうし》を縮め、断末魔の痙攣《けいれん》を引き起こす。腹は波打ち、尾毛《びもう》はぴりぴりと揺れ、肢の跗節《ふせつ》はかすかに震えている。その反対に、鎌のついた肢や触角《しょっかく》や口器《こうき》はじっとしたまま動かない。この状態が十五分弱続き、それからカマキリは完全に身動きしなくなる。

　サソリは意図して攻撃方法を組み立てているわけではない。毒針の届くところを手当たりしだいに刺すだけである。この実験のときは、刺した部分が主要な中枢神経のすぐ傍《かたわ》らであったために、毒が特に効きやすかったのだ。

　サソリはカマキリの胸の、捕獲肢のあいだのところを刺したわけだが、そこはちょうど、カマキリ殺しのトガリアナバチ[11]が、獲物を麻痺させるために傷つける箇所なのである。しかしそれは偶然の結果であって、意識してやったことではないのだ。粗野なこのサソリに、狩りバチのような解剖学的な深い知識はない。たまたまうまくいったためにカマキリが即死したのだ。では、毒針が特に致命的でもないほかの部分に刺し込まれたら、いったいどんなことが起こるであろうか。

11 **トガリアナバチ**　尖穴蜂。膜翅目（ハチ・アリ類）アナバチ科タキスフェックス属 *Tachysphex* の仲間。バッタやカマキリを捕らえる狩りバチ。腹部の先端が尖《とが》っているためこの名がある。カマキリを狩る種《しゅ》は、カマキリトガリアナバチ（蟷螂尖穴蜂）*Tachysphex costae*　体長9〜13㎜　→第3巻12章。

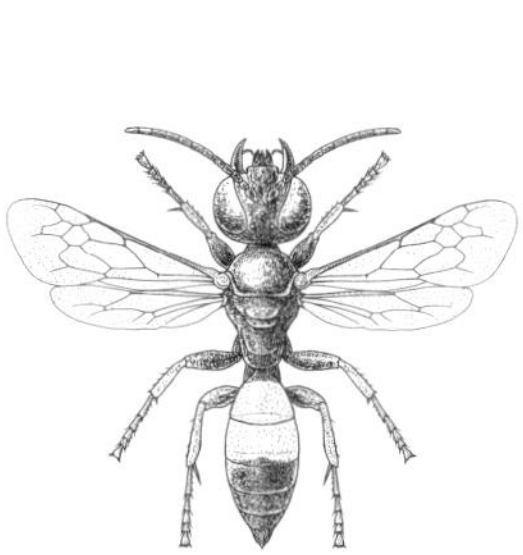

実験に用いるサソリは、毒液の小壜《アンプル》が確実に満たされている必要があるので、私は実験ごとにいちいち別の個体と取り換えた。その後も決闘のたびごとに同じ用心を繰り返すことを心がけた。新しい犠牲者には、長い休息をとって完全に力を取り戻した新しいサソリを使うようにしたのである。

さて、これもまた堂々たる雌のカマキリである。虫は体をなかば起こし、頭部をぐるぐる回して肩ごしに攻撃の機会をうかがっている。お化けの姿勢《ポーズ》をとり、翅と翅とをこすりあわせてシャッシャッという音をたてる。

カマキリの大胆さがまずは功を奏し、鋸歯のついた腕で、敵の尻尾を捕まえることができた。尻尾をしっかり捕まえられているかぎり、サソリは武器が使用不可能になっているので、相手を刺そうにもやりようがないのだ。

だが、カマキリも疲れてくる。恐怖心から力が入るからよけいに疲れるのである。カマキリは、サソリの尾が目の前に振りかざされたから、反射的に摑《つか》んだだけだ。相手の体のどんな部分であろうと、目の前にくれば同じように摑んだであろう。自分のこのやり方がどれほど有効なものであるかなど、わかってはいない。

それで、哀れなカマキリは、愚かにも鎌の力を緩めてしまう。それがカマキリの命とりになった。サソリは相手の腹の、後肢の近くをちくりと刺す。たちまちカマキリの体は完全に変調をきたす。まるで重要なばねが壊れた機械のようであ

▼カマキリの前肢《ぜんし》は内側に鋸歯《きょし》をもつ武器になっている。胸部最大の神経節《しんけいせつ》が前肢の働きを司《つかさど》る。

る。

　実験のためサソリに、こことか、あそことか、思いどおりのところを刺させることは、私には無理である。サソリは気が短いので、私がなれなれしくその武器をここと思う箇所に向けさせようとしても、そのとおりにはならないであろう。そこで私としては、戦いの最中、もののはずみで起きるさまざまな事例に頼るしかないわけだが、そのうちのいくつかは、刺された場所が中枢神経から離れていたので、注目に値する結果がえられた。

　あるカマキリは片方の捕獲肢を刺された。そこは腿節《たいせつ》と脛節《けいせつ》の節間膜《せつかんまく》、つまり、関節の繋《つな》ぎ目《め》の薄皮の部分である。傷つけられた肢は突然動きが停止し、まもなくもう一方の捕獲肢も動かなくなる。ほかの肢もぎゅっと縮み、腹は波打って、たちまち体全体が動かなくなってしまった。ほとんど即死である。

　また別のカマキリは、片方の中肢の腿節と脛節との繋ぎ目を刺された。中肢と後肢が即座に縮こまる。攻撃の際にたたまれていた翅は、お化けの姿勢《ポーズ》をとったときのようにぶるぶると震えながら広げられ、死んでしまったあとでも、同じように広げられたままである。両方の鎌はめちゃくちゃに振りまわされ、空《くう》を摑んだり、開いたり閉じたりする。触角はゆらゆらと揺れ、触鬚《しょくしゅ》はぴりぴりと震え、

▼カマキリの前肢《ぜんし》。捕獲肢《ほかくし》とも。前肢の腿節《たいせつ》と脛節《けいせつ》とが接する縁《ふち》には、するどい鋸歯が並び、獲物をはさみ捕らえることができる。基節《きせつ》には目玉のような紋（眼状紋《がんじょうもん》）がある。下図は、腿節と脛節の拡大図。内側に十二本、外側に四本、これらの後ろに三本の棘《とげ》がある。

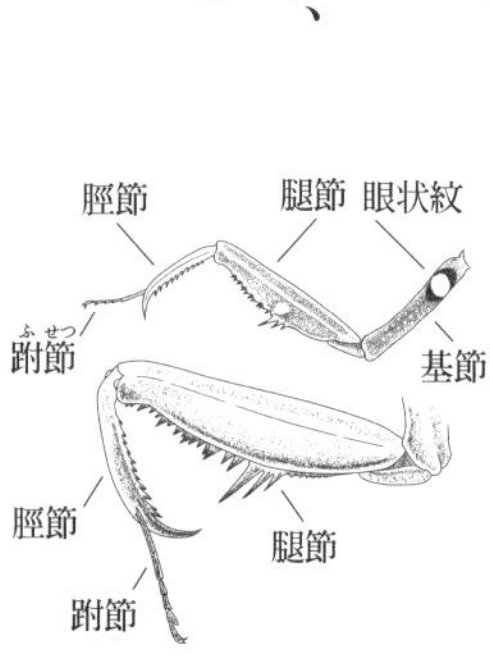

12　**ガラガラヘビ、マムシ、ツノクサリヘビ**　いずれも有鱗目《ゆうりんもく》（ヘビ・トカゲ類）クサリヘビ科の仲間。牙《きば》から蛋白質《たんぱくしつ》を破壊する酵素の含まれた毒（出血性

腹部はぴくぴくと波打ち、尾毛はゆらゆら振り子のように揺れ動いている。この断末魔の喘《あえ》ぎが、なおも十五分ばかり続く。そしてカマキリは動かなくなる。死んだのだ。

この衝撃的な悲劇《ドラマ》の一部始終にひどく興奮させられた私が、好奇心からあえて繰り返した実験の結果は、すべてこんなぐあいであった。刺された場所がどこであろうと、それが中枢神経から近かろうと遠かろうと、カマキリは決まって即座に、でないとしても数分間の痙攣のあとで斃《たお》れるのである。[12]ガラガラヘビ、マムシ、ツノクサリヘビなど、悪名高き毒ヘビたちでも、これほどすみやかに獲物を殺してしまうことはない。

このようにクモやカマキリが即死するのは、体の構造が繊細《デリケート》で複雑になっているからではないか、と私はまず思った。恵まれた複雑な体の構造をもっているがゆえに、それだけよけいに繊細《デリケート》で、よけいに傷つきやすいのではないかと考えたのである。クモにしても、カマキリにしても、生き物としてはともに*優秀な選り抜き《エリート》である。だから、もっと体の造りの粗い生き物であったら、何時間でも何日間でも頑張りつづけ、場合によってはどうということもなくすんでしまうような傷でも、この連中は一瞬で斃れるのではないかというわけだ。

では、プロヴァンスの庭師が taiocebo《タイウセブ》 と呼んで忌み嫌っている[13]ケラで試して

毒）を出す。

13 **ケラ**　螻蛄。直翅《ちょくし》目《もく》（バッタ類）ケラ科ケラ属 *Gryllotalpa* の仲間。幼虫も成虫も地中で暮らし、成虫が越冬場所を求めて飛翔する以外は一生を地中で過ごす。フレデリック・ミストラルの編纂したプロヴァンス語の辞典『プロヴァンス語宝典』*Lou Trésor dóu Félibrige* で taiocebo を引くと、「ケラ、モグラ＝コオロギとも。植物の根を切る害虫」とある。

▼オウシュウケラ（欧州螻蛄）*Gryllotalpa gryllotalpa*　体長35〜50㎜　雌雄とも発音器をもち「ジージー」と鳴く。

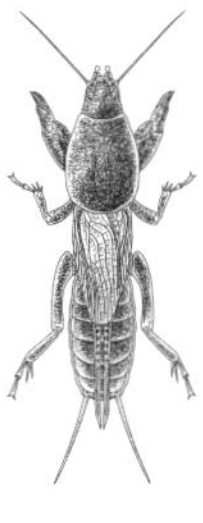

みよう。植物の根を切るこの虫は実際に妙な奴で、力が強く、いかにも田舎者《いなかもの》の感じがして、出来の悪い鋳型《いがた》で造られたような生き物だ。掌《てのひら》の中にぎゅっと握ると、モグラのそれに似た縁《ふち》のぎざぎざした前肢《ぜんし》でぐいぐい皮膚を引《ひ》っ掻《か》くので、つい痛くて放してしまうことになる。

狭い闘技場で戦わせてみると、サソリはケラとは正面から向かい合って、互いに相手のことを知っているようすだ。彼らがこれまでに時々出会うようなことがあったのだろうか。それは非常に疑わしい。ケラは庭や野菜畑のような、地中のミミズが寄ってくる肥《こ》えた土に住む。それに対してサソリは、発育の悪い乾いた芝草がやっと生えているような、陽《ひ》に灼《や》かれた斜面から離れては住まない。不毛な土地を好む者と肥沃な土地を好む者とが出会う、などということは起こりそうもない。それでも、互いを知らぬこれら両者は、早くもただならぬ事態が起きていると悟っているようである。

私がけしかけてやるまでもなく、サソリはケラに襲いかかる。いっぽうケラのほうでも、その剪定鋏《せんていばさみ》で相手の腹を裂いてやろうと攻撃の構えをとり、前翅《ぜんし》をこすりあわせて、鈍い、かすかな音を立てて、戦いの歌を唄っている。

しかしサソリはその歌を最後まで唄わせはしない。すぐさま尻尾を見事に使って攻撃するのだ。つまりケラの胸部は、ゆるやかに湾曲した頑丈な鎧《よろい》に守られているのだが、硬いこの胸当ての後ろのほうに切れ目が深く開いており、その下は薄い膜になっている。サソリの短剣が突き刺されるのはそこだ。するとそのとたん、怪物のようなケラは倒されている。雷に撃たれたかのようにくずおれるのだ。

その後ケラはでたらめな痙攣を起こす。穴掘りに使う前肢は麻痺してしまい、私が藁稭《わらしべ》を差し出してやっても、爪で摑もうというような反応をしない。ほかの肢はてんでに空を掻き、ケラはそれを伸ばしたり縮めたりする。先端が肉厚の玉のようになった四本の触鬚は、ぎゅっと閉じてひとまとまりになったり、また広がったり、かと思うとまたまとまって、私が目の前に差し出してやるものに触ろうとする。触角はゆらりゆらりと揺れ、腹部は大きく波打っている。

こんな断末魔のあがきは少しずつ鎮まっていき、二時間ほど経つと、とうとう最後まで続いていた肢の跗節の震えも止まってしまう。この粗野な虫も、コモリグモやカマキリとまったく同じように斃れたのであるが、ただその断末魔の苦しみはもっと長引いたのである。

こうなるとあとは、この胸当ての下への一撃が——そこは中枢神経に近いわけだから——特別に効果が大きいかどうか調べなければならないことになる。

別のケラと別のサソリとを使って私は、何度も実験を繰り返した。毒針は時によると胸当ての隙間に刺し込まれることもあるけれど、腹部のどこか一点を傷つ

▼ケラと対峙するサソリ。

▼断末魔のケラ。

けることのほうがもっと多い。

この場合もまた、たとえその刺されたところが腹部の先端であっても必ず、死の苦悶がたちどころに引き起こされる結果になる。ただし、ひとつだけ違う点があって、このときは穴掘り用の肢、つまり前肢がすぐに麻痺してしまわずに、しばらくのあいだは、ほかの肢と同じように動いているのである。したがってどこであれ、サソリに一か所でも刺されると、ケラは必ず具合が悪くなるのだ。この頑丈な虫も痙攣を起こし、死ぬのである。

さて今度は、フランス産のバッタのなかでも最大で、もっとも強力なトノサマ[14]バッタが相手になる番だ。サソリは、捕まえられると後肢でびんびんと蹴りつけるこのバッタの傍らで不安そうにしている。バッタのほうでも、なんでもいいからとにかく外に逃げ出したいところであろう。ぴょーんと跳ねては、サソリの脱走防止のため平鉢の上にかぶせておいた天井のガラス板にぶつかっている。

ときたまバッタが上から落ちてサソリの背中に当たったりすると、後者のほうでは、天から降ってきたこの虫を避《よ》けようと逃げ出す。しかし逃げ腰のサソリはとうとう、腹をたててバッタの腹をちくりとやる。

この衝撃の激しさはちょっと類のないほどのものであるのにちがいない。とい

14 **トノサマバッタ** 殿様蝗。*Locusta migratoria*（旧*Pachytylus cinerascens*） 体長45～65㎜ 直翅目（バッタ類）バッタ科トノサマバッタ属。日本にも分布。→第6巻15～17章。

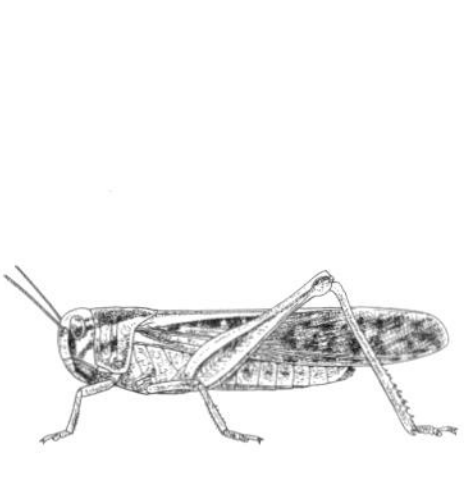

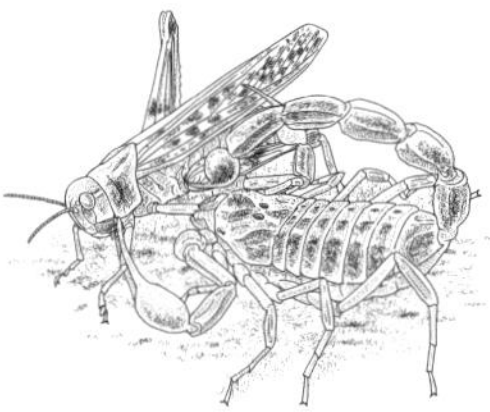

▼トノサマバッタの腹部を毒針で刺すラングドックサソリ。

うのは、危機に瀕したバッタにはよくあることだが、あの腿《もも》の太い、後肢の一本がぱらりとはずれてしまった。つまり衝撃で自切《じせつ》してしまったからである。

後肢のもう一本は麻痺している。それが真っすぐぴんと伸びきったままなので、もはや体を地面に支えることはできないし、飛び跳ねることももうできない。そして前肢と中肢の四本も動きがもつれてしまって体を前に進めることさえできなくなる。

横に寝かせてやると、それでもバッタは起きなおり、いつもの姿勢をとることはとるけれど、伸びたまま動かなくなったあの太い後肢は、あいかわらずそのままである。

十五分ほど経つとバッタはぱたりと横に倒れてしまって、もう二度とふたたび起き上がれなくなる。肢が突っ張り、跗節が震え、触角がゆらゆら揺れるなどして断末魔の痙攣はなお長いこと続く。この状態は、ますます悪化しながら、次の日まで持続することもある。しかし場合によっては、一時間もしないうちに完全に動きが停止してしまうのだ。

頑丈な連中のうち、もうひとつのバッタの仲間で、後肢が異様に長く、頭が三角形に尖《とが》ったオウシュウショウリョウバッタ[15]も、実験してみるとトノサマバッタと同じ最期を遂げたが、その断末魔の苦しみは数時間続いた。

15　**オウシュウショウリョウバッタ**　欧州精霊蝗。*Acrida ungarica*（旧 *Truxalis nasuta*）　体長50～75㎜　直翅目（バッタ類）バッタ科ショウリョウバッタ属。

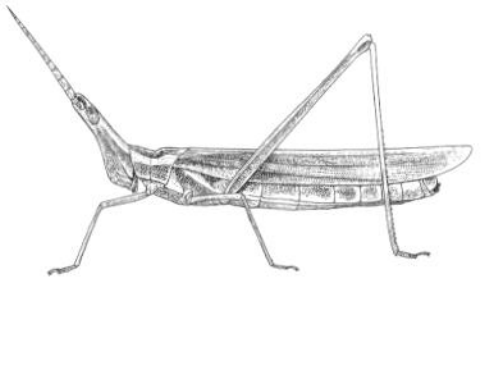

剣《サーベル》のような産卵管をもっているキリギリスの仲間の場合、まだ死んではいないが、ちゃんと生きているともいえないという、漸進的《ぜんしんてき》な麻痺状態が一週間以上も続くのを見たことがある。そこで次にコバネギス[16]で実験してみよう。

太鼓腹のこの虫は腹を刺された。傷つけられた瞬間、コバネギスは背中の小さな翅で〝ギッ〟という苦痛の叫びをあげ、それから横向きにぱたりと倒れて、どう見てももう、すぐにも死んでしまいそうであった。

ところが傷つけられながらも持ちこたえたのである。二日経つと、歩くことはできないけれど、その不自由な肢をしきりにもがくようになったので、介抱して薬を飲ませてみたらどうだろうと思いついた。気付け薬として藁稭の先に葡萄《ぶどう》の汁をつけて投与してやると、虫は旨そうに飲んだ。

薬石効あり、というところ。虫は健康を回復しそうに見えた。しかし、残念なことにそれは違っていたのだ。刺されてから七日目に、コバネギスはこと切れた。

サソリに刺されると、どんな虫でも、たとえそれがどんなに丈夫な虫であっても、死を免れることはできないのだ。ある者は即死し、またある者は何日間も苦しむ。しかし最後にはすべての虫が死んでしまうのである。

先ほどのコバネギスは一週間生きつづけたのだが、それを私が葡萄ジュースを与えたおかげだと考えることは差し控えよう。こんなふうに長いこと持ちこたえ

16 **コバネギス** 小翅ギス。直翅目（バッタ類）キリギリス科エフィピゲル属 *Ephippiger* の仲間。日本には分布しない大陸系のキリギリスの仲間。雌雄ともに前翅《ぜんし》は非常に短く、前胸《きょう》の覆《おお》いの下に申し訳程度についている。後翅《こうし》は退化して失われている。そのため直翅目としては、腹部が剝《む》き出しという奇妙な姿をしている。小さな前翅ではあるが、コオロギのように左右の翅をこすりあわせて雌雄ともに鳴く。後肢《こうし》は長いが跳躍はあまり得意ではない。

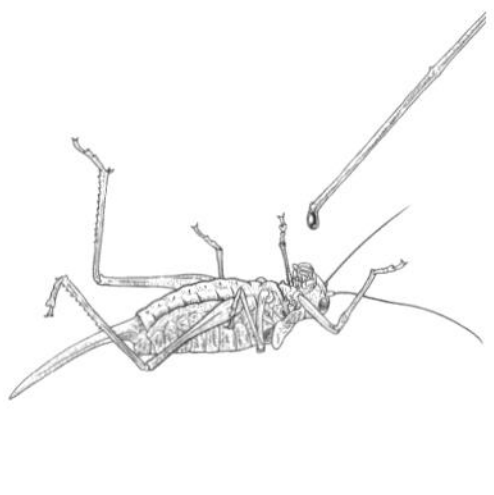

▼サソリに刺されたコバネギスに葡萄《ぶどう》の汁を与える。

た要因は、この虫の体質にあると見なすべきであろう。

また、注入される毒の分量によって傷つき方がさまざまに異なるという点を特に考えにいれる必要がある。その毒液の分量を調節することは私には無理だし、それにサソリのほうでも、毒針から液を出すのに、ある場合には量を惜しんだり、ある場合にはたっぷり出したりと、いろいろさまざまなのである。

そのために、コバネギスの提供してくれる情報《データ》は、そのときそのときで差が大きい。私のノートにはあっという間に斃れた例もあれば、それとは逆に長いあいだ苦しみつづけた例もある。そして大半はあとのほうなのである。

一般的にいえば、キリギリスの仲間のほうがバッタ[17]の仲間よりもよく持ちこたえる。コバネギスがそれを証《しょう》しているわけだが、その次には、フランス産のキリギリス類の代表ともいうべきカオジロキリギリス[18]がそのことをよく証明してくれる。

強力な大腮《おおあご》をもち、象牙のような白い額をしたこの虫が、腹の真ん中あたりの背面をちくりとやられた。傷つけられた虫は一見、どうということもなさそうに歩きまわり、跳ぼうと試みたりする。

しかし三十分ほど経つと毒が効いてくる。腹部は引きつけを起こしてぐいと鉤《かぎ》形《がた》に曲がり輪のようになって、左右二枚が合わさった鞘《さや》のような産卵管はぱっく

17　**バッタの仲間**　直翅目の代表的なものを二群に大別すると、触角の短いバッタやイナゴ、触角が長く、雌が刀のような長い産卵管をもつキリギリス、コバネギス、ツユムシ、クツワムシ、そして才槌頭《さいづちあたま》をした黒色のコオロギとなる。

18　**カオジロキリギリス**　顔白キリギリス。*Decticus albifrons*　体長32～38㎜　直翅目（バッタ類）キリギリス科カラフトキリギリス属。→第6巻9～11章。

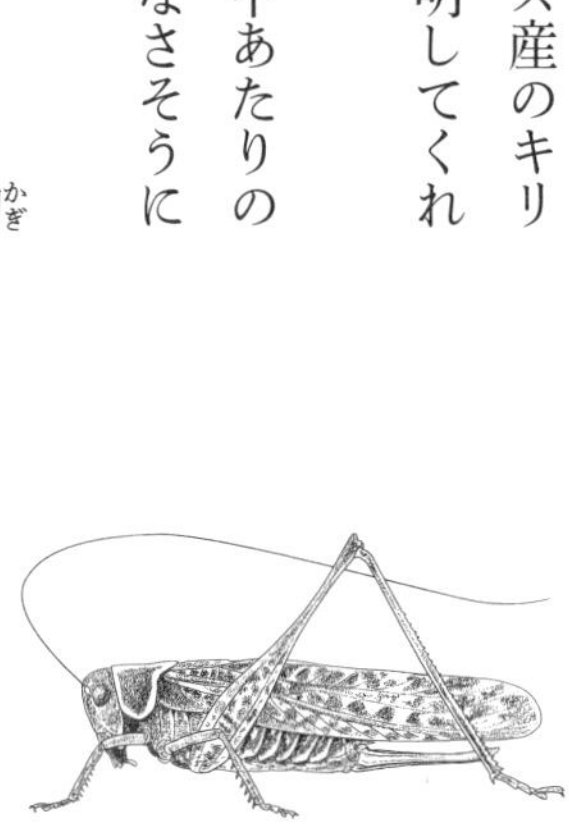

り二枚に剝《は》がれて、もはや一本にくっつかず、そのあいだから、ざらざらした地面のでこぼこが見える。堂々たる体格の持ち主のキリギリスも、今や自分の肢で体を支えることすらおぼつかなくなってしまったのだ。

六時間経つと虫は横倒しになる。起きなおろうとしてもうまくいかず、でたらめに肢をもがいてだんだん疲れてくる。やがてこんな発作も鎮まっていき、二日目にこのカオジロキリギリスは死んでしまった。完全に死んだ証拠に、もはやぴくりともしない。

日暮れ方になると、生け垣に沿って黄と黒の縞模様《しまもよう》をした大きなヤンマ[19]が音もたてず、真っすぐに往ったり来たり、素晴らしい速度で飛んでいる。これは静かな海を行く帆船《はんせん》から貢物《みつぎもの》を掠奪する海賊のような虫である。その激しい生命力と血気盛んな活力は、草原で草を齧《かじ》っている穏やかなバッタの仲間より神経の配置が複雑であることの証《あかし》であろう。そして実際この虫は、サソリにちくりとやられると、ウスバカマキリとほとんど同じくらい早く死んでしまうのである。

また別の熱量《エネルギー》の浪費家であるセミ[20]も、夏の暑い盛りに朝から晩まで、腹を上下に揺すりながら、発音器のシンバルに拍子《リズム》をつけて唄っているが、これもまた、サソリにやられるとあっという間に死んでしまう。才能は高くつくのだ。粗雑に

19 **ヤンマ**　蜻蜓。トンボ目ヤンマ科 Aeshnidae の仲間。大型のトンボ。広義には、オニヤンマ科やムカシヤンマ科を含めることもある。

20 **セミ**　蟬。半翅目《はんしもく》（セミ・カメムシ類）セミ科 Cicadidae の仲間。セミは南仏には多いが、パリなどフランス北部には分布しない。→第5巻13～17章。

できている虫が持ちこたえる場面で、才ある虫は斃れるのである。

角質の鎧に身を固めている大型の鞘翅目《しょうしもく》はなかなか傷つけられない。剣の使い方にかけては不器用で、とにかくでたらめに刺すだけのサソリには、鎧の狭い繋ぎ目、つまり節間膜など見つけることができないであろう。あの硬い外骨格のどこか一か所にでも穴を開けるとなると、時間をかけて執拗に針でぎりぎりやらなければならないだろうし、甲虫のほうでも身を守るために暴れるだろうから、そうやすやすとはいくまいと思われる。それにいつも一撃で針を刺す荒々しいサソリは、そんな錐《きり》でぎりぎりと穴を開けるような戦法を知るはずもないのだ。

しかし甲虫にはただ一か所だけ、じかに針を刺せる部分がある。それは腹部背《ふくぶはい》面《めん》つまり背中の、翅鞘《ししょう》の下のごく軟らかいところだ。私はピンセットで翅鞘と後《こう》翅《し》とを持ち上げ、この部分を剝《む》き出《だ》しにしてやった。それとはまた別の者を選んで、あらかじめ鋏で翅鞘と後翅とを切断しておいた。これらの部分を切り取っても甲虫はほとんど痛みを感じないし、手術を受けた虫の命にかかわるということは特にないはずだ。

このように翅鞘を取り除いた状態にしてから、私は*さまざまな甲虫をサソリと対決させてみた。それらの甲虫はオウシュウサイカブト、カミキリムシ、スカラベ、オサムシ、ハナムグリ、コフキコガネ、センチコガネなど特に大型のものを選んだ。

　どれも刺されると死んだことは死んだのだが、死の苦しみの時間には大きなひらきがあった。いくつか例を挙げてみよう。

　スカラベ・サクレ[21]は、痙攣を起こして肢をぐいと伸ばしたあと、肢を突っ張って立ち上がり、背を丸めるようにしてその場で地団駄を踏む。肢の動きがうまく噛《か》み合《あ》わないので前に進むことができないのだ。引っくり返るともう、もとどおり立てない。めちゃくちゃにもがくだけだ。やがて何時間かすると動きは停止する。死んだのである。


　カミキリムシの仲間で、幼虫のテッポウムシがカシの仲間を食うカシミヤマカミキリ[22]と、同じく幼虫がセイヨウサンザシ[23]やセイヨウバクチノキ[24]の幹の中に潜《ひそ》むクロミヤマカミキリ[25]とは、どちらもまず強硬症《カタレプシー》[26]のような発作を起こし、時によると決着がつくまで、かなり時間がかかることになる。ある者は翌日になってやっと死に、別の者は三、四時間しか持ちこたえることができない、といったぐあいだ。

　ハナムグリ、オウシュウコフキコガネ[27]、見事な羽根飾りのような触角を振り立てたマツノヒゲコガネ[28]の場合も同様の結果になった。

21　**スカラベ・サクレ**　コガネムシ科タマオシコガネ属。ファーブルが実際に観察していたのは別種、ティフォンタマオシコガネ *Scarabaeus typhon* であった。→第1巻1〜2章。→第5巻「はじめに」〜5章。

22　**カシミヤマカミキリ**　樫深山髪切。*Cerambyx cerdo*（旧 *Cerambyx heros*）　体長24〜53㎜　鞘翅目《しょうしもく》（甲虫類）カミキリムシ科ケラムビクス属。

23　**セイヨウサンザシ**　西洋山査子。*Crataegus oxyacantha*　樹高5〜6ｍ　バラ科サンザシ属の落葉小高木。

24　**セイヨウバクチノキ**　西洋博打の木。*Prunus laurocerasus*　樹高6ｍ　バラ科サクラ属の常緑高木。

25　**クロミヤマカミキリ**　黒深山髪切。*Cerambyx scopolii*　体長17〜28㎜　カミキリムシ科

キンイロオサムシ[29]が刺されたときの光景は見るに忍びないほどのものであった。肢が高く引きつって竹馬に乗ったようになり、均衡《バランス》がとれず、虫はばったり転倒すると起きなおってまた倒れ、なおも起き上がろうとして転倒する。腸の先端は、角質の鎧とともに突き出して膨《ふく》らみ、虫はまるで内臓を排出してしまいそうなようすである。そして虫の頭部は嗉嚢《そのう》から吐き出された黒い液体まみれになっている。鎧のような金色の翅鞘は持ちあがり、腹部は惨めにも剝き出しになる。

翌日、跗節《ふせつ》はまだ震えている。こうなると死はもうまもなく訪れる。この虫に近い仲間のサメハダオサムシ[30]も同じように悲惨な最期を遂げる。このことについては、あとにまた述べることにしよう。

その反対に、見苦しからぬ死に方を心得ている慎ましい虫を見ようと思ったら、一般にリノセロス、つまり「犀《さい》」と呼ばれているオウシュウサイカブトをサソリに刺させてみるとよい。堂々たる貫禄という点では、フランス産鞘翅目のうち、これにかなうものはいない。鼻先に角を生やしてはいるものの、これは温和な虫であって、幼虫時代はオリーヴの腐朽《ふきゅう》した古い切り株の中で育つのだ。

サソリに刺されても、当初は何も感じていないように見える。いつもと変わらずいかにも重々しく、きちんと均衡《バランス》を保って歩いている。

ケラムビクス属。→第4巻18章訳注。

26 **強硬症**《カタレプシー》 catalepsy 緊張病に現われる症状。体がこわばって自分では動けなくなる。

27 **オウシュウコフキコガネ** 欧州粉吹黄金。*Melolontha melolontha* 体長20〜30㎜ コガネムシ科コフキコガネ属。

28 **マツノヒゲコガネ** 松髭黄金。*Polyphylla fullo*（旧 *Melolontha fullo*） 体長25〜36㎜ コガネムシ科ヒゲコガネ属。→第10巻9章。

29 **キンイロオサムシ** 金色歩行虫。*Carabus auratus* 体長17〜30㎜ オサムシ科カラブス属。→第10巻14〜15章。

30 **サメハダオサムシ** 鮫肌歩行虫。*Carabus coriaceus*（旧 *Procrustes coriaceus*） 体長26〜42㎜ オサムシ科カラブス属。

しかし突然、恐るべき毒が効きはじめた。肢がそれまでのようにまともに動かなくなる。傷つけられた虫はよろめき、仰向けに引っくり返る。そしてもはや二度と、いつもどおりに身を起こすことがない。この姿勢のまま三、四日のあいだ、今《いま》わの際《きわ》のかすかなしぐさのほか、何ひとつ抗《あらが》うこともなく、実に静かにこと切れるのだ。

では次に、チョウやガ（蛾）の仲間はどのように反応するであろうか。繊細なこの仲間は刺されると致命傷を受けるにちがいない。実験してみるまえに、私はすっかりそう確信していた。だが、観察者としての用心深さから、とりあえず実験だけはやっておこうと思う。

[31]キアゲハも[32]アタランタアカタテハも、毒針を刺されると即座に死ぬ。思ったとおりだ。[33]ユーフォルビアスズメも[34]アカオビスズメもチョウと同様、毒には抗えない。この虫たちもまた、ヤンマやコモリグモやカマキリとまったく同じで即死するのだ。ところが、私が非常に驚いたことに、[35]オオクジャクヤママユはまるで不死身なのである。もっともこのガを攻撃するのは簡単ではない。サソリの毒針は柔らかい綿毛の中に埋没してしまい、そのたびに綿毛がふわふわ舞い上がる。サソリは何度も攻撃を加えているが、毒針が本当に刺さっているのかどうか、私にははっきりしたことはわからない。

31 **キアゲハ** 黄揚羽。*Papilio machaon* 開張90～120㎜ 鱗翅目《りんしもく》（チョウ・ガ類）アゲハチョウ科アゲハチョウ属。ふつうヨーロッパでアゲハといえば本種《ほんしゅ》を指す。日本にも分布。

32 **アタランタアカタテハ** アタランタ赤蛺蝶。*Vanessa atalanta* 開張27～30㎜ 鱗翅目タテハチョウ科アカタテハ属。

33 **ユーフォルビアスズメ** ユーフォルビア雀蛾。*Hyles euphorbiae*（旧 *Celerio euphorbiae*） 開張40～60㎜ 鱗翅目スズメガ科ヒレス属。

34 **アカオビスズメ** 赤帯雀蛾。*Hyles livornica* 開張75～80㎜ 鱗翅目スズメガ科ヒレス属。ヨーロッパ、アジア、アメリカに分布する。

35 **オオクジャクヤママユ** 大孔雀山繭。*Saturnia pyri* 開張13～15㎝ 鱗翅目ヤママユガ

そこで腹部の毛を毟《むし》り取《と》って表皮を剝き出しにしてみた。こういう準備をしておいたので、針がぐさりと刺さるのがはっきり見えた。それ以前のぶんが刺さったかどうかはよくわからないけれど、今回は確実に入っている。しかし、それにもかかわらず、この大型のガはなんにも感じないようすだ。

　私はこのガを仕事机の上に伏せた釣鐘形《つりがねがた》の金網の中に入れておいた。ガは金網にしがみついて一日中そこにじっと止まったままであった。翅を大きく広げていて、ぶるっとも震えない。

　翌日、ガの状態にはなんの変化もない。刺されたガは前肢の爪の先であいかわらず網の目に摑まっている。私はそれを金網から引き剝がし、机の上に仰向けに置いてみた。ガは肥った体をぶるぶる震わせた。これがオオクジャクヤママユの最期であろうか。

　とんでもない。一見したところ今にも死にそうであったガは、生きかえって翅をばたばたさせ、急に力を込めてひょっこり起きなおる。それからふたたび網の目をよじ登ってそこに摑まった。午後になってもう一度、私はこのガを仰向けにして仕事机の上に置いてやった。仰向けに寝たままのガは、震えるように翅をかすかにぱたぱたはばたいて、机の上をつーとすべっていった。そしてふたたび網の目をよじ登り、そこでもう動かなくなってしまった。

科サテュルニア属。→第7巻23章。

気の毒な虫はそっとしておいてやろう。本当に死んでしまったら金網から落ちてくるだろう。

それで落ちてきたのは、サソリに刺されてから、それも複数回刺されてから、やっと四日目になってからのことであった。結局のところ、寿命が尽きたのである。死んだこのガは雌であった。母性は断末魔の苦しみに打ち勝ち、死神を後ずさりさせたのだ。このガは、死ぬまえに卵を産みつけていたのである。

これほど長期間死に抵抗できたのは、巨大なオオクジャクヤママユの体質の強さによる、と誰でも考えるけれど、しかし養蚕所《ようさんじょ》で育てられるあの虚弱なカイコガが、その原因は体質などではなく、ほかのことに求めたほうがよいだろうと、われわれに教えてくれる。

つまり、カイコガは小さくて、雌のそばで翅を震わせたり、くるくる回ったりする力しかない、満足に飛ぶこともできないガであるが、こと刺し傷に関してはオオクジャクヤママユに少しも劣らぬ抵抗力をもっているのだ。こんなふうに毒の作用を受けつけないのは、おそらく次の理由によるのであろう。

オオクジャクヤママユとカイコガとは、ほかのチョウやガの仲間、特に黄昏時《たそがれどき》に夢中になって花冠《かかん》で蜜を探っているスズメガや、花の礼拝堂を飽きもせず巡っているキアゲハやアタランタアカタテハなどとは大きく異なる、不完全な生き物

36 **ムカデ** 百足。蜈蚣とも。節足動物門《せっそくどうぶつもん》多足亜門《たそくあもん》ムカデ綱《こう》Chilopoda の仲間。各体節に一対の脚をもつ。

37 **メナシムカデ** 目無百足。オオムカデ目メナシムカデ科メナシムカデ属 *Cryptops* の仲間。眼が退化した小型のムカデ。脚《あし》は二十一対。日本にも

なのだ。連中には口器がなく、なんの食物も摂取しないのである。

食べることに追われてはいないので、オオクジャクヤママユやカイコガは、大量の卵を産むのに必要なだけの時間、つまりほんの数日間しか生きない。こんなふうに短命であることは、体の内部構造が繊細でないということと関係があるはずであって、それゆえに傷つきにくいのである。

節足動物《せっそくどうぶつ》の段階をいくらか下げて、粗雑な多足類《たそくるい》、すなわち[36]ムカデに問いを発してみよう。

サソリはムカデのことを知っている。私は荒地《アルマス》の庭の集落《コロニー》で、サソリたちが[37]メナシムカデの仲間と[38]イシムカデの仲間を狩って食べているのを見たことがある。これらのムカデ類は身を守ることもできないので、サソリにとって無難な食料なのだ。今日はサソリをフランス産の多足類のうちでいちばん手強い[39]タイワンオオムカデに引き合わせてやろう。

二十二対《つい》の脚をもつこの龍《ドラゴン》のような虫は、サソリの初めて見る相手ではない。私はこの両者が、同じひとつの石の下にいるのを見たこともある。サソリのほうは自分の家にいたのであり、もういっぽうの虫は夜間にうろうろ歩きまわっているうちに、一時的にそこに身を隠していたのだ。この同居では少しも具合の悪いことは起こらなかった。だが、いつもこんなふうに平和につきあっているのであ

ニホンメナシムカデ *Cryptops japonicus* が分布する。

38　**イシムカデ**　石百足。イシムカデ目イシムカデ科イシムカデ属 *Lithobius* の仲間。小型のムカデ。脚は十五対。日本にもモモブトイシムカデ *Lithobius pachypedatus* が分布する。

39　**タイワンオオムカデ**　台湾大百足。*Scolopendra morsitans* 体長8～13㎝ オオムカデ目オオムカデ科オオムカデ属。ファーブルはタイワンオオムカデの脚を二十二対と書いているが二十一対の誤りと思われる。

ろうか。調べてみよう。

　砂を敷いた大きな広口壜《ひろくちびん》の中で、二頭の怪物を向かい合わせることにした。オオムカデは闘技場の壁に沿って回っている。この虫はうねうねとくねる帯《リボン》のようで、幅は指一本分、長さは約一二センチ、琥珀色《こはくいろ》の地の上に何本ものくすんだ緑色の帯を締めている。

　ムカデは長い触角をびりびり震わせながら前方を探っているが、そのうち指先のように敏感なその先端が、じっと動かないでいるサソリに触れる。するとムカデは大あわてで引き下がる。しかしひとまわりするとまた敵に遭《あ》うのだ。ふたたび触角が触れてまた退却する。

　しかし、今やサソリは戦いの姿勢をとっている。弓形に曲げていた尾を伸ばし、鋏を開いているのだ。環状の道路の危険地帯まで戻ってきたムカデは、頭部付近をがっきと鋏で押さえつけられる。背筋がしなやかに、くねくね曲がるこの長い虫は身を捩《よじ》り、鋏に絡《から》みつくようにするがどうにもならない。相手は落ちつきはらって鋏にますます力をいれる。オオムカデは、ばたんばたんと暴れ、体を輪のように丸めたり解いたりするけれど、それでもサソリから逃れることはできない。

　そのあいだにサソリは毒針を使う。三度も四度も、繰り返し毒針をムカデの脇

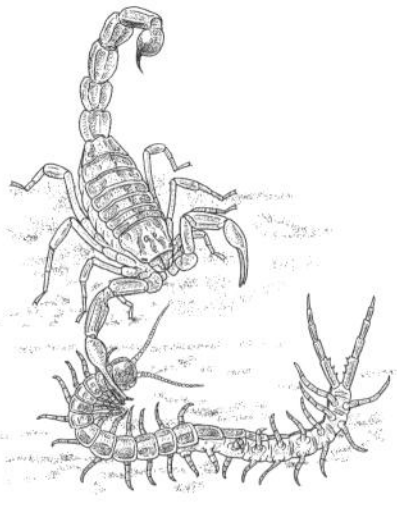

▼サソリに頭部を押さえつけられたムカデ。

腹に刺し込むのだ。ムカデのほうでも毒牙を大きく開いて、なんとかして咬みつかいてやろうとするのだが、体の前のほうを強力な鋏で押さえつけられているものだからどうしようもないのだ。体の後ろ半分だけが、もがいたり、捩れたり、輪のように丸まったり、伸びたりするだけだ。なんとしても効果がない。長い鋏で遠くから押さえられているので、ムカデも毒牙の打ち込みようがないのである。

　これまで私は昆虫の戦いを数多く見てきているが、この二頭の怪物の戦いほど恐ろしい、ぞっとするものを知らない。鳥肌が立つ。

　戦いが小休止したところで、私はサソリとムカデを引き離し、互いに隔離した。ムカデは体液の染《し》み出《で》ている傷口を舐《な》める。そして数時間も経つと元気を回復する。サソリのほうはどうかというと、これは少しも被害をこうむっていない。

　翌日になってサソリはふたたびムカデを攻撃する。つづけさまに三度、ムカデは突き刺され、体液が流れ出した。

　そのときサソリは報復を恐れたのか後退した。まるで、自らの勝利にたじろいでいるかのようだ。傷つけられたムカデは反撃しない。広口壜のガラスに沿ってぐるぐると逃げている。今日のところはこれで充分だ。私は広口壜を厚紙の筒《つつ》で覆《おお》ってやった。暗くなれば二頭とも静かにしていることであろう。

　その後、特に夜のあいだにどんなことが起こったのか私は知らない。おそらく

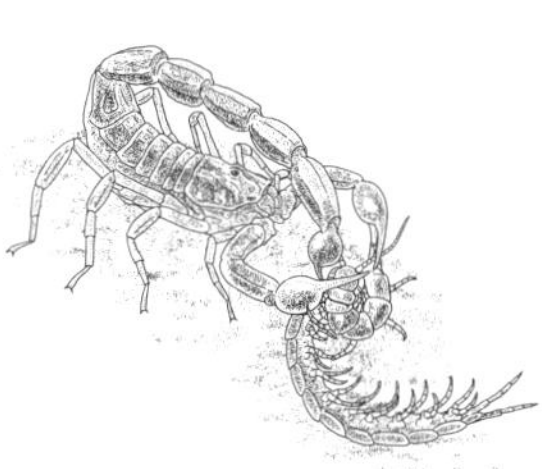

▼暴れるムカデに毒針を突き立てる。

戦いはふたたび開始され、ムカデは毒針で何回か刺されたのであろう。いずれにせよ、三日目になるとムカデはまえよりずっと弱っている。そして四日目には今にも死にそうになっていた。

サソリはそれを見てはいるけれど、まだあえて齧りはじめるほどの勇気はない。そしてついに、もうまったく動かなくなったとき、サソリはこの巨大な獲物を食べはじめた。頭部、そして最初のふたつの体節が食べられた。しかし獲物はあまりに大きすぎ、残りの部分は熟成して旨味を増しているであろうが、無駄に捨てられた。味にうるさいサソリは新鮮な肉しか食べないので、もうその残りには手をつけなかったのだ。

七回、あるいはそれ以上刺されて、ムカデは四日目になってやっと死んだ。一回刺されただけで、あの強いナルボンヌコモリグモは、まさに一瞬で斃れた。ウスバカマキリ、スカラベ・サクレ、ケラ、そのほか蒐《しゅう》集《しゅう》家《か》が虫ピンで刺しておいてもコルク板の上で何週間ももがいているような頑健な虫たちも、コモリグモと同じくらい早く、あっという間に死んでしまうのだ。

サソリの針に刺されると、たいていの虫は一瞬で障害を起こす。もっとも生命力の強い者でもすぐに死んでしまうのである。それなのに今、ムカデは七回も刺されたのに四日間頑張ることができた。ムカデは毒の効き目だけでなく、多分、出血多量ということもあって死んだのであろう。

どうしてこんなに違いがあるのか。おそらく体の構造の問題であろう。生命はその段階によって安定性が違っている。上位のほうの者は均衡《バランス》を崩しやすく、下位のほうの者はしっかりしているのだ。

繊細《デリケート》な体質をもつ昆虫は死んでしまい、粗野なムカデは生き残る——こう考えてよいのであろうか。ケラの例はわれわれをためらわせる。この無骨な虫は洗練された生き物であるチョウやカマキリと同じように、たちまちのうちに死ぬ。結局われわれは、サソリが尻尾の毒*入れに隠している秘密をまだ充分に知らないということになる。

19章　ラングドックサソリの毒　訳注

156頁　毒の強力さ　サソリは世界に一千六百種《しゅ》ほどが知られているが致死的な毒をもつものは二十から三十種程度だと考えられている。ただし、毒性の弱い種であっても、刺されると、その毒がきっかけとなり、過敏性アレルギー反応（アナフィラキシー反応）を起こして全身がショック症状に陥ることもあるので注意が必要である。

では、人がラングドックサソリに刺されるとどうなるのか。ファーブルは第7巻3章で、実際に刺された経験をもつプロヴァンスの樵《きこり》の言葉を聞き書きで以下のように紹介している。

「弁当を食ってしまったので、薪《たきぎ》を積み上げた真ん中で、ちょっとうとうとしてたんです。するとちくっと、ひどい痛みで目が醒めました。まるで火で真っ赤に焼いた針で刺されたみたいでした。手で触ってみると、いました。何か動いているんです。一頭のサソリが私のズボンの中に入り込んで、ふくらはぎの下のほうを刺したんでした。ちくしょうめ、指ぐらいの長さのあるやつでした。旦那《だんな》さん、これっくらい、これっくらいありましたよ」

続けて樵は言いたてる。

「そうなんです。旦那さん、三日間はちゃんと立てませんでした。足を椅子の上に載せて、必死でこらえました。アンモニアの湿布《しっぷ》をしてもらって、やっとなんとかなったんです。そんな具合でした、旦那さん、そんな具合」

また別の樵も、足の下のほうを刺されて道端にぐったり倒れ込んでいたところを人に助けられたのだというが、そのようすは「ほとんど死にそうでした、旦那さん、死にそうでしたよ！」とのことである。自分自身はラングドックサソリに刺されたことのないファーブルは、彼らの話を聞いて「言葉より身振りのほうが巧みな田舎《いなか》の語り手の言うことは、私には大袈裟《おおげさ》とは思えなかった」と感想を述べている。

このように、ラングドックサソリに刺されると、死ぬことはないが、なかなか大変な目に遭《あ》いそうだ。もっとも、何もしていないのにサソリのほうから人を刺そうと向かってくるというようなことはほとんどない。靴の中に入り込んでいるのを気づかずに履いて刺されるとか、寝ているときにズボンに潜り込んだものが、人の動きに驚いて刺す、などの例が大半である。

　ファーブルは本章の冒頭で「獲物を襲うときには、めったにその武器である尻尾《しっぽ》の毒針を使わない」と記しているが、獲物を捕らえるのにはおもに鋏《はさみ》（触肢《しょくし》）を使い、それでも暴れる場合は、とどめを刺す程度に毒を用いるのは事実である。サソリの毒は、もともと獲物を捕獲するために用いられてきたものが、のちに身を守るためにも〝転用〟されたものと考えられている。ちなみにサソリ自身もサソリの毒で死んでしまう。

165頁　優秀な選り抜き《エリート》　ここでファーブルは、体の造りの複雑さという観点から、クモやカマキリを選り抜き《エリート》とし、いっぽうでケラなどを原始的だと考えている。しかし実際には、進化の系統の古さという点からみると、これらのなかで比較的クモは起源が古く、体制も原始的なのである。ケラを原始的とみなしたのは、土中で暮らすことに適応して特殊化したその姿が、ファーブルの目にはそう映ったためであろう。同様にセミについても、「才能は高くつく」と述べるなど、外見や印象を頼りに根拠の薄い生物の位置づけを行なっている。ちなみに、中国でもセミは糞虫が地中に潜って死んだあとよみがえり、羽化登仙《うかとうせん》した高貴な虫と言われていた。

　ファーブルは本章中で「節足動物《せっそくどうぶつ》の段階」などという言葉も用いているが、生物に〝高等な〟ものと〝下等な〟ものがあるという考え方は、当時の西洋社会、つまりキリスト教の世界では、ごくあたりまえのものであった。神が一番高いところに置かれ、それと同じ《ホモ》存在として人間《ヒト》が位置づけられてきた。以下、高等から下等な生き物の関係が〝創造〟されていったのである。ファーブルは進化論をけっして認めなかったが、この「生命に段階」が生じたことを神の創造に代わって説明しようという科学的な仮説が、実は進化論なのである。

173頁　さまざまな甲虫をサソリと対決させてみた　ここでサソリの毒の耐性実験に用いられた甲虫を列挙しておく。いずれも『昆虫記』にたびたび登場している鞘翅目《しょうしもく》の仲間である。

オウシュウサイカブト　欧州犀兜。*Oryctes nasicornis* 体長二〇～四〇ミリ。コガネムシ科サイカブト属。ヨーロッパを代表するカブトムシ。

カミキリムシ　髪切虫。カミキリムシ科 Cerambycidae の仲間。→第4巻17章。

スカラベ　コガネムシ科タマオシコガネ属 *Scarabaeus*

の仲間。タマオシコガネ（球押黄金）ともいう。

オサムシ　歩行虫。オサムシ科 Carabidae の仲間。ヨーロッパではキンイロオサムシ *Carabus auratus* がよく見られる。体長一七〜三〇ミリ。→第10巻14〜15章。

ハナムグリ　花潜。コガネムシ科ハナムグリ亜科 Cetoniinae の仲間。花に集まり蜜や花粉を食べるため、この名がある。樹液に集まる種《しゅ》もある。→第8巻1章。

コフキコガネ　粉吹黄金。コガネムシ科コフキコガネ属 *Melolontha* の仲間。→第10巻9章。

センチコガネ　雪隠黄金。コガネムシ科センチコガネ属 *Geotrupes* の仲間。雪隠（せんち、せっちん）とは便所のこと。→第5巻10〜12章。

183頁　毒入れに隠している秘密　サソリの毒は、ハチがもつ毒と同じように複数の化合物からなり、毒のカクテルともいわれる。そのため種《しゅ》ごとに成分が異なり、すべての種のサソリの毒が解明されているわけではない。その分子構造が明らかにされ、サソリの毒として命名されているものは数種にすぎない（本巻20章訳注「サソリの毒」参照）。

　サソリに刺された昆虫が雷に打たれたように動けなくなり、場合によっては死んでしまうのは、その毒に動物の神経伝達を狂わせてしまう効果があるためである。サソリの毒は、昆虫の体内で神経を興奮したままの状態、あるいはその逆に遮断された状態に保つ。そのため昆虫の筋肉はずっと収縮したままになり、やがては呼吸困難などを引き起こす。神経の興奮は電気的な刺激、つまり活動電位《かつどうでんい》によって伝えられる。その活動電位の開始や伝搬を引き起こす膜《まく》貫通蛋白質《かんつうたんぱくしつ》の代表的な例がナトリウムチャンネルである。ナトリウムチャンネルを透過して細胞内にナトリウムイオンが流れ込むことで活動電位が発生し、それが細胞間に伝えられていく。しかしナトリウムイオンの流入が長時間続くと細胞自体が壊死《えし》してしまうため、ナトリウムチャンネルには流入が短時間ですむように不活性化という安全機構が備わっている。

　ところが、南米の Brazilian yellow scorpion《ブラジリアン・イエロー・スコーピオン》（チチュウスサソリ）*Tityus serrulatus* から発見され、その成分が特定されたチチウストキシンというサソリ毒は、体内に入るとナトリウムチャンネルと強く結びつき、この安全機構を阻害してしまう。その結果ナトリウムイオンが細胞内に流れ込みつづけ、神経は絶えず興奮し、筋肉は収縮したままの状態になって、最終的には呼吸困難や心臓麻痺を引き起こすのである。

　このようにサソリの毒はナトリウムチャンネルのスイッチを「入れる」状態に保つ作用があるが、反対にフグの毒テトロドトキシンはナトリウムチャンネルを「切る」状態に保つ作用がある。いずれにしても神経伝達が阻害されるわけで、最終的には死にいたるのである。そもそもナトリウムチャンネルの仕組みは、サソリの毒がどのように生物の体の中で振る舞うのかを研究する過程で明らかにされた。サソリの毒は神経の働きの解明に役立った自然毒として有名なのである。

ラングドックサソリの場合、その毒は人間には致命的でないとされている。しかし本種には姿のよく似た比較的強い毒をもつ近縁種も数種知られ、特にアフリカ産の類似種では人の死亡例もある。そうしたサソリと本種とが混同されてしまい、必要以上に恐れられているという側面もある。

毒性が強いことで有名な種は、オブトサソリ（尾太蠍）*Leiurus quinquestriatus*、英名 Deathstalker《デスストーカー》である。ラングドックサソリによく似ているが、和名のとおり後腹《こうふく》部《ぶ》（尻尾《しっぽ》）が太い。本種の毒性は非常に強く、全サソリのなかでも人間にとってもっとも危険な存在とされている。

また、Yellow fattail scorpion《イエロー・ファットテール・スコーピオン》、*Androctonus australis* もその毒性が強いことで知られ、サソリの毒の実験などを行なう際によく用いられている。本種もラングドックサソリによく似ているが、その英名のとおり、後腹部（尻尾）が太いのが特徴である。以上のオブトサソリ、イエロー・ファットテール・スコーピオン、そしてラングドックサソリは、いずれもキョクトウサソリ科に含まれる種で、触肢《しょくし》（鋏《はさみ》）は細長く、華奢《きゃしゃ》な体つきをしているが、毒性の強い仲間が多い。これらの種は、砂漠など食物の少ない地域で千載一遇の機会《チャンス》を逃さずに獲物をしとめるため毒性が強いのであろう。いっぽうで、熱帯雨林などに住む触肢（鋏）が大きく、体もがっしりした世界最大種のダイオウサソリ *Pandinus imperator* などは、鋏の力が強く、それほど毒に頼る必要がないためか、その恐ろしい見かけのわりにそれほど毒性は強くない。なお、現在日本では、小笠原諸島や先島諸島に在来するマダラサソリ *Isometrus maculatus* を除き、キョクトウサソリ科全種の無許可の輸入と飼育が禁止されている。

20

ラングドックサソリの毒の効き目

獲物によって毒への耐性《たいせい》が異なるのはなぜか

サソリの毒の効果を知るためにハナムグリの幼虫で実験を行なった——刺されても毒は効かない——別の個体で何度も試してみる——やはり効かない——サソリに刺された十二頭の幼虫は翌年すべて無事成虫になった——ハナムグリの幼虫は、サソリとは無縁であるのに、毒に対する耐性《たいせい》をもっている——これは広くほかの虫にもみられる能力なのか——オウシュウサイカブトの幼虫にも毒は効かない——しかし成虫は刺されると死ぬ——チョウやガも幼虫は耐え、成虫は死んだ——バッタやカマキリは成虫だけでなく若虫も死んでしまった——幼虫時代から毒に慣れておけば成虫になっても耐性がつくのか——いや全然——サソリに刺されたハナムグリの幼虫の血液を成虫に輸血してみる——免《めん》疫《えき》ができて成虫は毒に耐えるかもしれない——やはり成虫は死ぬ——生き物は化学の試薬のようには扱えないのだ

扉絵　ラングドックサソリに刺されたスカラベ・サクレ

われわれはあまりにもわずかしか、サソリ[1]の秘密を掴《つか》んでいない。だからそこに思いもかけない事実が出現すると、問題が妙に複雑なものになる。生命の研究においては、しばしばこの種の出来事に遭遇してわれわれは驚いてしまうのである。

実験は何度も繰り返したし、その結果も一致して、よし、これでひとつの法則が打ち立てられる、と思ったとたん、不意に大きな例外が目の前に立ちはだかり、われわれを、当初のとはまるで反対方向の新たな道に投げ込んで、学問の最終的な段階である〝疑い〟へと導いていくのである。まるで牛が土地を耕すように、ゆっくりと忍耐強く苦労を重ねた末に、やっとのことで切り拓いたと思ったその畑の端に、ひとつの疑問符を植えつけることになる。最終的な解答が得られるという望みなどはなしに、である。ひとつの疑問が次の疑問を生み出すのだ。

ハナムグリ[2]の幼虫たちが今回、私にそうした方針の転換を促すことになった。

1　**サソリ**　蠍。節足動物門《せっそくどうぶつもん》鋏角亜門《きょうかくあもん》クモ上綱《じょうこう》クモ綱《こう》クモ亜綱《あこう》サソリ目《もく》 Scorpiones の仲間。ファーブルがおもに観察していたのはラングドックサソリ *Buthus occitanus*（旧 *Scorpio occitanus*）体長60～80㎜　キョクトウサソリ科キョクトウサソリ属。→本巻17章87頁図、解説。

2　**ハナムグリ**　花潜。鞘翅目《しょうしもく》（甲虫類）コガネムシ科ハナムグリ亜科 Cetoniinae の仲間。花に集まり蜜や花粉を食べるため、この名がある。樹液に集まる種《しゅ》もある。幼虫は白色の芋虫《いもむし》型《がた》で腐植土《ふしょくど》や朽木《くちき》を食べて育つ。→第8巻1章。

それは十一月の末のころ、ちょうど昆虫の成虫の姿も稀《まれ》になる一年の終わりの時期であった。こんな冬枯れの時期には、サソリの毒*の実験を続けようと思っても、ほかに手立てもないので、私は荒地《アルマス》[3]の庭の片隅に搔《か》き集《あつ》めた枯れ葉の山の中に一年中豊富にいる、ハナムグリの幼虫たちに助けを求めることにした。

生き物に対して事実を問いただす博物学者は、どうしても彼らを拷問にかけるようなことになってしまう。ほかには動物に口をきかせる方法がないのだ。だから山ほどある疑問に答えてもらうために、私は好奇心に駆《か》られて、いつもこの堆《たい》肥《ひ》の山を掘り返すことになるのであった。

生理学の研究室には、どこでも、カエル、モルモットからイヌにいたるまで、正式な実験動物が飼われている。しかし私の田舎風《いなかふう》の実験室では、ハナムグリの幼虫がいればそれで充分だ。その苦しみによって、われわれに科学の研究を支えてくれる高等な実験動物の群れのあとに、今このしがない幼虫を追加することにしよう。

秋も深まり、寒さがつのるころになっても、サソリの活動力は少しも衰えていない。いっぽう、ハナムグリの肥満した幼虫のほうでもまた、生暖かく湿った腐《ふ》植土《しょくど》の中で、体は充分に柔らかさを保っている。どちらも元気いっぱいというところ。私は彼らを対峙させてみた。そのまま放っておいたのではサソリが自分

3 **荒地《アルマス》**　一八七九年、ファーブルがセリニャンで手に入れた研究所兼住居。アルマスとはプロヴァンス語で「荒れ地」を意味する。ファーブルは五十五歳以降、亡くなるまでここで過ごした。→第2巻1章訳注「荒地《アルマス》」。→第7巻23章。

から攻撃を始めることはない。ハナムグリの幼虫は背中を下にして逃げるばかり。囲いの壁に沿って進んでいき、それをサソリが、じっと動かず眺めている。幼虫のするとおりにさせていて、幼虫がぐるりと回って自分のほうにやってくると、サソリは傍《かたわ》らに寄って道をあけたりする。

これはサソリの好む獲物ではないし危険な敵ではもちろんない。それに殺す喜びのために殺す、というような悪癖はサソリにはない。私がもし手を出してやらなかったら、この出会いは何事も起きないまま、いつまでも続いたことであろう。

私は何度も何度もしつこくいじめてやった。両者が触れ合うようにしてやったり、藁《わら》の先で突《つつ》いたりしてやったのである。するとしまいには、サソリは幼虫から攻撃されていると思い込むようになる。しかし、哀れな背中歩きの幼虫には、もちろん戦うつもりなんかない。これは臆病な奴で、危険が迫ると、くるりと丸まって、もはや動こうともしない。

私が藁でけしかけているなどという事情には気がつかないから、サソリはこのわずらわしさを、罪のない隣人であるハナムグリ幼虫のせいにしてしまうが、実は私ひとりが悪いわけだ。サソリは毒針を振りかざし、ずぶりと刺す。手応えあり。傷口から体液が出てくる。

▼ラングドックサソリをけしかけるとハナムグリの幼虫は体を丸めて身を守った。

ハナムグリの成虫がまえに見せてくれたことを根拠にして、私は幼虫に死の前兆の痙攣《けいれん》が起きるものと予想していた。

ところが、これはいったいどういうことなのだろう？　そのまま放置しておくと、幼虫は丸めていた体を伸ばして逃げ出したではないか。まるで傷など負わなかったかのように、いつもと変わらぬ速さで、背中で歩いていくのだ。腐植土の上にぽんと置いてやると、特に困難を感じているというようすも見せずに、素早く潜り込んでしまう。二時間ほど経ってから掘ってみると、実験のまえと同じように元気そうである。翌日も健康状態は同じだ。

サソリの毒が効かないとは、この虫はいったいどうなっているのであろう。成虫であれば即死していたであろうに、幼虫は刺されても毒が効かないのだ。刺し傷は深いはずだ。傷口から体液が出ているからである。しかし針を刺したとき、サソリが毒を注入していなかったのかもしれない。そうだとしたら傷は軽くて、頑丈な幼虫にとっては、なんの支障もないということになる。実験をやりなおす必要がある。

私は同じ幼虫をもう一度、別のサソリに刺させてみた。その結果は初めのときとまったく同じだ。なんともないふうで、刺された幼虫は背中歩きをしている。それから腐植土の層の中に潜り込んで、ふたたび穏やかに食べはじめるのだ。毒針で刺されても別にどうということもないのである。

毒に対する耐性《たいせい》はこの一頭の幼虫だけが例外的にもっているわけではあるまい。これだけがハナムグリのなかの恵まれた特権的な個体ではなく、同種のほかの個体もやはり毒に対して抵抗力をもっているにちがいない。

私は一ダースばかりの幼虫を堆肥の中から掘り出してサソリに刺させてみた。そのうちの何頭かは連続して二回、三回と刺させてみたのである。針が刺さったときにはどれもみなびくっと、少しばかり身をくねらせるし、体液の出ている傷口に口が届く場合にはそこを舐《な》める。それからすぐに衝撃《ショック》から回復する。幼虫たちは肢《あし》を上に向けて前進し、腐植土の中に潜り込んでしまうのだ。

翌日、翌々日、そしてそのあと、私は幼虫たちを掘り出して調べてみたが、毒のために危険な状態になった者はいないようであった。

見かけからして、あまりに元気そうなので、成虫になるまでこの幼虫たちを飼育できるかもしれないと私は希望をもった。そして私はまんまとそれに成功した。食物の腐植土をときどき新しいものに取り替えてやっただけで、特別な世話はしていない。

次の年の六月に、恐ろしい毒針に刺された十二頭のハナムグリの幼虫は、土で殻《から》を造りその中で蛹化《ようか》[4]した。サソリの毒針が幼虫の太鼓腹に刺さったとき、幼虫

4　**蛹化**　幼虫が体制を成虫に造り変えるために蛹《さなぎ》になること。幼虫はホルモンの関与によって脱皮を行ない蛹に変態する。蛹の時期を経るのは完全変態を行なう昆虫だけである。ハナムグリの幼虫は、地中で小部屋（土窩《どか》）を造って蛹になり、羽化《うか》すると地上に出てくる。

はそれをただ、ちくっとしたぐらいに感じただけなのだ。
この奇妙な結果は、レンツ[*5]がハリネズミ[*6]について語っていることを思い出させる。

「私は乳飲み子たちを抱えたハリネズミの母親を飼っていた。飼育箱の中に大きなクサリヘビ[7]を投げ込むと、ハリネズミはすぐにヘビの匂いを嗅《か》ぎつけた。というのも、この動物は視覚ではなく、嗅覚《きゅうかく》に頼っているからだ。

ハリネズミは身を起こし、ずかずかと恐れげもなく毒蛇に近づいていって、尻尾《しっぽ》の先から頭の先まで、そして特に、その口の匂いをくんくん嗅いだ。クサリヘビはシューシューと音を出し、ハリネズミの鼻面《はなづら》や口元に何度も咬《か》みついた。ハリネズミは、こんな生半可な攻撃を嘲笑《あざわら》うかのように、傷口を舐めるだけで、なおもヘビを検査しているうちにまた咬まれた。今度咬まれたのは舌であった。最後にハリネズミはヘビの頭を捕まえると頭からがりがりと食べてしまった。毒牙も毒腺も一緒くたに、である。

それからハリネズミはヘビの体の半分だけを食べて、子供たちのそばに戻り、寝そべって乳を飲ませてやった。その夜、ハリネズミはもう一頭のヘビと、先のクサリヘビの残りを食べたのである。しかしハリネズミの母親にも子供たちにも、健康状態に異常はなく、咬まれた傷が腫《は》れることさえなかった」

5 **レンツ** LENZ, Harald Othmar（一七九八—一八七〇）。ドイツの動物学者、植物学者、真菌学者。→訳注。

6 **ハリネズミ** 針鼠。ハリネズミ目ハリネズミ科 Erinaceidae の仲間。尾は痕跡的にしかない。ネズミと呼ばれるがモグラに近い。▼ヨーロッパハリネズミ（ナミハリネズミ）*Erinaceus europaeus* 体長20～25㎝ アムールハリネズミ属。ヨーロッパから中国にかけて分布。

7 **クサリヘビ** 有鱗目《ゆうりんもく》（ヘビ・トカゲ類）クサリヘビ科クサリヘビ属 *Vipera* の毒蛇。マムシに似るが、頭部に赤外線を感じるピット器官を欠く。背

「それから二日後に、また新しいクサリヘビと戦わせた。ハリネズミはヘビに近づいていって匂いを嗅ぐ。毒蛇はぐわっと口を開き、毒牙を剝《む》き出《だ》してハリネズミに襲いかかると、その上唇《うわくちびる》に咬みついたまま、ちょっとのあいだぶら下がっていた。

ハリネズミはぶるっと体を揺すってヘビを払い落とした。鼻面を十回、それ以外にも、針と針のすきまを二十回も咬まれていながら、ヘビの頭を捕まえ、ヘビが身をくねらせようと何をしようとかまうことなく、ゆっくりと食べてしまった。今度もまた、ハリネズミの母親も子供らも、いっこうに具合が悪そうには見えなかった」

ポントスの王、ミトリダテス大王[*8]は、敵が送り込んでくる毒入りの飲物から身を守るため、常日頃からさまざまな毒薬に体を慣らしていたと伝えられている。彼はこのようにして少しずつ胃袋を鍛え、毒が効かないようにしたのである。

毒ヘビを食う者として、この新たなミトリダテスたるハリネズミは、徐々に体を慣らすことにより、毒に対する耐性を獲得したのであろうか。この動物の場合、それはむしろ生まれもった能力なのではないか。ハリネズミが生まれて初めてヘビの頭を噛《か》み砕《くだ》いたとき、すでにもう身を守るのに必要な素質を具《そな》えていたので

面の模様が鎖状《くさりじょう》に見えるためこの名がついた。
▼ヨーロッパクサリヘビ（ヨーロッパ鎖蛇）*Vipera berus* 体長70～80㎝ ヨーロッパ全域を含むユーラシア大陸に広く分布する。

8　**ミトリダテス大王**　ミトリダテス六世 MITHRIDATES VI（前一三二頃―前六三）。ポントス王国の王として前一二〇年頃から前六三年まで在位した。ふだんから毒殺を極度に恐れ、解毒剤の研究をしたり、少量の毒を常用して免疫《めんえき》を得ようとしていた。フランス語では解毒剤や毒消しのことを mithridate《ミトリダート》という。→訳注。

はないだろうか。

——そう、ハリネズミは毒に対する耐性を身に具えていたのです、とハナムグリの幼虫が答えてくれる。しかし昆虫の種族のなかで、サソリの刺し傷に対して用心する必要のある者がもしいるとすれば、おそらくそれは、腐植土の中に住んでいるこのハナムグリの幼虫などではない。サソリもハナムグリの幼虫も、同じ場所にはいないのであるから、出会うことなど、ほとんどありえないのだ。

だからハナムグリの幼虫がサソリの毒に慣れているはずはないのであって、こんな幼虫のなかでサソリと顔を突き合わせた者となると、おそらくこの私にそう仕向けられた連中をもって嚆矢《こうし》とするであろう。それにもかかわらず、まったくなんの準備もしていないのに、このとおりハナムグリの幼虫は、サソリの刺し傷に対して耐性をもっている。この虫には、生まれつき毒に対する抵抗力があるわけで、それは毒ヘビを食うハリネズミの場合と同じく驚くべき能力である。

もし仮に、毒ヘビ絶滅の任務を負ったハリネズミが、生まれたときから、おのれの職責をはたすために必要な特権をもっているとすれば、それはたいへん理にかなっている。同様に地中海沿岸地方でもっとも美しい鳥、[9]ヨーロッパハチクイは、ハチを生きたまま食って[10]嗉嚢《そのう》をいっぱいにしてもなんともないし、[11]カッコウ

9 **ヨーロッパハチクイ** ヨーロッパ蜂喰。*Merops apiaster* 全長28㎝ ブッポウソウ目ハチクイ科ハチクイ属。空中で昆虫を捕らえて食べる。特にハチを好むため、この名がある。

10 **嗉嚢** 食道に続く消化管が袋状になった、食物を一時的に蓄えておくための器官。消化は行なわない。

11 **カッコウ** 郭公。カッコウ目カッコウ科カッコウ属 *Cuculus* の仲間。卵をほかの鳥の巣に産みつけ、その親（仮親）に雛《ひな》を育てさせる。これは托卵《たくらん》と呼ばれる労働寄生の一種。▼カッコウの雛に、餌《えさ》の昆虫を与えるヨーロッパヨシキリ（ヨ

はマツノギョウレツケムシ[12]のちくちく痒みを起こさせる毛が、胃袋にいっぱい刺さってもどうということはない。これらは、その生き物のはたす職責上そうなっているのである。

　しかしいったい、なんのためにハナムグリの幼虫は、けっして出会うことはないであろうサソリから身を守っていなければならないのか。これがハナムグリの幼虫だけの特権であるとは、ちょっと信じられない。むしろこれは広くほかの幼虫にもみられる能力なのではないだろうか。ハナムグリの幼虫はサソリの毒に抵抗力があるけれど、それは成虫のハナムグリのときに、ではなく、より高等な状態への準備段階にある幼虫のときに、なのだ。そうだとすれば、幼虫はどれも、それぞれの体力に応じて、多かれ少なかれ類似の抵抗力をもっているはずである。

　この問題について実験してみればどんな結果が得られるであろうか。実験のためには、体質が繊細で弱々しい幼虫は避けたほうがよい。そういう幼虫だと、ただ単に刺されただけで、毒が効き目を現わさなくても、重傷ということになったり、たいていはそれで死んでしまったりすることであろう。針の先でちくりと刺しただけでも体調が悪くなりかねない。そうであれば、たとえ毒を含んでいなくても、あのサソリの荒っぽい鉤針《かぎばり》で刺されたりしたら、いったいどんな目に遭《あ》うことか。だからこの実験には、腹に穴が開いてもたいして動じないような、肥《ふと》っ

ーロッパ葦切）*Acrocephalus scirpaceus*。

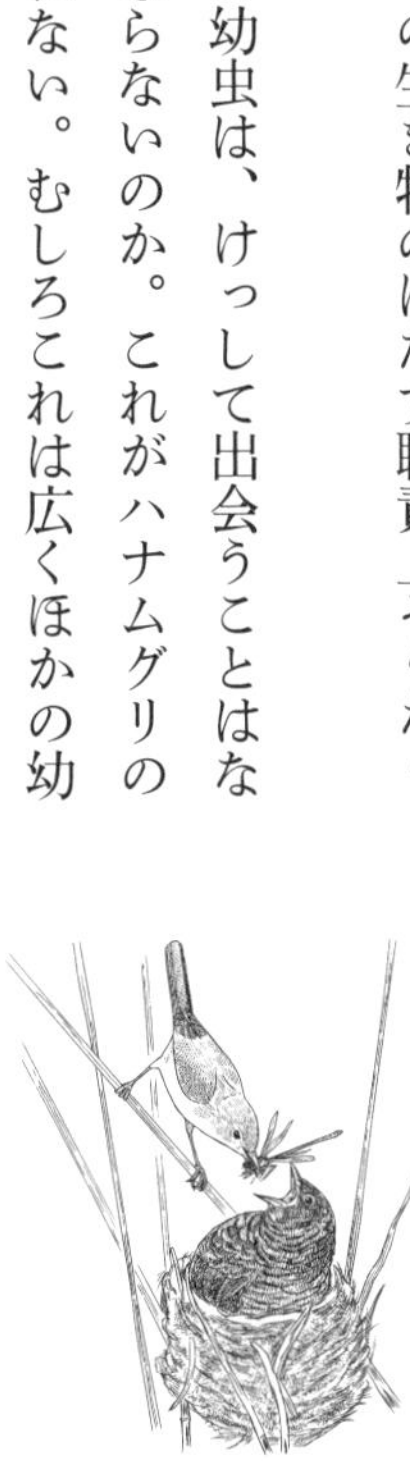

12　**マツノギョウレツケムシ**　松行列毛虫。*Thaumetopoea pityocampa*（旧 *Cnethocampa pityocampa*）終齢《しゅうれい》幼虫《ようちゅう》の体長35～40㎜　シャチホコガ科ギョウレツケムシ属。マツノギョウレツケムシガの幼虫。巣を造り、集団で暮らす。→第6巻18～23章。

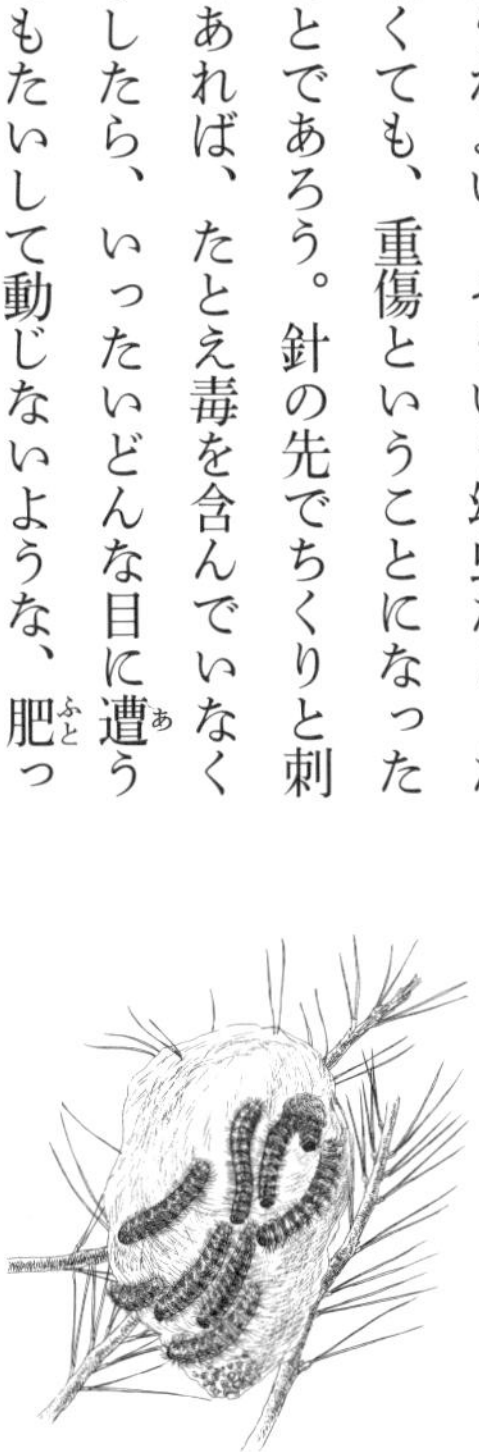

た幼虫が必要である。
私は必要なだけの材料を手に入れた。地中で腐朽《ふきゅう》して軟らかくなったオリーヴの木の古い切り株からオウシュウサイカブト[13]の幼虫がいくらでも得られる。これは親指ぐらいの大きさのでっぷり肥った腸詰《アンドウイエット》[14]めのような幼虫である。サソリに刺されると、この太鼓腹の幼虫は、私が広口壜《ひろくちびん》の中に詰めておいたオリーヴの朽《くち》木《き》の屑《フレーク》の中に潜り込む。

我が身に降りかかった災難など気にかけることもなく、幼虫は大腮《おおあご》をさかんに動かして木屑《きくず》をよく食べ、八か月ばかり経つと丸々と肥って、蛹化のための殻を造った。あの恐るべき試練を無事に乗り越えてしまったのである。

これが成虫のオウシュウサイカブトだと、どんなことになるのかについては、すでに述べたとおりである。鞘翅《しょうし》を切り取られて剝き出しになっている腹部背面を刺されると、この巨大な甲虫は、まもなくひっくり返って、肢で力なく空《くう》を掻《か》いている。そして三日、よくもって四日も経つと、まったく動かなくなってしまう。さしも頑丈な虫も死んだのである。ところがその幼虫となると、刺されても、体力も食欲もまるで衰えることはない。

ほかの多くの虫でも実験してみたがいつも私の予想どおりであった。我が家の

13 **オウシュウサイカブト** 欧州犀兜。*Oryctes nasicornis* 成虫（上）の体長20～40㎜ 終齢幼虫の体長80～100㎜ 鞘翅目《しょうしもく》（甲虫類）コガネムシ科サイカブト属。ヨーロッパ最大級のカブトムシ。

14 **腸詰《アンドウイエット》め** 豚の腸や胃の細切れを材料にした腸詰め。特有の匂いがあるため好みが分かれる。ファーブルの好物であった。原綴《げんてつ》は andouillette。

▼剝《む》き出《だ》しになった腹部背面を刺されて、仰向けに倒れるオウ

戸口の前には二本の[15]セイヨウバクチノキの老木が一年中、素晴らしく豊かに緑の葉を茂らせているのだが、カミキリムシの一種がその木を食害した。それはいつもなら[16]セイヨウサンザシにつく、[17]クロミヤマカミキリである。

セイヨウバクチノキに含まれるシアンの香りは、ふつうには毒なのだが、この虫を遠ざけるどころか惹きつけるのだ。長い優雅な触角《しょっかく》をもつこのカミキリムシは、つんと匂うサンザシの繖房花《さんぼうか》に、もともと集まっているので、その匂いに馴染みがあるのだ。この外来植物はカミキリムシが大変に好むものとなり、木の幹の中にたくさんの幼虫が住みついてしまった。それで残りの部分を救うために私は、虫が入り込んだ部分を斧で切り落とさなければならなかった。

私はもっともひどく虫にやられた幹の部分を切ったのだが、そのなかの一本を細かく割ってみると中からクロミヤマカミキリの幼虫が一ダースばかり出てきた。それから木の周囲の生け垣を探して成虫も採集することができた。さあ、我が家の緑のアーケードを荒らすカミキリムシどもよ、今度はおまえたちと私との一*対一の闘いだ。おまえたちに悪事の償いをさせてやろう。おまえたちはサソリの手にかかって殺されるがよい。

実際、成虫たちは死んだ。それもあっという間のことだった。ところが幼虫たちは持ちこたえたのだ。広口壜の中に切った木を細かく砕いて詰め、その中に入

シュウサイカブト。

15　**セイヨウバクチノキ**　西洋博打の木。*Prunus laurocerasus*　樹高６ｍ　バラ科サクラ属の常緑高木。葉に含まれるシアンとは炭素と窒素からなる化合物で有毒。仏名は laurier-cerise《ローリエ＝スリーズ》。

16　**セイヨウサンザシ**　西洋山査子。*Crataegus oxyacantha*　樹高５〜６ｍ　バラ科サンザシ属の落葉小高木。花は一本の花《か》柄《へい》に複数の小花《しょうか》がつく繖房花《さんぼうか》。

17　**クロミヤマカミキリ**　黒深山髪切。*Cerambyx scopolii*　体長17〜28㎜　鞘翅目（甲虫類）カミキリムシ科ケラムビクス属。→第４巻18章訳注。

れてやると、幼虫たちはそれまでどおり静かに木を齧《かじ》りはじめた。食物が乾燥さえしなければ、サソリに傷つけられた幼虫たちは、なんの支障もなく、幼虫としての生活を終えるのである。

カシの仲間を食樹《しょくじゅ》とするカシミヤマカミキリ[18]の場合も同じようなことになった。サソリに刺されると、立派な触角をもった成虫は斃《たお》れるが、幼虫のほうは刺されたことなど気にもとめず、木の坑道《こうどう》の中に戻してやれば、もとどおり木を齧りはじめ、発育を完了するのだ。

オウシュウコフキコガネ[19]でも結果は同じである。刺されて数分もすると成虫は死んでしまう。ところが白い大きな蛆虫《うじむし》のような幼虫は、ちゃんと耐えて、地中に潜り、私が与えてやるレタスの芯を齧るために地表に出てくる。

もし私が辛抱強く飼育してやったなら、実験に使われた幼虫は、すみやかにこの刺し傷から回復して、成虫のコフキコガネになったことであろう。それは健康そうにつやつやや肥ったこの幼虫の体を見ればわかることである。

ヨーロッパミヤマクワガタ[20]と同じクワガタムシ科の、ギョリュウ[21]の古い切り株にいたヨーロッパオオクワガタ[22]を私は手に入れ、先の虫たちの事例に証言を追加させることができた。クワガタムシの成虫は死んでしまうが、幼虫には耐性があるのだ。これぐらいの実例があれば充分であろう。同じことをこれ以上続けても

18 **カシミヤマカミキリ** 樫深山髪切。*Cerambyx cerdo*（旧*Cerambyx heros*）体長24～53㎜ 鞘翅目（甲虫類）カミキリムシ科ケラムビクス属。

▼木の幹の中を食べ進むカミキリムシの幼虫。穴を穿《うが》つためテッポウムシ（鉄砲虫）とも呼ばれる。

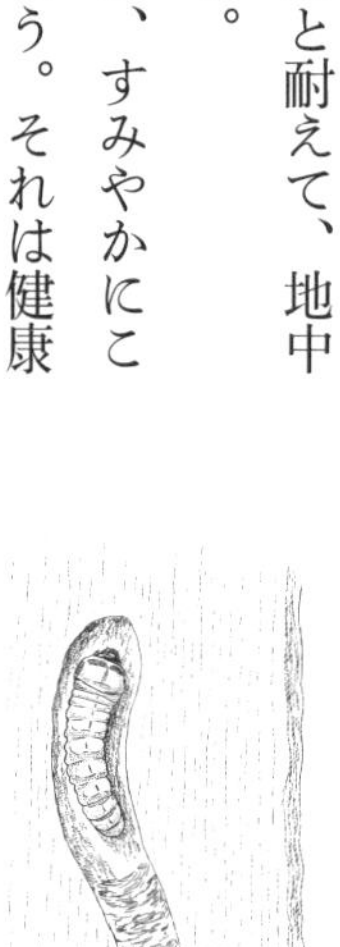

19 **オウシュウコフキコガネ** 欧州粉吹黄金。*Melolontha melolontha* 体長20～30㎜ 鞘翅目（甲虫類）コガネムシ科コフキコガネ属。→第10巻9章。

20 **ヨーロッパミヤマクワガタ**

無駄というものである。

ハナムグリ、サイカブト、カミキリムシ、コフキコガネ、オオクワガタの幼虫は、菜食主義者の、脂肪ででっぷり肥った虫である。こういう脂《あぶら》ぎった連中は、その食物の性質によって、このような毒への耐性を身につけたのであろうか。あるいはまた、飽くことを知らぬこれらの大食漢どもが体に蓄えている脂肪層が、サソリの刺し傷の毒性を中和するのであろうか。痩《や》せている肉食の虫たちに訊《き》いてみよう。

私が選び出したのはフランス産オオサムシの仲間でいちばん力強い[23]サメハダオサムシである。この暗色の狩人《かりうど》が荒地《アルマス》の塀の根元でカタツムリの腹を食い破っているところを私はよく見かける。

この虫は大胆不敵な悪党で、戦うために生まれてきたような奴である。二枚の翅鞘《ししよう》は背中で癒着し、破ることのできない鎧《よろい》になっている。私はこの鎧兜《よろいかぶと》の後ろの端を少し切り取った。こうすればサソリはオオサムシの腹部背面を刺すことができるだろう。ここだけが唯一、毒針の刺さるところなのだ。

この虫の場合にも[24]キンイロオサムシの無惨な最期と同じことが起きる。この刺し傷に抗《あらが》うむごたらしい苦しみようは、もしこれがより高等な動物の世界で起き

ヨーロッパ深山鍬形。*Lucanus cervus*　体長30〜75㎜　鞘翅目（甲虫類）クワガタムシ科ミヤマクワガタ属。

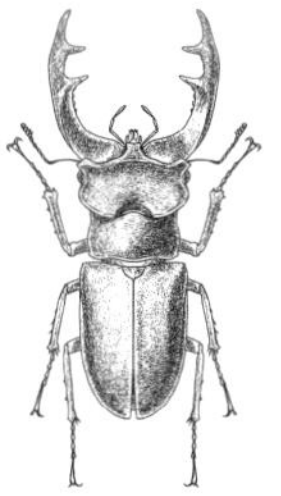

21　**ギョリュウ**　御柳。*Tamarix chinensis*　樹高6m　ギョリュウ科ギョリュウ属の落葉小高木。仏名は tamarix《タマリクス》。

22　**ヨーロッパオオクワガタ**　ヨーロッパ大鍬形。*Dorcus parallelipipedus*　雄の体長16〜30㎜　鞘翅目（甲虫類）クワガタムシ科オオクワガタ属。本属の模式種《もしきしゅ》。

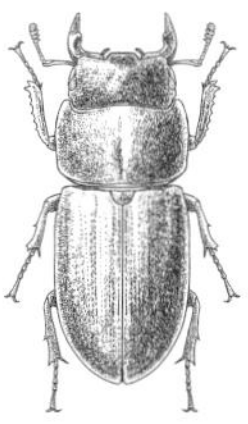

たのだったら恐ろしくて見ていられないことであろう。
[25]ストリキニーネの毒を仕込んだ役所のソーセージを食った犬も、これと同じように七転八倒の苦しみ方をする。サソリに傷つけられた虫は、初め死にもの狂いで逃げようとする。そのうちに突然立ち止まり、肢をこわばらせて体を高く突っ張る。尻を持ち上げ、頭を下げ、まるででんぐり返りでもするかのように大腮《おおあご》で体を支える。それからびくっと痙攣を起こしてばったり倒れたかと思うと、すぐまた起き上がって肢を突っ張る。

そのありさまはまるで、この虫の関節は針金製の機械仕掛けかと思いたくなるほどだ。これはまさにばねの力でぎくしゃくと動く自動人形である。びくっと痙攣してはまた倒れ、ふたたび起き上がる。こんなことが二十分ばかりも続くのだ。おしまいに調子の狂った虫は仰向けに倒れる。それでもなお手足を動かしてはいるがもう起き上がることはできない。そして翌日になるともはやぴくりとも動かない。

では幼虫ならどうか。サメハダオサムシの細長い幼虫には、ハナムグリやサイカブトその他の、幼虫の体を保護していると思われる脂肪層はないのだが、サソリに刺されてもほとんどなんでもないようすである。実験のあと二週間経つと、土の中に潜り、そこに蛹化のための穴を掘った。そしてまもなく元気そのものの

23 **サメハダオサムシ** 鮫肌歩行虫。*Carabus coriaceus*（旧*Procrustes coriaceus*） 体長26～42㎜ 鞘翅目（甲虫類）オサムシ科カラブス属。

▼サソリに刺されて悶絶するサメハダオサムシ。

▼サメハダオサムシの幼虫は、刺されてもほとんど変化がない。

24 **キンイロオサムシ** 金色歩行虫。*Carabus auratus* 体長17～30㎜ オサムシ科カラブス属。→第10巻14～15章。

成虫が地表に姿を現わしたのである。したがって食物も、肥っているか痩せているかの程度も、毒に対する耐性の原因ではない、ということになる。

昆虫の系統のなかでその虫が占めている順位、つまり高等か下等かということも、これまた耐性の原因ではないことは、鞘翅目のあとでチョウやガ（蛾）で実験してみるとわかってくる。

最初に私が試してみたのは[26]鱗翅目《りんしもく》の[27]オウシュウゴマフボクトウであった。このガの幼虫はさまざまな樹木や灌木《かんぼく》の害虫となっている。母親のガが、リラの樹皮の裂け目に長い産卵管を挿し込んで産卵しようとしているところを私は捕まえた。これは白い衣裳に青味がかった斑点をもつ実に見事なガである。私はこれをサソリに与えてみた。簡単に決着がついた。刺されたかと思うと、美しいゴマフボクトウはばたばた激しく暴れるようなこともなく、たちまち瀕死の状態に陥った。このガの死は穏やかなものである。

ではゴマフボクトウの幼虫はどうか。刺されたあとも、幼虫はそれまでと変わりなく元気である。この幼虫を採集するのに私は、リラの枝を裂いて中に潜《ひそ》んでいるのを引っ張り出したのだが、もとの状態に戻してやると、いつもと変わらず元気に生きている。この虫の住まいに開いた穴から木屑のような糞が出てくるから、そのことがわかるのである。そして夏がくると予定どおり、蛹《さなぎ》になり、ガに

25 **ストリキニーネ**　マチン科のマチン（馬銭）*Strychnos nux-vomica* の種子に含まれるアルカロイド。痙攣性《けいれんせい》の猛毒。かつては少量が中枢神経の興奮薬として用いられていた。

26 **鱗翅目**　Lepidoptera　チョウやガの仲間。

27 **オウシュウゴマフボクトウ**　欧州胡麻斑木蠹蛾。*Zeuzera pyrina*（旧 *Zeuzera aesculi*）開張60〜70㎜　終齢幼虫の体長55〜65㎜　鱗翅目《りんしもく》（チョウ・ガ類）ボクトウガ科ゴマフボクトウ属の仲間。幼虫が樹木の材《ざい》に住むガ（蛾）。

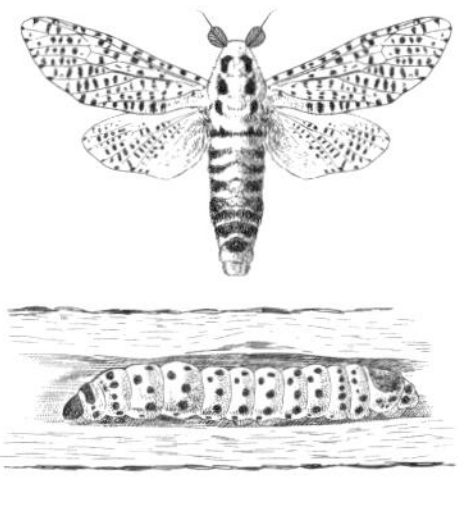

なった。

カイコ[28]なら、近所の農家の養蚕所《ようさんじょ》に行けば、いくらでも必要なだけ手に入る。実験には何よりも適しているだろう。

五月の末、養蚕の季節も終わりに近いころ、二ダースばかりのカイコをサソリに刺させてみた。カイコは皮膚の肌理《きめ》が細やかで張りがあり、健康そうに肥っている。そのためサソリが刺すたびに針は皮膚にぶすりと突き通り、体液が多量に流れ出るのであった。私が好奇心から野蛮なことをしてしまった仕事机の上には琥珀色《こはくいろ》のカイコの体液の滴《しずく》がいっぱい飛び散った。

しかしクワの葉を敷きつめた蚕座《さんざ》の上に戻してやると、傷つけられたカイコたちはすぐに、いつもどおりの食欲で葉を食べはじめる。そして十日も経つとどれもみな、形の点でも厚みの点でもまったく正常な繭《まゆ》を織り上げた。最終的にはこれらの繭からは成虫のガが出てきて、犠牲者は一頭もなかった。これらのガは、のちほど別の目的で調べてみることにする。さしあたり、カイコには、サソリの刺し傷に対する抵抗力のあることが証明されたわけである。

カイコの親のガ自身はどうかといえば、サソリに刺されたときそれがどうなるかはすでにわかっている。カイコガはサソリに刺されると死ぬ。たしかにオオク[29]ジャクヤママユと同じように時間はかかるけれど、いずれにせよ死んでしまうの

28 **カイコ** 蚕。*Bombyx mori* カイコガの幼虫。終齢幼虫の体長60～65㎜ 成虫の開張35～45㎜ 鱗翅目（チョウ・ガ類）カイコガ科カイコ属。

29 **オオクジャクヤママユ** 大孔雀山繭。*Saturnia pyri* 成虫の開張13～15㎝ 終齢幼虫の体長10～11㎝ 鱗翅目（チョウ・ガ類）ヤママユガ科サテュルニア属。ヨーロッパ最大のガ。→第7巻23章。

だ。毒針の一撃は成虫のカイコガにとっては常に致命的なのである。

ユーフォルビアスズメ[30]も同じ答を提出してくれる。成虫のガはあっという間に死んでしまうが、幼虫のほうは刺し傷などものともせず、腹いっぱい食草を食べ、それから地中に潜って砂粒を絹で綴《と》じ合《あ》わせた粗雑な繭の中で蛹化する。

ただし刺された幼虫の中には致命傷を負った者もいた。おそらくは何度も刺されすぎたからであろう。そもそもユーフォルビアスズメの幼虫の皮膚は強靭で、なかなか針が通りにくいし、出血しているのかどうかも、もうひとつはっきりしないので、サソリの攻撃が効いているのかいないのか判然としなかった。そこで、これは間違いなく刺されているとわかるまで、攻撃を引き延ばさざるをえず、このために、おそらくは度を超してしまうことがあっただろう。一度刺されただけなら、カイコのように敢然《かんぜん》と試練に耐えたであろうこの幼虫は、毒の量が限度を超えたために死んでしまったのだ。

青緑色《ターコイズブルー》の飾りをつけたオオクジャクヤママユの逞《たくま》しい幼虫は、非常にはっきりした成果をわれわれに与えてくれた。体液が出るまで刺されたあと、食樹であるアーモンドの木の小枝に止まらせてやると、見事に発育を遂げ、あの巧みな構造の繭をきちんと織ったのである。

30　**ユーフォルビアスズメ**　ユーフォルビア雀蛾。*Hyles euphorbiae*（旧 *Celerio euphorbiae*）成虫の開張40〜60㎜　終齢幼虫の体長45〜55㎜　鱗翅目（チョウ・ガ類）スズメガ科ヒレス属。

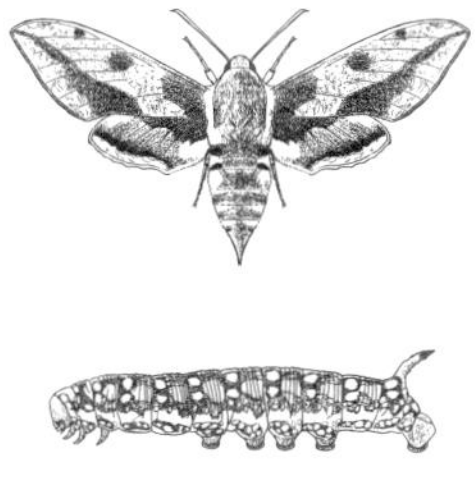

双翅目《そうしもく》[31]や膜翅目《まくしもく》[32]も調べてみるだけの価値があるであろう。これらもまたチョウやガなどの鱗翅目や、甲虫の仲間の鞘翅目と同じように、変態[33]によって体全体をいわば鋳《い》なおすのだ。しかしこの連中となると体があまりに小さすぎて、たいていの場合、私がピンセットを使ってサソリの毒針に向かい合わせるには向いていないのである。その繊細な幼虫は、皮膚に穴を開けられただけで死んでしまうだろう。だから大型の昆虫についてのみ調べてみることにしよう。

実験に使いやすいそうした大型の昆虫のなかには、さまざまな直翅目《ちょくしもく》[34]、たとえばショウリョウバッタ、トノサマバッタ、カオジロキリギリス、ケラ、カマキリなどがいるわけだが、サソリの毒針で刺されると、みな死んでしまうことはす[35]でに見たとおりである。

ところで、こうした直翅目の仲間には、恋の宴《うたげ》に必要な、完全な成熟に先立つ一時的な形態がある。それは、完全変態の昆虫のように成虫とは似ても似つかない厳密な意味での幼虫ではなく、下等な段階といおうか、結婚に適した一人前の生物へと向かう途上にある〝若虫[36]〟と呼ばれるものである。

ちょうど収穫期の葡萄畑《ぶどうばたけ》で見られるようなトノサマバッタの若虫には、成虫の、あの見事な網目のついた後翅《こうし》も硬い前翅《ぜんし》もなく、翅《はね》[37]の萌芽《ほうが》というか、尾《テール》を切りつめた燕尾服のようなものしか生えていない。

31 **双翅目** Diptera　ハエ、アブ、カ、ガガンボなどの仲間。後翅《こうし》が退化して棒状の平均棍《へいきんこん》となり、前翅《ぜんし》二枚だけしかない。

32 **膜翅目** Hymenoptera　ハチやアリの仲間。四枚の翅《はね》をもつ。一頭の雌（女王）を親とする家族で社会集団をつくるものが多い。

33 **変態**　卵から生まれた生物が親になるまで、姿を変えながら成長すること。昆虫の変態には、卵から孵化《ふか》した幼虫がほぼそのままの姿で成虫になる「無変態」、幼虫からそのまま成虫に羽化《うか》する「不完全変態」、そして、幼虫から蛹《さなぎ》の時期を経て成虫に羽化する「完全変態」の三種がある。

34 **直翅目** Orthoptera　コオロギ、ケラ、カマドウマ、キリギリス、バッタなどの仲間。ファーブルの時代、現在は独立してそれぞれひとつの目《もく》として

ケラは成虫になればたっぷりとした大きな翅を身につけ、それを尖《とが》った尻尾のようにたたんで腹の先まで巻き込んでいるが、初めのうちは背中の上のほうに張りついた、つんつるてんのみすぼらしい翅しかもっていない。

ショウリョウバッタやカオジロキリギスその他の若虫も同じように貧相な姿である。将来はたいした飛行家になるこれらの虫も、飛行道具の萌芽を貧弱な鞘《さや》のような翅芽《しが》の中に隠している。

これらの直翅目の場合、翅以外の体の部分は初めから、成虫になったときの姿とほとんど同じである。この連中は年齢とともに成長はするが、いわゆる完全変態はしないのだ。

さて、翅が完全に発育していないこれらの若虫は、まるまると肥ったサイカブトやカミキリムシの幼虫や、あるいはスズメガやカイコガの芋虫《いもむし》といった、正真正銘の幼虫と同じように、サソリの刺し傷に耐えることができるであろうか。もし幼年期の体中にみなぎる活力なるものが、予防薬として有効であるならば、直翅目の若虫でも毒に対する耐性がみられるはずである。

だがそうではなかった。翅があろうとなかろうと、年をとっていようといなかろうと、ケラは斃れる。カマキリ、バッタ、ショウリョウバッタはサソリに刺されると、成虫でも若虫でも同様に死んでしまうのだ。

扱われるゴキブリ目、カマキリ目、ナナフシ目までを含めて、直翅目とされていた。

35 **すでに見たとおり……**　これらの観察については前章19章で詳しく述べられている。

36 **若虫**　「わかむし」または「じゃくちゅう」と読む。バッタ（直翅目）は、不完全変態によって成長する昆虫で、卵から孵化すると、翅《はね》をもつ成虫になるまで五〜七回脱皮する。この、成虫になるまでの翅をもたない期間を幼生《ようせい》（幼虫、若虫）という。完全変態をする昆虫とは異なり、蛹の期間をもたない。

37 **翅の萌芽**　翅芽《しが》と呼ばれる翅の元が収められた鞘状《さやじょう》の部分。バッタなど不完全変態を行なう昆虫の若虫（幼虫）にみられる。

したがって、サソリの毒に対する抵抗力という点でいえば、われわれは昆虫をふたつの範疇《カテゴリー》に分けることができる。ひとつは体の構造をすっかり造り変えてしまう本当の意味での変態、つまり完全変態をする仲間であり、もうひとつは副次的な修正しか行なわない、つまり不完全変態をする仲間である。前者では、幼虫は毒に耐えるが成虫は死ぬ。後者では両方とも同じように死ぬことになる。

この違いを、どう説明したらよいのであろうか。実験してみて最初にわかったことは、刺された虫の体の性質が単純であればあるほど、刺し傷に対する抵抗力は強くなる、ということであった。[38]ナルボンヌコモリグモ、[39]コガネグモ、カマキリなど、すべて繊細な感受性を備えている者は、雷に撃たれたように即死する。[40]オサムシ、サメハダオサムシのように生命力の強い者は、あっという間にストリキニーネにやられた犬のような痙攣を起こす。活力に満ちた球転がしの[41]スカラベ・サクレは、[42]サン＝ギー舞踏病に罹《かか》ったように激しくもがく。

それらとは反対に鈍重なサイカブトや、バラの花の中で長いこと眠りこけることを好む怠け者のハナムグリは、苦痛をこらえて、まるまる何日間ものあいだ手足をゆっくり動かしつづけたあとで死んでしまう。

その下に位置するのが粗野な虫の代表ともいうべきバッタの仲間であり、それよりさらに下に、体の構造が粗雑で下等な生き物である[43]オオムカデがくることに

38 **ナルボンヌコモリグモ** ナルボンヌ子守蜘蛛。*Lycosa narbonensis* 体長23〜28㎜ クモ目コモリグモ科コモリグモ属。→第2巻11章。→第8巻23章。→第9巻1〜3章。

39 **コガネグモ** 黄金蜘蛛。原《げん》綴《てつ》は Epeire《エペール》 これは *Epeira* という学名（属名）をフランス語化したもの。現在はコガネグモ属 *Argiope* やオニグモ属 *Araneus* などに分割され、用いられていない。→第9巻6章訳注。

40 **オサムシ** 歩行虫。鞘翅目（甲虫類）オサムシ科 Carabidae の仲間。

なる。こんなふうに毒の効き目の速い遅いは、傷を受けた虫の神経が敏感であるかどうかに左右されることは確かである。

これとはまた別に、完全な変態《トランスフォルマシオン》を行なう高等な昆虫について考えてみよう。そういう昆虫について用いられている「変態《メタモルフォーズ》」という用語は形態の変化を意味しているわけだ。しかし芋虫、毛虫がチョウやガとなり、腐植土の中の幼虫がハナムグリとなるのは、ただたんに形態が変化するというだけのことなのであろうか。いや、それ以上の、それより優れたことが含まれているのだ、とサソリの毒針がわれわれに教えてくれている。

変態を行なった動物の生体組織には根本的な改革が起きている。つまり物質そのものは、実際のところ常に同じであるが、いったん溶け、その原子《アトム》で構成されたものをより洗練されたものとし、感覚的な戦慄が感じとれるようにするのだ。これこそは、生殖期の昆虫のもっとも美しい特性である。

鎧のような鞘翅や、触角でいえば、先が一枚一枚の薄片に分かれたものや、先に球がついたり、ゆらゆら揺れる細長いものなど、それに走るための肢、飛ぶための翅、これらはすべて素晴らしいものであるが、また同時にすべて、とるに足りないものでもある。

41　**スカラベ・サクレ**　ファーブルがスカラベ・サクレとして観察していたのは、よく似た別種、ティフォンタマオシコガネ *Scarabaeus typhon* であった。→第1巻1〜2章。→第5巻「はじめに」〜5章。

42　**サン＝ギー舞踏病**　本人の意思とは別に、顔面の痙攣が起きたり、手足が激しく動いたりする疾患。原綴は danse de《ダンス・ド・》 Saint-Guy《サン＝ギー》 で「聖ギーの踊り」と訳せる。これは現在では小舞踏病（シデナム舞踏病）と呼ばれており、子供がリューマチ性の熱で発症する病気とされる。

43　**オオムカデ**　オオムカデ目オオムカデ科オオムカデ属 *Scolopendra* の仲間。

これらとは別のものが、こうした道具一式よりずっと高い位置にある。変態を遂げた昆虫は、それ以前よりもっと活発な、より感覚の豊かな新しい生を獲得したのだ。第二の誕生を経て、物質的な領域での変化以上に、目に見えぬ、手で触れることのできぬ領域ですべてが一新されたのである。それは分子の配置に手なおしを加える以上のことであり、それまで知らなかった能力の開花である。

大雑把な言い方をすれば、たんなる消化器官の切れ端にすぎない幼虫は、穏やかな、ごく単調な生活を送っていた。それが今や、未来の本能を発揮するために変態を行なうのだ。変態は幼虫の体を構成する物質を一変させ、体液を蒸溜し、熱量《エネルギー》の炉である原子《アトム》をひとつずつ精製するのだ。これによって進歩へと向かうめざましい跳躍がなされるのだが、この新たな状態には、それまでのような確固たる安定性がない。つまり、安定性を捨てることによって、完全性が獲得されたのだ。こういうわけで成虫は、幼虫にはどうということもなく耐えられる試練に遭って死んでしまうのである。

バッタその他、直翅目一般についていうと、状況はまったく異なっている。彼らの場合、本当の意味での変態はなく、体の構造や生活様式や習性が幼虫時代から一変するということはない。生きているあいだずっと、直翅目は卵から出たときとたいして変わらないのだ。生まれたときの姿のままで、あとから手を加えられることもなく、時とともに習性が変わることもない。直翅目に革新はなく、体の構造の突然の飛躍もない。若虫のときからすでに成虫の体質を備えているのだ。それゆえ、完全変態をする昆虫の幼虫が、粗雑な体の構造のおかげでもっているような、毒に対する耐性を欠いているのである。

幼虫形という段階《ステージ》をもたないために、短い翅をしたバッタ類は、あまりにも早く成育して成虫の形になってしまうという欠点を有している。若虫は、若干の細部を除けばまったく同じ形をした成虫に劣らず、サソリに刺されると、あっという間に死んでしまうのである。

いま述べたような説明が正しくないと言われたら、私はほかにもう、あれこれと主張を繰り返して反論はすまい。未知という深淵に投網《とあみ》を投げたところで、ひと網でいつも正しい考えをもち帰ることはできない。それはめったにかからぬ獲物なのだ。

それでもとにかく、説明はつかないままであるとしても、非常に重要なひとつの事実が得られた。すなわち変態は、有機的な存在である昆虫の、そのもっとも本質的な特性を変えてしまうほどの変化をもたらすということである。卓越した化学上の試薬であるサソリの毒は、幼虫の肉と成虫の肉とを区別する。その効き目は、前者にとっては穏やかなものだが、後者にとっては致命的なものなのである。

この奇妙な結果は、弱毒菌[44]とか、血清《けっせい》[45]とか、ワクチン[46]などという素晴らしい理論とも繋《つな》がりのあるひとつの問題を想起させる。すなわち、完全変態の昆虫の幼虫がサソリに刺されること、これは、幼虫が、将来成虫になったときの条件のもとでは致命的であるが、現在の状態なら耐えることのできる毒素を接種されたという意味で、ワクチンを受けたのだと言っていいであろう。サソリに刺された幼虫は、その刺し傷で被害をこうむったようには見えない。ふたたびものを食べはじめ、いつもどおり幼虫としての仕事を続けるのだ。

しかしこの毒は、この幼虫の血液や神経に、なんらかの形で必ず作用を及ぼすはずである。それは変態の結果生じる、あの傷つきやすさを抑えることにはならないだろうか。幼虫時代から、あらかじめ毒に慣れておけば、成虫はそれによって毒に対する耐性をもつことになるのではないか。

成虫は、ちょうどミトリダテス大王が毒に対する耐性をもっていたように、サ*ソリの毒の作用を受けにくくなるであろうか。つまり、幼虫の時代にサソリに刺された完全変態の昆虫は、成虫になってもその刺し傷に耐えることができるのだろうか。問題はそこにある。

最初、どうしても「そのとおり、成虫は抵抗力をもつであろう」と答えておき

44 **弱毒菌**　伝染病の病原菌を操作して毒性を弱めたもの。免《めん》疫《えき》（抗原《こうげん》）として接種され、抗《こう》体《たい》を生じさせる。ワクチンの一種。

45 **血清**　血液から凝固成分を取り除いたもの。ここでは抗体を含む血清、つまり抗血清のことを指す。

46 **ワクチン**　病原体による感染症の予防や治療のために用いられる抗原。抗原が体内に入ることで抗体が作られ、免疫ができる。→訳注。

たくなる。そう肯定する理由があまりに有力だからである。だがしかし、われわれとしては実験にのみ語らせることにしよう。この目的のために私は四種類の被験者を準備した。

第一の群《グループ》は、十月に刺され、さらに五月になってもう一回ワクチンを接種された、つまり二度刺されたハナムグリの幼虫十二頭。

第二の群《グループ》は、同じくハナムグリの幼虫十二頭であるが、五月に一度刺されただけのもの。

第三の群《グループ》は、ユーフォルビアスズメの蛹四個。これらは六月に一度だけ刺された幼虫が蛹化したもの。

最後の群《グループ》として私は、先に述べた流血をともなうワクチンの接種を受けたカイコの造った繭を準備した。

各群《グループ》とも、成虫が羽化《うか》すると次々にサソリが刺すことになる。

結果を待ちかねていた私にカイコガが最初に答を出してくれた。実験開始から二、三週間ののちに、このガは激しく恋に身を震わせながら繭から出てきたのだ。幼虫のころにサソリに刺されたために彼らの恋の情熱が冷めるというようなことはまったくなかった。

私は連中を使って実験してみた。サソリは攻撃に手を焼いているし、しかも本当に毒針が刺さったのかどうか、もうひとつはっきりしない。それでも刺された者はすべて二日ほど苦しんでから死んだ。あらかじめ毒を接種しておいても結果に変わりはなかった。カイコガは幼虫時代にワクチンの接種をしなくても死んだし、接種をしても死んだのである。

しかしこの連中は証人としては弱々しいほうで、これを根拠に断定したのでは慎重さを欠くことになる。私にはもっと適した証人がいるはずで、スズメガや、特に頑丈なハナムグリならうまくいくにちがいないと信じることができる。

ところが芋虫時代にワクチンを受けて、理論上からいえば耐性ができているはずのスズメガも、やはり通常のとおりの傷つきやすさを保っているのであって、毒針で刺されると即座に死んでしまう。幼虫のときに予防注射を受けていないほかの者とまったく同じなのだ。

あるいは、幼虫のときのひと刺しと、成虫のガになってからのひと刺しとのあいだに経過した日時が短いので、毒がまだこのガの体内の組織に必要なだけの効果を発揮できなかったのかもしれない。毒がこの虫に作用し、その効き目によって本質的な体の変化を引き起こすためには、おそらくもっと長い時間の経過が必要なのであろう。ハナムグリの幼虫がこの〝あるいは〟という言葉を削除してくれるはずだ。

私のところには二度刺されたハナムグリの幼虫が一ダースばかりある。最初に刺されたのが十月で、次に刺されたのは五月である。成虫は七月の終わりに蛹の殻を破って出てきた。だから最初の注射から十か月、二度目のそれからは三か月経過している。成虫は今、毒に対する耐性をもっているであろうか。

いや、全然。サソリに刺させてみると、二度注射を受けた十二頭の成虫は、腐植土の山の中で生まれ、何事もなく育った彼らの仲間たちと同じように全員が死に、その死に方には、注射ゆえの早い遅いはまったくなかった。

五月に一度だけ注射された別の十二頭の連中も、同じようにたちまち死んでしまった。どちらの群《グループ》のハナムグリについても、初めのうち私は、死ぬことはまずないだろうと思っていたのだが、その目論見《もくろみ》は見事にはずれ、私はひどく当惑したのだった。

別の方法も試してみた。その方法とは輸血で、血清による治療に近いものである。サソリの毒針に刺されても持ちこたえるハナムグリの幼虫は、毒の威力を中和することのできる特別な性質に恵まれた血液をもっているにちがいない。幼虫から成虫にこの血を輸血して、成虫にこの力を伝えてやることによって、いわば不死身にすることはできないものであろうか。

針の先で軽く突いて私はハナムグリの幼虫に浅い傷をつけた。血が多量に流れ出る。それを時計皿[47]に溜めておく。片方の端を鋭く尖らせた細いガラス管が注射器の代わりとなる。ガラス管を口で吸ってハナムグリ幼虫の血液を中に満たした。分量は一立方ミリメートルからその十倍、二十倍とさまざまに変えてみた。

次にガラス管の先をハナムグリの成虫の体の一点、特に腹部背面に刺し、口で吹いてその血を注入した。この注射器の先はぽきりと折れやすいので、私はあらかじめ針の先で虫の背に穴を開けておいたのである。ハナムグリはこの手術によく耐えてくれた。幼虫の血を少しばかり与えられ、しかも、傷もそれほど酷《ひど》くなかったこの成虫は、外見上はきわめて健康そうであった。

さて、この治療によってどんなことが起きたであろう――まったく何も起きなかった。私は二日間待った。注射した幼虫の血液が成虫の体を巡って作用するだけの時間をとったのである。それからハナムグリをサソリと対峙させてみた。無能な生理学者よ、汝《なんじ》の顔を覆《おお》え。虫は汝の思い上がった外科手術を受けるまえと同様に斃れたではないか。生き物は化学で用いる試薬のようには扱うことができないのだ。

47 **時計皿** 実験や観察に使われる円形のガラス製の小皿。少量の物質を扱うときやビーカーなどの蓋《ふた》としても用いられる。この呼び名は、形が懐中時計の風防ガラスに似ていることに由来する。

192頁　毒の実験　ファーブルは『昆虫記』を執筆する以前の一八五五年に、狩りバチの一種コブツチスガリに関する論文を発表している。コブツチスガリは自分の幼虫の食物としてゾウムシを狩ると、地下に巣穴を掘り、そこにゾウムシを貯蔵して卵を産みつける。孵化《ふか》した幼虫はこの母バチの用意しておいた〝餌《えさ》〟を食べて育つのである。その餌のゾウムシは〝死んでいる〟にもかかわらず長期間腐敗することはない。それまでフランスの医師で博物学者のレオン・デュフール Léon DUFOUR（一七八〇―一八六五）らの研究では、ハチは獲物を狩るときに毒を注射し、その毒がある種の防腐液の役目をはたしているのだと説明されてきた。しかしファーブルは地道な観察から別の結論を得、論文によってその説を否定した。ハチの針によって神経節を刺された獲物は麻酔状態にあり、動くことはできないものの、生きているために腐ることがなかったのである。ハチの幼虫は麻酔のかかった獲物の生命維持のために重要な部分を避けながら食べ進み、幼虫が充分に育つころに獲物は死ぬことになるのである。この論文は高く評価され、フランス学士院の実験生理学賞（モンティヨン賞）を受賞し、これが生物学者としてファーブルが第一歩を踏み出すきっかけとなった（第1巻4章参照）。そのような実績があるだけに、毒の実験についてファーブルは熱心である。

本章で触れられているような、毒がそれぞれの虫にどのくらい効くのか、あるいは実験対象となる虫からいえば、どのくらい耐えられるのか、つまり耐性《たいせい》をもつのかどうかという実験については、第2巻11章「ナルボンヌコモリグモ」や第4巻16章「ハナバチの毒」などでも語られている。

第2巻11章では、ナルボンヌコモリグモの牙《きば》の毒の効果を、マルハナバチ、クマバチ、アオヤブキリ、カオジロキリギリス、コバネギス、スズメの幼鳥などを対象に観察している。第4巻16章では、セイヨウミツバチの毒針を用いて、カオジロキリギリス、アオヤブキリ、コバネギス、コオロギ、ハナムグリの幼虫、ウスバカマキリなどを対象に観察している。このハナバチの毒を使った実験の目的は、狩りバチの毒はハナバチの毒と性質が異なるので、獲物を麻痺させることができるのだという意見に反論するためのもので、ミツバチの毒で狩りバチと同じように獲物を麻痺させることができるかどうかを実証するというものであった。なおファーブルは同章で「私の冷酷な好奇心の犠牲となったもののうちで、ハナムグリの幼虫だけは例外である。この連中は、三、四回針を刺されてもまったく平気だった」と述べている。本章でふたたびハナムグリの幼虫が実験に供され、それについて言及されているのは、かつてのこの実験結果を踏まえてのことであろう。

　これらファーブルの実験は、毒を用いた動物実験の先駆的なものであるが、現在では、分析器や試薬の発達により、このような生物毒（自然毒）自体の研究が、化学的、生理学的に多面的に行なわれている。まず化学的には、毒そのものの正体を突きとめる研究、つまり化学物質としての分子構造を明らかにする。また生理学的な見地からは、その毒が生物の体内でどのように振る舞うのかが究明されるのである。このように毒の正体と機序《メカニズム》が明らかになると、それを応用して、例えば薬としての利用が模索されることになる。こうした、自然毒の働きを知るという一連の研究の過程で、〝毒〟が〝薬〟として転用されることもある。現在ではサソリ毒に含まれる蛋白質《たんぱくしつ》が腫瘍《しゅよう》と強く結合する性質をもつことが明らかになり、この性質を利用して精密な癌治療を行なう研究が進められている。

196頁　**レンツ**　LENZ, Harald Othmar（一七九八―一八七〇）。ドイツの動物学者、植物学者、真菌学者。ドイツ中部チューリンゲン地方のシュネップフェンタールに教師の息子として生まれ、同地に没する。幼いころ、自然史の教師だった祖父の影響でこの学問に興味をもつ。ワイマールのギムナジウムを経て、ゲッチンゲン大学で文献学を学ぶが、ゲッチンゲンで、有名な自然史学者、医学者ブルーメンバッハ Johann Friedrich BLUMENBACH（一七五二―一八四〇）の講演を聴いたことから自然史への関心がさらに強まる。ブルーメンバッハは、一七七六年に人類は五つの変種《へんしゅ》に分けられるという論文を発表した。この論文がのちに、人種という概念を生み出すきっかけとなった。ただし、ブルーメンバッハ自身は「人種」という言葉は用いていない。レンツは国家試験合格後、ホメーロスのディオニソス讃歌についての論文で博士号を取得。トルン、マリエンヴェルダー、のちには故郷シュネップフェンタールのギムナジウムなどでギリシア語、ラテン語、神話、自然史、応用科学などを教え、一八五九年に教授に任命される。自然史、動物学、植物学、応用科学など多岐にわたる分野の研究書や啓蒙書を数多く発表し、とりわけ自然史分野の普及に多大な功績を残す。おもな著書に『公益自然史』*Gemeinnützige Naturgeschichte*（一八三四―三九）、『上級学校向け応用科学』*Technologie für Schulen*（一八五〇）、『ギリシア人とローマ人の動物学、植物学、金属学』

Zoologie, Botanik und Mineralogie der alten Griechen und Römer（一八五六）、『蛇とその天敵』*Schlangen und Schlangenfeinde*（一八七〇）などがある。

197頁　ミトリダテス大王　ミトリダテス大王が治めたポントス王国は、ペルシア系の貴族が黒海沿岸のポントス地方に興《おこ》したもの。大王は反ローマの姿勢を貫き、三度にわたってローマと戦ったが、前六六年にローマの軍人ポンペイウスに敗れたのち自殺した。

201頁　一対一の闘いだ　フランスを代表する小説家バルザック BALZAC, Honoré de（一七九九―一八五〇）の『ゴリオ爺さん』*Le père Goriot* のなかの台詞《せりふ》。原文はA nous《ア・ヌー・》 deux maintenant.《ドゥ・マントナン》 で、直訳すれば「今度はわれわれ二人、一対一の闘いだ」となる。『ゴリオ爺さん』の主人公ラスティニャックは南仏生まれで、上流階級にあこがれてパリに出てくる。製麺業を引退したゴリオには二人の娘があり、大金をかけて上流階級に嫁がせた。ラスティニャックは、社交界でゴリオの娘の一人を見初めることでゴリオとも親交をむすぶ。しかし娘たちは父を裏切り、ゴリオは失意のうちに亡くなる。社交界の欺瞞《ぎまん》をその死にみたラスティニャックは、ゴリオをペール＝ラシェーズの墓地に葬ったあと、暮れゆくパリの灯《ひ》に向かってパリの社交界征服を心に誓う。そのときの独白がこの「一対一の闘いだ」である。フランスの小説のなかでも、もっとも有名な台詞のひとつ。

214頁　ワクチン　生物には、生体防御反応という、体内に侵入した細菌やウイルスなどの異物を見つけて排除する仕組みが備わっている。また一度感染した病原菌は〝記憶〟され、迅速に防御反応が起こるようにもなっている。このような反応は免疫《めんえき》と呼ばれ、文字通り〝疫《やく》を免《まぬか》れる〟体の働きである。ワクチンとは、感染症予防を目的として、この免疫反応を人工的に誘導するために接種される予防製剤で、病原性の細菌やウイルスを無毒化したもの、あるいは殺したものから作られる。

　ワクチンを初めて実用化したのはイギリスの医師エドワード・ジェンナー Edward JENNER（一七四九―一八二三）である。彼の故郷グロスターシャーには、牛と日常的に接する人は天然痘《てんねんとう》に罹《かか》りにくいという言い伝えがあった。これは牛からウイルスによって感染する牛痘《ぎゅうとう》が、人間には軽微な病気で、なおかつ天然痘の免疫を獲得することができるという現象だったのだが、その理由は科学的に証明されていなかった。この話を聞いたジェンナーは、一度牛痘に罹れば天然痘に罹らなくなるのではないかという仮説を立てて、実験を行ない、一七九六年にこれを証明した。

　この発見からおよそ百年のち、フランスの生化学者、細菌学者のルイ・パスツール Louis PASTEUR（一八二二一九五）は、事前に毒性を弱めた病原を接種すると、その後強い病原に感染しても発症しないということを実証し、以降この理論はさまざまに応用され、数多くのワクチンが開発されることになった。

　このワクチン（日）、vaccine《ヴァクシン》（英）、vaccin《ヴァクサン》（仏）、Vakzin《ヴァクツィン》（独）という名称は、もともとラテン語で牝牛を意味するvacca《ワカ》が語源なのであるが、これはジェンナーが当時vaccinia《ヴァクシニア》と呼ばれていた牛痘にちなんだもので、その接種による予防法をvaccination《ヴァクシネーション》（種痘《しゅとう》）と呼んだ（ただしのちに牛痘ウイルスとヴァクシニアウイルスは近縁ではあるが別種であることが判明している）。経験知から予防法が確立されたジェンナーの種痘を讃《たた》えて、その仕組みを解明したパスツールは、弱毒化した病原（抗原《こうげん》）のことを一般にワクチンと呼ぶことを提唱したのである。

　さらにのち免疫反応の仕組みを解明し、一八九〇年に血清中に抗毒素があることを突きとめ、血清療法の先鞭をつけたのが、医学者、細菌学者の北里柴三郎《きたさとしばさぶろう》（一八五二―一九三一）と、ドイツの医学者ベーリング BEHRING, Emil Adolf von（一八五四―一九一七）であった。ワクチンは体内に弱毒化した病原を注射する必要があるが、血清療法は馬など別の動物に毒を注射して、その血液から抗毒素を得るというものである。北里とベーリングは、その抗毒素が血液の血清中に存在することを発見し、それを治療や予防に応用したため、安全性や量産性などが飛躍的に高まった。ただし血清治療による抗毒素は、ワクチンとは異なり一定の期間でその効果は失われる。

　ワクチン接種や血清療法の実用化は、体内で感染防御のための蛋白質《たんぱくしつ》（抗体《こうたい》）と、これらを誘導する病原菌などの〝異物〟（抗原《こうげん》）との関係をも明らかにした。ワクチンを接種すると、その病気に対する抗体が体内で作られる。抗体は、体内に侵入してきた病原菌、あるいはこれらに感染した細胞などの異物（抗原）を認識すると結合する。以上が免疫が働く主要な仕組みで、これは抗原抗体反応と呼ばれる。

　さらに体内では、この結合物を白血球やマクロファージ（大食細胞）といった食細胞が除去するように作用したり、リンパ球などの免疫細胞が結合して、異物を無力化したりしている。こうしてわれわれは感染から身を守っているのである。

　ファーブルはここで、サソリの毒を用いて、当時としては最新で、高度な実験を昆虫に対して試みている。サソリの毒に耐性のあるハナムグリの幼虫の血液を採取し、その血液をハナムグリの成虫に接種したのである。現在ではサソリ毒には血清療法が一定の効果をもつことが知られているが、ファーブルの試みは残念ながら失敗に終わっている。

◆**サソリの毒**　生物がもつ毒（自然毒）の多くは、複数の化学物質の混じったもので、〝毒のカクテル〟だといわれる。サソリの毒にもさまざまな化学物質が含まれており、そのおもなものはアミン類、核酸《かくさん》、ポリアミン、ペプチド、蛋白質《たんぱくしつ》などで構成されている。

また毒には成分だけでなく、その効き目にも個性がある。自然毒には蛋白質を破壊するものや、神経伝達を阻害するものなどがあり、その作用はさまざまである。南米産のチチュウスサソリ *Tityus serrulatus* から発見されたチチウストキシンは、神経に強く作用する毒である。神経の興奮は細胞間の電気的な刺激、つまり活動電位《かつどうでんい》によって伝えられる。その代表的な例であるナトリウムチャンネルの場合、細胞内にナトリウムイオンが流れ込むことによって活動電位が発生し、それが細胞間に伝えられていく。この流入が起こればプラスの電位になり興奮、流入が止まればマイナスの電位になり抑制というふうに制御されている。ただし、イオンの流入がとぎれず興奮状態が長引くと細胞が死んでしまうため、その流入は短時間に限るように調節されている。しかしチチウストキシンは、ナトリウムチャンネルとの結合性が高く、イオンが流入した状態を持続させる作用がある。そのため神経の興奮が続き、筋肉は収縮したままになる。痙攣《けいれん》が起こり、やがて心臓が麻痺して呼吸困難のため死にいたるのである。そもそもナトリウムチャンネルの仕組みは、このサソリの毒チチウストキシンの正体を究明する過程で明らかになったものである。

ちなみにフグの毒であるテトロドトキシンは、やはりナトリウムチャンネルに作用する神経毒なのだが、チチウストキシンとは反対に、イオンの流入を完全に止めてしまう性質をもつ。その結果、筋肉が硬直して呼吸困難を引き起こす。ともに死因は同じでも、そこにいたるまでの神経への作用が、サソリの毒とフグの毒とでは正反対なのである。

中東からヨーロッパに分布するオブトサソリ（尾太蠍）*Leiurus quinquestriatus*、英名 Deathstalker《デスストーカー》 から発見されたカリブドトキシンは、神経のカリウムチャンネルに作用する神経毒である。カリウムイオンが細胞内に流れ込むと電位はマイナスになり神経伝達が抑制される。ところがカリブドトキシンは、この抑制を抑制してしまう性質をもつ。そのため興奮状態が持続してしまい、場合によっては死にいたるのである。また、これら神経性の毒のほかにも細胞の蛋白質を破壊する細胞毒をもつサソリも知られている。

これらの毒の名の語尾につくトキシン（toxin）とは、ギリシア語で「毒」を意味する toxikon《トキシコン》（もともとは「弓の」という意味で鏃《やじり》に毒が塗布されたことに由来）を語源とする造語である。

21

ラングドックサソリの恋

雌《し》雄《ゆう》の出会い

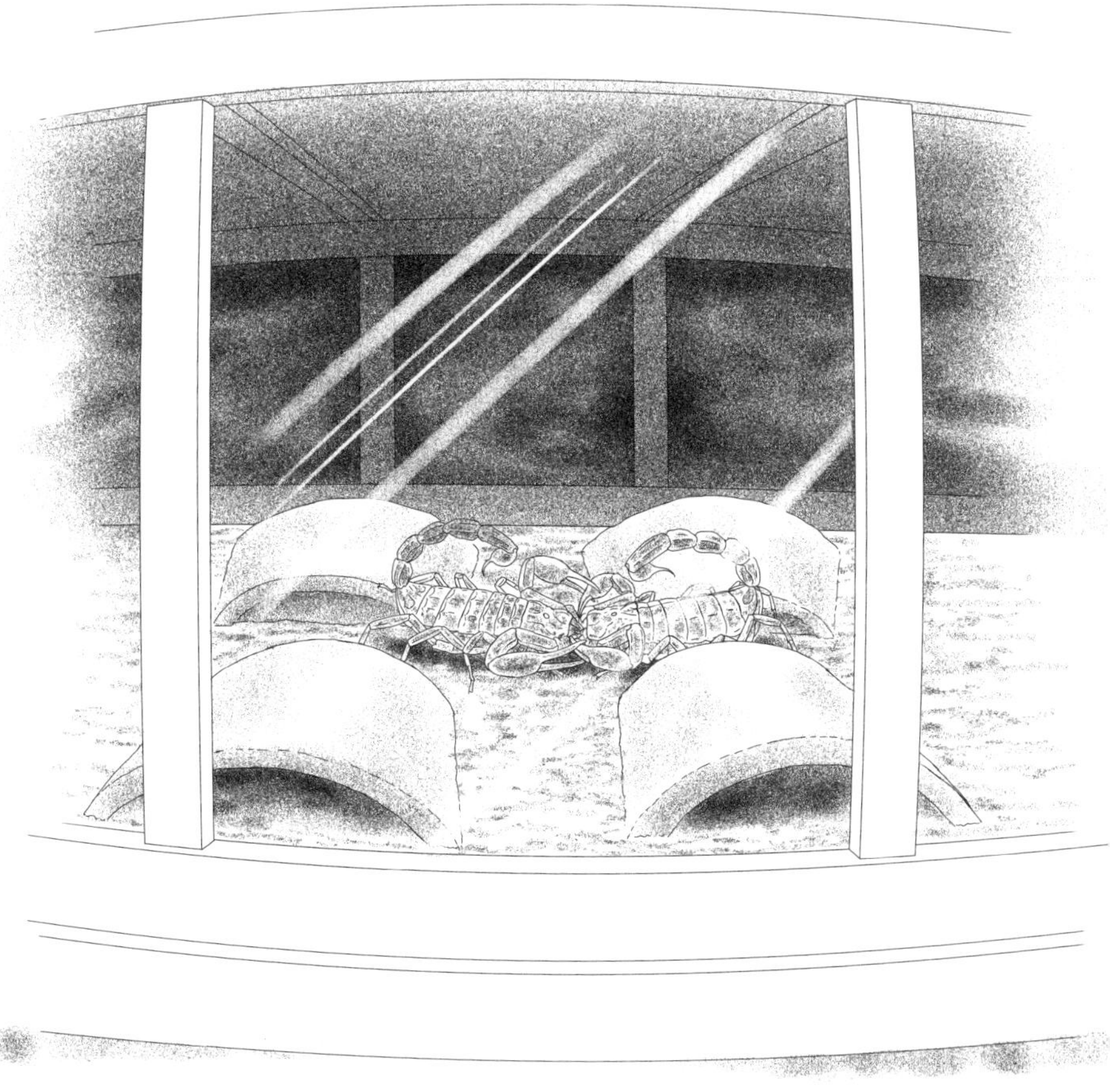

四月になると庭で飼っていたサソリの多くは消えてしまった――ガラス張りの飼育箱で二十五頭のサソリを観察する――夜、角灯《ランタン》の灯《あかり》に照らされたサソリたちはひどく浮かれ騒ぐ――二頭のサソリが額と額を突き合わせて鯱《しゃちほこ》立ちをする――これは格闘なのか――いや、戦いにしては穏やかすぎる――二頭のサソリは散歩を始める――ほっそりした雄が雌の鋏《はさみ》を摑《つか》んで後じさりに導いていく――気に入った鉢《はち》のかけらを見つけると雄は雌を先導して潜り込む――翌朝、番《つがい》のようすを見にいく――そこには雌が一頭いるだけだった――別の夜、隠《かく》れ家《が》に籠《こ》もった二頭を観察する――惨劇が起きた――鉢の下で雌が雄を食べていたのだ――この雄は目的をはたしたのだろう――雄が雌を散歩に誘い出す瞬間を観察する――雄は相手が誰でもよいが雌はそうではない――雌は雄が気に入らなければ逃げ出してしまう

扉絵　ガラスの飼育箱の中で雄に連れられて歩く雌

四月になって南の国からツバメが帰り、カッコウの最初の歌が響くころ、それまであんなに静かだった荒地《アルマス》[1]の庭のサソリ[2]の集落《コロニー》[3]では、大騒動が起きはじめる。夜がくると多くの者たちが隠《かく》れ家《が》を去り、巡礼の旅に出てしまって、もはや自分の家に戻ることはなくなるのだ。

もっと重大なことがある。同じひとつの石の下にしばしば二頭のサソリがいて、いっぽうが他方をむしゃむしゃむさぼり食っているのである。これは仲間同士の強盗殺人事件なのであろうか。気候がよくなってきたので、サソリたちはあたりをうろつきたくなって、軽率にも近所の家に入り込んでしまい、相手のほうが強かったために破滅の憂《う》き目《め》を見たということなのか。

ほとんどそんなふうに思われるほど、侵入したほうのサソリはまるでごく普通の獲物ででもあるかのように、何日もかけて少しずつ、ゆるゆると齧《かじ》られているのである。

1　**荒地《アルマス》**　一八七九年、ファーブルがセリニャンで手に入れた研究所兼住居。アルマスとはプロヴァンス語で「荒れ地」を意味する。

2　**サソリ**　蠍。節《せつ》足《そく》動《どう》物《ぶつ》門《もん》鋏《きょう》角《かく》亜《あ》門《もん》クモ上《じょう》綱《こう》クモ綱《こう》クモ亜《あ》綱《こう》サソリ目《もく》 Scorpiones の仲間。→本巻17章訳注「サソリ」。

3　**集落《コロニー》**　ファーブルは採集したサソリを荒地《アルマス》の庭の一部に放し、そこを集落《コロニー》と呼んで観察を試みている。ほかにもガラスの飼育箱、囲い（風防）、釣鐘形《つりがねがた》の飼育装置で並行して観察を行なっている。→本巻17章。

ところで、ここに注意すべき点がある。むさぼり食われている連中は中くらいの大きさの個体に決まっている、ということだ。色が淡く、腹が肥《ふと》っていないので雄であることがわかる。食われるのは常に雄なのである。それよりもっと大型で、もっと腹の太い、そしていくぶん色合いの暗い個体、つまり雌のほうは、こういう情けない死に方はしない。

そうだとすると、これはおそらく、隣人同士の暴力沙汰ではないことになる。つまり孤独な生活を守るために、来客を誰でも彼でもやっつけてしまい、そのあとで、二度と無遠慮な訪問をさせないための徹底的、かつ手っ取り早い手段として食ってしまう、ということではないらしい。むしろこれは、結婚のあとで雌によって悲劇的に執りおこなわれた儀式のようなのだ。この推測が正しいかどうか。それは翌年になるまで確かめることができなかった。そのころはまだ必要な材料があまりよく揃《そろ》っていなかったのである。

また春がきた。私はあらかじめ用意しておいたガラス張りの大きな飼育箱に二十五頭のサソリたちを、それぞれ隠れ家となる鉢《はち》のかけらとともに住みつかせておいた。

四月の中旬になるともう、毎晩とっぷりと日の暮れた七時から九時までのあいだ、ガラスの宮殿は大にぎわいとなる。昼間のうち閑散としていた場所が、お祭

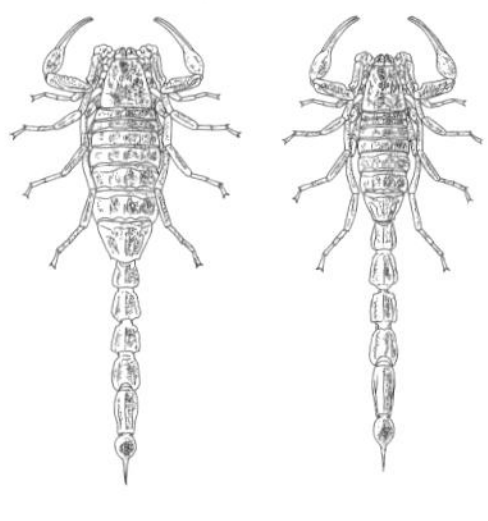

▼ラングドックサソリの雄(右)と雌。

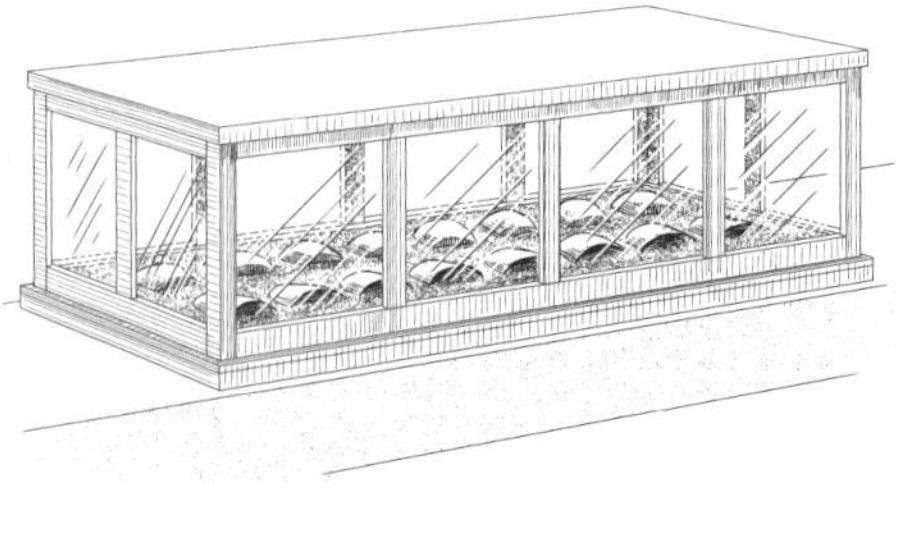

▼ガラス張りの飼育箱。

騒ぎの様相を呈するのである。夕食を食べ終わるやいなや、家中の者たちが急いでそこに行く。ガラスの前に吊り下げてある角灯《ランタン》の光で、何事が起きているか観察することができるようになっているのだ。

この見物《けんぶつ》は昼のあいだ忙しく家事にいそしんだあとのいい気分転換で、われわれみんなにとっての見世物になっている。この素朴な劇場で演じられることはとても興味深いので、角灯《ランタン》に火が灯《とも》されるとすぐに、大人も子供もみんな、それどころか、うちの犬のトムまでもが、客席に着こうと集まってくる。もっともこの犬は、いかにも本物の哲学者らしくサソリのことなどには無関心で、われわれの足元に身を横たえてまどろんでいるのだが、しかし眠っているのは片目だけ。もういっぽうの目は常に遊び相手の子供たちのほうに向けているのだ。

では読者諸氏に、その場の光景をかいつまんでお話ししてみよう。ガラス板の近く、角灯《ランタン》の灯《あかり》で仄《ほの》かに照らされているあたりに、まもなくたくさんのサソリたちが集まってくる。あちらからもこちらからもと、それぞれ単独で、あたり一面に散歩に散らばったサソリたちは、光を恋しがるように闇の中から、輝く光の祝祭に駆《か》けつけてくる。夜のガ（蛾）たちでもこれほど灯火に集中してくることはない、と思われるほどだ。

新参者たちは群れに参加し、まえからいた者たちは遊び疲れて陰に退《しりぞ》き、そこ

▼飼い犬のトム。犬好きのファーブルが最後に飼っていた犬。

▼角灯《ランタン》の灯《あかり》に照らされた飼育箱の中のサソリ。

でしばらく休息をとると、また元気よく舞台のほうに戻っていく。

恐ろしいサソリたちが喜びに我を忘れ、浮かれ騒ぐこのありさまは、魅力溢《あふ》れる舞曲《サラバンド》[4]だ。なかには遠くからやってくる者たちがいる。彼らは重々しい足どりで暗闇の中から姿を現わしたかと思うと突然、ぱっと弾みをつけて音もなく、光の下の群れの中に滑るように紛れ込む。その素早さ。まるでちょろちょろ走るハツカネズミだ。みんな相手を探しているのだ。しかし鋏《はさみ》の先がちょっとでも触れ合うと、双方ともまるで熱い物に触りでもしたかのように、大あわてで逃げ出す。ほかの連中は仲間同士でいくらか戯《たわむ》れたあと、ぎょっとたまげたように、急いで身を退《ひ》く。そして闇の中で落ちつきを取り戻すとまた戻ってくるのである。

ときおり大騒ぎがもちあがる。サソリたちはごちゃごちゃに絡《から》み合《あ》ってひとつの塊《かたまり》のようになっていて、脚《あし》はざわざわとうごめき、鋏で摑《つか》みかかろうとし、尻尾《しっぽ》を巻きつけ合ったり打ち合ったりする。脅《おど》そうというのか愛撫しようというのか、さっぱりわからない。

この混み合った群れの中で、見る角度にもよるのだが、一対《つい》の点がいくつか、石榴石《ガーネット》のようにぴかりぴかりと光ることがある。そのさまはまるで、眼から光が放射されているように見えるけれど、実際のところは、頭胸部《とうきょうぶ》にある磨き上げ

4 **舞曲《サラバンド》** sarabande 十六世紀にスペイン宮廷で流行し、十七世紀から十八世紀にかけてヨーロッパ全土で流行した三拍子の舞曲。もともとは、スペインのアンダルシア地方あるいは中南米の、激しく扇情的な踊りであったが、フランスに入ると荘重で優雅な踊りに変容した。なお、フランス語の話し言葉の「サラバンドを踊る」という表現には「大騒ぎをする」という意味がある。

▼頭胸部《とうきょうぶ》中央にある一対《つい》の大きな単眼（中眼《ちゅうがん》）。

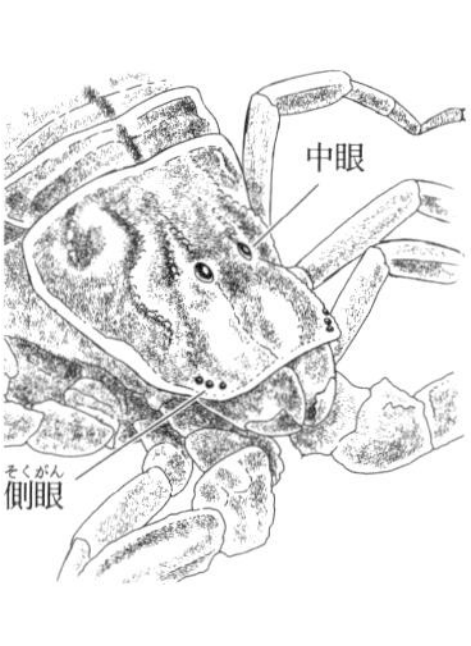

られた二つの単眼が反射して光っているのだ。

大きい者も小さい者も、全員が騒動に加わっている。これでは死闘というか、死ぬまで続く殺し合いのように見えるけれど、ほんとうのところはふざけて遊んでいるのである。若い猫もこんなふうに戯《じゃ》れ合《あ》うものだ。まもなく群れは解散する。サソリたちはそれぞれ怪我をすることもなく、脚を挫《くじ》いたりすることもなしに、あちらこちらに退散していく。


さて、さっき散っていった連中がまたもや角灯《ランタン》の前に集まってきた。彼らは往きつ戻りつし、姿を消したかと思うとまた現われ、しばしば出会いがしらに頭と頭をこつんとぶつけ合う。

大あわてのサソリは相手の背中の上を踏みつけていくのだが、下のサソリは尾をぶるっと震わせるくらいで、別に文句も言わない。今は殴り合いなんかしているときではないのだ。せいぜい出会った者同士が平手打ちを食わせるというか、曲げた尻尾でぴしゃりとやり合う程度である。サソリの社会では、こんな、どうということもない衝突はよくあることで、まあ、こつんと一発お見舞いするようなものと思えばよい。その際に毒針が使われるようなことはないのだ。

そういう、脚を絡ませたり、尻尾を振りまわしたりするよりも興味深いことがある。場合によってはずいぶんと風変わりな姿勢《ポーズ》が見られることがあるのだ。二頭の剣闘士は、額と額を突き合わせ、鋏を体に引きつけるようにして、鯱立《しやちほこだ》ちをするのである。つまり、上半身だけで体を支え、後ろ半身をすべて真っすぐにぴんと立てるのだ。その結果、胸の裏側にある八つの白い呼吸用の袋、すなわち[5]書肺口《しよはいこう》がまる見えになる。そして、その真っすぐに伸ばし垂直に立てた尾で、互いに擦《こす》り合《あ》ったり、軽く触れ合ったりする。また、尾の先端は鉤形《かぎがた》に曲がり、優しく何度も絡み合ったり、ほどけたりを繰り返す。ところが突然この友好のピラミッドは崩れてしまい、二頭のサソリは大急ぎで退却する。そのときは互いになんの挨拶もない。

　こんな独特の姿勢《ポーズ》をしてみせた二頭のサソリは何がしたかったのであろうか。二頭の競争相手《ライヴァル》たちの格闘だったのだろうか。そうではない。戦いにしてはなごやかでありすぎる。そのあとで観察したことから、これは婚約期間中の恋の戯《たわむ》れであるとわかった。相手への恋の炎を告白するためにサソリは逆立ちをするのである。

　いま述べはじめたような調子でこのまま続けていき、毎日毎日得られる無数の細かな事実を一覧表のようにまとめて記述していくことにはさまざまな利点があるだろうし、叙述も早くなるであろう。しかしそういうふうにすると、観察の場

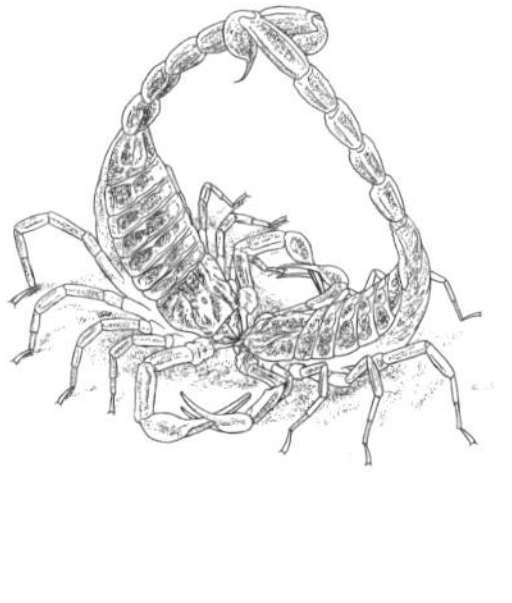

▼額と額を突き合わせて鯱立《しやちほこだ》ちの姿勢《ポーズ》をとる二頭のサソリ。

5　**書肺口**　頭胸部の腹面《ふくめん》に露出した四対《つい》の穴で、呼吸器官である書肺《しょはい》に繋《つな》がっている。書肺は、クモ亜綱に含まれるサソリ、クモなどがもつ呼吸器官。書肺は英語の book lung《ブック・ラング》 を翻訳した言葉で、本の頁《ページ》のように薄片が並んでいる形状に由来する。

面ごとに事柄が非常に異なっているために、ひとまとめにしにくい細かな事実が省かれて、せっかくの興味深さが薄れてしまう。

　これほど奇怪で、しかも、まだほとんど人に知られていないサソリの習性について述べるときには、何ひとつとしてないがしろにしてはなるまい。いくらか繰り返しになる恐れはあるけれど、時間的な順序に従い、観察によって新しい事実が明らかになるにつれて、そのつどきれぎれにでも、記しておくほうがよいと思われる。毎晩の観察で特に気がついたことを片っぱしから書き留めていけばそこから、まえに述べた事実の裏付けとなり、不足を補ってくれるような特徴が浮かび上がって、自然にまとまりがつくことであろう。そういうわけで私は日記風に書いていくことにする。

一九〇四年四月二十五日　おや、いったいなんだ、これは。今まで見たことがないぞ――いつも注意して見張っているのだが、こんなことを見たのは初めてであった。

　二頭のサソリが互いに向かい合い、鋏を差し出して握り合っているのだ。これは情のこもった握手であって、戦いの前兆ではない。対《つい》になったこの二頭が互いに相手に対して、とても平和的に振る舞っているのでそれがわかる。ここにいるのは雄と雌なのだ。

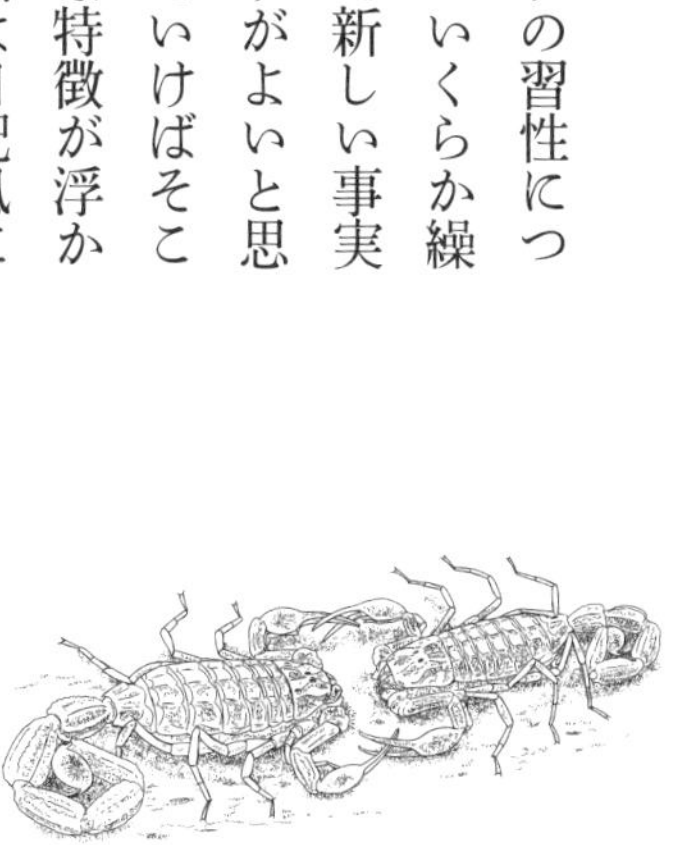

▼雌の鋏《はさみ》（触肢《しょくし》）の先を摑《つか》む雄。

いっぽうは腹が膨《ふく》れていて色合いが濃い。こっちが雌だ。そしてもういっぽうは比較的ほっそりしていて色が薄い。雄なのだ。二頭は尻尾をくるりと優雅に巻き、規則正しい歩調でガラス板に沿ってぞろ歩きをしている。雄が先にたって後じさりに雌を導いていくのだが、その際に相手を揺さぶったり、嫌がる相手を無理やり連れまわすといったようすはみえない。雌は先を行く雄に鋏の先を摑まれたまま、顔と顔とをくっつけ合って、従順についていく。

二頭は散歩の途中、ときおり立ち止まってひと休みすることはあるけれど、雄が雌の鋏を摑んで先導するという雌雄《しゆう》の関係にまったく変化はない。立ち止まるにしても、今度はこちらで、次はあちらで、というぐあいで、ガラスの飼育箱の端から端まで何度も繰り返し歩きつづけるのだ。

なんのために二頭のサソリたちは散歩しているのか、知るための手がかりは何もない。ただあてもなくぶらぶらと歩きまわり、きっと目配せを交わしたりしているにちがいない。このセリニャン*の村でも、日曜になると夕べのお祈りのあとで、若者たちはそれぞれ自分の相手を連れ、生け垣に沿ってこんなぐあいに散歩している。

サソリの番《つがい》はこうして散歩しながらしばしば方向転換をするのだが、歩いていく方向を決めるのはいつでも雄のほうである。雄は相手の手を離すことなく、優雅に半円を描いて雌のお腹にぴたりと寄り添う。このとき彼は一瞬尾を横に寝かせて彼女の背中を優しく撫でるが、雌は身じろぎもせず知らん顔をしている。

優に一時間、このはてしもない往復運動を見ていて私は飽きなかった。家の者たちの何人かが見張りを手伝ってくれていたけれど、今日まで誰も、すくなくとも、きちんと観察できる人間の目で、こんな不思議な情景を見た者はいなかったであろう。もうかなり遅い時間で、我が家は早寝早起きだから、眠くてたまらなかったのだが、みなで協力して注意しつづけていたので、大事なことは何ひとつ見逃してはいない。

もうじき十時というころになってようやく結末を迎えることになった。雄が鉢のかけらのところまでやってきたのだ。どうやらその下の隠れ家が気に入ったらしい。彼は相手の手を片方だけ離してやり、もう一方の手はしっかり捕まえたまま、足で地面を引《ひ》っ掻《か》き、尻尾でざっと砂を払っている。

すると巣穴の口が開いた。彼はそこに潜り込み、おとなしい雌を少しずつ、穏やかに中に引きずり込む。けっして手荒な扱いはしない。やがて、二頭とも穴の中にすっかり姿を消してしまう。砂で入口が塞《ふさ》がれ、雌雄のサソリは中に閉《と》じ籠《こ》もった。

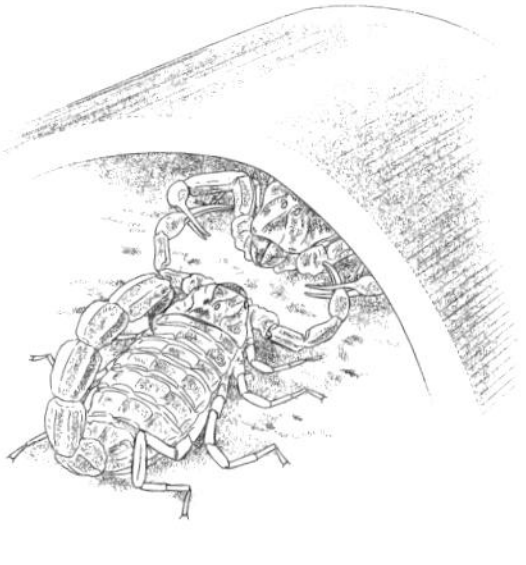

▼雄は鉢《はち》のかけらの下に少しずつ雌を引き込む。

二頭の邪魔になってはいけないだろう。中で何が起きているのか、すぐに見ようなどとしたら、早すぎていらぬ干渉をすることになってしまう。夜のうちの大半は、下準備ということで過ぎてしまうだろうし、いつまでも夜更かしをしているのは、八十歳の私にはいささか辛くなりはじめた。膝の後ろががくがくするし、瞼《まぶた》も重くなってきた。もう寝ることにしよう。

その夜、私はひと晩中サソリたちの夢を見た。連中は掛《か》け蒲団《ぶとん》の下を歩きまわり、顔の上を這うのであった。それでも別になんとも思わなかった。それほど私は想像のなかで、いろいろと突飛なことを思い描いてばかりいるのだ。

翌日は夜が明けるとすぐ、私は鉢のかけらを持ち上げてみた。雌がたった一頭いるだけであった。雄はどうしたのかというと、巣穴の中にも、そのまわりにも、影も形も見えなかった。これが最初の失望であって、このあとさらに数多く、同じような失望を味わうことになる。

五月十日——もうまもなく夜の七時。もうすぐ俄雨《にわかあめ》でもきそうに空は曇っている。ガラスの飼育箱の中に置いた鉢のかけらの下で、番のサソリが顔を突き合わせ、手を握り合って静止している。この番がこれからどうなるのか、見届けやすいように、私は注意しながら鉢のかけらをどけて、差し向かいになった二頭の姿を露わにした。

▼翌朝、鉢のかけらを持ち上げてみると、そこには雌の姿しか見えなかった。

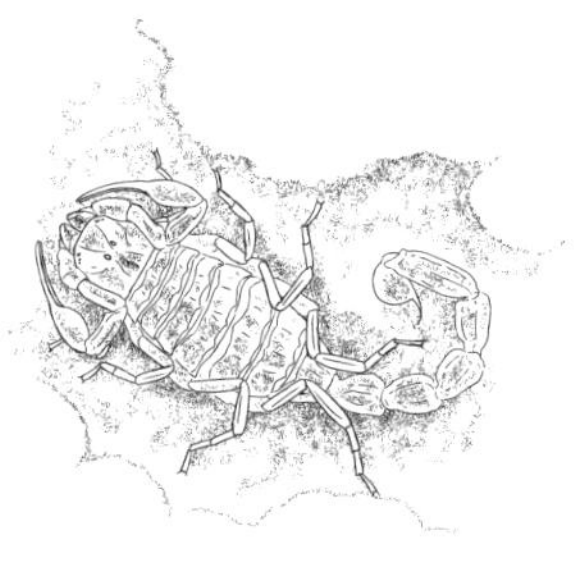

夜のとばりが降り、屋根のなくなったこの住まいの静けさを乱すようなものは何もないと思われた。ところがこのとき、急に激しい雨が降り出して私は家の中に退散せざるをえなかった。

サソリたちは、といえば、彼らのガラスの飼育箱には蓋《ふた》があるので雨を避ける必要はない。しかしそのまま放ったらかしにされたサソリたちは、ベッドの天蓋《てんがい》のない寝室でどうしていることであろう。

一時間ほどで雨はやみ、私はサソリたちのところに戻ってみた。連中はそこにはいなかった。近くにある別の鉢の住居に移っていたのである。雌はまだ手を摑まれたまま外におり、雄は鉢の下で住まいを整えている。結婚の瞬間が近いように私には思われたので、それを見逃さぬよう、家の者が十分ごとに交代で見張りをした。

しかしそれは無駄な骨折りだった。八時頃、日もとっぷりと暮れた時分に、このカップルは、その場所では満足できなかったのか、手に手を取ってふたたびうろつきまわりはじめ、別の場所を探しに行ってしまったのである。雄は後じさりに先導し、好きな隠れ家を選ぶ。雌は従順に後に従う。これは四月二十五日に見たこととまったく同じである。

やっとのことで満足すべき鉢のかけらが見つかった。雄がまず初めに下に潜り込んだが、今度は両方の手で雌の手を握ったまま、一瞬の間《ま》も雌の手を離さない。雄は何回か尻尾を左右になぎはらって婚礼の部屋を整えた。雌は静かに雄のほうに引き寄せられて、先導する雄の後に続いて部屋の中へと消えていく。

二時間ほど経ってから私は、これだけの時間を与えてやればもう準備はできただろうと思って、小部屋の中を調べてみた。鉢のかけらを持ち上げてみたのだ。二頭は顔と顔を突き合わせ、手と手を取り合って、まえと同じ姿勢でいる。今日のところは、これ以上のことは見られないであろう。

翌日にも目新しいことは何もない。互いに向き合って、何か考えごとでもしているように脚一本さえ動かさず、亭主とおかみさんとは鉢のかけらの下で手を繋《つな》ぎ合《あ》ったまま、いつまでもいつまでも向かい合ってじっとしている。

夜、日が暮れたときに、一緒になって二十四時間経ってからこのカップルは別れてしまう。雄が鉢のかけらの家を去り、雌はそこにとどまる。結局ものごとは一歩も先へ進まないのである。

この出会いと別れからは、ふたつの事実を記録しておかなければならない。すなわち、婚約者としての散策のあと、雌雄のサソリには、人目を避けた、静かな隠れ家が必要だということである。ざわざわと落ちつかない雑踏の中や、戸外の

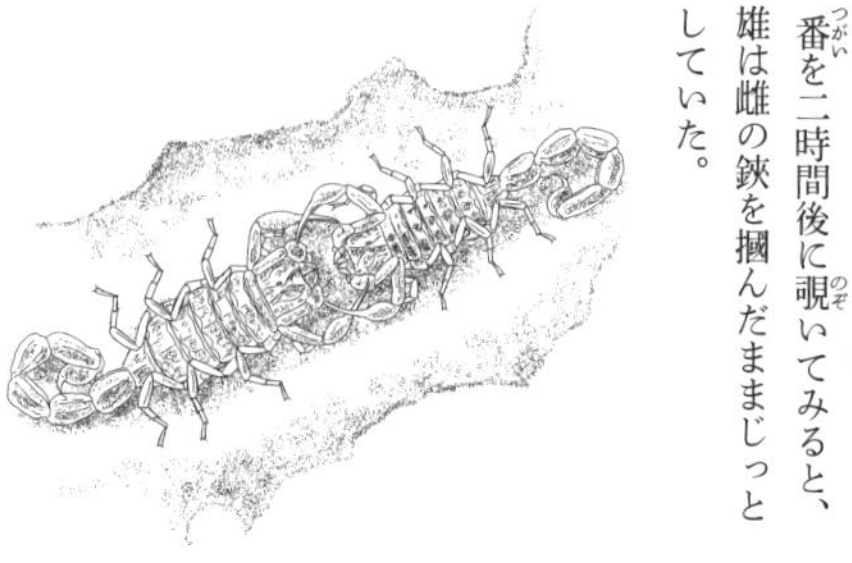

▼鉢のかけらの下に潜り込んだ番《つがい》を二時間後に覗《のぞ》いてみると、雄は雌の鋏を摑んだままじっとしていた。

他人がいてうるさいところでは、契《ちぎ》りが結ばれることはないのである。昼でも夜でも、隠れ家の屋根を取り除くと、いくら慎重に持ち上げたつもりでも、いっけん瞑想に耽《ふけ》っていたかのようなサソリの夫婦は、歩きはじめて、よその場所を探しにいってしまうのだ。

それともうひとつ、石の下にとどまる時間は長く続くということである。さきほど述べた例では、それが二十四時間続き、しかもなお決定的な結末にはいたらなかったわけである。

五月十二日――今夜サソリたちは何を教えてくれるであろうか。天候は穏やかで暖かく、夜の戯れにはうってつけである。ひとつの番ができていた。もっともその馴《な》れ初《そ》めを私は見ていない。このカップルの雄は、体格の点で、でっぷり腹の肥ったおかみさんにくらべるとずっと貧相である。

それでもこのか細い雄は、なかなか男らしくその役割をはたしている。決まりに従って後じさりに、尻尾をぐっと背中のほうに反《そ》り返《かえ》らせて、彼は肥った雌を先導しながら、飼育箱のガラス面に沿って歩いているところだ。ひと回り、そしてもう一回、同方向だったり反対方向だったり、と散歩を続ける。

二頭はしょっちゅう立ち止まる。するとそのとき、額と額は軽く触れ合ったり、何か耳もとで囁《ささや》き合《あ》うかのように右や左に少し傾けられたりする。小さな前脚《ぜんきやく》で互いにそわそわと熱に浮かされたような愛撫を交わしている。いったいどんなことを語り合っているのか。この沈黙の祝婚歌《エピタラーム》をどんな言葉に翻訳したものだろう。

家中の者はみんなこの奇妙なカップルを見にきているのだが、われわれがそこで見物していても、サソリたちは気にするようすがまったくない。誰もが連中のことを上品だと言ったけれど、この表現はけっして誇張ではない。サソリたちは角灯《ランタン》の光の中で輝き、なかば透きとおっているために、まるで琥珀《こはく》を彫って造ったように見えるのである。腕を前に伸ばし、尻尾をくるりと可愛く巻いて、彼らは静かに、そしてゆっくりと歩みを進めていく。

二頭を妨害するものは何ひとつとしてない。夕涼みに出てきたサソリが、同じようにガラスの壁に沿って歩いているうちに、番と出会ったりすると、そのサソリはこの繊細《デリケート》な事情を知ってでもいるのか、脇に寄って道を譲るのだ。おしまいに散歩者たちは鉢のかけらの下に入っていく。後ろ向きの雄が先にたって後じさりに、であることはもちろんだ。時刻はもう九時になる。

この牧歌的な恋の夕べに引きつづいて、恐ろしい惨劇が夜間に起きる。翌朝、雌のサソリは昨夜と同じ鉢のかけらの下にふたたび見出される。小柄な雄はその傍《かたわ》らにいることはいるけれど、もう殺害され、少しばかり食べられているのだ。頭と鋏の一本、脚の一対がなくなっている。

私はその死骸を隠れ家から出して入口に置いた。昼のあいだ、中に隠れている雌はそれに手をつけない。しかしまた夜がきて、彼女は外に出る途中で死者にぶつかると、ちょっと運んでいって名誉ある葬儀を執りおこなう。すなわち腹の中に収めるのだ。

こういう共食いは荒地《アルマス》の庭に造った野外のサソリの集落《コロニー》で昨年見たことと一致する。ときどき私は石の下で腹の太い雌がその夜の相手を儀式に捧げられた食物としてゆっくり賞味しているところを見かけたものである。

ひとたび役目をはたしたなら、雄はぐずぐずせずに早く逃げないと、食べられてしまうのではないかと私は疑っていた。全身を食われるか、あるいは体の一部だけを食われるかは、雌の食欲しだいというわけだ。その確かな証拠が今ここにある。

昨日私は、お決まりの事前交渉、つまり散策を行なったあと、二頭が隠れ家の中に入るのを見た。そして今朝、同じ鉢のかけらの下を見てみると、新婦が新郎を食べていたのだ。

この不幸な雄はその目的をはたしたのであろう。サソリの種族の繁栄のために

▼鉢のかけらを持ち上げると雌と殺された雄が見つかった。

雄が必要であるのなら、まだ食べられてしまうはずはない。この番は務めを終えるのが早かったけれど、以前に見た別の番などは、時計の短針が文字盤を二周する以上の時間をかけて、じらし合ったり沈思黙考し合ったりしたあげく、なんの結果も出さなかった。

はっきりこれと指摘することのできない、さまざまなまわりの状況、おそらくは大気の状態や気圧や気温、さらにはそれらの個体の恋の情熱などの要素が、相当の程度まで、[6]交尾《こうび》の成立を早めたり遅らせたりするのであろう。そしてまさにそこが難しいところであって、まだよくわかっていない[7]櫛状板《しつじょうばん》が役割をはたす瞬間がいつであるのか、それを解明したいと願う観察者にとって、大きな障害となっている。

五月十四日——毎晩、我が家のサソリたちが騒ぎ出すその理由が、空腹によるものでないことは確かである。食い物探しは夜の巡回とはなんの関係もない。

何やら忙《せわ》しげに歩きまわっているサソリたちの群れに、私はいろいろな餌《えさ》を、連中の好みに合いそうなもののなかから選んで与えてみた。そのなかには軟らかい[8]バッタの若虫や、バッタよりぽってりした小型のキリギリスや、翅《はね》を切り取った[9]シャクガなどが含まれていた。もっと季節が長《た》けたころにはトンボもそれに追加してみた。これはサソリの好物である。というのは、このトンボに体つきの似

6 **交尾** 原綴《げんてつ》は pariade《パリアード》で、動物や鳥の「求愛行動」、「交尾《こうび》」、「交尾期」、「番」などを意味する。しかし実際、サソリは交尾をすることはなく、独特な方法で受精を行なう。→本巻22章訳注「やっかいな問題の解答」。

7 **櫛状板** サソリの頭胸部腹面にある翼状の器官。→本巻22章訳注「やっかいな問題の解答」。

8 **バッタの若虫** 不完全変態を行なうバッタの仲間は成虫より若虫（幼生《ようせい》）のほうが軟らかくサソリの餌《えさ》として好適である。

9 **シャクガ** 尺蛾。鱗翅目《りんしもく》（チョウ・ガ類）シャクガ科 Geometridae の仲間。幼虫は

通ったウスバカゲロウ[10]の翅の食べ残しを、かつて私は連中の隠れ家で見たことがあるからだ。

　こんな贅沢《ぜいたく》な獲物を与えてやってもサソリたちは知らん顔をしている。誰もなんの関心も示さないのだ。雑踏の中でバッタどもはぴょんぴょん跳びまわり、ガは短く切られた翅でぱたぱた地面を叩き、トンボはぶるぶる身ぶるいしているが、通りがかりのサソリたちは彼らなどまったくかまいつけないのだ。サソリは獲物を踏みつけ、突き飛ばし、尻尾で追い払う。結局のところ食物なんか少しも欲してはいない。全然欲しくないのだ。いま大事なのはほかのことなのである。

　サソリたちは、ほぼ全員がガラスの壁沿いに歩いている。強情なのになるとその壁をよじ登ろうとする。尻尾を真っすぐ伸ばして体を支え、背伸びをするのだが、ガラス板を滑り落ち、また別の場所で試みてみたりする。そうかと思うと鋏を伸ばして拳《こぶし》で打つようにガラスを叩く。何がなんでも外に出ていきたいのだ。

　それでも、この飼育箱の中は広くて、全員が使用できるだけの敷地がある。道路は長いそぞろ歩きに向いている。それなのにサソリたちは遠くまで気ままにうろついていきたいのである。もしこれでガラスの飼育箱に閉じ込められてさえいなかったら、連中は散りぢりに散らばってしまったことであろう。去年のこの時期、荒地《アルマス》の庭に移住させた連中は集落《コロニー》を去ってどこかに行ってしまい、私は二度

尺取虫として知られる。七十〜八十の科に分かれている鱗翅目のうち、ヨトウガ（夜盗蛾）の含まれるヤガ科（夜蛾科）について大きな科。成虫の多くは夜行性で地味な体色をしたものが多い。

10　**ウスバカゲロウ**　脈翅目《みゃくしもく》（アミメカゲロウ類）ウスバカゲロウ科 Myrmeleontidae の仲間。幼虫はアリジゴクとして知られる。

とその姿を見ることはなかった。

春、繁殖の時期になるとサソリは旅への衝動に駆られるのだ。それまで人嫌いの独り者だったサソリは、独り住まいの部屋を捨てて、恋愛のための巡礼をはたそうとする。寝食を忘れて相手を探しにいくのだ。彼らの縄張りの石のあいだに、きっとお気に入りの場所があって、そこで出会ったり、会合を開いたりするのである。

サソリたちの暮らす岩だらけの丘で、夜、足を挫いたりする心配さえなければ、自由というこのうえない喜びのなかで執りおこなわれる、彼らの婚礼の祝いに立ち合いたいものだ。

彼らはあの、草木もまばらな斜面で、いったい何をしているのであろう。それはおそらく、ガラスの飼育箱の中ですることと何も変わりはないと思われる。それぞれ花嫁を決めると、婿たちは花嫁たちと長いこと、ラヴェンダーの茂みの中を手に手を取り合って散歩するのであろう。そこで彼らは我が家の角灯《ランタン》の光の魅力を味わうことはないにしても、その代わりに彼らにはお月様というこのうえない灯があるのだ。

五月二十日——雄が雌を散歩に誘い出す最初の瞬間を見ようと思っても、それ

▼サソリの暮らす岩だらけのヴィルヌーヴの丘。ローヌ河の対岸にアヴィニョンがある。

は毎晩期待できることではない。石の下からは、すでに何組もできあがったサソリの番が出てくるのだ。こんなぐあいに、たがいに鋏で指をはさみ繋がり合ったまま、日がな一日向かい合って、じっともの思いに耽っていたのである。

夜がくると、二頭は片時も手を離すことなく、ガラス板のまわりで、まえの晩、あるいはそれ以前から始めていた散歩を再開する。いつ、そしてどんなぐあいにこの両者が一緒になったのかはわからない。それにある者たちは、観察しにくい奥のほうの通路で突然出会うのであろう。こちらがそれに気づいたときにはもう手遅れで、二頭は対になって歩いているというわけだ。

しかし今日、私はいい機会《チャンス》に恵まれた。私の目の前の、ちょうど角灯《ランタン》の光が照らしているところで、二頭のサソリが一緒になった。元気いっぱい、はやりにはやった雄が、雑踏の中を真っすぐ足早にやってくると、目の前を通りかかった雌と顔を合わせるや、ひと目で気に入ったのだ。雌も嫌《ノン》とは言わず、うまく事が運んだのである。

互いに額を突き合わせ、鋏を使っている。両者の尻尾は大きく揺れうごき、垂直に立って、先端で絡まり合い、ゆっくり優しく愛撫し合っている。二頭のサソリはまえに記したように鯱立ちをやる。そのうちこの姿勢《ポーズ》は崩れ、二頭は鋏を摑み合って、それ以上なんということもなく、番で歩きはじめる。したがってこの

▼雌雄のサソリが一緒になって鯱立ち（ピラミッドの姿勢《ポーズ》）をする。

ピラミッドの姿勢《ポーズ》は、これから手を取り合って散歩を始めるという前兆なのだ。

もっともこの姿勢《ポーズ》は、同性同士のサソリが出会ったときでもよくやるものなのだが、そういう場合には、その形はそれほどぴたりと決まってはおらず、また特に、それほど儀式めいたところもない。そしてその際には、苛立《いらだ》ったような仕種《しぐさ》が見られ、仲よく戯れたりはしていない。尻尾で撫で合うどころか叩き合うのである。


雌を捕まえたことが誇らしくてならないのか、せかせかと後じさりに立ち去っていくこの雄の後を少し追ってみよう。ほかの雌たちに途中で出くわす。すると彼女たちは端《はた》から物見高くこのようすを見送る。きっと妬《ねた》ましく思っているのだ。

そんな雌の一頭が、ずるずる雄に引っぱられていく雌に突如躍りかかり、脚を絡ませると、二頭を引きとどめようとやっきになる。こんなふうに邪魔をされて雄は疲れてしまい、揺さぶったり、引っぱったりするのだがどうにもならない。これじゃもう駄目だ。こんな災難に雄は落胆することなく、あっさり相手を捨ててしまうのだ。すぐ傍らには別の雌がいる。いきなり話をもちかけ、今度は別に恋の告白らしきものもなく、雄は雌の手をとって散歩に誘う。ところが雌のほうはそれを拒否し、手を振りほどいて逃げてしまうのだ。

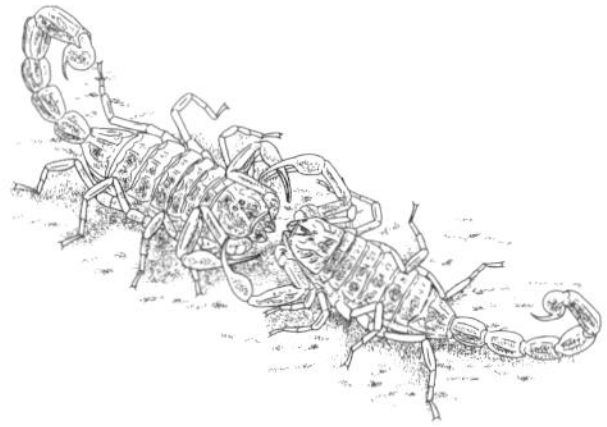
▼雄が後じさりに雌を連れ歩く。

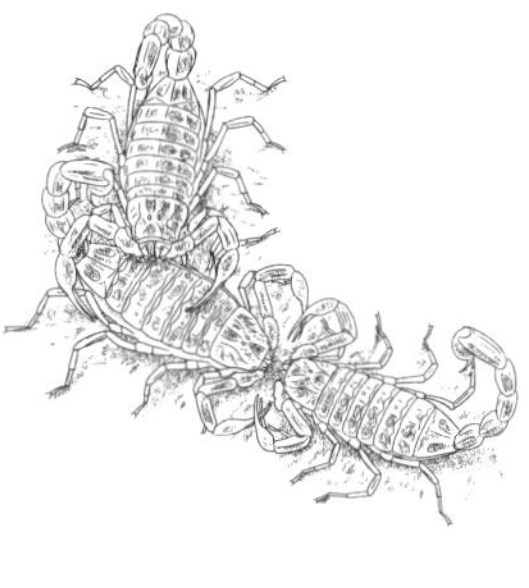
▼散歩をする番《つがい》を引きとどめる別の雌サソリ。

見物している雌の群れの中の一頭に、雄は同じようにしていきなり散歩を申し込む。雌は申し出を受け入れる。しかし道中彼女が、この女たらしから逃げ出さないという保障はない。そんなことぐらいこの軽薄男にとってはどうということもない。一頭に断られてもほかに雌はいくらでもいるのだ。結局のところ彼は誰を欲しているのか。いきあたりばったりの相手でかまわないのだ。

そのいきあたりばったりの雌を今、この雄は見つけ、これこのとおりと、口説いて連れ歩いているところである。雄は角灯《ランタン》の光に照らされたあたりを通過しながら、雌が歩くのを嫌がると全力でぐいぐい揺さぶり、これを引き寄せる。雌がおとなしく従っていさえすれば優しく扱う。散歩は休みがちで、ときにはかなり長い休息をとることもある。

そのとき雄は奇妙な体操を始めるのである。雄は両方の鋏というか、もっとわかりやすく言えば、両腕を自分の脇にぐっと引き寄せ、次にこれをふたたび真っすぐにぴんと伸ばす。そして彼は同様の運動を雌にも強いるのである。彼らは二頭が一体になって、いわば関節のついた機械仕掛けを形づくり、その四辺形が交互に開いたり閉じたりする。そしてこの柔軟体操が終わると、この機械は収縮したように動かなくなってしまう。

今、二頭の顔と顔は触れ合っている。二つの口は夢中になって重ね合わされて

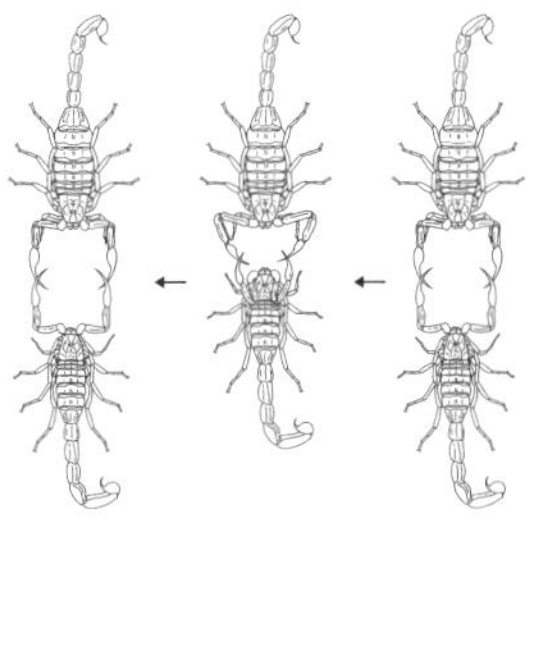

▼雄が雌の鋏を掴んだまま行なう奇妙な体操。

いる。この愛撫を表現するにはやっぱり接吻とか口づけとかいう言葉が頭に浮かぶ。とはいえ、そういう言葉を使おうと思っても使えないのだ。なぜならサソリには人間のような頭も顔も唇も頬もないからである。この虫は体の尖端の部分が剪定鋏《せんていばさみ》か何かですっぱりと切られたようになっていて、鼻面《はなづら》さえないのだ。このあたりが顔になるのだろう、というところはいきなり恐ろしい顎《あご》になっている。

ところがこのご面相《めんそう》が、サソリの雄にとっては、世にも美しいものなのだ！ほかの脚より繊細で器用な前脚で、サソリはあの恐ろしい顔を、優しくほとほとと叩いている。これが彼の眼にはなんとも可愛らしく見えるらしい。それから、うっとりしたようすで、自分と同じように恐ろしい相手の口元を、鋏角《きょうかく》でもぐもぐと噛《か》んでやったり、くすぐってやったりする。これは最上級の慈しみであり、純真さの発露なのである。白鳩はこの世で初めて接吻を交わしたと言われている。だが、私はそれより早く接吻した者を知っている。それはサソリである。

さて、これほど相手から想われているサソリ姫のほうは、まったくの受け身であって、されるがままになっているけれど、どうやら隙を見てこっそり逃げてやろうというひそかな思いがないわけでもないらしい。

しかしそのためにはどうしたらいいのであろうか。実に簡単。雌は尻尾を棍棒《こんぼう》のようにして、いささか熱くなりすぎた雄の手首めがけて一発お見舞いするのである。すると雄はたちどころに摑んだ手を離してしまう。これでお別れだ。明日

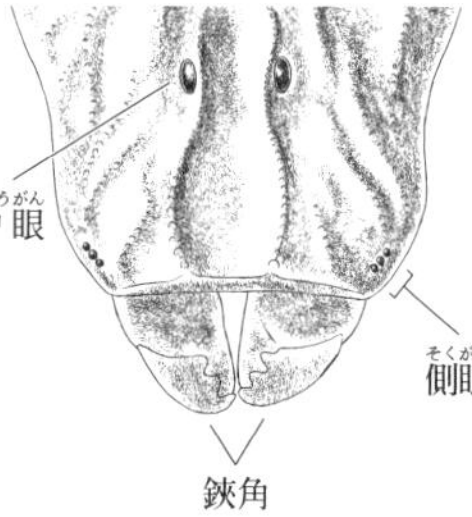

▼サソリの〝顔〟。一対の鋏角《きょうかく》がある。

になればふてくされた雌の機嫌も直り、すべてはやりなおしということになるであろう。*

五月二十五日――梶棒によるこの一撃は、初めのころの観察ではいかにも従順であるように思われた雌でも、実は気まぐれなのであり、頑《かたく》なに雄を拒むことがあって、いきなり離婚することがあるという事実を教えてくれる。そうした実例をひとつ挙げておく。

それは両方とも堂々たる雄と雌の場合であった。今宵は二頭で散歩の最中。鉢のかけらがひとつ見つかった。どうやら気に入ったようすだ。雄はいくらか自由に身動きするために片方の鋏だけを離し、脚と尻尾を使って入口の土を払う。雄は体を中に入れる。少しずつ隠れ家が掘られていくにつれて、雌は後に続いていくが、そのようすはいかにも気がありそうに見える。

まもなく、その隠れ家がやっぱり気に入らず、時間的にもまだ早すぎたのかもしれないが、雌がふたたび戻ろうとし、後ろ向きに体を半分外に出す。彼女は中に引っ張り込もうとする雄と争っているのだ。雄は外にはまだ姿を現わさないまま、雌を自分のほうへ引き寄せようとしている。

激しい対立である。一方は小部屋の中から必死になって引っ張り、他方は外で頑張っているわけだ。進んだり退いたりで、どっちが勝つか予想はつかない。しかし最後に、ぐっと力を入れて雌は雄を外まで引きずり出してしまう。

このひと組はまだ別れることなく鉢のかけらから外に出てきた。ふたたびそぞろ歩きが始まる。たっぷり一時間ほどのあいだ、二頭はガラスの壁に沿って、あちらの方向に、そしてこちらの方向にと曲がったりしているが、そのあとで、先ほどの、まさにその同じ鉢のかけらのところに戻ってくる。通路はすでに開かれているわけだから、雄はすかさず中に入り、ここを先途《せんど》と雌を引っぱる。雌は外で抵抗している。土にその痕跡が残るくらい脚を突っ張り、鉢のアーチに尻尾を引っかけて、なんとあっても中に入ろうとはしないのだ。こうして抵抗してくれるのは私には好ましいことである。前奏曲《プレリュード》でもったいをつけられない結婚など、つまらないではないか。

しかしそれでも石の下で誘惑者が熱意を込め、扱い方もうまかったので、なかなか言うことを聞こうとしない雌も最後には言うことを聞いて小部屋の中に入っていく。セリニャンの村の教会の鐘が今さっき十時を打った。ひょっとしたら私は徹夜をしなければならないのだろうか。とにかく結末を待つことにしよう。下でどんなことが起きているのか、適当な時期を見はからって鉢のかけらを持ち上げ、少しのことでも調べてみることにするのだ。好機《チャンス》というものはめったにない

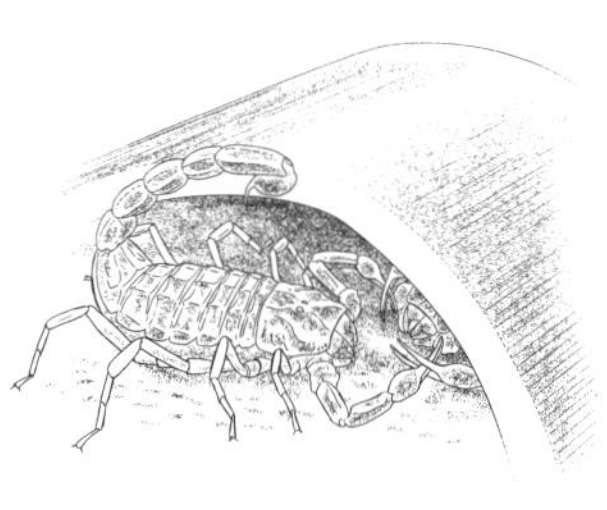

▼雄の誘いに抵抗する雌。

ものだ。それを逃がす手はない。さあ、いったい何が見られるだろうか。

なんにも見られなかった。三十分ほどしか経たないうちに、意地っ張りの雌は雄を振り切り、隠れ家の中から出てきて逃げていってしまったのである。雄はすぐに小部屋の奥から出てきて入口のところで立ち止まり、じっと外を見ている。雌を逃がしてしまったのだ。すっかりしょげかえった雄は巣穴の中に戻る。雄は期待を裏切られたわけだが、そんなことをいえば私だって同じことなのだ。

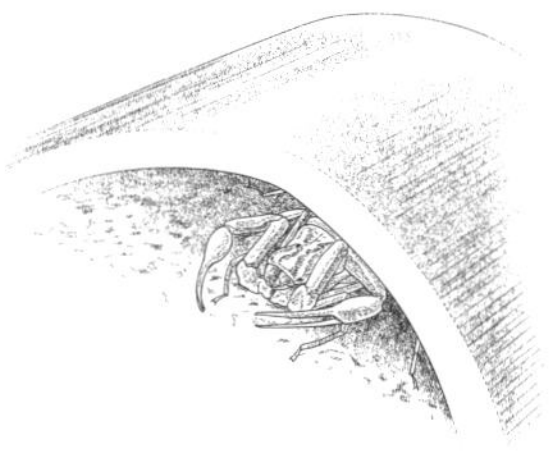

▼鉢のかけらの隠《かく》れ家《が》に独り残された雄。

236頁　セリニャン　セリニャン村は、フランス南東部、ヴォークリューズ県のオランジュから北東七キロに位置する。一八七九年、ファーブルは五十五歳のとき、九年間を過ごしたオランジュから、この小さな村のはずれに家族とともに移り住んだ。そしてようやく、人に邪魔されることなく心ゆくまで昆虫を観察できる土地を手に入れたのである。広さは約一ヘクタール、すなわち一万平方メートル、約三千坪で、二階建ての館《やかた》があり、価格は七二〇〇フランであった。

2階建ての住居兼研究室。左の2階が研究室。

ここをファーブルは、プロヴァンス語で「荒れ地」という意味の「アルマス」と名づけた。荒地《アルマス》が自分にとっていかに素晴らしい土地であるかをファーブルは第2巻1章で次のように述べている。

これこそ私の願いだった。古代ローマの詩人ホラティウスが、「コレハ我ガ祈願ノウチニアリキ」と歌ったもの、すなわちわずかばかりの土地。もちろんたいして広くはない。が、囲いがあって、うるさい街道からは隔てられている。ものも実らぬ、太陽に灼かれた、アザミとハチの好む、忘れられたわずかばかりの土地。

ここなら、通行人に邪魔される恐れもなく、ジガバチやアナバチにものを尋ねることができるだろう。言葉のかわりに、実験によって質問をし、答を得るという、あの困難な、虫との対話に没頭することもできるだろう。

現在では、フランスの国立パリ自然史博物館の分館となり、「ジャン＝アンリ・ファーブルのアルマス L'Harmas de J.-H. Fabre」として、ほぼ当時のままの状態で公開されている。この母屋は一八四〇年代にディアヌーという、トルコとの貿易で産をなした一族によって建てられたイタリア風の建物で、隣接する研究室と温室は、ファーブルがあとから増築したものである。母屋と研究室は壁をともにして建っているが内部では往き来できない。一度母屋の玄関を出て、庭を通って研究室に入るようになっている。

広い庭は、もともとはまったくの荒れ地で、耕作には適さない、普通の人には無価値の土地であった。石がごろごろしていて、むしろ葡萄《ぶどう》作りにはいいので、それが試みられたこともあったが、ブドウネアブラムシの被害もあって、放置されていたのである。植物学者でもあったファーブルは、ここに世界各国から集められた植物を植えることにしたのだ。これらの多くは、友人のテオドール・ドラクール Théodore DELACOUR（一八三一―一九二〇）から贈られたものである。ドラクールは、パリの有名なヴィルモラン花卉栽培《かきさいばい》会社《がいしゃ》の支配人で、パリとアヴィニョンを往復し、たびたびファーブルのもとを訪れていた。

荒地《アルマス》の庭。左奥に円形の池が見える。

オランジュの町から国道七号線で北へ向かうと、町のはずれに古代ローマ時代の巨大な凱旋門《がいせんもん》が聳《そび》えている。これを抜けてしばらく進めば国道はエーグ川と直角に交わる。白い石が転がる河原に架かった橋を渡ってすぐ丁字路があり、右折すると道幅の狭まった県道九七六号線になる。ここから葡萄畑の広がる道を四・五キロほど直進すると、ファーブルの暮らしていた荒地《アルマス》が右側に見えてくる。荒地《アルマス》は村のはずれにあるため、セリニャンの中心地に出るには、さらに道なりに三〇〇メートルほど進む。そこには教会に面した小さな「大広場」があり、片隅には切り株に座ったファーブル像がある（第1巻上・口絵Ⅰ頁、本巻・口絵Ⅷ頁）。その周辺がカフェや店が数軒ならぶ村唯一の〝繁華街〟である。史跡としては、キリスト教の最初の殉教者で、死後聖者として崇拝され、カトリックの聖人信仰の起源となった Saint Etienne《サン・テチエンヌ》 を祀《まつ》る聖エチエンヌ教会がある。

251頁　**すべてはやりなおし**　サソリの恋、つまり繁殖行動は、ファーブルの時代にはまだ完全に明らかにされてはいなかった。しかしファーブルが本章で記述しているような雄が雌を連れて散歩する行動は、よく目立つためか、古くから知られていた。この行動はおそらく、雄が雌に自分が敵でも獲物でもなく、配偶者であることを知らせ、そのあとに続く交配をつつがなく進めるための準備だと考えられている。捕食者、つまり生きた獲物を捕らえて食物とする生物は、基本的に単独で暮らすものが多く、自分に近づいてくるものが獲物なのか敵なのか、それとも繁殖の相手なのか

を見極める必要がある。それを見誤ると配偶者を傷つけてしまう恐れがあるからだ。

　現在知られているサソリの繁殖行動は、まず雌の性フェロモンを雄が感じとり、それを頼りに相手を探し出すことから始まる。サソリは昆虫のような触角をもたないが、その代わり頭胸部《とうきょうぶ》の腹面《ふくめん》にある櫛状板《しつじょうばん》という器官で性フェロモンなどの化学物質や振動、地面の凹凸《おうとつ》などを感じとっている。櫛状板は、その名のとおり二本の櫛《くし》が翼のように広がった形状をしており、相対的に雌より雄のもののほうが大きい。

　サソリの雄は、雌のフェロモンをこの櫛状板で〝嗅《か》ぎ〟つけると、この器官を広げたり閉じたりしながら相手の居場所を探す。そして鋏《はさみ》のついた触肢《しょくし》を大きく広げながら、雄は前後に体を小刻みに振動させて雌に接近していく。こうして雄は振動を伝えることによって自分が敵ではなく求愛者であることを雌に知らせ、その攻撃を予防しようとするのである。そして素早く自分の鋏で雌の鋏を摑《つか》むと、さらに体を揺すって相手に振動を伝え、雌がおとなしくなるのを待つ。ときにはこの段にいたっても雌に受け入れられず、雌が雄に攻撃を仕掛けることもあるが、雄は振り下ろされる雌の尻尾《しっぽ》を真剣白刃取りのように受け止めたり（時には失敗して刺されてしまうこともある）、自分の尻尾で雌の尻尾を押さえつけたりして、雌が自分を受け入れるのを待つ。本章中に「今、二頭の顔と顔は触れ合っている。二つの口は夢中になって重ね合わされている。この愛撫を表現するにはやっぱり接吻とか口づけとかいう言葉が頭に浮かぶ」という観察例が紹介されているが、これは雄が暴れる雌をなだめるために自分の鋏角《きょうかく》で相手の鋏角をはさむ行動で、〝接吻〟とは言い得て妙である。

　サソリの雌雄《しゆう》は、これら一連の物理的な刺激や、おそらくはフェロモンなどの化学的な信号によって興奮状態へと導かれていくのであろう。その後、雄は触肢の鋏で雌の鋏を摑み、向き合った姿勢のまま二頭は体操をするように、腕、つまり触肢を伸ばしたり引き寄せたりしながら、あちらこちら移動していく。ファーブルはこうしたサソリの振る舞いを〝散歩〟や〝そぞろ歩き〟と表現しているが、これら一連の行動は一般に〝サソリのダンス〟と呼ばれるものである。

　このサソリのダンスは、ウォルト・ディズニー Walt DISNEY（一九〇一―六六）がアメリカ南西部の沙漠に暮らす生物のようすを記録した映画『砂漠は生きている』The Living Desert（一九五三）のなかでも取り上げられている。夜、雌雄のサソリが手に手を取ってあちらこちら動きまわるようすは、まさに〝サソリのダンス〟そのものであるが、ところどころフィルムを逆回しにするなど、ダンスの前後の動きが過剰に演出されているところもある。ちなみに、そのすぐまえの場面で、オオツチグモの雄が、雌の腹部にある性器に、触肢の先に精子を溜めた栓子《せんし》（移《い》精針《せいしん》）を刺し込む場面も記録されている。

〝サソリのダンス〟は、雌雄が出会い、相手の存在を確認して、目的である繁殖行動へと繋《つな》げるために行なわれるものである。こうした複雑な行動に続いて、雄が雌にどのように精子を受け渡すかについては次章の訳注で詳しく述べることにする。

22

ラングドックサソリの結婚

恋人たちのそぞろ歩き

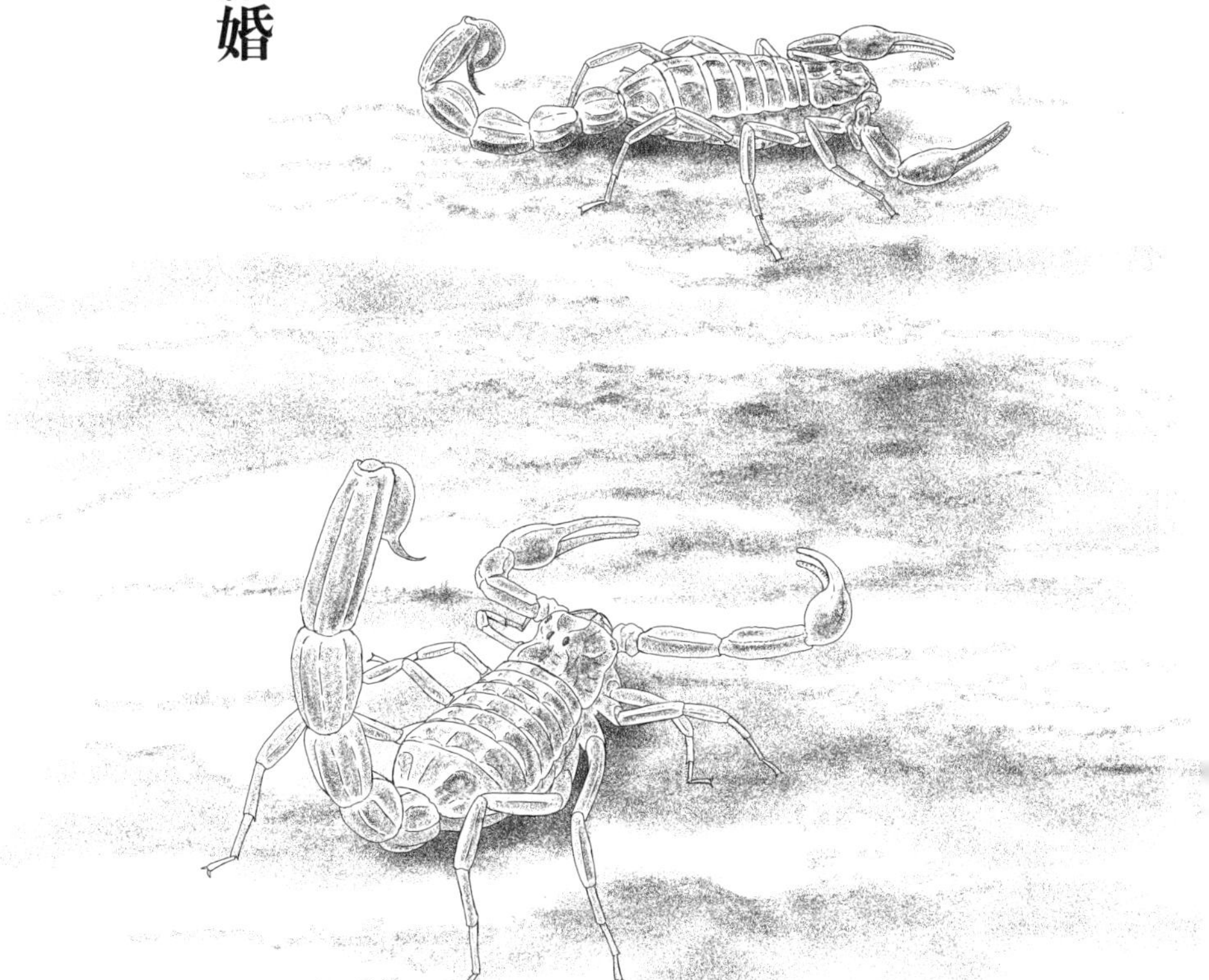

六月、ラングドックサソリの結婚の季節だ——角灯《ランタン》の灯《あかり》でガラスの飼育箱のサソリを観察する——雄は鋏《はさみ》で雌の鋏を摑《つか》み後じさりにあたりをうろつく——雄は若い雌にしか関心がない——妊娠した雌も雄を拒む——番《つがい》になった雌雄《しゆう》は額を突き合わせたまま鉢《はち》のかけらの下に潜《ひそ》む——ふた組の番が同居することもあるが喧嘩《けんか》にはならない——妊娠中の雌は若い個体を食べることもある——しかし、共食いの発作は自分の子供が独立する時期になるとおさまる——二頭の雄が同時に雌に出会うと恋人の奪い合いになる——番に別の雄が割り込むこともあった——四月から九月にかけて毎晩、こうした結婚のための前奏曲《プレリュード》が繰り返される——しかし、結婚の瞬間が観察できない——それは深夜に行なわれるはずだ——残念ながら三、四か月もの寝《ね》ずの番《ばん》は私の体力が許さない

扉絵　雌を探す雄のラングドックサソリ

六月がきた。明るすぎると何かの妨げになるかもしれないと思って、これまで私は角灯《ランタン》を、ガラスの飼育箱の外側の、少し離れた場所に吊り下げていた。しかし、こんなぼんやりした光では、散歩をしているサソリ[1]の恋人たちがどんなぐあいに手を組んでいるのか、細かいところがよく見えない。

連中は両方とも積極的に手を握り合っているのか。双方が交互に鋏《はさみ》を絡《から》め合《あ》っているのか、あるいはどちらか一方だけにその気があって握っているのか。だとすれば握っているのは雌雄《しゆう》どちらのほうなのか。それについて正確なことを調べてみよう。それだけの価値のある事柄だ。

私は角灯《ランタン》を飼育箱の内側、それも真ん中のあたりに置いてみた。すると隅々まで明るくなった。それでもサソリは光を恐れるどころか、ひどく嬉しそうなようすになったのである。小さな灯台のほうに彼らは駆《か》けつけてくる。なかにはさらに光源に近づくために、上のほうによじ登ろうとする者さえいるが、その連中は

1　サソリ　蠍。節《せつ》足《そく》動《どう》物《ぶつ》門《もん》鋏角《きょうかく》亜《あ》門《もん》クモ上綱《じょうこう》クモ綱《こう》クモ亜綱《あこう》サソリ目《もく》 Scorpiones の仲間。ファーブルがおもに観察していたのは、ラングドックサソリ *Buthus occitanus*（旧 *Scorpio occitanus*）である。
→本巻17章訳注「サソリ」。

▼角灯《ランタン》に照らされたガラスの飼育箱。

ガラスを嵌《は》め込《こ》んだ角灯《ランタン》の枠を利用してそれに成功する。そしてこのブリキの薄板の縁《へり》に取りつき、滑ろうが落ちようがなんのその、何度でも執拗に試みて、とうとうてっぺんまで登りつめてしまう。

そこで、ある者たちはガラスに張りつき、また別の者たちは金属の枠に脚《あし》をかけて、小さな炎の輝きに魅入られたように、夜通し、身じろぎもせずに灯《あかり》を眺めているのだ。この連中は私に、かつてランプの反射鏡の下で恍惚としていた、あのオオクジャクヤママユ[2]のことを思い出させる。

まもなく耿々《こうこう》と煌《きら》めく灯の下で、ひと組のサソリが例の鯱立《しやちほこだ》ちを始める。優雅に尻尾《しつぽ》で打ち合い、次には一緒[3]に歩きはじめるのだ。見ていると、雄のほうだけが積極的に働きかけている。

雄は両腕の鋏の二本の爪《つめ》で、それぞれ自分の真向かいにある雌の鋏の二本の爪を、ひとまとめにして摑《つか》む。雄のほうだけがぎゅっと握っているので、彼だけがいつでも好きなときに、この握りしめた手を離すことができるわけだ。雄は鋏の爪を開ければそれでよいわけだが、雌のほうにはそれはできないことなのである。彼女は雄に捕らえられているのであって、誘拐者の雄は、雌の爪を手錠でも嵌めたようにしっかり摑んでいるのだ。

ごくたまに、こうした一方的な捕まえ方をもっと詳細に見ることができる場合

2　**オオクジャクヤママユ**　大孔雀山繭。*Saturnia pyri*　開張13～15㎝　鱗翅目《りんしもく》（チョウ・ガ類）ヤママユガ科サテュルニア属。ヨーロッパ最大のガ。夜行性。→第7巻23章。

▼雌と雄が出会うと鯱立《しやちほこだ》ちの姿勢《ポーズ》をとる。

もある。私は雄が雌の鋏の前腕にあたるところを摑んで引きずっていくところを目撃したことがあるのだ。また、雄が雌の脚一本と尻尾とを摑んで引きずっているところも見た。雌は、雄が手を差し出して求愛するのを嫌がったらしい。すると不作法な雄は、慎《つつし》みというものをすっかり忘れて彼女を横ざまに転がし、どこでもかまわんとばかりふん摑んで引きずったというわけだ。これで事情ははっきりした。これこそ本当の略奪であり、暴力による誘拐だ。ちょうどロムルス[4]に率いられたローマ兵がサビニの女たちを攫《さら》っていったようなものだ。

　事態がいずれ悲劇的な結末を迎えることを考えると、荒々しい略奪者がこのように何がなんでも、と強引に求婚するのは実に奇怪な話だ。儀式を執りおこなっていけば、婚礼のあとで雄は必ず雌に食われてしまうことになる。生贄《いけにえ》のほうが、自分を犠牲に捧げようとする執行人を力ずくで祭壇の前に連れていくとは、なんとも不思議な世界ではないか！

　毎晩見ているうちに、私のガラスの飼育箱にいるいちばん体の大きい雌たちは、番《つがい》になっての恋の遊戯にほとんど参加しない、ということがわかってきた。情熱を込めて散歩しようという雄たちが働きかけるのは、たいていの場合、腹があまり膨《ふく》れていない若い雌ばかりである。雄には若い雌が必要なのだ。

　腹の大きな雌のことも、雄はときどきちらっと横目で見たり、尻尾を絡み合わ

3　**一緒に歩きはじめる**　結婚（交配）をまえにサソリの雄が雌を引き連れて歩きまわる行動。ファーブルは「散歩」、「そぞろ歩き」などと表現している。→本巻21章。

▼嫌がる雌を無理矢理引きずる雄。

4　**ロムルス**　前七五三年に古代ローマを建国したとされる伝説上の王。狼の乳で育てられた双子の兄で、弟レムスを殺しローマの支配者となる。新都市が女性不足で人口が増えないため、隣国サビニの人々を祭に招き、そのまま女性たちを略奪したのだという。

せたり、鋏を摑みそうな気配はみせるけれど、こういうのはたいして熱のこもらない、お義理みたいなものにすぎない。雄がやっと爪を捕らえたかどうかというときに、誘われたほうの肥《ふと》った雌は尻尾をさっとひとなぎして、雄のこの、立場をわきまえぬなれなれしさを懲《こ》らしめるのだ。断られたほうはそれ以上しつこくすることもなく、相手から去る。そしてそれぞれ勝手なほうに行ってしまうのである。

大きな、腹のでっぷりした雌は、成熟したおかみさんサソリで、今となっては雄の愛の告白なんかにもう興味はない。去年の今ごろ、あるいはもっと以前に、彼女たちは青春を謳歌していたのであって、それ以降、もう恋愛沙汰は充分なのだ。ということは、サソリの妊娠期間は非常に長期にわたるものであり、これにくらべられるものは、より高等な動物にさえあまりみられない。胚子《はいし》を成熟させるために、サソリには一年以上という期間が必要なのだ。

さて、灯火の下の、われわれの目の前で番になった二頭のサソリに話を戻そう。その翌朝六時に私は彼らのもとを訪れてみた。二頭は鉢《はち》のかけらの下で、散歩のときのようにきちんと番になって、つまり向かい合わせに顔と顔とを突き合わせ、鋏を摑み合っている。

このひと組を見守っているあいだに、第二の番ができあがり、そぞろ歩きを始

▼腹（前腹部《ぜんふくぶ》）が膨《ふく》らんだ雌サソリ。

めたのだ。こうした早朝の散歩に私は驚いた。明るいうちにこんなことが行なわれるのを、それまで私はけっして見ることがなかったし、これ以後もごく稀《まれ》にしか見ることはなかった。二頭が連れ立って歩き出すのは、通常、日が暮れてからのことである。今日はいったいどういうわけで、こんなに早い時間から始めたのであろうか。

私にはなんとなく理由がわかった。嵐がきそうなのだ。午後になってから猛烈な雷鳴がたて続けに轟《とどろ》いていた。昨日は聖《サン》[5]メダールのお祭の日だったが、聖人が大きな水門をお開けになったのだ。そしてひと晩中雨はそれこそどしゃ降りだった。

大気に強い電圧がかかり、オゾンがたっぷり空気中に放散されたので、いつもぼんやりしているサソリの隠者たちも活気づき、神経過敏になって、大半の者が隠《かく》れ家《が》の入口まで出てくると、外部のようすを知りたがって鋏を外に張り出し、あたりの気配を探っている。なかでも興奮した二頭は、結婚の陶酔を嵐によってさらに煽《あお》り立《た》てられ、有頂天になったあげく、外部に出てきたのだ。二頭は意気投合し、雷鳴の下で厳《おごそ》かに歩みを進めている。

二頭はいくつかの戸口の開いている隠れ家の前を通りかかっては中に入ろうと

5　**聖《サン》メダールのお祭**　六月八日に農業の守護聖人聖《サン》メダールを祝福する日。干し草の刈り入れが始まる時期にあたる。フランスでは「聖《サン》メダールの日に雨が降ると、以降四十日間雨が降る」という諺がある。

するが、もちろん、部屋の持ち主が立ちふさがる。戸口に姿を現わして持ち主は両の拳《こぶし》を振り上げる。その素振りはまるでこう言っているようだ。

「どっかよそに行っちまえ。ここは塞《ふさ》がってるんだ」

二頭はそそくさと立ち去るが、ほかの隠れ家の戸口でも同じように追い立てをくらい、部屋の持ち主から出ていけと脅《おど》される。おしまいに二頭は、しかたなしに一枚の鉢のかけらの下に潜り込むが、そこは最初の番《つがい》が、まえの晩から潜《ひそ》んでいたところなのだ。

ふた組の番が同居することになっても今度は騒ぎにはならない。もとからここにいた番と新しく来た番とは、並んで、ごくおとなしくしている。サソリたちはそれぞれ、何か考え事でもしているように互いの鋏を握り合ったまま、じっと身じろぎもしない。そしてこのままの状態が、一日中続くのだ。

夕方五時ごろになって、このふた組は別れることになる。雄たちは部屋を立ち去ってしまうのだ。たぶん、いつもの宵《よい》の祝祭に参加したくなるのであろう。それとは逆に雌たちは鉢のかけらの下にそのまま居つづけている。私の知るかぎり、お祭り騒ぎのような雷鳴の轟きに煽り立てられたにもかかわらず、この長い差し向かいのあいだに何も、まったく何も起こらなかったのである。

同じ住まいでの四頭同居は、これがたったひとつの特異な事例ではない。雄も

▼鉢《はち》のかけらの入口で中に入っているサソリに脅《おど》される番《つがい》。

雌も関係なしに、何頭かの者が群れをなしてガラスの飼育箱内の、鉢のかけらの下にいることがけっこうよくあった。

私は以前に次のように述べておいた[6]。「野外のもとの生息地では、同じひとつの石の下に二頭のサソリがいるのを私は見たことがない」と。しかし、そのことから、サソリはもともと性格が非社交的であって、仲間同士隣り合って住むことは一切できない、というような結論を導き出すのはやめておこう。ガラスの囲いの中で飼育してみると、それが間違いであることがわかる。

囲いの中には、このサソリたちが必要としている以上の数の、鉢のかけらの隠れ家がある。サソリたちは各自がそのなかから好きな住居をひとつ選んで持ち主になると、それ以後はほかの相手を寄せつけることなしに、そこを占領していこうと思えばしていけるのだ。

それなのに、そういうことはけっして起こらない。夜の賑わいのときになると、どの住まいにも他人がずかずかと入り込むようになる。どの部屋もみなのものなのだ。誰でもが、その気になりさえすれば手当たりしだいにどの鉢のかけらの下にでも入り込むし、中に住んでいるサソリもまたこれに抗議したりはしない。

サソリたちは外出してそぞろ歩きをし、隠れ家を見つけると、どこにでも潜り込む。黄昏時《たそがれどき》の恋の戯《たわむ》れが終わると、こうしてサソリたちは性別に関係なく、三、

6　**次のように述べておいた**　本巻17章での記述を指す。

四頭、あるいはもっと大勢で、その夜から翌日の昼間にかけてずっと、狭い小屋の中で押し合い圧《へ》し合《あ》いして一緒に暮らしている。

また、これは一時的な宿なのであって、次の晩には散策者の気分しだいで別の宿へと移っていくのである。長いあいだとどまるような住居は、寒い冬のあいだにしか使用されることはない。そしてあちこちさまよい歩くこの漂泊者は、いとも平穏に暮らしている。同一の小部屋に五、六頭でいても、互いの関係が険悪になることはけっしてないのである。


ところで、こんなふうに相手に対して寛大であるのは、成体間にしかみられないことである。これはひとつには、へたに攻撃をくわえたときの報復が怖いからでもあろう。そして穏やかな関係が成立することの理由にはもうひとつ、もっと抜《ぬ》き差《さ》しならぬものがある。

つまり、こうした協調は子孫を残すための出会いにとっても必要だ、ということなのだ。それゆえ、性質は、すっかりとは言わぬまでも、丸くなっているのである。もっとも、出産を間近にひかえた雌たちに、あの背徳的な食欲がなくなっているとはいえないのだが。

雌のサソリは、生まれてまもない子供に囲まれているときはきわめて温厚であるけれど、すでにだいぶ大きく育ってはいても、まだ婚期を迎えていない若いサソリに対しては、敵意を剝《む》き出《だ》しにする。御伽噺《おとぎばなし》の人喰い鬼同様、雌のサソリたちにとっても、道で出会った子供は軟らかくて旨《うま》い肉の塊《かたまり》以外の何ものでもないのだ。

次のような忌《い》まわしい光景が、私の頭にこびりついている。あるとき、成体からすれば三分の一か四分の一ぐらいしかない幼体《ようたい》が、悪気なんかもとよりなく、うっかり、隠れ家の戸口のところを通りかかった。すると、でっぷり肥ったおかみさんサソリが出てきて、可哀相なちびサソリに向かっていくと、鋏の先で掴み、毒針でチクリと刺してから、ゆうゆうとたいらげてしまったのである。

若い雄も雌も、ガラス張りの飼育箱の中で、遅かれ早かれ、これと同じようにしてすっかり食べられてしまった。私もさすがに気がとがめて、死んだ分の欠員を補充することはためらわれた。これでは皆殺しの現場に新しい獲物を放り込むようなものである。若いサソリは総勢十二頭であったが、幾日も経たぬうちに、ただの一頭も残っていないことになってしまった。

空腹は言い訳にはならない。なぜなら、いつもの食物はふんだんに与えてあり、雌のサソリたちはそれをすべて、きれいにたいらげていたからである。若さというものはたしかに素晴らしいが、力が弱いものだから、こんな鬼女のいる社会では怖ろしく不利に働くのだ。

▼幼いサソリを鋏《はさみ》（触肢《しょくし》）で捕らえた成体の雌のサソリ。

この皆殺しは多くの場合、妊娠したことから起きるあの異常な食欲のせいだと私は考えたい。次の出産はうまくいくかどうか心配でたまらない。彼女としては耐えられなくなって誰にでも八つ当たりしたくなる。だから、できることなら相手を食べてしまって、その不安から解放されようとするのだ。また実際のところ、子供が生まれて、八月のなかばころにさっさと母親の手もとを離れていくと、ガラス張りの飼育箱には真の意味の平和が訪れる。私がどんなに目を離さずにいても、以前にはあれほど頻繁にみられた共食いの発作は、ただの一例もみられなくなるのである。

それに、子供を守るということをまったく気にかけていない雄は、雌がこんな悲劇的な発作に襲われることなど知りもしない。雄は物腰こそ荒々しくみえるけれど、実のところはいたって温和で、隣人の腹を食い破る力なんかない。好きな雌をものにするために雄同士で戦うことはけっしてない。二頭の雄が雌の奪い合いをするときにも、命をかけて鋏で殴り合ったり、短剣の一撃に訴えたりするようなことはないのだ。ことは平和のうちに、というほどではないけれど、すくなくとも暴力沙汰などはなしに、行なわれる。

求愛する二頭の雄が一頭の雌のサソリに出会ったとしよう。二頭のうちのいずれが、彼女を誘ってぐるりとひと回りの散歩に連れ出すか。雄の触肢《しょくし》の力の強さがそれを決定するのだ。

二頭の雄はおのおの片方の鋏で、雌の、自分の側に近いほうの腕を掴む。一頭は右に、もう一頭は左にと、力いっぱい反対方向に引っ張るのだ。脚をぐっと後ろに踏ん張って、梃子《てこ》のように足がかりとし、尻をかすかに震わせ、尻尾を左右に揺り動かして弾みをつけている。さあ、頑張れ！　体を揺さぶったり、いきなりぐいと後ろに引っ張ったり、二頭は彼女を責《せ》め苛《さいな》んでいる。そうやっているところはまるで、二頭の雄が雌を真っぷたつにして、体を半分ずつもらっていこうとしているかのようだ。この場合、愛の告白は、ふたつに引き裂くぞ、という脅しと同じことなのだ。

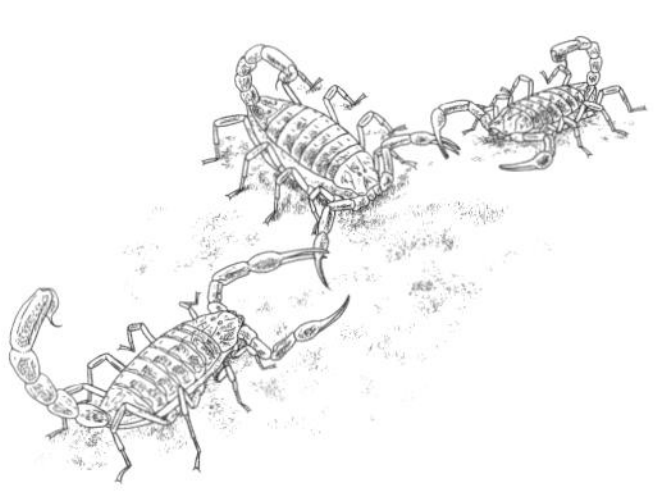
▼一頭の雌を奪い合う二頭の雄。

いっぽうで、二頭の雄のあいだには直接鋏で殴り合うようなこともなければ、尻尾の裏側でぴしゃりと打ち合うようなこともない。ただ雌だけが手酷《てひど》く、というか、相当手荒く扱われているだけである。熱狂的な求愛者二頭がこんなふうにやり合っているのを見ていると、雌の腕がちぎれるのではないかと、こちらは心配になってくる。しかし腕がはずれるようなことは起こらない。

二頭の競争者《ライヴァル》は、いつまでもこんなことをして争っていても埒《らち》があかない、とうんざりしたのか、とうとう空いているほうの手で掴み合いを始める。彼ら三頭は鎖《くさり》のように繋《つな》がり合《あ》って、まえよりいっそう激しく、ぐいぐい引っ張り合う。それぞれが体を小刻みに震わせ、前に進むかと思えば後ろに退《しりぞ》き、力のかぎり、へとへとになるまで引っ張ることをやめないのである。

ところが突然、力負けしたほうの雄が試合をあきらめ、さっきまであれほど情熱を込めて争っていた美女を敵の手に残したまま逃げ出してしまうのだ。すると勝ったほうの雄は、すぐさま空いているほうの手でも雌の鋏を摑み、それから散歩が始まる。負けたほうがどうなるか、心配はいらない。あの群れのなかでいずれ負《ま》け戦《いくさ》の恥を雪《すす》いでくれる相手に出会うことであろう。

もうひとつ、競争者《ライヴァル》同士が互いにたいした危害をくわえることもなく出会いをはたした例を挙げておこう。ひと組の雌雄がぶらぶら歩いている。雄は体が小さいけれど、雌を獲得するためのこの散歩に一所懸命のようである。相手が進むことを拒むと、彼は力を入れてぐいぐいと引っ張る。するとその背筋にびりっと震えが走る。

そこにいきなり、彼よりずっと力の強そうな別の雄が出現し、第二の雄は雌が気に入って、自分のものにしたくなる。彼は自分のほうが力が強いのをいいことに、ちっぽけな相手の雄に跳びかかり、叩きのめし、ずぶりと毒針で刺したりするであろうか——そういうことはまったく起こらない。サソリのあいだでは、このように繊細《デリケート》な問題にのぞんで、武器によって決着をつけたりすることはないのだ。

サソリの偉丈夫《いじょうぶ》は小柄な奴なんか問題にもしない。彼は自分の欲する雌のほうに一直線に向かっていって尻尾を捕まえる。そうなると二頭の雄はわれがちに、いっぽうは前から、もういっぽうは後ろから雌を引っ張ることになる。

そのあとで小競り合いがあって、雄はそれぞれ雌の鋏を一本ずつ捕まえるのだ。気でも狂ったような激しさで、いっぽうは右に、他方は左にと引っ張るのだが、そのさまはまるで、雌の体をばらばらに引きちぎろうと思っているかのようである。ついには小さいほうが負けを認め、手を放して逃走する。大きいほうは競争相手《ライヴァル》が放した鋏を捕らえて、あとはまったく何事もなく、ひと組になって歩き出すのだ。

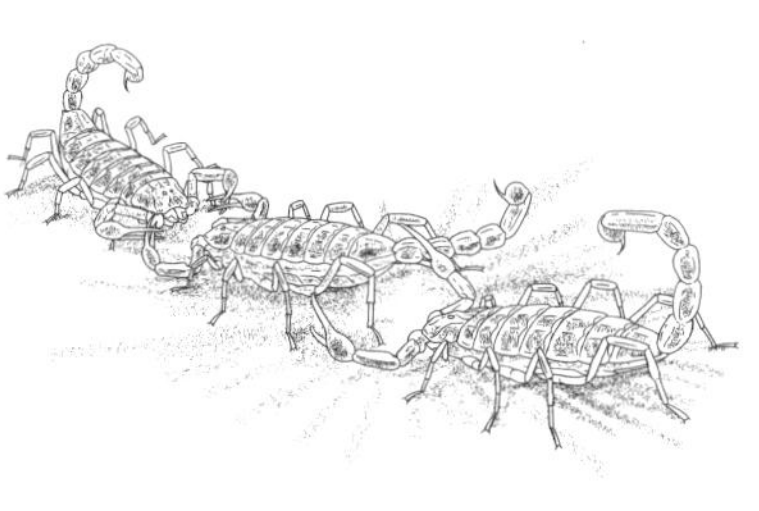

▼小さな雄に連れられて散歩していた雌を、大きな雄が後ろから横取りしようとする。

こんなふうに、四月の末から九月の初めにかけて四か月のあいだ、恋の前奏曲《プレリュード》が毎晩飽きもせず繰り返される。真夏の酷暑でさえ、こんな恋の情熱に囚《とら》われた連中の心を鎮めることはできない。それどころか暑熱はかえって彼らの恋の炎をますます燃え上がらせるぐらいだ。

春には、番の恋の散歩は長い間隔をおいてひと組、またひと組というぐあいにぽつりぽつりとしか見られなかったけれど、七月ともなると、ひと晩のうちに三組も四組も同時に観察することができるのだ。

このときを利用して私は、一対《つい》の散歩者たちが潜り込んでいる鉢のかけらの下で何が起きているのか、探ろうとしてみたのだが失敗だった。私としては、差し向かいになったサソリたちの恋の成り行きを、初めから終《しま》いまで、つぶさに見たかったのである。

鉢のかけらを起こしてみる方法は、たとえ夜中の静けさのなかでやっても何ひとつ効果がなかった。何度も何度も私は、その方法を試みたがうまくいかなかったのである。天井が取り払われると、互いに向かい合った二頭のサソリは、ふたたび散歩を始め、別の隠れ家に入ってしまう。するとまた長時間、観察不可能の時間が続くことになる。だからこうした繊細《デリケート》な観察に成功するためには、われわれの介入を一切排除した特別な状況が必要ということになる。

しかしついに、そういう特別な状況が実現した。すなわち今日、七月三日の朝七時頃、一対のサソリが私の目にとまった。これは昨夜のうちに番になって散歩し、隠れ家に入るのを確認しておいたひと組である。

雄はすっかり鉢のかけらの下に入っていて姿は見えないが、鋏の先だけ外にはみ出している。この小部屋は二頭をかくまうのには狭すぎるのだ。雄のほうは鉢のかけらの中に入っているのだが、でっぷり肥った雌のほうは相手に鋏を摑まれたまま、鉢のかけらの外に出ている。

大きく弓なりに反《そ》った雌の尻尾は、片方にだらりと傾いていて、針の先が地面に届いている。雌は八本の脚で地面を踏みしめていて、後じさりしそうな姿勢だ。逃げ出したいと思っている証拠である。体全体は完全に動きを止めている。

その日の日中《にっちゅう》ずっと、二十回も私は、この肥った雌のもとを訪ねてみたけれど、尻が少しでも動いたり、姿勢が少しでも変化したり、尻尾の曲がり方が少しでも変わったりしたような気配を察知することはできなかった。たとえ石と化したのだとしても、こんなにじっとしていることはないであろう。

いっぽう雄もまた、まったく動かないのだ。雄の体全体は見えないけれど、すくなくともその鋏の先だけは見えている。姿勢に変化があれば、この鋏の先の動きでわかるはずだ。

すでに前夜からずっと続いている、この石になったような状態は、その日一日中、そしてさらに夜の八時頃まで続いたのである。二頭のサソリは互いに向かい合って、いったいどんなことを感じていたのであろうか。手に手を取り合って、じっとしたまま、彼らは何をしているのであろうか。もし許されるとすれば、彼らは何か深い瞑想に耽《ふけ》っている、とでも言ってみたいところである。そしてこれが、彼らの様相をなんとか形容すべきたったひとつの表現である。

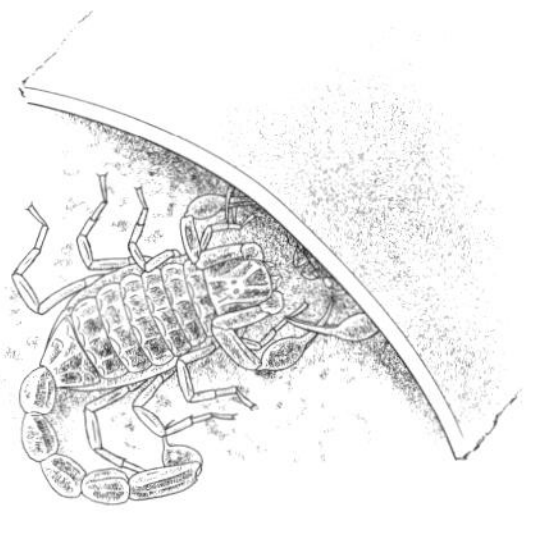

▼雌の鋏を摑《つか》んで、雄だけが鉢のかけらの下に潜り込んでいる。

しかし、鋏の爪を組み合わせて一対となったサソリたちの至福というか、魂を奪われたようなこの状態を、ぴったり言い表わす人間の言葉など存在しないであろう。理解できないことについては沈黙を守っておこう。

午後八時ごろ、小部屋の外がもうかなり賑わっているときに、さっきの雌がいきなり動きだす。彼女は体を揺すり、懸命に雄に抗《あらが》って、ようやく雄から身を振り放す。雌は片方の鋏を自分の体にぴたりと引きつけ、もう一方がだらりと伸びたままの格好で逃げていく。あの魅力ある雄との繋がりを断ち切るため、彼女はあまりに強く腕を引き寄せたために、そっちの肩の関節がはずれてしまったのだ。無傷のほうの腕の鋏で道を探りながら、雌は逃げていく。雄のほうもそそくさとその場を立ち去った。今夜はこれですべて終わりだ。

繁殖の季節中ずっと、たいていは夜に行なわれる二頭のこうしたそぞろ歩きは、もちろん、これよりもっと重要なことの序章にすぎない。散歩者たちは、結論にいたるまえに、お互いに相手に問いかけ、それぞれが自分の美しさを見てもらい、互いに自分が相手にふさわしいということを訴え合っているのだ。それではいつ、決定的な瞬間がくるのか。

さんざん見張ったあげく、私の忍耐力は尽きてしまった。どれほど遅くまで見張っていても無駄なのであった。そして私は櫛状板《しつじょうばん》が正確にはどういう役割をはたしているのか知ろうとして、幾度となく鉢のかけらを引っくり返してみたのだが、私の期待に応えてくれることは何ひとつなかったのだ。

婚礼が最高潮《クライマックス》を迎えるのは、夜もずっと遅くなってからである。この点に関して私はなんの疑いももっていない。ちょうどその瞬間に立ち合えるという、わずかな可能性でもあるのなら、私も明け方まで眠気を我慢したことであろう。ひとつの見解について、はっきりとした答が手に入るというのであれば、年をとって瞼《まぶた》は重いけれど、まだまだ徹夜ぐらいはできる。[7] しかし、どんなに辛抱強く観察を続けたところで、まともな結果が得られるかどうかなぞ、とてもあてにならない。

これまで何度も何度も、それこそうんざりするほどそういう目に遭《あ》っているのだ。だからそのことは充分心得ている。これまでほとんどの場合、翌朝になっても鉢のかけらの下には、番のサソリがまえの晩とまったく同じ姿勢のままでいるのを確認している。結婚の瞬間を観察することに成功するためには、夜寝て朝起きるという日常の習慣を引っくり返して、三、四か月間ぶっ続けに寝《ね》ずの番《ばん》をしなければならないだろう――そういう計画はとても私には無理だ。あきらめてしまおう。

7　**年をとって瞼は重い**　本巻が刊行されたのは一九〇五年のことで、ファーブルが八十一歳のころであった。当時のセリニャンにはまだ電気がきておらず、夜の明かりは角灯《ランタン》のみで、とても暗かった。

ただ一度だけ、私はこのやっかいな問題の解答*を垣間見たことがある。あるとき石を起こすと、雄が摑んでいる手を放さないでくるりと裏返しになり、腹を上向きにしたまま、少しずつ後じさりに相手の下に潜り込もうとしていたのだ。

[8]コオロギも、その切ない願いがようやく成就するとき、同じような行動をとる。交尾《こうび》という、最終的な目的を遂げるためには、おそらく雌雄二頭が互いの櫛状板を噛《か》み合《あ》わせて、この姿勢を安定させれば、それで充分なのであろう。

ところが、そのとき私がいきなり石を起こしたので、重なり合ったサソリたちはびっくりしてすぐさま離れてしまったのである。私がちらと見たことから推測するなら、サソリはコオロギと同じ体勢で交尾を行なうものと思われる。サソリはそのうえ、手を取り合い、櫛状板を噛み合わせるわけだ。

巣穴の中でその後どんなことが起きるか、私にはもう少しよくわかっている。夜になって、サソリの番が散歩のあと潜り込んだ鉢のかけらに印をつけておこう。するとその翌日何を見ることができるか。ふつうの場合はまえの晩の雌雄が顔と顔を突き合わせ、手を取り合っていることになる。

ところが、たまに雌が単独でいることがあるのだ。雄は目的をはたすや、巧みに体を引き離し、首尾よく立ち去ったのである。雄には、この閨房《けいぼう》で過ごす陶酔

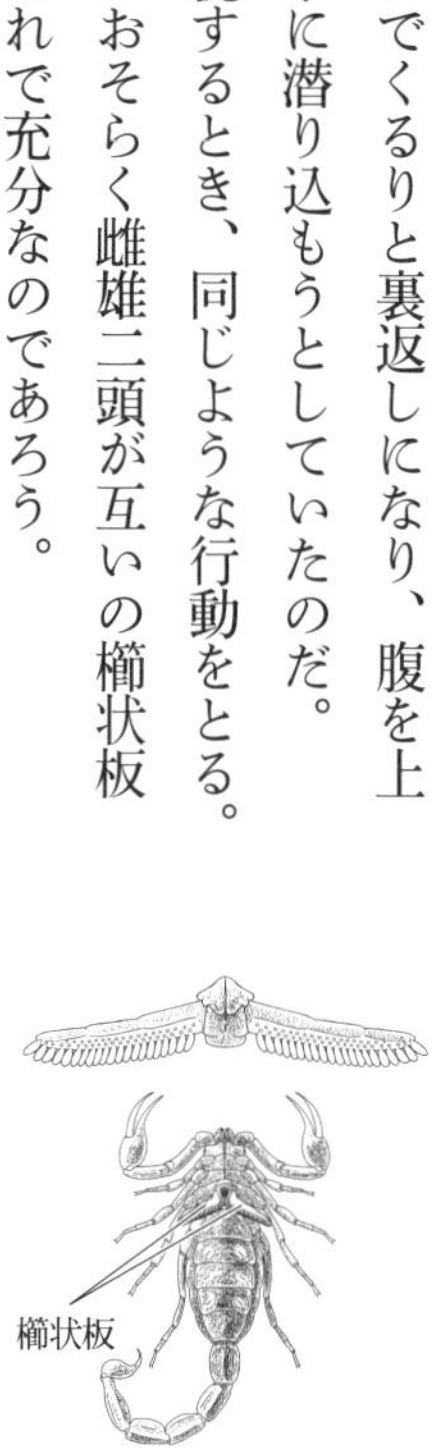

▼サソリの頭胸部《とうきょうぶ》腹面《ふくめん》にある櫛状板《しつじょうばん》。→訳注「やっかいな問題の解答」。

8 **コオロギ** 直翅目《ちょくしもく》(バッタ類)の仲間。世界に約二千種、日本に約六十種が知られる。

▼イナカコオロギの交尾《こうび》。雄が雌の体の下に潜り込み、尾端《びたん》から精子の入った精包《せいほう》を雌に受け渡す。

のひとときを早いところ切り上げるだけの重大な理由がある。特に五月、サソリの恋がいちばん熱烈に燃え上がる時期には、実際に雌が相手の雄を殺してばりばり齧《かじ》り、旨《うま》そうに食べているところが頻繁にみられる。

殺したのは誰か。もちろん、サソリの雌自身である。サソリにもウスバカマキリ[9]と同じ、あの恐怖の習性があるのだ。うまく頃合いをみて逃げ出さないと、恋人は毒針で刺し殺され、食べられてしまうのである。

すみやかに心を決めて素早く逃げ出せば死を免《まぬか》れることもあるけれど、いつも、というわけにはいかない。手を放すのは雄の自由である。摑んでいるのは彼のほうなのだから。ぎゅっとはさんだ鋏の爪を開きさえすれば、逃げられるのだ。しかし櫛状板という悪魔の仕掛けが残っている。先ほどまでは快楽の道具であったのが、今となっては、これは罠《わな》である。雄のほうにとっても雌のほうにとっても、ぎざぎざのある長い*歯車状《はぐるまじょう》の仕掛けはしっかり噛み合い、おそらくは痙攣《けいれん》しながら互いに締めつけ合って、簡単に切り離すことができないのであろう。不幸にも雄は死ぬことになってしまう。

自分の命を脅《おびや》かしている雌のそれと同じ毒の針を、この雄ももっており、彼はそれで身を守ることが可能なはずなのだが、実際にそうすることができるだろうか。どうやら答は否《ノン》、であるようだ。なぜなら犠牲になるのはいつも雄のほうだ

9　**ウスバカマキリ**　薄羽鎌切。*Mantis religiosa*　体長50～70㎜　カマキリ目《もく》カマキリ科ウスバカマキリ属。→第5巻18～21章。

▼交尾後に雄を食べる雌のウスバカマキリ。

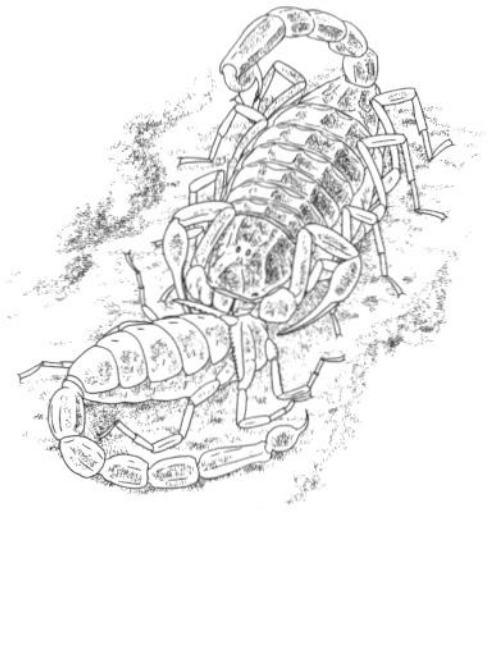
▼雄を食べるサソリの雌。

からだ。それに、毒針を刺すときは、尻尾を背中のほうに曲げなければならないわけだから、背中を下にした仰向けの姿勢では、この動作がうまくいかない、ということもあるだろう。またさらに、将来母親になる雌を武器で斃《たお》すことは、あの抗いがたい本能が禁じているのかもしれない。彼はむざむざとこの怖ろしい花嫁のために刺し殺される。自分の身を守ろうともせずに死んでいくのだ。

寡婦となった雌は、ただちに雄を食べはじめる。これはクモ[10]の場合同様、儀式の一部なのだ。ただ、クモにはサソリのような命取りの櫛状板がないので、すくなくとも雄がさっさと決断すれば、逃げるだけの時間はある。

葬送の儀式に相手を食うという習性は、頻繁にみられるものではあるが、いつも必ずそのとおりに行なわれるという訳ではない。食べられるかどうかは、雌の胃袋の状態にもよる。婚礼の料理を嫌って、死んだ雄の頭を申し訳程度に齧っただけで、ほかの部分には手もつけず、そのまま死骸を外に運び出した者も私は見た。私は復讐の女神フリアエ[11]ともいうべきこれらの雌たちが、午前中ずっと死者を頭上高く差し上げて、ちょうど戦利品《トロフィー》のようにほかの者たちの見ている前を引きまわし、それから、なんの挨拶もなく、そのままぽいと放り出して、熱心に死肉を漁《あさ》るアリたちにくれてやるのを見たことがある。

10　**クモの場合**　ゴケグモの仲間は、雌が交接中に雄を殺して食べてしまうことが多い。なお、ゴケグモという和名は、英名widow spider《ウイドウ・スパイダー》（後家蜘蛛《ごけぐも》）を直訳したもの。これらのクモは自分で自分を後家にするのである。

11　**フリアエ**　ローマ神話に登場する正義と復讐を司《つかさど》る三姉妹の女神。フリアエは複数形での呼称で、単数形ではフリアと呼ばれる。ギリシア神話のエリニュエス（単数形はエリニュス）にあたる。特に親殺しや兄弟殺しなど近親間の殺害を厳しく追及し、悪事を犯すと、これらの女神たちが容赦なく罰を与えるとされる。古代の因果応報思想が神格化されたものと考えられている。

278頁　やっかいな問題の解答　ファーブルは、サソリも昆虫と同じように交尾《こうび》を行なうものと思い込んでいたようだ。しかしサソリは実際には交尾をしない。だから当然のことながら、彼自身も述べているとおり、ファーブルがサソリの交尾の場面を目にすることはなかった。それでもサソリの〝交尾〟の観察があきらめきれないファーブルは、その一端を「一度だけ垣間見た」と述べ、サソリの雄が雌の体の下に潜り込むようすを描写している。ファーブルの記述から、このサソリの番《つがい》が実際にどのような行動をとっていたのか正確に読みとるのは難しいが、これは偶然そうなっただけであろう。ファーブルが類似した例として挙げているコオロギの交尾の場合は、雄が雌の体の下に潜り込み、その結果雌が雄に馬乗りになると、雄は尾端《びたん》を持ち上げて雌の尾端に精子の詰まった袋状の精包《せいほう》を受け渡す。そして雌は体内に取り込んだ精包から精子を卵に導いて受精するのである。しかしサソリの場合、仮に同じような姿勢をとったとしても、コオロギとは生殖口《せいしょくこう》の位置が異なるため、この姿勢で交配することは不可能であろう。

実際のサソリの〝交尾〟は、雄が、〝ダンス〟や〝散歩〟をすることによって、雌に自分が敵ではなく、交配する相手であることを確認させたあとに続いて行なわれる。雄は雌に対して、震動などの物理的な刺激や、おそらくはフェロモンなどの化学的な信号を送って興奮状態に導き、〝交尾〟の準備を整える。雄は雌を触肢《しょくし》の鋏《はさみ》で摑《つか》んだまま〝散歩〟をするのであるが、このとき雄は櫛状板《しつじょうばん》をさかんに動かして地面のようすを探る。そして平らな場所や、なめらかな石などを見つけると、そこに精子の詰まった筒状《つつじょう》の精包《せいほう》を〝産み〟出して固定する。そして雄は、その上を通過するように雌を導いて生殖口からこの精包を体内に取り込ませる。サソリの雄が雌を連れてあちこち移動するのは、最終的にこうした平らな石の上などに〝産み〟出した精包のもとに雌を導くためなのである。その後、雌の体内で精包から精子が出て卵子と出会い受精が完了する。このように、サソリの雌雄《しゆう》は、いわゆる交尾は行なわないのである。そのためサソリの繁殖行動は、交尾ではなく、交配や交接《こうせつ》などという。

このような複雑な繁殖行動は一九五五年の中ごろまで明らかにされてはいなかった。ファーブルも、ファーブル以前の研究者も、サソリの雄が雌を導いてダンスや散歩をするようすまでは観察していたが、雄が雌に精子を受け渡す厳密な仕組みを解明するにはいたらなかった。サソリの繁殖行動は、雌のフェロモンという化学的な信号に誘引された雄が相手を探しだして、〝ダンス〟や〝散歩〟といった物理的な刺激によって相手の攻撃心をなだめ、その後、精包を介して雌の体内に精子を送り込むというものである。ただし、特異な例として、日本の先島諸島に分布するヤエヤマサソリ *Liocheles australasiae* は、単為《たんい》（単性）生殖によって雌だけで増えることが知られている。本種《ほんしゅ》は東南アジアからオーストラリア北部、ポリネシアなどの熱帯地方に広く分布している。

　もともとサソリの祖先は海の中で生活していた。精子が自由に泳ぐことのできる水中という環境で暮らしていたためか、その祖先は外部生殖器をもっていなかった。現生のサソリもそのまま外部生殖器をもたずに陸上で暮らすことに成功している。それは、サソリが精子のカプセルである精包を介することで、空気中での交配を可能にしたからである。

　繁殖行動は、その生物にとっていちばん重要な行ないで、なおかつ進化の過程において、もっとも保守的な形態を残しているものである。したがって、陸に上がったサソリが必要に迫られてこうした繁殖行動を〝開発〟したわけではなく、おそらくはシルル紀に出現したサソリの先祖がこのような精包を用いた繁殖生態をすでにもっていたのかもしれない。つまり、こうした方法を獲得していたからこそ、サソリの祖先は陸上に進出することができたのではないかと推測できるのである。

ファーブルの四男ポールの写真集『昆虫』*Insectes*（1936年）の表紙には、サソリのダンス（上）が使われている。

279頁　**歯車状《はぐるまじょう》の仕掛け**　本章のなかでファーブルは、櫛状板《しつじょうばん》を交尾《こうび》の際に用いる器官であるかのように記述しているが、それは誤りである。サソリの体外に開口した生殖器官である生殖口《せいしょくこう》は、前腹部腹面《ぜんふくぶふくめん》の第一節目（櫛状板より一節前）にあり、ふだんは生殖口蓋《せいしょくこうがい》によって覆《おお》われている。

　ファーブルが「歯車状の仕掛け」と表現している櫛状板は、英語では pecten《ペクテン》、フランス語では peigne《ペーニュ》と呼ばれ、ともにラテン語で「櫛」を意味する pecten《ペクテン》（pectinis《ペクチニス》）に由来する。櫛状板は腹面の第四歩脚《ほきゃく》の後方、前腹部の第二節にある化学物質を検出する器官で、獲物や異性が地上に残した匂いやフェロモンなどの化学物質を〝嗅《か》ぎとる〟ために用いられる。櫛の歯にあたる部分の内部には神経が巡らされており、微量な化学物質も検出できるようになっている。雌雄《しゆう》では、雄のほうが〝櫛の歯〟が多く、体に比しても大き目である。また櫛状板の神経は震動や地面の形状なども感知していて、昆虫でいえば触角《しょっかく》に相当する器官なのである。

23

ラングドックサソリの家族

母親の背中に乗る子供

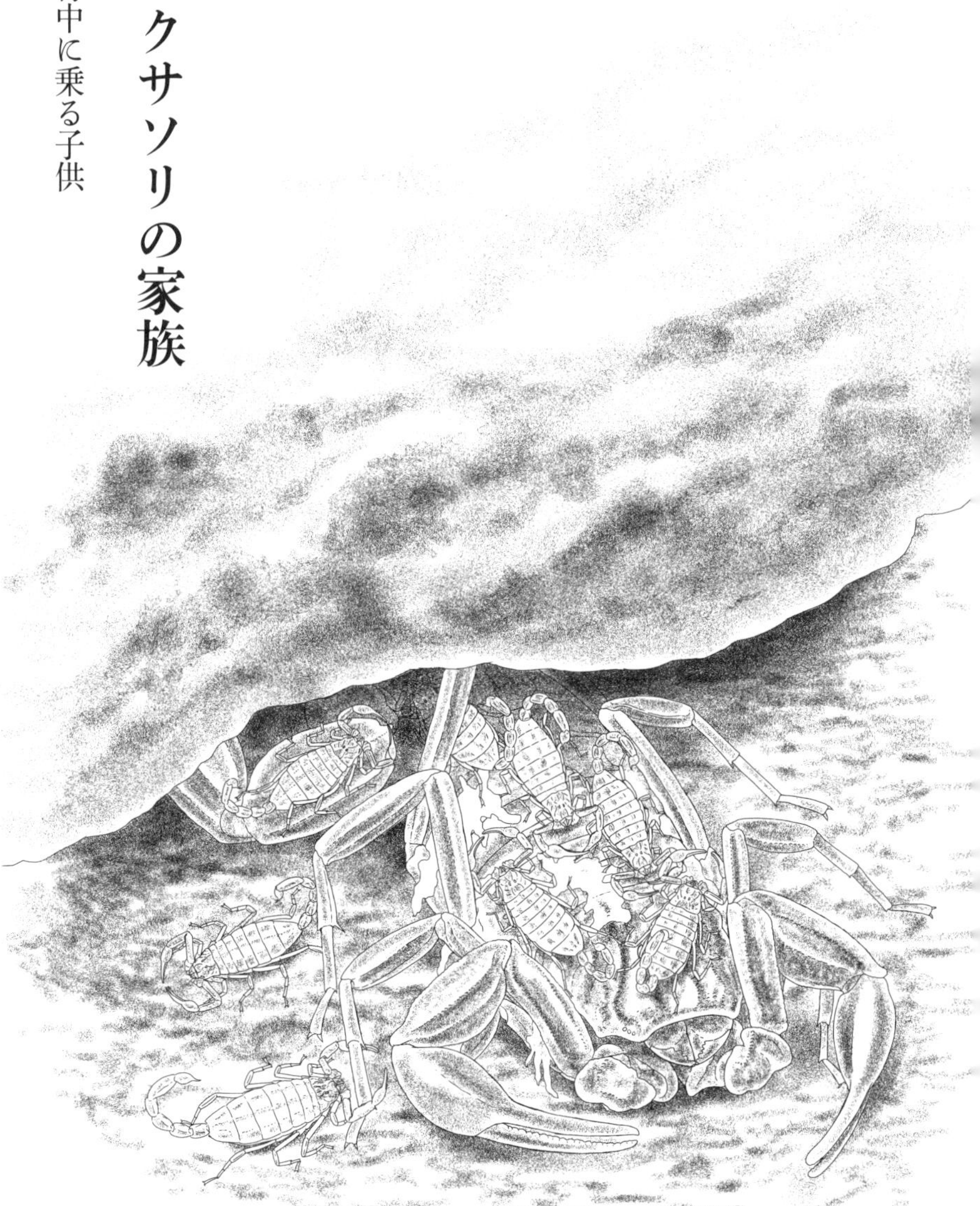

ある日、あのパスツールが私の家を訪ねてきた――カイコの病気を調査しているのだという――ところが彼は繭《まゆ》が何であるのかさえ知らなかった――パスツールは細部に囚《とら》われることなく大局を摑《つか》んで考える――私も本や人の意見に左右されず事にのぞもう――七月後半、クロサソリの雌が背中に子供を乗せていた――ガラスの飼育箱のラングドックサソリのなかにも子供を背負う母親を見つけた――サソリは本当に胎生《たいせい》なのか――生まれたばかりの真っ白なサソリの子供は、母親の背中に這《は》い登《のぼ》る――母親の姿は、白いケープを羽織ったかのようだ――一度脱皮をするとサソリらしい姿になった――食物を摂《と》っていないのに体が急に大きくなる――親が食物を与えているようすはない――子供は独立しようとしている――彼らに何を与えたらよいのだろうか――名残り惜しいが本来の住《す》み処《か》に返してやろう

扉絵　母親の背中に乗るサソリの子供

書物から得る知識は、生命の問題を扱ううえでは、あまり頼りになるものではない。文献を豊富に揃《そろ》えた書庫に頼るよりも、事実そのものから、不断の努力によって聞きだすほうがより好ましい。たいていの場合、無知であるのはむしろ素晴らしいことなのだ。よけいな先入観にさえ囚《とら》われなければ、精神は探究の自由を保つことができるし、書物から妙な暗示を受けたりして、出口なしの迷路に迷い込んだりすることがない。ところが最近私は、またもやそういう失敗をしてしまった。

*ある解剖学の論文によって——これはその方面では大家といわれる人の著わしたものなのだが——ラングドックサソリ[1]が子育てをするのは九月だと教えられた。ああ、まったく！　そんな本など読まなければよかったのだ。

サソリが育児をする時期は、すくなくとも私の住んでいるプロヴァンス地方の気候のもとでは、それよりずっと以前なのである。それに、子育ての期間は短いので、九月になるまで待っていたら、何ひとつ観察できなかったことであろう。

1　**ラングドックサソリ**　ラングドック蠍。*Buthus occitanus*（旧 *Scorpio occitanus*）体長60～80㎜　節足動物門《せっそくどうぶつもん》鋏角亜《きょうかくあ》門《もん》クモ上綱《じょうこう》クモ綱《こう》クモ亜綱《あこう》サソリ目《もく》キョクトウサソリ科キョクトウサソリ属。→本巻17～23章。

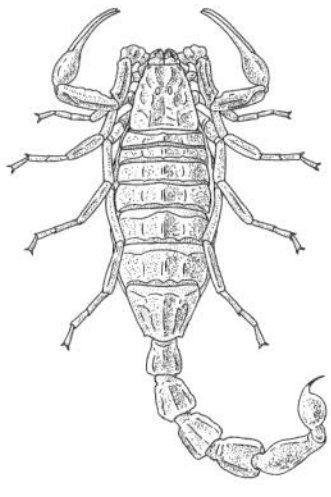

私が非常に強い興味をもって、ああだろうか、こうだろうかと思い描いていた情景にようやく接することができたのは、観察を始めてから三年目、うんざりするほど退屈な、待ちぼうけを食らわされたあとのことであった。思いもかけない状況がなかったら、私はこの年も束の間の好機をむざむざ見逃してしまい、また一年を無駄にするか、場合によったらこの問題の解決をあきらめてしまっていたかもしれない。

いや、ほんとうにそうなのだ。無知にも利点はある。踏み固められた道をはるかはずれたところで新しいものが見つかるのだ。それというのも、むかしフランスでもっとも著名な大学者のひとりが、自分がどんな教訓を与えたかなど、まったく気づくことなく、私にそのことを教えてくれたからである。

ある日突然、あのパスツール*[2]が我が家の呼《よ》び鈴《りん》を鳴らしたのだった。その後、あっという間にあれほどの名声を獲得することになった、あのパスツールその人が、である。名前だけは私も知っていた。*酒石酸《しゅせきさん》の非対称性[3]について論じたこの学者の、見事な研究論文を私は読んでいたからである。そのあと続けて私は滴虫類《てきちゅうるい》[4]の発生に関する彼の研究を読んで非常に面白いと思った。

科学にも、時代によって突飛な考え方がある。今日では進化論が大流行りだが、当時流行っていたのは自然発生説[5]であった。しかし、球形フラスコを、ある場合

2 **パスツール** PASTEUR, Louis（一八二二―九五）。フランスの生化学者、微生物学者、細菌学者。→訳注。

3 **非対称性** 構成している分子は同じでも結合が異なる化合物。化学的物理的な性質が異なる。光学異性体《こうがくいせいたい》。→訳注「酒石酸《しゅせきさん》の非対称性」。

4 **滴虫類** infusoria 藁《わら》を水に浸した液体中に出現する微生物。おもに藁についていた繊《せん》毛虫類《もうちゅうるい》、あるいは幅広く原生動物の意味として使われてきた。現在では、より細分化され、滴虫類という分類群は用いられていない。

5 **自然発生説** 生物が、その親からではなく、ごみや地中、水中から自然に湧《わ》いてくるという考え。十九世紀初頭までは、学者のなかにも自然発生説を信じる者が多かった。→訳注「パスツール」。→第2巻3章訳注

には消毒し、別のある場合には消毒をしないでおくなど、意図的に条件を変えて、単純明快かつ厳密な、素晴らしい実験を行なうことによってパスツールは、腐った物の中で化学変化が起きて生命が発生するという、愚かしい自然発生説を永久に葬り去ったのである。

　明快な論述によって華々しい勝利を収めた件《くだん》の論争のことをよく知っていた私は、この高名なお客を精いっぱいもてなした。彼はいくつかの点について情報を得たいと思って、真っ先に私のところにやって来たのだ。私がそういう、格別の名誉を与えられたのはただたんに、私も彼も同じく物理と化学を研究していたからだった。ああ、私など、とるにも足らぬ、名もなき同学だというのに。

　パスツールがアヴィニョン方面に来たのは養蚕業《ようさんぎょう》視察のためであった。その数年もまえから、養蚕農家はかつて聞いたことも見たこともないような厄災に襲われ、いったいどうしたらよいか困惑しきっていた。カイコ[*6]ははっきりした理由も不明のまま、腐って溶けたり、石膏《せっこう》の衣でもかぶせたようにかちかちに硬化したりしてしまうのだった。農家の人々は自分たちのおもな収穫物であるカイコが次々に死んでいくのを茫然と眺めていた。あんなにも手間暇をかけ、お金もかけたのに、蚕室中のカイコをすっかり肥溜《こえだ》めに投げ捨てなければならなかったのである。

「スパランツァーニ」。

6 **カイコ** 蚕。*Bombyx mori* 鱗翅目《りんしもく》（チョウ・ガ類）カイコガ科カイコ属のガの幼虫。クワの葉を食べる。絹糸を採《と》るため養蚕《ようさん》が行なわれる。十九世紀中頃には日本から南仏へ、カイコの卵が輸出されていた。→訳注。

*猖獗《しょうけつ》を極めているこの病気について、少しばかり話し合ったあと、パスツールは出し抜けにこう言った。

「繭《ココン》というのを見てみたいものですな。私はまだ一度も見たことがないんです。名前だけしか聞いたことがないのでね。手に入れてはもらえないでしょうか」

「結構です。私の家主がちょうど繭《ココン》の商売をやっておりまして、すぐそこに住んでおりますから、ちょっとお待ちください。すぐお持ちします」

私は急いで隣の家まで行って、ポケットに繭《まゆ》をいっぱい詰め込んで帰ってくると、それをパスツールに差し出した。

彼はそれを一個手に取って、指で摘《つま》み、矯《た》めつ眇《すが》めつ、しきりに引っくり返してみたりした。ちょうど、われわれが世界の彼方からもたらされた珍奇な品物を見るときにやるように、いかにも珍しそうにしていたが、耳のそばで振ってみると、

「からから音がする。中に何か入ってるんですか」

とひどく驚いて言った。

「ええ、もちろんです」

「いったい、なんですか」

「*蛹《クリザリード》ですよ」

「え？　蛹《クリザリード》ですって？」

「蛹《クリザリード》というのは、まあ言ってみれば一種のミイラみたいなもんですよ。芋虫《いもむし》とか毛虫がチョウやガになるまえにそういう姿に変化するんです」

「どの繭《ココン》の中にも、そんなものがひとつ入っているんですか」

「もちろんです。繭《ココン》というのは蛹《クリザリード》を守るために幼虫が紡《つむ》いだんです」

「はあー」


そしてそれ以上何も言わず、パスツールは繭をポケットにしまい込んだ。きっとあとでゆっくり、この大発見の代物、つまり蛹《クリザリード》を調べるつもりだったのであろう。

この見事なまでの自信に私は打ちのめされた思いであった。幼虫や繭や蛹《さなぎ》や昆虫の変態[7]などということを少しも知らずに、パスツールはカイコを再生させようとやってきたのである。古代ギリシアにおいて、オリンピック競技の選手たちは戦いの場に素裸で現われたという。蚕室で流行している厄災と戦おうという、この天才的な闘技者パスツールも、同じように裸で戦いに駆《か》けつけたのだ。つまり、危険から救出せねばならぬ昆虫について、ごく基本的な知識すらもちあわせてはいなかったのである。私は呆気《あっけ》にとられてしまった。というよりその自信の凄さに感嘆するばかりだった。

7　**変態**　成長にともなって姿を変えてゆくこと。昆虫の場合、幼虫がまったく姿を変えないまま成虫になる無変態、幼虫から蛹《さなぎ》にならずに成虫になる不完全変態、幼虫、蛹、成虫と成長する完全変態がある。

そしてそのあとで起きたことでも私は、それに劣らず衝撃を受けた。当時パスツールはカイコの病気のほかにもうひとつ、加熱することによって葡萄酒《ぶどうしゅ》の品質を向上させるという問題に没頭していた。彼はいきなり話題を変えて、

「あなたの酒蔵を見せてくれませんか」

と言ったのである。

この人に私の酒蔵を見せるだって？　この私の貧しい酒蔵を見せろというのか！　その当時、教師の安月給では、ほんのわずかでも葡萄酒を飲むなんて贅沢《ぜいたく》はとても無理だった。だから私は、粗糖《そとう》ひと摑《つか》みとすりおろしたリンゴを壺の中で発酵させて、[8]まがい物の安酒を造っていたのだ。それなのに、私の酒蔵！　私の酒蔵を見せろだなんて！　年代別、銘柄別にレッテルを貼って積み上げられた、埃《ほこり》の積もったワインの樽《たる》と壜《びん》とを見せられるのであったら、どうして隠すことがあるだろう。だが、私の酒蔵を見せろだなんて！


すっかりうろたえてしまって私はこの頼みをはぐらかし、ほかの話をしようとした。だが彼はしつこかった。

「お願いですから、あなたの酒蔵を見せてください」

こうまで執拗に言われるともう断ることはできなかった。私は台所の隅に置いてある、古くなって*藁《わら》の尻が抜けた椅子を指さした。その上には一二リットル入

8　**まがい物の安酒**　原綴《げんてつ》は piquette《ピケット》 で、葡萄酒《ぶどうしゅ》の搾《しぼ》り滓《かす》に水や砂糖を加えて再発酵させた酒のこと。安物の葡萄酒も同様の名で呼ばれる。

りの柳の細枝細工で包んだ大壜《ダーム=ジャンヌ》[9]が置いてあった。

「ほら、あれが私の酒蔵ですよ」

「あなたの酒蔵？　あれが？」

「ほかには持っていません」

「あれだけ？」

「ええ、まあ、そうなんです。あれだけです」

「ああ、そう」


それきり彼はひと言も発しなかった。彼のほうからは、まったく何も言わなくなったのである。庶民が「気違い牝牛《ヴァッシュ・アンラジェ》」と呼ぶ、ぴりっと舌を刺すこの安酒のことなど、明らかにパスツールは知らなかったのだ。

私の〝酒蔵〟である古い椅子や、残り少なくなってしまって、揺するとちゃぽちゃぽ音のする大壜は、熱を加えることによって酵母菌《こうぼきん》を殺し、酒の酸化を防ぐことについては何も語ってはくれなかったけれど、しかし次のことははっきりと語っていた。それなのに、この高名な訪問客には、それがわからないようなのであった――つまり彼は、ある病原菌、それもいちばん恐ろしい病原菌のひとつを見逃していたのだ。それは、一所懸命頑張ろうという意志をもった者の息の根をも止めてしまいかねない、貧苦という名の病原菌のことである。

9　**大壜《ダーム=ジャンヌ》**　dame-jeanne　柳細工で包まれた細口の大壜。容積はおよそ五～五〇リットル。▼座面が編んだ藁《わら》で造られた椅子の上に置かれた大壜《ダーム=ジャンヌ》。

酒蔵などという邪魔が入って、気まずくなるというひと幕もあったけれど、私はあのいっそ晴れやかな、と言いたいようなパスツールの自信には衝撃を受けた。彼は昆虫の変態についてまったく知らなかった。繭なるものは生まれて初めて見た。その繭の中には、将来ガ（蛾）になるものの下書きともいうべき何ものかが入っていると、たったいま知ったのだ。この南仏地方でならば、小学生でも知っていることを彼は知らなかった。それなのに、昆虫学にはまったく不案内なために、無邪気な質問をしてあんなに私を唖然とさせた人物が、その後、養蚕所の衛生に一大変革をもたらすことになったのである。同様に、パスツールはその後、医学と一般衛生学とにおいても、革命を起こすことになるのだ。

彼の武器は、細かいことに囚われずに大局を摑むその考え方なのだ。昆虫の変態や幼虫や若虫[10]や繭や囲蛹《いよう》[11]や蛹その他、昆虫学に関する無数の細かい秘密なんか彼にとってはどうでもいいのである。パスツールの場合、問題を解決するにはそんなことはむしろ一切知らないでいるほうがかえってよかったのかもしれない。知らないために一層それに囚われない発想ができ、大胆に考え方を飛躍させることができるようになる。そして発想の働きは、すでに知っているその知識の枠を超えて、より自由になるのである。

10 **若虫**　「わかむし」または「じゃくちゅう」と読む。羽化《うか》まえの個体（幼虫）。特にバッタやコオロギなど蛹の期間をもたずに羽化する不完全変態を行なう昆虫の幼虫（ニンフ）を指す。これら直翅目《ちょくしもく》（バッタ類）では、幼生《ようせい》と呼ばれることもある。多くの昆虫の場合、翅《はね》をもたない状態が若虫だといえる。

11 **囲蛹**　ハエなどの仲間に特有の構造をもつ蛹。ハエの幼虫（蛆虫《うじむし》）は、三齢《さんれい》のときに脱皮をせず、外側の皮が角質化して蛹の表面に密着して固まり、蛹を囲む殻《から》のようになる。双翅目《そうしもく》短角亜目環縫群《たんかくあもくかんぽうぐん》（ハエ類）や撚翅目《ねんしもく》（ネジレバネ類）でみられる。

パスツールが、耳もとで振るとかから音を立てる繭に驚いていた、あの凄い先例に勇気づけられて、私自身も本能について研究をする際の信条として、あらかじめ何も知らずに事に臨む、という方式を採《と》ることにした。私はほんの少しか文献を読まない。本の頁《ページ》をめくったり――そもそも書物は高価なのでとても私には手が出ないのであるが――人の意見を聞いたりする代わりに、私は研究相手の虫と、顔と顔を突き合わせ、その虫が話しはじめるまで、しつこく粘るのだ。私は何も知らない。それでいいではないか。虫に対して私はそれだけ自由に問いかけることができ、何かが明らかになるのに応じて、今日はこの方向へ、明日はまったく逆の方向へと歩みを進めていくのだ。

そしてたまに本を開くようなことがあっても、頭の中に、何に対しても遠慮なく疑問を発するだけの余地を充分に残しておく。それぐらい、私がいま開墾している地面には、手のつけられない草や茨《いばら》がいっぱいはびこっているのだ。

ところが、こうした用心を怠ったために、私は今、すんでのことでその年を無駄に過ごすところであった。本で読んだことをうっかり信じたために、私はラングドックサソリの子供が九月以前に生まれるとは予期していなかったのだが、その誕生の時期がいきなり七月に訪れたのだ。

こんなふうに予想と実際とのあいだに時期的なずれが生じたのは、気候に違いがあるからだと私は考えている。私はプロヴァンスで観察しているわけだが、私に情報を与えてくれた[*12]レオン・デュフールは、スペインでの観察を本に書いているのだ。もちろん彼は権威ある偉い学者だが、私としては用心を怠ってはいけなかった。それを忘れたために、運よく[13]クロサソリが教えてくれなかったら、もう少しで好機《チャンス》を逃すところであった。ああ、まったく！　パスツールが蛹のことなど知らずにいたのは正しかったのだ。

　ラングドックサソリより小型で、動きもあまり活発でないクロサソリを、ラングドックサソリとの比較対照用にと、私は研究室の机の上に置いたありあわせの広口壜《ひろくちびん》の中で飼っていた。たいして邪魔にもならないし、調べるにしても容易なので、私は毎日、この粗末な飼育装置に目をやっていた。

　毎朝、観察記録のノートに何頁分か、文章を書きつける仕事に取りかかるまえに、私は必ず、このクロサソリの隠《かく》れ家《が》として与えてあるボール紙の切れっぱしを持ち上げ、まえの晩に起きた出来事を調べることにしていた。こんなふうに毎日毎日見てまわることは、大きな[14]ガラスの飼育箱ではほとんど実行不可能なことだ。隠れ家の数が多いのに、ひとつまたひとつと、鉢《はち》のかけらをひっくり返して調べてから、またていねいにもとどおりの状態に戻しておかなければならないからである。クロサソリを飼っている広口壜でなら調査はあっという間に終わって

12　**レオン・デュフール**　Léon DUFOUR（一七八〇—一八六五）。フランスの医師、博物学者。一八〇八年にナポレオン軍の軍医としてスペインに従軍し、一八一四年まで滞在した。→訳注。

13　**クロサソリ**　黒蠍。*Euscorpius flavicaudis*（旧*Scorpio europaeus*）体長35〜45㎜　サソリ目コゲチャサソリ科エウスコルピウス属。→本巻17章91頁図、解説。

14　**ガラスの飼育箱**　サソリを観察するためにファーブルが誂《あつら》えた飼育装置。→本巻17章。

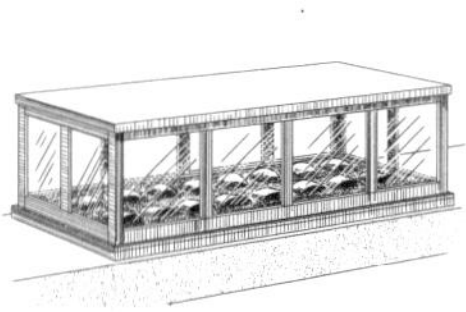

しまう。

こんなサソリの集落《コロニー》の〝出張所〟を常に目の前で見られたおかげで私は助かったのだ。七月二十二日、朝の六時頃、ボール紙の隠れ家をめくってみると、一頭の雌が背中に子供[15]の群れを乗せていたのである。まるで、白いケープか何かを羽織ったかのようだ。そのとき、私は穏やかな満足感を味わったのだが、これは観察に苦労する者をときおり訪れ、慰《なぐさ》めを与えてくれる瞬間である。

子供のサソリを着物のように身に纏《まと》った母サソリという素晴らしい光景を、私は初めて、この目で見たのであった。出産は少しまえ、夜のあいだに行なわれたはずだ。というのは、まえの宵に私が見たとき、この母親の体には何もついていなかったからである。

私はさらに続けて成功に恵まれた。翌日、別の母親が子供に覆《おお》われて白くなっていたのだ。そして翌々日には、別の二頭が同時に同じ姿になった。合計で四頭。ここまでは私も期待していなかった。四組のサソリの家族とともに、何日か穏やかな日々を過ごすあいだ、私はしみじみとした幸せを味わった。

それだけではない。私はより一層の好運に恵まれたのである。広口壜の中で最初にクロサソリの子供を見つけたとき、あっちのほうではどうなっているんだろ

15　**子供**　生まれたてのサソリの子供（幼体《ようたい》、若虫）の体色は真っ白である。サソリは脱皮を繰り返しながら無変態で成長する。成熟した成体になるまでに七回ほど脱皮するが、それまでは幼体と呼ばれる。本訳ではファーブルの表現に従い「子供」と訳出した。

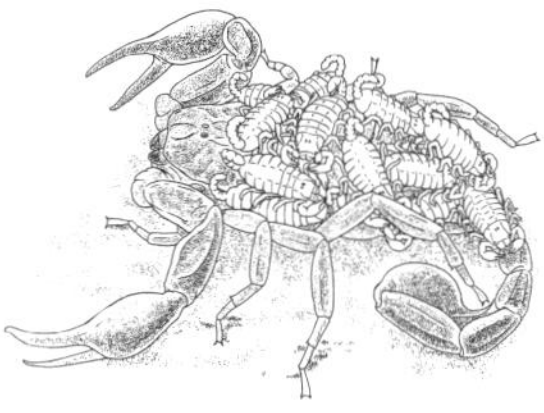

▼子供の群れを背負ったクロサソリの母親。

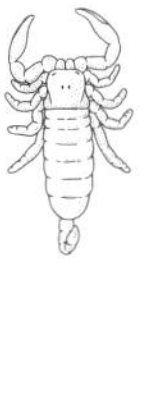

▼子サソリ。

うと、私はすぐにガラスの飼育箱のことを考えた。ラングドックサソリもクロサソリと同じように、文献にあるよりは早く生まれるのではないか、と考えたわけだ。そうだ、一刻も早く見にいかねば。

二十五枚の鉢のかけらを私は持ち上げてみた。大成功であった！　年をとった私の血管の中に、二十歳の若者のころ味わったあの熱情にも似た血潮がみなぎるのを感じた。鉢のかけらすべてのうち、三枚の下に、子供を背中に負った母親を私は発見したのだ。そのうち一枚の鉢のかけらの下の子供たちは、もうすでに少し大きくなっていて、のちの観察によってわかったのだが、生まれてから一週間ぐらいは経っているようであった。

ほかの二枚の鉢のかけらの下の子供たちは生まれたばかり、というか前夜に生まれたのであるらしかった。母親が腹の下に大事そうに抱え込んでいる襤褸屑《ぼろくず》のようなものがそのことを物語っている。この屑がなんであるのかは、まもなくわかることになる。

七月が過ぎ、八月、九月と経過した。サソリの子供の数をこれ以上増やしてくれるような新たな収穫はまったくなかった。

だから、クロサソリもラングドックサソリも、両方とも子供が生まれる時期は、七月の後半、ということになる。その時期が過ぎるとサソリの出産はもうすべて

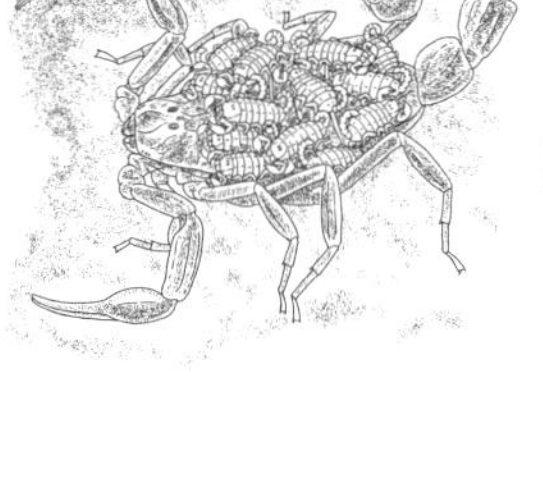

▼子供の群れを背負ったラングドックサソリの母親。

16 **胎生**　厳密には、体内受精した卵が、母体内で胎盤などを通じて、栄養や酸素をとり入れ

すんでしまっていることになる。しかしガラスの飼育箱の中で飼っているサソリたちのなかには、子供を産んだ連中と同じくらい腹の膨《ふく》れた雌がまだいる。こういう雌たちもそのうち子供を産んでくれるものと、私はあてにしていた。外見からして、どうしてもそうだとしか思えなかったのである。

　やがて冬になったが、それでも雌のうちのどれ一頭として、私の期待に応えてくれる者はいなかった。出産は近々起こるだろうと思われたのだが、翌年まで延期された。これはつまり、サソリが、下等動物にしてはかなり珍しく、妊娠期間が長いということの新たな証拠である。

　もっと簡単に詳しく観察できるように、私はサソリの母親とその産んだ子供たちとを、ほかのサソリたちと隔離して、それぞれの家族ごとに狭い容器に移し替えてやったのだが、朝、いつも観察をする時刻に調べてみると、夜のあいだに子供を産んだ母親のサソリたちの腹に隠れるようにして、生まれた子供たちの一部がいた。藁《わら》で突《つつ》いて親をどかせると、これから母親の背中に登るはずの子供の群れのなかに、ある物を発見したのだが、それは、書物が私に教えてくれたこの問題に関する少しばかりのことを、根底からくつがえすものであった。

　すなわち、サソリは胎生[16]《たいせい》だということになっているが、学術的には、この言い方は正しくないのだ。つまり、サソリの子供は、われわれが見知っているような

たり、老廃物を排出したりしながら発生が進み、幼体の姿となって出産されること。単孔類《たんこうるい》以外の哺乳類や爬虫類《はちゅうるい》、魚類のごく一部にみられる。類似した出産形態に卵胎生《らんたいせい》があるが、これは母体内で栄養や老廃物の交換が行なわれず、受精卵は内部の卵黄を使って発生する。ファーブルは、これらのどちらという意味ではなく、母親から子供の姿で出てくる（出産）か、卵で出てくる（産卵）かを考察しているようである。

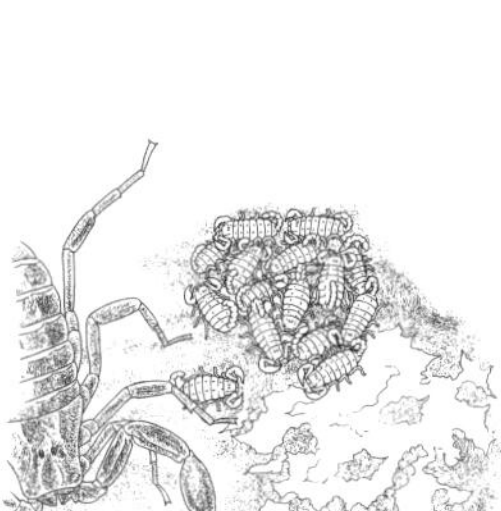

▼母親をどかせると、そこにはサソリの子供とともに襤褸屑《ぼろくず》のようなものが見つかった。

姿のまま生まれてくるのではないのである。

　これは当然そうでなくてはならぬところだ。鋏《はさみ》を突き出し、脚《あし》を広げ、尻尾《しっぽ》をそっくり返らせていたのでは、どうして母親の産道をくぐり抜けることができようか。脚や尾が飛び出し、場所ふさぎの格好をしたサソリの子供が狭い通路なんか通り抜けられっこないのだ。だから、どうしてもかさばらないよう、ぎゅっと小さく何かに包まれて生まれてくるのでなければならない。

　母親の体の下で発見された残存物の中に、実際に、サソリの妊娠が進んだとき解剖してみると、卵巣から取り出されるのとほとんど変わりのない、本物の卵が見つかった。米粒のような卵の中にかっちりと凝縮されている微小なサソリの子供は、尻尾が腹に沿ってぴたりと押しつけられ、鋏は胸に折りたたまれ、脚は横腹にしっかり張りついていて、全体がなめらかにするりと滑りやすい、小さな卵形をしていて、引っかかりそうな突起など少しもない。額の上の濃い黒点は眼であることがわかる。この小さな虫はガラスのように透明な液体の中に漂っている。これが今のところはこの虫にとっての全世界であり大気なのだ。そしてこの液がごくごく薄い膜に包まれているのである。

　これはまさに正真正銘の卵なのだ。一頭のラングドックサソリの腹の中には最初三十から四十個、その卵が入っていた。クロサソリの場合、若干その数は少ない。夜間の出産*は、あまりにも遅い時間に行なわれたため間に合わなくて、私はその終わりかけのところを見たにすぎないのだが、そこに少し残っていた物証でも、私の確信を裏づけるのには充分である。サソリは実際には卵生なのである。ただし、その卵はたちまちのうちに孵化《ふか》するのであって、卵が産み落とされるやいなや子供はすぐ外に出てくるのだ。

ところで、サソリの子は、どうやって卵から脱出するのか。私はそれに立ち合うという輝かしい特権をもつことができた。母親のサソリが鋏角《きょうかく》の先を慎重に使って卵の膜を引っかけると、それを破って引《ひ》き剝《は》がし、そのあと飲み込んでしまうのを私は見たのだ。母親のサソリは、羊や猫が子供の羊膜《ようまく》を食べてやるときに見せるような愛情と細やかな注意を込めて、生まれたばかりの子供を包んでいる卵の膜を剝いでやる。親の身に具《そな》わっている道具としては粗雑なものしかないけれど、やっと体ができたばかりの子供を傷つけたり、脚を挫《くじ》いてしまったりすることはない。

今になってもまだ、私の驚きはおさまっていない。サソリは人間の母親に近い愛情をもった行為を、生物界に初めて持ち込んだ生き物なのだ。太古のむかし、最初のサソリが出現した石炭紀[17]の植物が繁栄している時代に、子供を育《はぐく》む母親の愛がすでに準備されていたのだ。

17　**石炭紀**　約三億六千万年前から二億九千万年前に相当する古生代の一時代。地上には巨大な木生《もくせい》シダが大森林を形成し、昆虫、サソリ、クモ、爬虫類などが出現した。現在採掘される石炭の多くは、この時代に生えていた木生シダの化石である。

長い眠りについている、植物の種子のような卵、つまり当時、爬虫類《はちゅうるい》や魚類がもっており、もっとあとには鳥類とほとんどすべての昆虫類がもつようになった卵という形態は、子宮で子供を育てる高等動物の先駆けとなる、はるかに繊細な生物と同時代に存在していた。その当時、胚子《はいし》の孵化が起きたのは、生命を脅《おびや》かすようなさまざまな闘争が繰り広げられている母親の体の外でのことではなかった。それは母親の体内で成し遂げられていたのである。

生命の進歩は、劣ったものからより優れたものへ、より優れたものからさらに優れたものへと、段階を追って起きたのではない。それは、ある場合には前へ、また別の場合には後ろへと、断続的な跳躍を繰り返しながら進んでいくのである。

海洋には潮の満《み》ち干《ひ》がある。生命の世界は、いわばはるかに計測の難しいもうひとつの海洋なのであって、それは水からなる海洋同様に、潮の満ち干を有しているのだ。生命の世界にはそのほかにも、われわれには推し量ることのできない未知の変化があるのであろうか——誰がこの問いにそうだと答えることができようか。そして誰に、違うと言えるだろうか。

もしも母親の羊が、仔羊のために羊膜を口でむしゃむしゃ食べて取り去ってやるのでなければ、仔羊はその産衣《うぶぎ》からけっして脱出することはできない。同様にサソリの子供も、卵から外に出るためには母親の力添えが必要なのである。

サソリの子供たちのなかには、ねばねばしたものが体に張りついたために、なかば破れた卵の袋の中で、かすかに身をもがき、外に脱出できないでいる者もいる。サソリの子供が完全に卵の外に出るためには、母親が卵の膜を鋏角を使って破り、手伝ってやらなければならないのだ。それどころか、サソリの子が外に出ようと、自分自身もいくらかでも力を出しているかどうかさえはっきりしないのだ。産衣の袋は、タマネギの鱗片《りんぺん》の内皮ぐらい薄いものであるが、サソリの子供はあまりにもか弱いため、こんなひ弱なものにぶつかっても手も足も出ないのだ。鳥の雛《ひな》は嘴《くちばし》の先に、一時的に瘤《こぶ》[18]のようなものができて、殻《から》を突いたり、壊したりすることができるようになっている。できるだけ嵩《かさ》が小さくなるよう、米粒ぐらいの卵の中にきっちり詰められたサソリの子供は、自分からは動かず外側から助けてくれるのをただひたすら待っている。

だから母親が何もかもしてやらなければならないわけだ。彼女はそれをとても上手にやってのけるので、出産のときに付随するものや、卵がどっと流れるように外に押し出されてくるとき、その中にたまに混じっている無精卵までも含めて全部なくなってしまうのだ。もう役に立たない襤褸屑はひと切れも残っていない。みんな母親が飲み込んでその胃の中に収めてしまうので、子供が産み落とされた地面はすっかりきれいになっている。

18　**瘤のようなもの**　孵化《ふか》するときに卵膜《らんまく》や卵殻《らんかく》を破るために口器の周辺に形成される突起（卵歯《らんし》）。孵化後まもなく脱落する。鳥類のほか、爬虫類や昆虫類（コオロギやバッタ）などでもみられる。

かくして今や、サソリの子供はたんねんに卵の皮を取り除かれ、さっぱりとして自由になる。連中は真っ白である。体長は頭から尾の先までラングドックサソリで九ミリ、クロサソリでは四ミリというところ。

体をぬぐってもらい、手足が自由になると、彼らは一頭、また一頭と、母親の背中に上がっていく。母親のサソリは、子供たちが登りやすいよう鋏を地面につけたままにしているが、その鋏を子供たちは格別急ぐでもなくよじ登るのだ。母親の背中の上で子供たちはぎっしりと互いに身を寄せ合って群れを作り、てんでに入り混じって、継ぎ目のない一枚の布か何かのように隙間もなく密集している。小さな鉤爪《かぎづめ》をもっているおかげで、子供たちはけっこうしっかりと、母親の体にしがみついている。筆を使ってこの虚弱な虫たちをぱらぱら払い落とそうとしても、少し乱暴なぐらいにやらないと、なかなかうまくいかないほどである。放っておくとそのまま、乗った子供も乗られている母親もじっと動かないでいる。実験するなら今だ。

母親のサソリが、白いモスリンのケープを羽織りでもしたように、みっしり集まった子供たちに覆われているその光景は、まさに見ものと言っていい。彼女は尻尾をぐっと高く反《そ》らせて静止している。藁稭《わらしべ》を子供の群れに近づけてみると、母親はたちまち二本の鋏を振り上げて怒りの姿勢をとる。自分の身を守る場合に

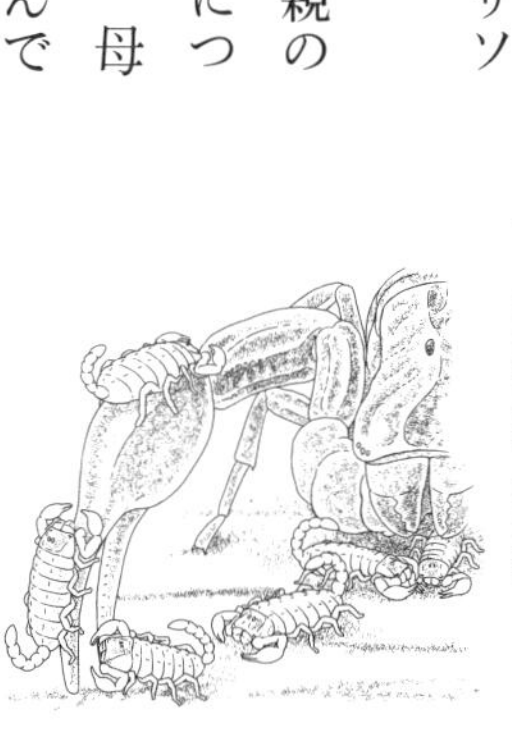

▼地面で卵から脱出した子供はすぐに母親の背中に乗る。

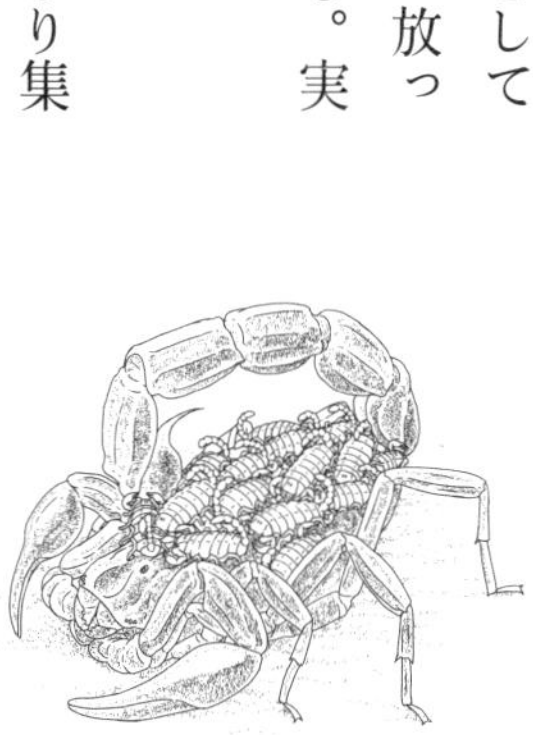

▼背中全体が白い子供の群れに覆《おお》われて、白く見えるサソリの母親。

はこんな格好は滅多にしないのだが、両の拳《こぶし》を拳闘家《ボクサー》のように前方に構え、鋏を大きく開いて、いつでも反撃できる姿勢をとっている。

尻尾を振りまわすようなことは稀《まれ》である。尻尾を突然ぴんと伸ばしたりしたら、背筋に衝撃《ショック》が伝わって、背中に乗った子供たちの一部は振り落とされてしまうであろう。両の拳をいきなり昂然《こうぜん》と振り上げて威嚇すればそれで充分なのだ。

私には好奇心というものがあるから、それぐらいの脅《おど》しは平気である。サソリの子供を一頭、母親の背中から落として、その目の前、指の幅一本分くらいのところに置いてみた。ところが母親はこの転落事故のことを気にかけているようなようすはない。さっきまでじっとしていたわけだが、こんなことをしてやっても相変わらずじっとしたままだ。子供が一頭転がり落ちたぐらいで、どうしていちいち大騒ぎしなきゃいけないの、といったぐあいなのだ。

落ちた子供はひとりでなんとか切り抜けるだろう。サソリの子供は手足を振り動かし、じたばたしている。それから、母親の鋏が手近にあるのを見つけると、けっこう軽快によじ登り、兄弟たちの群れに戻る。サソリの子供はこうしてふたたび母親の背に乗るわけだけれど、その機敏さにおいては、馬の背で宙に舞う曲乗りの名人さながらの、[19]コモリグモの子供にはとてもかなわないのだ。

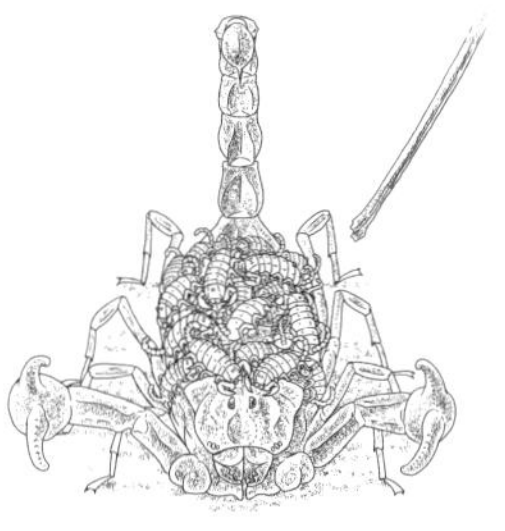

▼背中に子供を乗せたまま触肢《しょくし》の鋏《はさみ》を振り上げ威嚇の姿勢をとる母親。

19　**コモリグモ**　コモリグモ科コモリグモ属 *Lycosa* の仲間。地上を徘徊し、獲物を捕らえる。雌が卵や孵化した子グモ（幼体）を保護する。

▼母親の背中に乗るナルボンヌコモリグモの子グモ。

私はもっと多くのサソリの子供たちで実験してみた。今度は背中の子供たちの一部の者を払い落としてみる。すると落とされた連中はそのあたりの、あまり遠くないところに散らばっている。そしてかなり長いあいだ、どうしようか、というふうに迷っている。

子供たちの群れが、いったいどこに行ったものかとうろうろしていると、母虫もようやく不安になったようである。彼女は両方の腕、つまり鋏のついた触肢《しょくし》を半円形に組み合わせると、それを熊手のように使って砂の表面をざーっと搔《か》き寄《よ》せ、道に迷っている子供たちを自分のほうに誘導する。そのやり方は、不器用で荒っぽいもので、子供が押しつぶされようと平気、といったふうだ。

雌鶏《めんどり》は優しい声で鳴き、遠くまで行ってしまった雛《ひな》たちを自分の胸もとに呼び戻すが、サソリの雌は、腕を熊手のように使って一挙に子供たちを搔き寄せる。そんなふうにしても全員無事のようである。母親の体に触れるとたちまちよじ登り、もとのとおり背中に群居するのだ。

こうした子供の群れには、ほかの雌が産んだ子供も、自分の子供と同様に受け入れられる。筆でさっと掃いて一頭の雌の子供たちをすべて、あるいは一部だけ払い落とし、自分の子供を背負っている別の雌の手の近くに寄せてやるとする。するると第二の母親は、それがまるで自分の子供であるかのように、腕で子供を搔

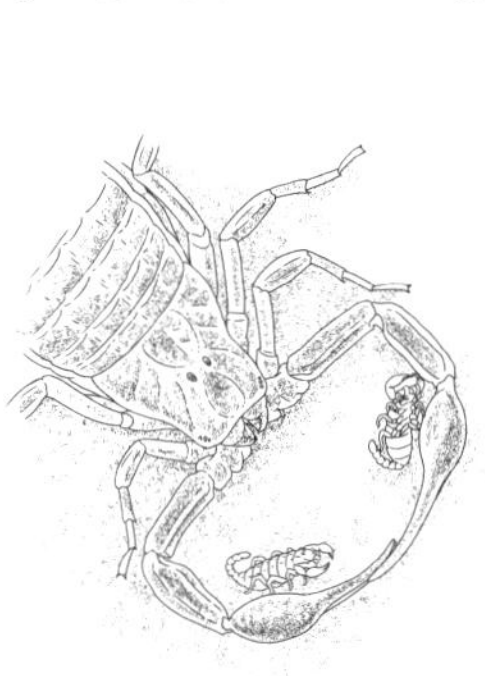

▼背中から落ちた子供を触肢で搔《か》き寄《よ》せる母親。

き集め、いかにも人が良さそうに、よその子供を自分の背中に乗せてやるのだ。

もしこういう表現が大袈裟《おおげさ》でなければ、母親のサソリは、この子供たちを養子に迎えたといえそうな感じだ。しかし、サソリが養子縁組などということを意識しているはずはない。これはコモリグモの愚かさと同じで、自分の子と他人の子とを区別することができずに、足もとでうごめいているものをすべて受け入れるというだけの話なのだ。

コモリグモが、背中に山のように子供たちを乗せて、石灰岩の荒れ地《ガリーグ》[20]を歩きまわっているところはよく見かけるので、サソリもそんなふうに散歩したりするのではないかと思っていたけれど、そうした気晴らしをサソリがやることはない。いったん母親になってしまうと、雌のサソリは、当分のあいだ、夜になってほかのサソリが浮かれ騒ぐ時刻にさえ、もう自分の巣穴から外に出ることはない。自宅に籠《こ》もりきりになって、食べることとさえ忘れて子育てに専念するのだ。

サソリの子供という、この弱々しい生き物は実際のところ、厄介な試練に遭《あ》わねばならない。言ってみれば、もう一度生まれなおさなければならないのだ。サソリの子供たちはじっとしたまま、時間が経過し、体の内部の働きによって自分が生まれ変わるのを待っている。これには幼虫が成虫になる過程と多少似たとこ

20　**荒れ地《ガリーグ》**　地中海沿岸にみられる白い石灰岩質で地表の腐《ふ》植土《しょくど》がほとんど失われた土地のこと。陽差しが強く降水の少ない地中海性の気候のため、乾燥に強い硬葉樹の灌木《かんぼく》やごく限られた草本が生えている。南仏の荒れ地《ガリーグ》には、タイムやローズマリーなどのハーブ類などが育ち、それが特有の風景になっている。→本巻15章訳注。

ろがあるといっていいだろう。

　子供たちは一応サソリの姿にはなっているけれど、なんとなく輪郭がぼやけていて、いわば湯気の向こうにいるような感じである。おそらくサソリの子供たちは、幼児の着る上っ張りのようなものをかぶっていて、それを脱いでしまわないと、体がすらりと、すっきりした姿にならないのだ。

　この皮を脱ぐためには一週間、母親の背中でじっと動かずに過ごさなければならない。一週間が過ぎると、表皮がぽろりと剝がれ落ちるのだが、これを脱皮と呼ぶのはちょっとためらわれる。それほどこれは、そのあとで何回か行なわれる本来の脱皮とは違っているのだ。

　脱皮のときには、皮膚は背中のところで縦に裂ける。そしてこのたったひと筋の裂け目から、サソリはごっそり着ぐるみを脱ぐように、乾いたぱりぱりの皮を脱ぎ捨てて出てくる。脱皮殻《だっぴがら》は、出てきたサソリとまったく同じ形をしている。


　ところがいま起きているのは、そんな脱皮とはまったく違うものだ。私はガラス板の上に表皮が剝がれている最中のサソリの子供を何頭か置いてみた。子供たちはじっと動かない。なんだか非常に苦しそうで、まるで失神しそうに見えるほどだ。皮膚は、特にこれといった裂け目の線も生じることなく破れてくる。前のほうも、後ろのほうも、側面も、同時に裂ける。脚は脚絆《ゲートル》[21]からすっぽり抜け、鋏

21 **脚絆**《ゲートル》 guêtre　布や皮などで脛《すね》を巻き上げる服装品。もともとは軍人が屋外で脛を保護し、脚捌《あしさば》きをよくするために用いた。日本へは江戸時代にフランスから輸入された。ゲートルは江戸幕府軍とフランス陸軍との結びつきを示す言葉である。

▼生まれてまもない脱皮前のサソリの子供。

は人でいえば手の甲にあたるところから剝がれ、尻尾も鞘《さや》から抜けてくる。どこもかしこもいっぺんに剝がれ、抜け殻はぼろぼろになって剝離するのだ。

この場合は、皮が破れる順序が決まっているわけではなく、全身の皮膚がぼろぼろと剝がれるのである。そのあと、ひと皮剝《む》けたサソリの子供たちは本来のサソリの姿となる。それだけではなく動きが活発になるのだ。色は相変わらず薄いけれど、連中は敏捷で、さっと地面に降りて母親の横で遊んだり走ったりする。

この時期の彼らの成長ぶりでいちばん驚かされるのは、体がいきなり大きくなることである。ラングドックサソリの子供は、最初体長九ミリだったのが、今では一四ミリにもなっている。クロサソリの子供は四ミリが六、七ミリになる。体が一・五倍になった、ということは体積が約三倍になったということだ。

この突然の成育には驚いてしまうが、いったい何が原因でこんなことが起こるのか考え込んでしまう。なぜならサソリの子供はなんの食物も摂《と》っていないからである。体重は増加していない。いやそれどころか、剝けた皮を捨てたぶんを考えると減少しているはずである。体積は増大したが総重量は増えてはいない。ということは、これはある程度まで、体積の〝膨張〟つまり、加熱によって物体の体積が増大することと比較できる。体内に変化が起きて、生命を司《つかさど》る分子の配列が変わり、以前より広い空間をとるようになる結果、新たな材料を追加するこ

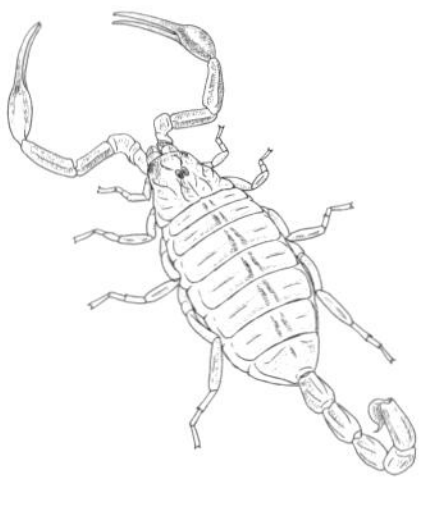

▼生まれて一週間後に脱皮したサソリの子供。サソリらしい姿になる。

となしに体積が増加するのである。

充分な忍耐力をもち、適切な道具をもった人間が、こうした体の構成の急激な変化を順を追って調べていくなら、それなりの価値のある収穫を得ることができるであろう。私は充分な道具をもっていないから、そういう仕事はほかの人にまかせようと思う。


サソリの子供から剝けた表皮の屑は、白い紐《ひも》か繻子《しゆす》の切れっぱしのようなものである。この屑は地面に落ちたりはせず、母親サソリの背の部分の、特に脚の付け根のあたりに張りつき、ふわふわした敷物のように互いに絡《から》まり合《あ》っており、そのうえに皮が剝けたばかりの子供たちが乗っている。こうして母親を馬がわりに、その上で忙しく動きまわる騎手たちに、乗り心地のいい鞍《くら》ができたことになる。降りるにしても乗るにしても、この襤褸屑の厚みはしっかりした馬具となり、素早く動きまわるサソリの子供の足がかりとなる。

筆でひと撫でして子供たちの群れを落馬させてみたとき、落とされた子供たちが実に素早くこの鞍に戻るところを見ているのは、なかなか楽しい。連中は敷き布の縁《へり》を摑み、尻尾を梃子《てこ》にすると、ひらりともとに戻るのだ。この変わった敷き布は、母親の体に這《は》い登《のぼ》りやすくしてくれるもので、まさに船同士が横付けして戦うとき、敵船に乗り込むために足場として用いる接舷《せつげん》用の網《あみ》のようなものだが、およそ一週間、つまりサソリの子供が母親の背を降りる時期がくるまで、ちぎれたりせずそのままくっついている。

しかしその時期がくるとこの敷物は、自然にぱさりと全部が落ちるか、あるいは少しずつはらりはらりと剝げ落ちていき、子供たちが独り立ちして、あたり一帯に散らばってしまったときにはもう何も残っていない。

このあいだに子供たちの体に色がついてくる。腹と尻尾とは曙《あけぼの》の赤になり、鋏は半透明の琥珀《こはく》のような、柔らかな輝きを帯びてくる。若いときにはすべてが美しく見栄えがするものだ。実際、この小さなラングドックサソリたちは素晴らしい虫であって、もし連中がずっと姿が変わらず、いずれは人を脅すようになるあの毒の袋をもたないのであったら、そんな美しい生き物を楽しみながら飼ってみたいと思うほどだ。

まもなく子供たちのなかに、母親から独立したいという欲求が目覚めてくる。サソリの子供たちは自分で母の背から降り、その傍《かたわ》らで楽しそうに遊び戯《たわむ》れるようになる。連中があまり遠くにいきすぎると、母親はまるで叱りつけるように、腕の熊手で砂の上の子供たちをひとまとめに掻き寄せる。

昼寝《シエスタ》をしているときの母親と子供の情景は、まるで安らぐ雌鶏と雛《ひよこ》の姿にそっ

▼筆で地面に落とされた子供は慌てて母親の背中によじ登る。

くりである。子供たちの大半は地面の上で母親にぴったりと寄りそっている。ある者たちは心地よいクッションとなってくれる、あの白い敷き物の上にとどまっており、また別の者たちは、母親の尾によじ登り、高く反り返った尻尾の先端にとまって、そのてっぺんからなんだか嬉しそうに仲間を眺めている。すると新手の軽業師たちが不意に出てきてまえの者たちを追い払い、彼らに代わってそこを占領する。みんなこの展望台から眺めてみたくてたまらないのだ。

大半の子供たちは母親を取り囲み、そこで絶えずうようようごめいている。母親サソリの腹の下に潜り込み、そこに縮こまり、顔だけ外に出して、まるで黒い点々のような眼だけが輝いている。いちばん元気のいい連中は母親の脚を器械体操の道具にして、空中ブランコの練習に余念がない。それからこの群れはゆっくりと時間をかけて母親の背中によじ登ると、自分の場所に陣取って静かになり、それ以後は母も子もじっと動かなくなる。

子供が成長し、独り立ちの準備をするこの期間は一週間ほどである。これは食物を摂ることなく体積が三倍になる、あの体を造り変える不思議な期間とちょうど同じ長さだ。全体としてサソリの子は、二週間ぐらい親の背にとどまっていることになる。

コモリグモは六、七か月ものあいだ、子供を背中に背負っている。子供たちは

▼地面で寄りそうサソリの親子。

まったく食物を摂らないのに、常に活発に動いている。サソリの子供たちは新しい生活を始めたのち、何か食物を摂っているのだろうか。すくなくとも表皮が剝離して身のこなしが軽快になったころはどうなのだろう。母サソリは子供たちを食事に呼び、食物のいちばん軟らかいところを彼らに残しておいてやるのだろうか――いや、母親は誰も食卓には招かず、何も残しておいてはやらない。

私はひ弱なサソリの子供にでも食べられそうな、小さな獲物のなかからバッタを一頭選び出して母親に与えてみた。母親が自分のまわりにいる子供のことなんかにはおかまいなしにバッタをもりもり齧《かじ》っているとき、一頭の子供が母親の背中のほうから頭のほうまで駆けつけていくと、身をかがめて、何事が起こっているのかようすを見ていた。ところが、脚の先が母親の触肢の鋏にちょっと触れると、ぎょっとしたように後ろに下がってその場を離れてしまった。まあ、そのほうが賢明というものだろう。がつがつものを嚙みちぎっているときの母親のサソリは、子供にひと口わけてやるどころか、ぱくりとくわえてそのままなんとも思わず飲み込んでしまいかねないのだ。

また別の子供は、親が頭から齧っているバッタの尻尾にぶら下がった。子供はひと口食べたいらしく、嚙んでみたり引っ張ってみたりしていた。しつこくやってもなんにもならない。この餌《えさ》は硬すぎる。

▼子供を背中に乗せたままバッタを食べるサソリの母親。

見ておくべきことを私はちゃんと見届けたわけだ。子供たちの食欲は目覚めているのだ。親がちょっと配慮して食べ物を与えてやれば、特に子供の弱々しい胃袋にちょうどいいものを与えてやりさえすれば、子供は自分から進んで受けとるであろう。ところが母親サソリは自分だけが食べる。それだけのことなのだ。

私にこのうえもなく楽しい時間を与えてくれた可愛いサソリの子供たちよ、おまえたちには何が必要なのだろう。みんな母親のもとを去り、遠くまで食物を、目に見えないくらい小さな生き餌《い　え》を探しに行こうとしている。そうであることは、落ちつかないようすで歩きまわっていることから私にはわかる。母親のもとから逃げ去ろうとしているのだ。母親のほうだってもはや、おまえたちが誰であるのかわからなくなっている。おまえたちは、もう充分しっかりしている。今はもう散っていくときなのだ。

おまえたちの口にちょうど合うような餌を私がもっていて、また、いちいちそれを与えてやるだけの時間が私に残っていたら、私は飼育を続けていきたいところだ。おまえたちが生まれたガラスの飼育箱の、鉢のかけらの下で、成体になった連中と一緒に、ではなく、別に分けて飼ってみたいのだ。

私は成体になったサソリの情け容赦のなさを心得ている。その人喰い鬼どもはみんなを食べてしまうだろう。それに、母親のほうだって獲物を見逃すことはないであろう。彼女たちにとっても、おまえたちはもはやこれから、まったく見知らぬ存在なのだ。来年、婚礼の時期になったら、あの母たちはおまえたちを妬《ねた》んで食ってしまうことだってあるだろう。立ち去ったほうがいいぞ。そのほうが用心深いというものだ。

どこに住まわせ、どういうふうに飼育してやったらいいのか。私としては名残り惜しい気もするけれど、ここでお互いにきっぱり別れてしまったほうがいいだろう。

この二、三日のうちに私はみんなを、太陽の照りつける石ころだらけの斜面に連れていって、本来の領地*に、種《たね》を蒔《ま》くように散らばらせてやろう。

おまえたちはそこで仲間を見つけるだろう。その仲間たちもせいぜい同じくらいの大きさで、もう独りになって、小さな、ときによると爪《つめ》よりも小さな石の下で暮らしているはずだ。おまえたちはそこで、私の家にいるよりもずっとよく、生きていくための厳しい戦いというものを学ぶことであろう。

▼サソリの子供が放された〝本来の領地〟である荒れ地《ガリーグ》。

287頁　ある解剖学の論文　これは、フランスの医師で博物学者のレオン・デュフール Léon DUFOUR（一七八〇―一八六五）が著わした、『サソリの解剖学的生理学的研究』 *Histoire anatomique et physiologique des scorpions*（一八五六）のことを指しているものと思われる。

ファーブルの遺品のなかには、署名入りで献呈された本書が残されており、デュフールはそのなかで、「四十年まえの、スペインに滞在していたころの古い記憶であるが……」と前置きしたうえで、「サソリが背中に子供を乗せているのは九月になってからである」と記している。

288頁　パスツール　ファーブルの時代には、生物の基本単位は細胞であり、その細胞は蛋白質《たんぱくしつ》で作られているという考え方が生物学の常識になりつつある時代であった。博物学から現代生物学が生まれようとしているこうした時代にあって、ファーブルは物理学や数学を応用して生物の世界をとらえようとしていた。

ほんの少しまえの時代までは、生物はごみや土の中、よどんだ水の中から自然に湧《わ》いてくるという、自然発生説が生物学者のあいだでも信じられていた。この説を実験によって完全に否定したのがフランスの生化学者、微生物学者、細菌学者のルイ・パスツール Louis PASTEUR（一八二二―九五）である。この実験は、イタリアの医師フランチェスコ・レディ Francesco REDI（一六二六―九七）から同国の生物学者スパランツァーニ SPALLANZANI, Lazzaro（一七二九―九九）へと引き継がれてきた自然発生否定論を決定的なものにし、生物学に大きな転換をもたらした。パスツールは、のちに「スワンネック（白鳥の首）」と呼ばれることになる、首の細長い、S字に曲がったフラスコに肉汁を入れて煮沸滅菌すれば、そのまま放置しても肉汁が腐敗しないことを実証したのである。これは、フラスコの口が細く湾曲しているため、外部から微生物が入り込めず、その結果肉汁が腐敗しないということを意味していた。この実験結果をもとに、パスツールは自然発生説を完全に否定したのである。そしてこの自然発生説の否定は、生物の起源はなんであるのか、という新たな生物学の疑問を生むことにもなった。ちなみにファーブルは、この有名なパスツールによる実験以前に、自然科学の学士号の口頭試問で、自然発生説に肯定的だった試験官に対して、尊敬するスパランツァーニ同様、堂々と反自然発生説を説いて見事に及第している。

腐敗と同じように、微生物の関与によって有機物に起こる現象に発酵《はっこう》がある。アルコールやパンの酵母《こうぼ》による発酵は、古くから利用されてきたが、それが微生物の働きによって起こされる現象であることを明らかにしたのもパスツールであった。それまで、こうした現象は触媒によって起こる化学的な反応であると考えられていたが、パスツールは一八五七年に乳酸菌による乳酸発酵を、そして一八六〇年には酵母によるアルコール発酵を突きとめた。なお酵母（真菌）は、われわれと同じように細胞の核に膜をもつ真核生物で、乳酸菌（細菌）は、細胞の核に膜をもたない原核生物である。生物学的にみると両者はまったく異なる生物であるが、これらを便宜的にまとめて微生物と呼ぶ。

一八六五年にカイコのあいだで広がっていた伝染病（微粒子病）の研究に着手し、その病原体がカイコの体内に生じる微粒子であることを突きとめ、七〇年には予防法を発表している。その研究の初期（一八六五年）に、パスツールはアヴィニョンに住むファーブルのもとを訪ね、カイコについての教えを乞うているのだが、その情景が本章に描かれている。

その後、パスツールは脳内出血により左半身不随となるが、微生物と、それが原因となる伝染病の研究を続け、無酸素中で活動する嫌気性《けんきせい》細菌の存在を発表。さらには、ニワトリコレラや狂犬病の免疫療法を確立、パスツールは、これらの予防製剤をワクチンと呼ぶことを提唱したのである。

このワクチン（日）、vaccine《ヴァクシン》（英）、vaccin《ヴァクサン》（仏）、Vakzin《ヴァクツィン》（独）という名称は、もともとラテン語で牝牛を意味するvacca《ワカ》が語源であるが、これはイギリスの医師ジェンナーJENNER, Edward（一七四九―一八二三）が当時vaccinia《ヴァクシニア》と呼ばれていた牛痘《ぎゅうとう》にちなんで命名したもので、その接種による予防法をvaccination《ヴァクシネーション》（種痘《しゅとう》）と呼んだ（ただしのちに牛痘ウイルスとヴァクシニアウイルスは近縁ではあるが別種であることが判明している）。パスツールは、経験知から予防法が確立されたジェンナーの種痘を讃える意味で、弱毒化した病原（抗原《こうげん》）のことを一般にワクチンと呼ぶことを提唱したのである。

一八八八年には世界中からの寄付金によってパリに「パスツール研究所」が開設され、伝染病研究の中心的な存在として今日まで重きをなしている。

ちなみに日本語ではパスツールと表記されるが、厳密にはパストゥールとしたほうがフランス語の発音に近い。Pasteur には「羊飼い」、「導くもの」という意味がある。

◆**酒石酸《しゅせきさん》の非対称性**　パスツールは、ワインの腐造《ふぞう》の研究をしているうちに、その澱《おり》から得られる溶液に偏光《へんこう》を通すと、その光線が時計回りに回転することに気づいた。さらに、人工的に造った同じ分子を含む溶液では、この現象が起こらないことを確認した。そのことから、これらの溶液の主成分である酒石酸《しゅせきさん》（ワインに多く含まれる有機化合物）の塩（酒石酸ナトリウムアンモニウム）の結晶を調べ、その構造には対称（鏡像）をなす二種の型があることを発見したのである。この結晶の研究をまとめた博士論文によってパスツールはストラスブール大学の化学の教授になる。そしてパスツールのこの研究をきっかけとして、同じ分子で構成された化学物質でも、結合の仕方で、その一部が鏡像のように対称をなすものは、その両者の化学的物理学的な性質は異なることがあるという光学異性体《こうがくいせいたい》の概念が明らかになった。

289頁　カイコ　絹を通じての洋の東西の交流がシルクロードを生み出したように、養蚕業《ようさんぎょう》は、化学繊維が発明され、それにとって代わられるまで極めて重要な産業であった。

フランスでカイコの微粒子病が流行したのは、一八五〇年代から六〇年代のことで、ナポレオン三世統治下の第二帝政の時代であった。絹製品は当時のフランスの経済を支えるもっとも重要な産物で、病気流行のためにフランスの養蚕業は大打撃を受けたが、この窮地を救ったのが日本のカイコである。フランスの養蚕業の危機を知った江戸幕府は、蚕紙《さんし》（カイコの卵が産みつけられた紙）を皇帝ナポレオン三世に献上した。これに対してナポレオンは、フランス人牧士《ぼくし》十四人に連れられた二十六頭のアラブ種の馬、多額の金品などをもって好意に報いたのだという。

一八五八年にフランスの使節が来日し、日仏修好通商条約が締結されると、日本産の生糸《きいと》は大量にフランスへ輸出されるようになった。一八六三年には、横浜に生糸専門の商社エシュト・リリアンタール商会ができ、絹を繋《つな》がりとした日仏の関係は密接なものになっていく。当時の横浜にはフランス領事館ができ、海軍病院、フランス人墓地、さらには〝フランス山〟なるものまでできていた。

この養蚕を巡る日仏の繋がりには、その前史があった。オランダのライデン大学には、シーボルト SIEBOLD, Philipp Franz Balthasar von（一七九六―一八六六）が禁を犯してこっそり日本から持ち出した上垣守国《うえがきもりくに》著『養蠶《ようさん》秘録《ひろく》』（一八〇三年・享和三年）が所蔵されていた。ドイツ人のヨハン・ヨーゼフ・ホフマン Johann Joseph HOFFMANN（一八〇五―七八）は、シーボルトと知り合い、彼に日本語と中国語を学ぶことを勧められる。このホフマンが『養蠶秘録』を仏訳し、その技術をフランス国内に伝えたのであった。こうして日本の養蚕技術は、日本人の知らないあいだにヨーロッパに広がっていたのである。

　またナポレオン三世に献上されたカイコとともに佐藤源《さとうげん》之助《のすけ》著『養蠶新説《ようさんしんせつ》』もフランスに伝わり、一八六九年（明治二年）にパリの東洋言語学校で初の日本語教授となったレオン・ド・ロニー Léon de ROSNY（一八三七―一九一四）が仏訳している。本書には、日本から輸入されたカイコの品種についてカラーの図版つきで詳しい解説が付されている。

　さらに、来日して日本の養蚕業を直接調査する者たちも現われた。その嚆矢《こうし》は横浜にスイス商館を開設し、生糸貿易に従事していたスイス人のエルネスト・ド・バヴィエル Ernest de BAVIER（生没年不詳）で、一八七四年には『日本の養蚕、絹および蚕種の商取引、絹産業』を上梓している。イギリス人のフランシス・オティスウェル・アダムス Francis Ottiswell ADAMS（一八二六―八九）は、一八六九年と一八七〇年の二回来日して、江戸から甲州、越後にかけて養蚕地を調査している。この調査には三人のフランス人が同行していた。このうちの一人、養蚕の専門家ポール・ブリュナ Paul BRUNAT（一八四〇―一九〇八）は、のちの一八七二年（明治五年）に、日本初となる近代式の製糸工場、富岡製糸場を造った人物であった。アダムスが著わした『日本の絹文化に関するアダムス氏の第三次報告書』に掲載されている地図には四人が調査のために踏破した道程が記されており、そこには Tomioka の名も見える。日本の生糸輸出量は、一九一〇年（明治四三年）に世界一になり、そのほとんどがフランスに送られていたのである。生糸は、金額で日本の輸出品の第一位を占めるようになった。政府はこうして獲得した外貨でせっせと軍艦を買っている。すなわち、絹を売って軍艦を買うという構図ができあがったのである。

290頁　猖獗《しょうけつ》を極めているこの病気　ヨーロッパの養蚕業は、一八五〇年代以降流行したカイコの微粒子病により壊滅的な被害をこうむっていた。一八六五年、パスツールがその病気を研究するために南仏に足を運び、ファーブルのもとを訪ねているのは本章に描かれているとおりである。ファーブルは、ひとつ年上の偉大な学者の業績には敬意をはらっているようだが、人物としてはあまりよい印象をもっていないように察せられる。一説には、人間の手が微生物だらけであることを知ったパスツールは、恐れをなして、けっして人と握手をしようとしなかった。それで、握手を拒まれたファーブルは、そのことにまず傷ついた、ともいう。

　その三年後、パスツールは脳内出血で倒れて左半身不随になるが研究を進め、カイコの体内に生じる微粒子が病原体で、これが増殖し、卵を通じて伝染していくことを突きとめた。そこでパスツールは、雌のカイコの蛾《が》を袋ごとに隔離して産卵させ、産卵後の蛾を顕微鏡で検査して、病気をもっているものを袋ごと除く「袋採り採種法」を開発し、病原体をもたないカイコを生産することで病気の広がりをくいとめることに成功したのである。このカイコの体内に発生する微粒子の正体は、のちにノセマ・ボンビキス *Nosema bombycis* と呼ばれる微胞子虫《びほうしちゅう》（細胞内に寄生する単細胞真核生物で当時は原生動物と呼ばれた）の胞子であることがわかった。微粒子病の名は、その胞子が顕微鏡で見ると細かな粒状になっていることに由来する。この病気は、カイコが病原虫の胞子を食べることによって感染する。体内に入った胞子は消化管の中で発芽して増殖しつづけ、この過程で、カイコの栄養は消費され、また代謝機能も阻害される。雌の場合、卵巣がこの原虫に侵されると、卵内にも胞子が形成される。その結果、この卵から孵化《ふか》したカイコも微粒子病に罹《かか》ってしまう。パスツールは、この母蛾伝染という感染経路を明らかにしたのである。

福井藩士で維新後に工部省の養蚕技術者となった佐々木《ささき》長淳《ながのぶ》（一八三〇―一九一六）は、一八七三年（明治六年）にウィーン万国博覧会に派遣され、オーストリアの養蚕試験場で、育蚕法《いくさんほう》、カイコの解剖、顕微鏡の使用法、微粒子病の検査方法など、西洋における最新の養蚕技術を習得して帰国した。さらに一八七六年（明治九年）にもイタリアで開催された第五回万国養蚕学会に参加し、そこでパスツールにも会っている。

佐々木の『微粒子病《びりゆうしびやう》 蠶之顛末《かいこのてんまつ》』（一九〇七年）には「明《めい》治《ぢ》九年《ねん》、故大久保《こおほくぼ》内《ない》務卿《むきよう》の命《めい》に依《よ》り、養蠶掛《やうさんがゝり》に於《おい》て曾《かつ》て試育研究《しいくけんきう》したる結果《けつくわ》に原《もと》き、日本蠶《にほんさん》と歐洲蠶《おうしうさん》とに於《お》ける、蠶病《さんびやう》の名稱《めいしよう》と、病 徵《びやうちやう》とを對照《たいせう》したる一表《ぺう》を調製《てうせい》し、之《これ》を伊國《いこく》ミラン市《し》に開設《かいせつ》の、第《だい》五回《くわい》萬國《ばんこく》養蠶《やうさん》學會《がくくわい》に參列《さんれつ》の際《さい》、提出《ていしゆつ》したるに、佛國《ふつこく》の博士《はかせ》パストール氏《し》を始《はじ》め、參列《さんれつ》の諸氏《しよし》一同之《どうこれ》を熟覽《じゆくらん》し、斯《かゝ》る歐亞《おうあ》兩洲《りやうしう》に於《お》ける蠶病《さんびやう》の比較《ひかく》説明《せつめい》は、學者《かくしや》の參考《さんかう》として、極《きは》めて有益《いうえき》なるものなりと賞讃《しやうさん》せり、同表中《どうへうちう》『ペプリン』病《びやう》の一部《ぶ》を、左《さ》に抄錄《せうろく》して參考《さんかう》に供《きよう》せんとす」とある。文中の「ペプリン」病とは、微粒子病のことである。佐々木はイタリアから帰国したのち、内務省勧業寮内藤新宿試験場の養蚕掛長となり、微粒子病の蔓延をさらによく予防するために、袋の代わりに区枠を用いた「枠製採種法」を開発している。

佐々木長淳の研究は、息子で昆虫学者の佐々木《ささ》忠次郎《きちゆうじろう》（一八五七―一九三八）に受け継がれた。忠次郎は、動物学者の石川千代松《いしかわちよまつ》（一八六〇―一九三五）とともに、東京大学理学部の生物学科の第一期生で、当時大学に招かれていたお雇い外国人教師でアメリカ人の動物学者モース MORSE, Edward Sylvester（一八三八―一九二五）に学び、一八七七年（明治十年）、モースが発見した大森貝塚の発掘を手伝ったことでも知られる。現在もこの貝塚跡に建っている石碑に記された「我國最初之發見　大森貝墟」の文字は忠次郎の手蹟《しゆせき》である。彼はのちに東京大学養蚕学教室の初代教授となり国内の養蚕研究を主導した。カイコにハエが寄生する蠁蛆病《きようそびよう》の研究では、この寄生虫であるカイコノウジバエの生活史を解明して、防除する方法を開発している。また黎明期の水産学や農学の分野にも足跡を残し、果樹栽培の袋かけや、蚊取り線香に用いられるジョチュウギク（除虫菊）の導入なども功績として知られる。なお日本の国蝶オオムラサキ*Sasakia charonda*《ササキア・カロンダ》の学名（属名）は、この佐々木忠次郎に献名されたものである。

◆**蛹**《クリザリード》　chrysalide《クリザリード》という単語は、ギリシア語由来のラテン語 chrysallis《クリューサルリス》をフランス語化したもので、当時、日常のフランス語ではまず使われることがなく、ふつうには若虫を意味する nymphe《ナンフ》という。パスツールは昆虫の変態を知らなかったのではないかと思われる。いっぽう日本人にとって、蛹《さなぎ》という言葉は小学生でも知っているものである。日本人とフランス人の自然に対する距離感が、こんなところにも表われているのかもしれない。

292頁　藁《わら》の尻が抜けた椅子　ファーブルがクルミ材の小さな机とともに日常使っていたのは、簡素な木製の椅子であった。それは木の枠に麦藁《むぎわら》を編んだ紐《ひも》を、しっかりと張ったもので、極めて実用的な家具である。ただし藁は何年かに一度張り替える必要がある。そして、その椅子直しの職人のことを rempailleur《ランパイエール》、女性なら rempailleuse《ランパイエーズ》という。この単語の中の paille《パーユ》が藁を意味し、re- が「ふたたび」とか「繰り返し」を意味する接頭語である。当時の職人はみな貧しかったが、この椅子直し、藁の張り替え職人は、とりわけ貧しかったようである。

　モーパッサン MAUPASSANT, Guy de（一八五〇―九三）に、『椅子直しの女』*La rempailleuse* という短編があり、そのなかにひとりのランパイエーズの純愛の話が描かれている。語り手は彼女の最期を看取った医者である。以下に拙訳を掲げておく。

……その女の父親も母親も、椅子の張り替え職人でした。それで大地の上にしっかり建った家というものに住んだことはとうとう一度もなかったのです。

ごく小さいころから、彼女はぼろぼろの服を着て、虱《しらみ》だらけで、村から村へと放浪生活をおくっていました。村の入口の側溝のところで馬車を止め、馬を車からはずしてやります。馬は草を食《は》み、犬は鼻面《はなづら》を前肢《まえあし》にのせてうつらうつら。そして両親が街道のニレの木陰で村中の古椅子を修理しているあいだ、娘は草むらの中を転げまわって遊んでいる。この移動式の住まいでは、会話というようなものはほとんどなく、あの昔馴染みの文句で「いーすのわーらーの、はーりかえー」と呼ばわりながら村の家々を廻って歩く役を誰にするかを決めるために、二言、三言必要なことだけを言うと、両親たちはふたり向かい合ったり、並んだりして藁紐を綯《な》いはじめるのでした。女の子があまり馬車から離れすぎたり、村の腕白坊主なんかと遊びはじめたりなんかすると、父親が怒ったような声で「この餓鬼！　こっちへ戻ってこい」と呼び戻す。これがこの子に投げかけられる唯一の優しい言葉というわけなのでした。

女の子が少し大きくなると、壊れた椅子の底の部分を集めてくるように言われるようになりました。それで、あちこちで腕白たちと顔見知りになりそうになると、今度は、その新しい友達の親が荒々しい声で、自分の子を呼び戻す。「この不良め、早く帰ってこい。物乞《ルンペン》いなんかと口をきくんじゃない！」

ときによると、いたずらっ子に石を投げられることもある始末でした……

こうして物語られるのは、薬屋の息子に恋した椅子直しの女の子の、まさに哀切きわまりない話である。

296頁

レオン・デュフール　フランス大西洋岸、スペイン国境に近いサン＝スヴェの医者の家に生まれる。大革命ののち、ようやく平静を取り戻したパリに出て、五年間医学を学ぶ。その間に、ラトレイユ LATREILLE, Pierre-André（一七六二—一八三三）、オリヴィエ OLIVIER, Guillaume-Antoine（一七五六—一八一四）、デュメリル DUMERIL, André Marie Constant（一七七四—一八六〇）などの昆虫学者らと親交を結び、また、解剖学、古生物学の大家キュヴィエ CUVIER, Georges（一七六九—一八三二）の講義に出席する。十八世紀の百科全書派的な精神をもち、学問を幅広く修める型の学者であった。

一八〇四年に医学博士号を取り、故郷に帰って父のもとで開業するが、それに飽き足らず、軍医として出征。一八一四年、つまりナポレオンの没落までスペインに在り、植物と昆虫を採集してはパリのラトレイユのもとに定期的に送りつづけた。

スペインからの退却のときのことを語った一通の手紙が、この「戦線の博物学者」の生活をよく表わしている。

「私は冷静に、また楽しい気持ちで旅をしていました。夜は満天の星のもと、ちょうど畑に積み上げてあった麦わらの上で、あるいはその中に潜りこんで眠ったものです。糧秣《りょうまつ》は取りにいくのが面倒なものですからあきらめて、その場その場でなにかしら食べるものを買ってすませました。このような場合にあって、若さと健康と自然史への情熱をもっていることで私は幸福でありました。胸当に付けた紙挟みには、採集した植物を収めましたが、それらは新種として歴史的な標本になるだろうと思われました。私の軍帽は二重底になっていて、コルクの円盤が貼ってあり、私はそこに採集した昆虫をピンで刺していました。野営地に着くたびに、鉛筆で詳細に、印象を手帳に書きつけたものです」

医師レオン・デュフールは、昆虫学に関して終生、右のような美しいアマチュア精神を保持していたものと思われる。それゆえにこそ、自分のタマムシツチスガリの習性に関する研究発表から十数年たって、それを補完する、さらに優れたファーブルのコブツチスガリの研究が発表されたとき、心からこれを喜び、激励することができたのであろう（第1巻4章参照）。

ファーブルのコブツチスガリに関する論文は「自然科学年報」の第四巻（一八五五）に発表され、フランス学士院の実験生理学賞（モンティヨン賞）を受賞した。モンティヨン MONTYON, Jean-Baptiste de（一七三三―一八二〇）はフランスの経済学者で、その遺産を基金としてこの賞が設けられていた。

301頁　出産　サソリは、卵で産まれるのではなく、子供（幼体《ようたい》）の姿で産まれるという当時の定説に従って、ファーブルは本章では、ここまで産卵とは述べずに〝出産〟と記している。

しかし、これは自分の考えを強調するために、あえてそう記しているだけで、ファーブルはこのあと「サソリは実際には卵生」とまで言い切っている。その理由として「鋏《はさみ》を突き出し、脚《あし》を広げ、尻尾《しっぽ》をそっくり返らせていたのでは、どうして母親の産道をくぐり抜けることができようか。脚や尾が飛び出し、場所ふさぎの格好をしたサソリの子供が狭い通路なんか通り抜けられっこないのだ」と述べている。

たしかに雌の体から、幼体の姿ではなく、卵の状態で外に出てくるという点では間違ってはいない。その意味では、サソリはファーブルの言う〝卵生〟ではある。ただし、その卵がただちに孵化《ふか》して幼体が出てくるのだから、厳密に言えば卵生ではなくて卵胎生《らんたいせい》である。

厳密な意味での卵生とは、雌の体内に卵があるときは受精卵の発生が起こらず、産卵されて以降、〝卵が育つ〟ものをいう。サソリのように雌の体内で受精卵の発生が進み、産出されたときに、外見は卵の状態であっても受精卵(胚)の発生の進んだ状態であれば、それは卵胎生と呼ばれる。卵膜《らんまく》から出るのが、産道の途中であろうが、体外に産出されてからであろうが、胚が個体に育っている以上、やはり卵生とは呼べないのである。

ただし、ファーブルからすると、そんな細かいことはどうでもよくて、卵の殻《から》の屑《くず》を母親の下で見つけたこともあり、それがこれまでにない観察だったので、あえて〝卵生〟であることを強調しておきたかったのかもしれない。

315頁　本来の領地に、種《たね》を蒔《ま》くように散らばらせてやろう　このような、感傷的な余韻を残す終わり方は『昆虫記』では珍しい。その結末の描写は、どことなく『シートン動物記』のそれを思わせる。

本巻第9巻が刊行されたのは、一九〇五年のことで、ファーブルが八十一歳のころである。シートン SETON, Ernest Thompson（一八六〇―一九四六）の『動物記』(原題 *Wild Animals I Have Known*「私が知っている野生動物」)は、日本においてある世代までは『昆虫記』と並んで愛読されてきたが、その原書が刊行され、おおいに評判となったのは一八九八年のことであった。シートンの『動物記』は彼自身が観察した数多くの野生動物の姿を、いきいきとした描写で物語としてまとめたものである。シートンは自伝のなかで「動物記」を執筆しているうちに、いつも最後には主人公に「死」が訪れることが苦痛になってきたと述べている。それは野生動物の厳しい生活を描くうえで避けられないことなのかもしれないが、シートンはやがて物語の結末で主人公の生死をぼかした書き方をするようになる。本章の終わりで、ファーブルがサソリの子供を励ますように語りかける優しい筆致は、どことなくシートンのそれに似ている、と思うのは考えすぎであろうか。はたしてファーブルは、『動物記』を目にしたことがあっただろうか。

画家で博物学者でもあったシートンは、イギリスに生まれカナダで育った。オンタリオ美術学校を卒業すると、イギリスに渡りロイヤル・アカデミー美術学校絵画彫刻科に入学する。在学中に大英博物館に通いつめて博物学を独学で学んでいたが、無理がたたって体を壊し、カナダに戻って兄の農場を手伝いながら博物学の独学を続けた。二十代のころは、ニューヨークで動物の絵を描く仕事を見つけたり、ふたたびカナダに戻ったり、フランスのパリで絵の勉強をしたりするなど忙しく過ごす。やがて三十二歳になると念願かなって、カナダのマニトバ州政府の顧問博物学者となる。そして三十四歳のときに、ニューメキシコ州でオオカミのロボと出会い、その顛末を雑誌に発表した。これが評判となり、以降数年にわたって雑誌に発表した物語のうち「ロボ――コランポーの王様」、「銀の星《シルバー・スポット》――あるカラスの物語」、「ぎざ耳坊や――綿尾ウサギの物語」、「ビンゴ――私の犬の物語」、「スプリングフィールドのキツネ」、「跑《だ》く足《あし》の野生馬《マスタング》」、「ワリー――キツネ犬の話」、「赤襟《えり》さん――ドン谷のアメリカウズラの物語」の八編を一冊にまとめたものが一八九八年、三十八歳のときに刊行された。これが『私が知っている野生動物』すなわち『シートン動物記』第一巻なのである。ちなみに、日本版の完訳（集英社刊）には *The Biography of A Grizzly*、「灰色グマの伝記、第一部ワーブの子ども時代、第二部ワーブの壮年時代、第三部ワーブの老衰時代」と、*The Trail of The Sandhill Stag*「サンドヒル雄ジカの足跡」も収録されている。

24

ハカマカイガラムシ

体の中に子を宿す蠟《ろう》に覆《おお》われた小さな虫

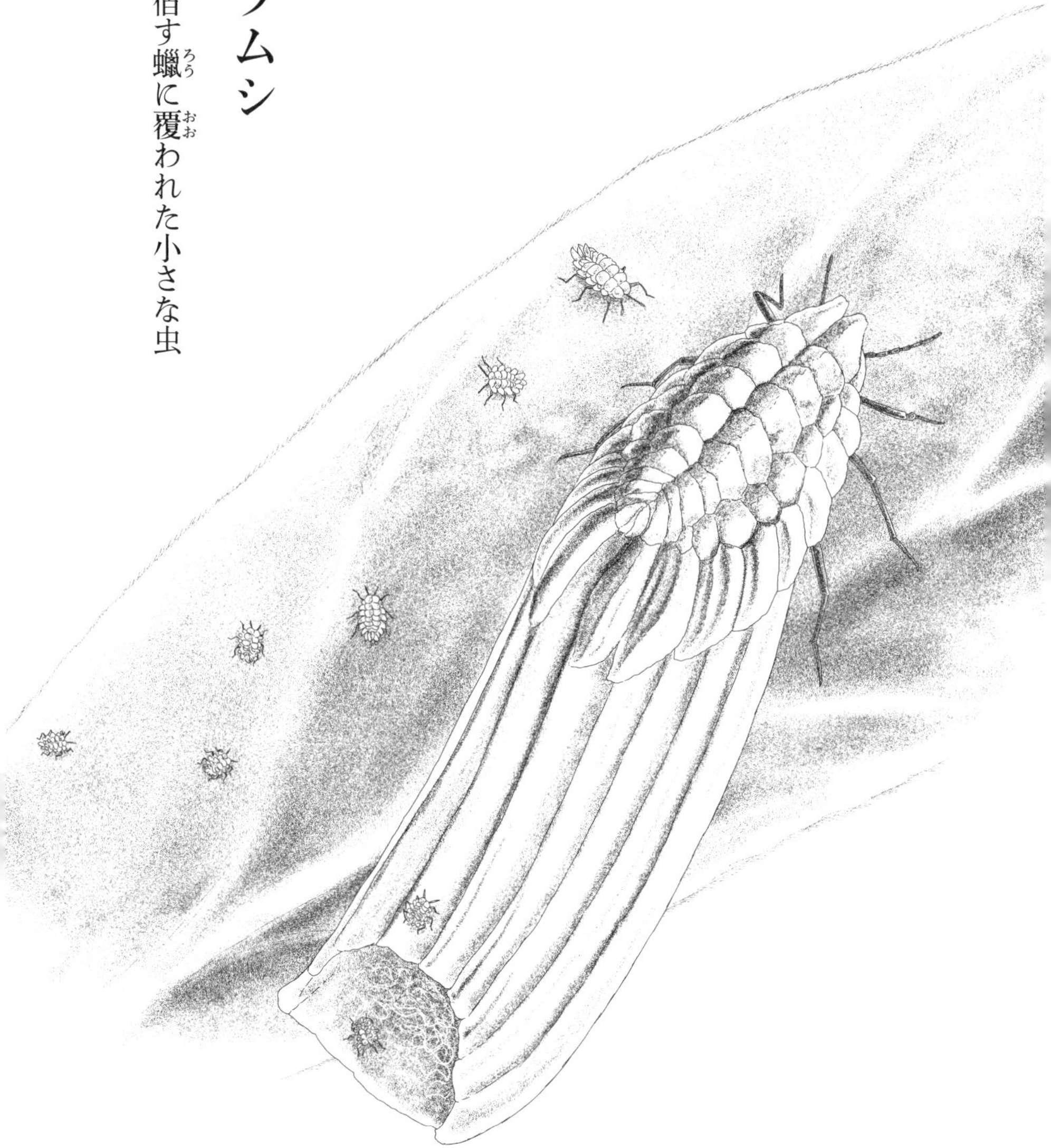

とるに足りない虫のなかに驚くべき創意工夫を見出すことがある――ハカマカイガラムシの場合がそれだ――カラキアスユーフォルビアにつくこの虫は、春になると冬の宿営地である落ち葉の中から茎の上へと登りはじめる――小さな虫は茎に口吻《こうふん》を突き立て食樹植物《ホスト・プラント》の汁を吸う――やがて虫は白い蠟《ろう》で覆《おお》われて体が三倍にも長くなる――四月、その蠟の覆いを開《あ》けると卵と子供が入っていた――八月になると、生まれてきた子供には、ふたつの集団《グループ》があることがわかった――一所懸命、吸汁《きゅうじゅう》を続けている大多数の者と、蠟の包みに覆われているごく少数の者とである――九月になると、後者は蠟の包みの中で蛹《さなぎ》になり、雄が羽化《うか》した――翅《はね》をもつ雄は、一か所で動かずに吸汁している雌を探して交尾《こうび》をする――こうして発展の円環《サイクル》が繰り返される

扉絵　雌の体から出てくる孵化《ふか》後まもないハカマカイガラムシの一齢幼虫《いちれいようちゅう》

子グモたちが旅立ってしまったあと、クロトヒラタグモ[1]は、人の指の幅半分ほどもある厚いメルトン[2]の小部屋を捨ててしまう。これはたいそう温かくてふんわりしているけれど、次の代の子供たちの邪魔になりそうな襤褸屑《ぼろくず》でいっぱいなのだ。それで母親のクモはこの小部屋を見捨ててほかの場所に行き、天蓋《てんがい》のついた軽快な吊り床《ハンモック》、というより、快適な季節の残りの日々を過ごす安普請《やすぶしん》の山小屋のようなものをこしらえる。

まだ繁殖の年齢に達しない若いクモには、冬の厳しい寒さに対して、これより上等なものは必要がない。この連中は強い耐久力をもっているから、石の避難場所の下のモスリンの天幕《テント》でも充分満足していられるのである。

それとは逆に、暑さが衰えはじめるころ、おかみさんのクモは急いで住まいを拡大し、壁を分厚くしようとする。彼女たちは美しく晴れわたった夏の夜の狩りでいっぱいにした絹の貯えを、惜しげもなくそれに投ずるのだ。

霧氷が猛威を振るうころには、最初に造った貧相な山小屋よりも、この豪奢《ごうしゃ》な

1　**クロトヒラタグモ**　クロト扁蜘蛛。*Uroctea durandi*（旧 *Clotho durandii*）体長14〜16㎜　クモ目《もく》ヒラタグモ科ヒラタグモ属。脚《あし》は飴色《あめいろ》で、褐色の腹《ふく》部背面《ぶはいめん》に黄色い五つの斑点をもつ。平たい石の裏面に天幕《テント》状の巣（網《あみ》）を張る。→本巻16章。

2　**メルトン**　毛織物の一種。クモが糸で紡《つむ》いだ巣を人間の織物にたとえている。

屋敷でのほうがおそらく安楽に過ごせることであろう。しかし正確に言うと、これを造ったのは自分自身のためではなくて、いずれ授かる子供たちのためなのである。となると、どれほど壁を厚くしようと、どれほど寝床をふんわりさせようと、けっしてそれで充分ということはないわけだ。

こんなふうにしてクロトヒラタグモが美しく造りあげるのはほかでもない、子供を育てるための巣なのであって、これにくらべたら、いかに巧みに造られているように見えても、アトリやカナリアのお椀形《わんがた》の巣なんか、粗野な荒屋《あばらや》みたいなものである。たしかにクモの母親は小鳥のように体温が高くないので、卵を抱くことはしないし、嘴《くちばし》で餌《えさ》を与えるようなこともしない。もっとも、クモの子供たちのほうでも、そこまでしてもらわなくてもかまわないのだが。

とはいえ、クモの母親の役割は実に細やかで愛情深いものである。七、八か月ものあいだ、母グモはずっと子供たちの群れを見守ってやり、その献身ぶりは鳥のそれにくらべられる、いや、むしろそれを凌《しの》ぐとさえ言える。

さまざまに優れた本能のなかでも、母性本能は、生き物に育児の行動を起こすための霊感《インスピレーション》を与えるという点で至高のものであり、その母性ゆえに生き物たちが、いかに巧みな腕前で傑作を生み出すか、実例を挙げていけばきりがない

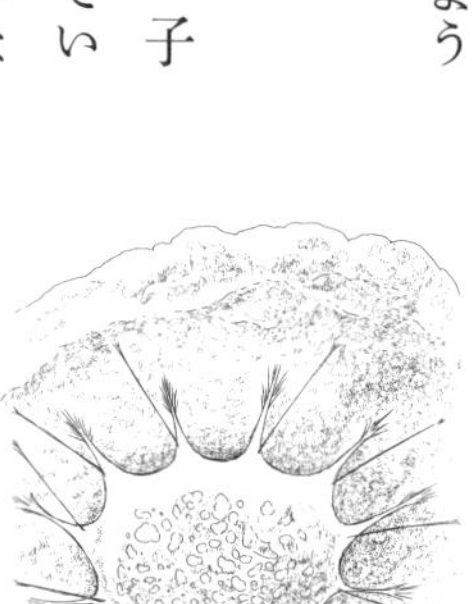

▼冬に新しく造りなおされたクロトヒラタグモの巣。以前よりも大きく、壁も厚くなっている。

▼お椀形《わんがた》の巣で抱卵するアトリ *Fringilla montifringilla* 全長16㎝ アトリ科アトリ属。

3 **イナヅマクサグモ** 稲妻草蜘蛛。*Agelena labyrinthica* 体長10～12㎜ クモ目タナグモ

ほどである。これまで読者に紹介する機会のあった、そうした実例のうちでも最近記したばかりのもの——イナヅマクサグモ[3]の卵嚢《らんのう》のついた巣を思い起こそう。これは実に見事な作品であった。子供たちの揺《ゆ》り籠《かご》になっている、放射状《ほうしやじよう》に広がった中央の小部屋のまわりには広い監視所が造られていて、母親がにらみをきかせていたものだ。ヒメバチ[4]の産卵管から卵を保護するために、絹織物に練り土をはさんだあの壁は、きわめて理にかなった城壁だったではないか。

ほかの母親たちもまた、ある者は器用に工夫を凝らし、またある者たちはきわめて単純なことしかしていなかったりするのだが、それぞれに子供を守るための手段をもっている。奇妙なのは、どの虫にどんな才能が授けられているのかということは、その昆虫が、*上位の者か下位の者かというような、段階とは無関係だということである。ある虫たちはもっとも高等とされていて、豪華な鎧《よろい》のような翅鞘《ししよう》に身を固め、羽根飾《はねかざ》りを高く立て、金色の鱗《うろこ》を並べた衣裳を着ている。しかし特別なことはまったく何も、あるいはほとんどできない。この連中[5]は贅沢《ぜいたく》好みの無能者なのだ。

ところがまた別の連中はごく慎ましやかで、あやうく見逃してしまいそうなくらいだが、彼らにちゃんと注意を向けてみると、そのさまざまな才能で、われわれは驚かされるのである。

科クサグモ属。草や灌木《かんぼく》を利用して水平に広がる網（棚網《たなあみ》）を張り、その上に迷路状の糸を巡らす。→本巻15章。

4　**ヒメバチ**　姫蜂。膜翅目《まくしもく》（ハチ・アリ類）ヒメバチ科 Ichneumonidae の仲間。ほかの昆虫やクモなどの体、蛹《さなぎ》、卵などに卵を産みつける寄生バチ。卵を産みつける場所は種《しゆ》で異なる。繭《まゆ》や植物の中などに潜《ひそ》む宿主《しゆくしゆ》に卵を産みつける種は、非常に長い産卵管を具《そな》えている。

5　**この連中**　美々《びび》しい装いのわりに、何も変わったことのできない虫、たとえばカミキリムシ、オサムシなどのこと。

われわれ人間においても、そういう事情は同じようなものではあるまいか。真に価値あるものは、尊大な贅沢生活とは無縁である。われわれが血管の中に有している少しばかりの善きものを活かすためには、欲求という刺激の針が必要なのだ。千九百年もの昔に、ペ[6]ルシウスはその風刺詩の冒頭で、すでにこう言っている。

技芸[7]ノ師ニシテ知ヲ与エルモノハ
胃袋ナリ。

われわれの格言はこれほどあけすけな言い方ではないが、同じことを次のように言っている。

*人[8]もマルメロも同じこと。物置の藁《わら》の上で、長いこと熟したのじゃないと、
硬くて食えたものじゃない。

虫も、われわれ人間と同じである。「必要は発明の母」と言うけれど、虫の技量も必要性によって磨かれるのだ。場合によっては、われわれの考えを根本から

6 **ペルシウス** Aulus PERSIUS Flaccus（三四—六二）。ローマ帝政初期の風刺詩人。ストア主義者。俗語や古語を多用した複雑な文体の風刺詩六編を残す。

7 **技芸ノ師ニシテ……** 原文は以下のラテン語。Magister《マギステル・》 artis ingenique largitor《アルテイス・インゲニークエ・ラルギートル・》 Venter《ウエンテル》. 逐語訳すると「技術《わざ》の師にして才の与え手なるものは胃袋なり」（『風刺詩』序歌第十行・南條竹則《なんじょうたけのり》訳）。なお ingenique《インゲニークエ》 は、本来 ingeniique《インゲニイークエ》 が正式な綴《つづ》りとなる。

8 **マルメロ** ここではマルメロと訳したが、原綴《げんてつ》は nèfle《ネフル》 で、厳密にはセイヨウカリン *Mespilus germanica* の果実のこと。セイヨウカリンはバラ科セイヨウカリン属の落葉小高木。ヨーロッパでは古くから栽培されてきた。新鮮なものは果肉が硬く、渋みと酸味があり、そのままでは食用には適さない

引っくり返してしまうほどの、創意に富んだ、思いもかけないようなことをわれわれは虫のなかに発見する。私はそんな虫の例を、いかにもとるに足りない、そしてほとんど知られていない連中のなかに見出した。その虫は子孫を保護するために、以下のような奇妙な問題を解決しているのだ。——その問題とは、すなわち、

産卵期になると体の長さがいつもの三倍になること。

体の前半部は、栄養を吸収し、消化し、歩行し、陽《ひ》を浴びるという喜びのために自分用に残しておくこと。

体の後半部は子供の揺り籠となり、中の子供たちをゆっくり散歩させながら成育させる育児室にすること、というものである。

その変わった生き物は*[9]ハカマカイガラムシという名で、大型のトウダイグサの一種、[10]カラキアスユーフォルビアについているのがときたまみられる。この植物はギリシア人が〝カラキアス〟と呼び、プロヴァンスの農民が今日、Chusclo《チュズクル》とか Lachusclo《ラチュズクル》と呼んでいるものである。

カラキアスユーフォルビアは、オリーヴの木が好むような気候が好きで、セリニャンの丘陵地帯のもっとも乾燥したところにたくさん生えており、その濃緑色

が、採取後に追熟すると軟らかく甘くなる。日本で本種《ほんしゅ》が別名としてマルメロと呼ばれることもあるが、マルメロ属の本来のマルメロ *Cydonia oblonga* とは別種。

9　**ハカマカイガラムシ**　袴介殻虫。→335・349頁図、解説。→訳注。

10　**カラキアスユーフォルビア**　*Euphorbia characias*　草丈1m　トウダイグサ科トウダイグサ属の多年草。地中海沿岸に分布。カラキアスはラテン語で灯台草を指す。プロヴァンス語では jusclo《ジュスクル》とも呼ばれる。

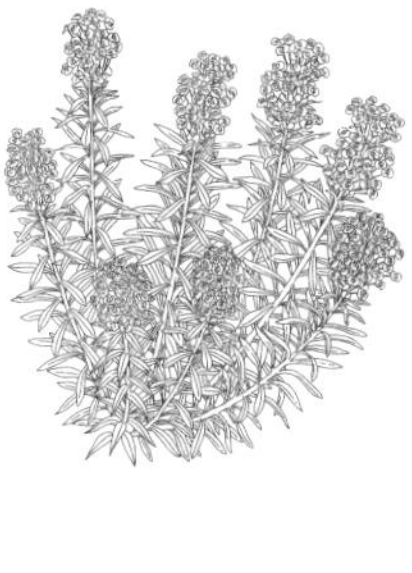

の深い茂みは、周辺の植物の貧弱さと好対照をなしている。

　陽光を照り返す石ころだらけの大地に根を張って、このユーフォルビアは、あたかも冬の厳しさに対抗するように力強く青葉を茂らせている。とはいえ、この植物にもそれなりに慎重なところはあって、無用心なほど早くから花を咲かせるアーモンドの木が、北風に花冠《かかん》を震わせているときも、そう急ぐことなく、絶えず用心しながら天候を読み、傷《いた》みやすいつぼみの先端を守るためにそれを渦巻形に巻いたままにしている。

　そして厳しい霜がもう降りなくなると、そのとたん、こみあげてくる樹液の勢いで、激しく燃える木炭の臭いのする乳液で茎は膨《ふく》らみ、くるりと巻いていたつぼみの先はほどけ、くすんだ色の小花《しょうか》からなる繖形花序《さんけいかじょ》を形づくる。そこに、今年になって初めての小さな羽虫たちが吸蜜に訪れるのだ。

　もう何日か待つことにしよう。気温がもっと穏やかになるにつれて、カラキアスユーフォルビアの根元に積もっている枯れ葉の中から、たくさんの虫たちが少しずつ這《は》い出《で》てくる。それこそが、このハカマカイガラムシであって、朽ちた落ち葉の溜まった冬の宿営地を去って、用心しいしい、何度も立ち止まりながら、ユーフォルビアの根元のほうから、徐々に上へ上へと登っていく。上のほうでは嬉しいことに、さんさんと暖かい日光が射し、いくら飲んでも尽きることのない哺乳壜という、これ以上はない喜びが待ち受けているのだ。

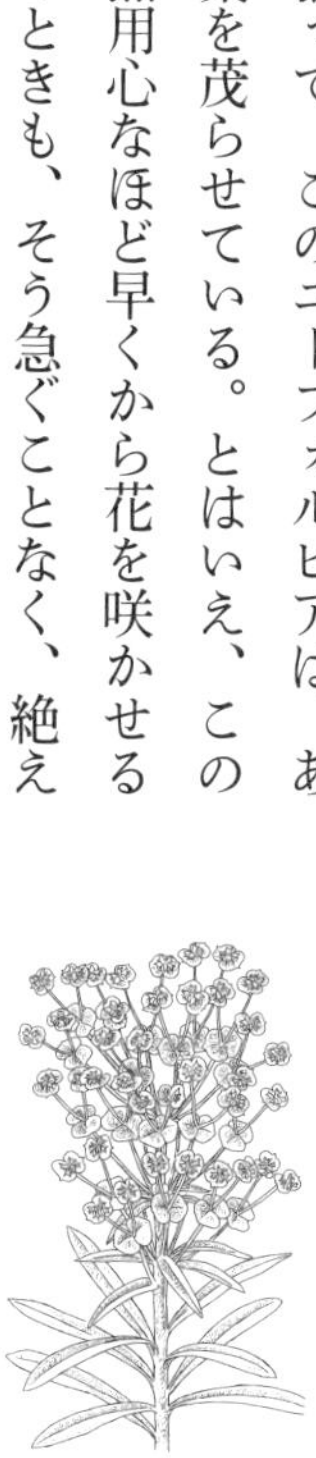
▼カラキアスユーフォルビアの繖形花序《さんけいかじょ》の花。

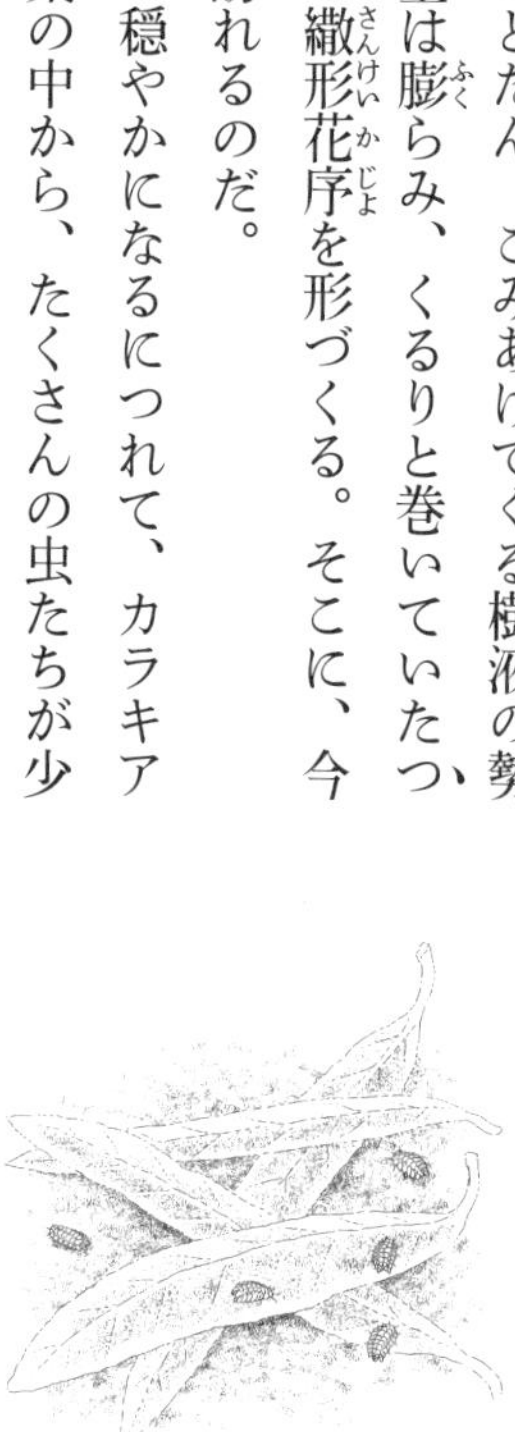
▼カラキアスユーフォルビアの根元に積もる落ち葉の下から出てきたハカマカイガラムシ。

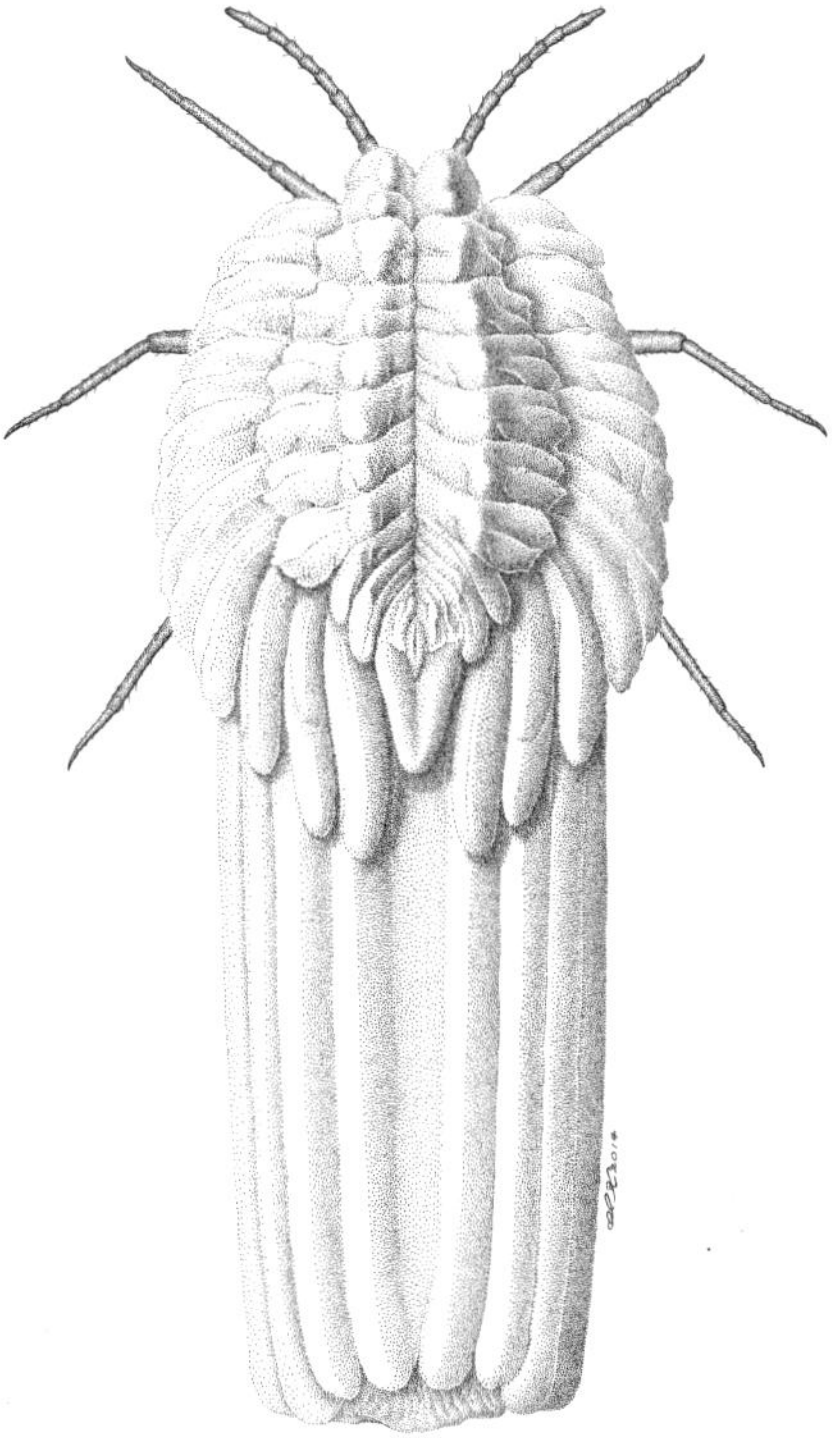

（虫体被覆物に
覆われた雌の成虫）

（背面）

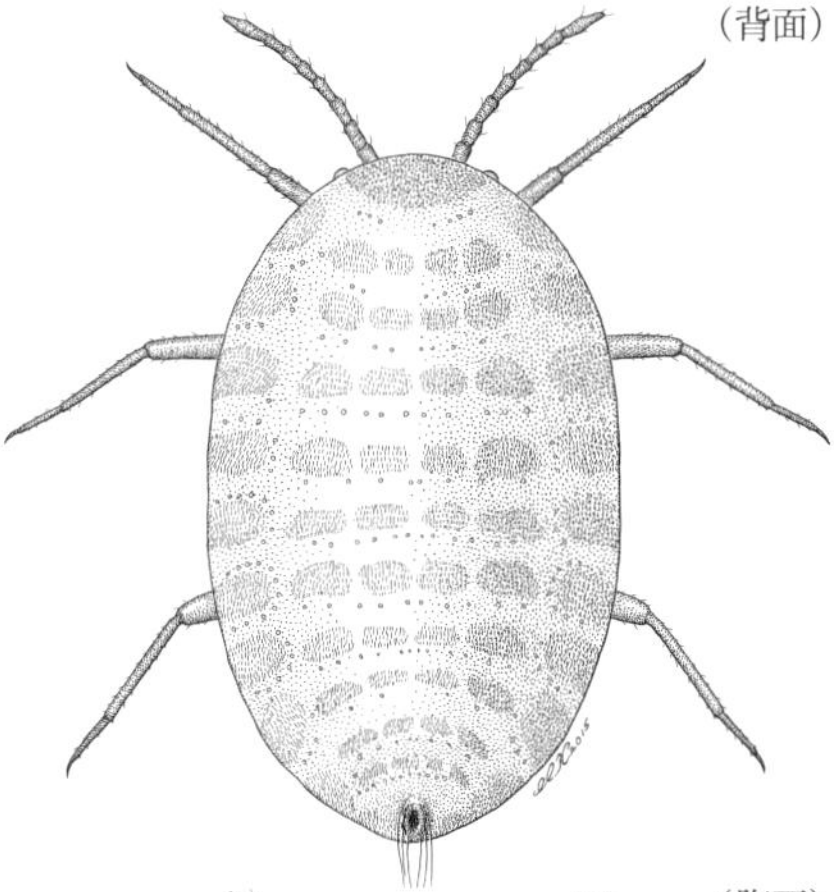

（腹面）

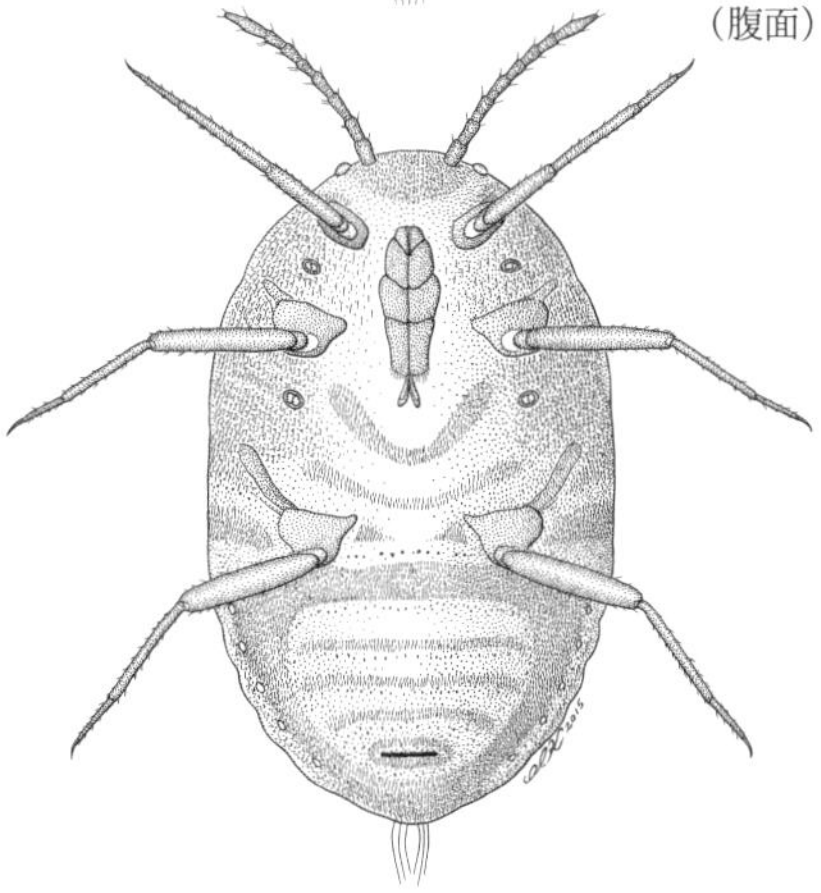

Orthezia urticae

ハカマカイガラムシ　袴介殻虫。旧学名は *Dorthesia characias*　雌の体長８～10㎜　半翅目《はんしもく》（セミ・カメムシ類）ハカマカイガラムシ科ハカマカイガラムシ属。雌の成虫は楕円形《だえんけい》。褐色の体は白い蠟状物質《ろうじょうぶっしつ》の虫《ちゅう》体《たい》被覆物《ひふくぶつ》で覆《おお》われ、その後方に袴状《はかまじょう》に伸びる卵嚢《らんのう》は老熟するに従って長くなり、実際の体長の２～３倍にもなる。１年に１回発生し、成虫になって落ち葉の下などで越冬する。ヨーロッパを含むユーラシア大陸に分布し、日本ではイラクサやキクの葉裏に寄生している。→訳注。

四月になると——どれほど遅くなっても五月には——カイガラムシたちはみなカラキアスユーフォルビアの上に登りきっている。小さな虫たちは茎の上のほうに集まっていて、アブラムシ[11]のように、互いに横腹と横腹とをくっつけあって、びっしり固まっている。錐*《きり》のような口吻《こうふん》をもっていて植物の汁を吸う、このハカマカイガラムシは、実際にアブラムシに近縁の昆虫であって、うろつくこともせず群居する習性も、アブラムシと同様である。

しかし外見からいってこのカイガラムシは、バラや、そのほかたくさんの植物についていて、われわれとすっかり馴染みになっているあの、腹のぷっくり膨れた裸の虫、アブラムシとは全然違っている。ハカマカイガラムシは衣裳を身につけているのだ。それも、めったに見られないほど優雅《エレガント》な衣裳なのである。

テレビント[12]の木につく橙黄色《とうこうしょく》のワタムシ[13]は、角《つの》の形をしていたり、アンズの実のように丸い形をしていたりする虫瘿《むしこぶ》の中に閉《と》じ籠《こ》もっているのだが、ほんのちょっと触れただけでも砕けて粉になり、指につくような脆《もろ》い、羽衣状《はごろもじょう》のものを体の後ろに棚引《たなび》かせている。

ところが、ハカマカイガラムシの場合はそれと違って、きちんとした三《み》つ揃《ぞろ》いの衣裳というか、とてつもなく丈《たけ》の長い、体[14]にぴったりとした古風な上着を着て

11 **アブラムシ** 油虫。半翅目《はんしもく》（セミ・カメムシ類）に属するアブラムシ科、タマワタムシ科、カサアブラムシ科、フィロキセラ科の昆虫の総称。世界で約四千三百種が知られる。植物にたかって汁を吸う。

12 **テレビント** *Pistacia terebinthus* 樹高9m ウルシ科ピスタキア属の落葉樹。西アジア原産だが、紀元前から地中海沿岸で栽培されていた。樹液に油脂分が多く含まれ、かつてはテレビン油の原料として用いられた。→第8巻10章訳注。

テレビントに造られたオウシュウワタムシの虫瘿《むしこぶ》。

13 **ワタムシ** 綿虫。半翅目（セミ・カメムシ類）タマワタムシ科チチュウワタムシ亜科 Fordinae の仲間。世代や性に

いるのだ。ただしそれもやはり脆くて、針の先でちょんと突《つつ》いたりすると、砕けやすい樹皮が剝《は》がれるように、小さなかけらになって剝離《はくり》するのである。

形の点でも色彩の点でも、このでっぷりした虱《しらみ》のような虫の外套《マント》ほど優雅《エレガント》なものはあるまいと思われる。この虫は体全体が艶消《つやけ》しの白に包まれており、それは牛乳よりももっと感じのよい白さなのだ。

この虫の前半身を覆《おお》う上着には、縮れた毛の房《ふさ》が縦四列に並んでいて、その房の列と列とのあいだに、さらにまた、短い巻き毛の房があしらわれている。体の後ろのほうには、十本の紐《ひも》からなる房飾《フリンジ》りをつけているのだが、それぞれの紐は、下のほうにいくに従って徐々に太くなり、櫛《くし》の歯のように放射状に広がっている。そして胸部は、何枚かの薄片を規則正しい形に裁断して造ったような胸当てに覆われている。さらにその胸当てには、くっきりとした丸い穴が六つ開《あ》いていて、そこから褐色の、毛も何も生えていない剝《む》き出《だ》しの肢《あし》がにょっきり出ており、これが自在に動くのである。

この胸当てと、背中に羽織った巻き毛のケープとが一体となって、袖《そで》のないフランネルのチョッキのようになっているが、少しも窮屈そうな感じはしない。同様に、頭部のフードにも穴が開いているので、口吻も触角《しょっかく》も動きは自由である。体のほかの部分はどこも、白いゆったりした外套《マント》を着たようになっている。

よって翅《はね》の有無など、形態の違いがある。体から白い蠟状《ろうじょう》の物質を分泌《ぶんぴつ》するため、この名がある。幹母《かんぼ》は虫癭《むしこぶ》を造って子供を育てる。→第8巻10〜13章。

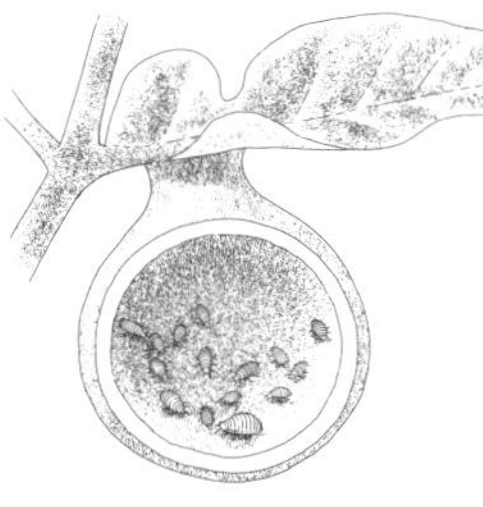

▼ツボワタムシの虫癭（断面）。

14　**体にぴったりとした古風な上着**　原綴は justaucorps《ジュストコール》 で十七世紀のなかば以降、おもに男性が着用した体にぴったりした膝丈《ひざたけ》のコート。

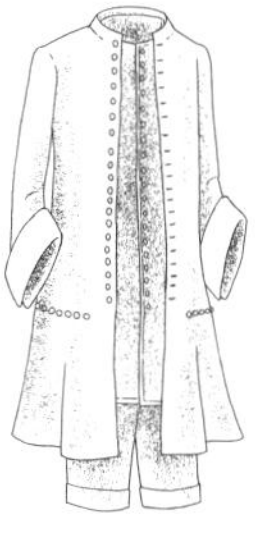

▼ジュストコール。

以上のような姿が冬の装いである。この衣裳は虫の体全体をすっかり覆っているけれど、体の長さを超えるほど伸び広がってはいない。しかしもっとあとの時期、産卵期が近くなると、後ろのほうが伸びてくる。そのさまはまるで、この虫の体長が急激に伸びて、三倍にもなってしまったかのようであるが、本体は何も変わっていないのだ。

ゴンドラの舳先《へさき》の形のように優雅に反《そ》っているこの新しく伸びた部分は、背面《はいめん》に、並行した太い縦溝が何本か刻まれ、腹面《ふくめん》にも細かい筋が入ってはいるものの、ほぼすべすべしており、先端のところはすぱりと切断したようになっている。虫眼鏡を使うと、そこには横向きにボタン穴がひとつ開いていて、中に細かな綿が詰まっているのが見える。

この衣裳の材料はどこをとっても脆くて熱に溶けやすく、火をつけるとよく燃える。紙の上に置いてやると、わずかに半透明な跡がつく。こうした性質から、それがミツバチの[15]蜜蠟《みつろう》と同じような、ある種の蠟状物質《ろうじょうぶっしつ》であることがわかる。虫からほろほろ剝がれ落ちる、この細かい蠟のかけらだけでは試料として足りないので、私はハカマカイガラムシを掌《てのひら》いっぱい採集して、熱湯をかけたらどうなるか試してみた。

▼冬の装いをしたハカマカイガラムシの雌。

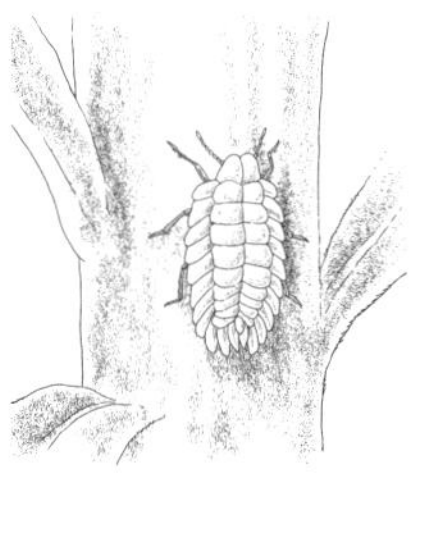

▼越冬を終えて産卵期が近づき、体が長く伸びたハカマカイガラムシの雌。

▼腹面《ふくめん》の先端にある横向きのボタン穴。雌の成虫を後ろから見たところ。

虫の体を覆っていた蠟の鞘《さや》のようなものは、溶けて油性の液体となり、湯の表面に浮いてきた。裸になった虫は下に沈んでいる。湯が冷めると、上に浮かんだ薄い油の層は凝固《ぎょうこ》して、琥珀色《こはくいろ》がかった黄色の薄片となる。

この色合いに私はちょっと驚いた。初め牛乳と白さを競うような物質であったものが溶けて、今では松脂《まつやに》のようになったのである。これは[16]分子の配列の問題であって、それ以外の何ものでもない。

ミツバチの巣箱から採《と》れたままのときは黄ばんでいる蜜蠟を、ちょうどいいぐあいに漂白するために、蠟燭屋《ろうそくや》はまずそれを溶解させる。そして溶けたものを冷たい水の中に流し込んで薄い紙のようにし、そのあと簀《す》の子《こ》の上に置いて日光に晒《さら》す。次にまたそれを溶かし、ふたたび紙のように薄くしてから直射日光にあてる。この作業を何遍も繰り返していくと、蜜蠟は少しずつ分子の構造を変えて白くなるのである。

こうした漂白技術においてハカマカイガラムシは、われわれ人間よりいかに優れていることか！　何遍も何遍も溶かしたり、長時間日光にあてたりすることなしに、この虫は、黄色い蠟を、たちまち比類のない白さをもつ蠟に変えてしまっていたわけである。蠟燭屋の仕事場で粗雑な作業を繰り返してやっと手に入るものを、カイガラムシはしごく穏やかに自分のものにすることができるのだ。

15　**蜜蠟**　ミツバチが巣を造るときに蜜蠟腺《みつろうせん》から分泌する蠟《ろう》状物質《じょうぶっしつ》。融点は約六十五度。淡黄色《たんこうしょく》だが精製すると白くなる。化粧品や蠟燭《ろうそく》の原料に用いられる。

16　**分子の配列の問題**　この解釈は少し大袈裟で、蠟《ろう》は虫についているときは粉状なので、ガラスの粉などと同じように光の屈折で白く見えており、それを溶かしてから固体にすると、もとの琥珀色《こはくいろ》がかった黄色になる、という程度のことであろう。

ミツバチの蜜蠟と同様に、ハカマカイガラムシの蠟は外部から集めてきたものではない。それは虫の体の表面からじかに分泌《ぶんぴつ》されたものである。その蠟を縮れた毛の房のように加工し、規則正しい筋目を入れ、優雅な溝をつけるのに、虫が手を加えるようなことはまったくない。皮膚からただ分泌すれば、蠟は勝手にその形になるのである。雛鳥《ひなどり》の羽毛のように、カイガラムシの身を覆う蠟は、体の組織の働きだけでちゃんと生えてくるのであって、これを着る虫がそれにあらためて手を入れる必要は一切ないのだ。

孵化《ふか》したばかりのとき、微小な虫は完全に裸で茶色い体色をしている。そのうちにこの小さな虫は、母親のもとを離れて、カラキアスユーフォルビアの茎に住みつき、初めてその樹液を吸うことになるのだが、それ以前の姿は、白い点々がまばらに体を覆っているだけである。これはいずれ上着となるものの下絵といったところだ。この点々は徐々に数が増えていき、長さも伸びて、房状の毛のような形になっていく。その結果、子供は親もとから離れる時期になると、もはや年上の兄弟たちと同じ姿になっているわけである。

蠟は連続して分泌され、途切れることがないから、白い胴衣《チュニック》はどんどん厚みを増し、完成に近づいてくる。それならば、私が手を出して虫をすっかり裸にしてやっても、新たに服を身に纏《まと》うこともできるはずだ。実験してみると、この予

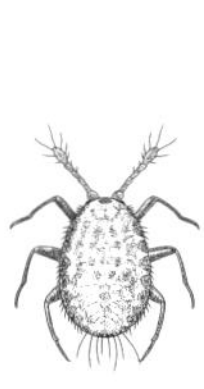

▼孵化《ふか》したばかりのハカマカイガラムシ。蠟状物質の虫体被《ちゅうたいひ》覆物《ふくぶつ》を取り除いた状態。

想の正しかったことが証明された。

針の先で衣裳を破り、筆で掃《は》いて、成虫のハカマカイガラムシを裸にしてやった。被害に遭《あ》った虫は、情けない茶色の地肌を見せている。これをほかの仲間たちとは別にして、カラキアスユーフォルビアの茎の上にとまらせておいた。

二、三週間経つと、ふたたび衣裳ができあがる。最初のものほどではないけれど、それでもとにかく充分な厚みがあって、きちんと形の整った着物が造りなおされるのだ。もとの衣裳を大きくするはずだった蠟を使って、虫は第二の衣裳を絞《しぼ》り出《だ》したのである。

実際の長さの三倍にも後ろに体を長く伸ばして、それがいったいどういう役割をはたすのであろう。これは単なる装いなのであろうか——いや、それよりずっと役に立つものなのだ。

四月になったらすぐ、この不思議な付属物を取り除いて中を開けてみよう。その中は器のように空洞になっていて、ほかではちょっと見たことがないような、上等の綿がいっぱいに詰まっている。鳥の綿毛にしてもこんなに柔らかくて、こんなに白いものはどこにもあるまい。

この素晴らしい羽毛蒲団《うもうぶとん》の真ん中に、卵形をした真珠の珠《たま》がぱらぱらと散らばっていて、白いものもあれば、赤茶の色のついたものもある。これがハカマカ

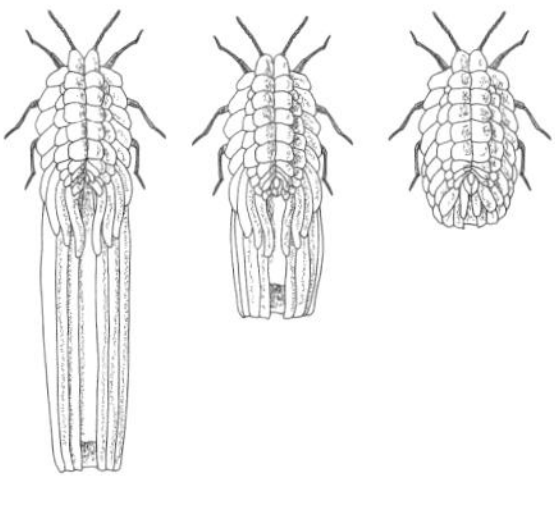

▼段々と伸びていくハカマカイガラムシの蠟状物質。

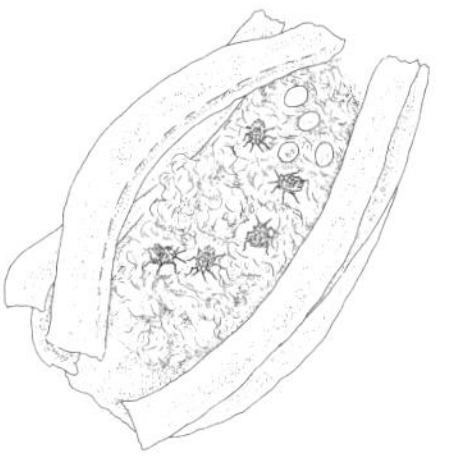

▼長く伸びた体の後方の付属物を取り除いて開けてみると、中には綿状のものが詰まり、卵とともに幼虫がうごめいていた。

イガラムシの卵なのだ。その卵とごちゃまぜになって、生まれたばかりの子供たちがうごめいている。裸で褐色の者もいれば、白い点々がまばらに生えかけた者、すでにびっしりと毛に覆われている者、と上着のでき方に応じてさまざまな段階の幼虫が入り交じっている。

いっぽう、カラキアスユーフォルビアの茎の上をのんびりさまよっているハカマカイガラムシにも気をつけてみよう。綿袋の端の穴から、長い間隔をおいて、幼虫がちゃんと衣裳を整えて出てくるのが見られるであろう。子供は快活に動きまわり、母親虫の近くに自分の居場所を見つけると、汁気の多い茎に口吻を突き刺して腰を据《す》える。この井戸の水が涸れないかぎり、幼虫はその場所を動かないことになる。やがてほかの幼虫たちが毎日続々と出てくるのだが、こんなことがまるまる数か月間も続くのである！

もし、これだけしか調査をしなかったならば、胎生《たいせい》[17]の親が、衣裳をすっかり身につけ、活発に活動する幼虫を、あちらこちらにばらまいていくように思われるであろう。だがそれは違うのだ。先ほどわれわれが見たように、綿の詰まった袋の中には、卵と幼虫がいる。それに、産卵とそのあとに続く孵化のようすに立ち合うのは難しくもなんともないことである。

カラキアスユーフォルビアの茎の入っている一本のガラス管に、体の後ろの、

▼雌の蠟状物質の先端の穴から出てくるハカマカイガラムシの幼虫。

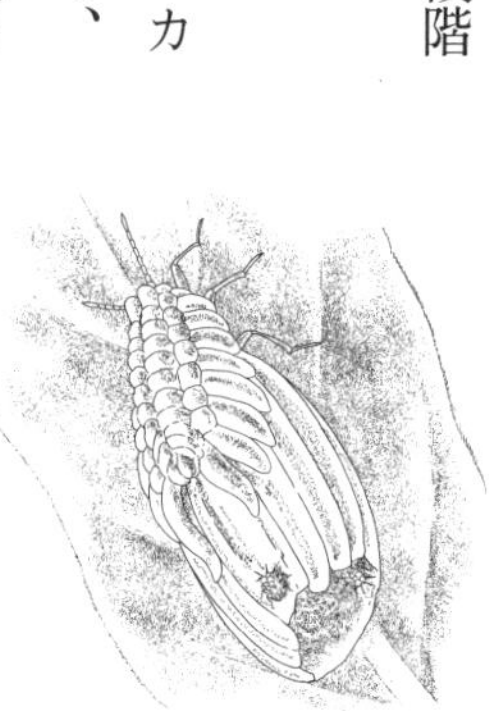

17　**胎生**　受精卵が、雌の体内で個体まで発生が進んでから生まれる繁殖形態。ファーブルは胎生《たいせい》という言葉を使っているが、実際にはこのあとにファーブル自身が述べているようにカイガラムシは卵生あるいは卵胎生である。

長い綿の袋を取り除いた母親を何頭か隔離してみる。尻の部分は剝き出しであるからもはや何もかもまる見えである。するとそこから、しょぼしょぼした顎鬚《あごひげ》のような、白い黴状《かびじょう》のものが出てくるのが見える。

尻のところで蠟の分泌がふたたび始まって、毛の房ではなく、非常に細い糸の繊維を出しているのである。袋の中に詰まっている、あの柔らかそうな綿毛はこんなふうにして造られるのにちがいない。やがて、このふんわりした束の真ん中に、さきほど母親の宝の小箱を破って手に入れたのと同じような卵が産み出される。

このやり方で、ハカマカイガラムシがどれほど多産であるかが推測できる。尻尾《しっぽ》の衣裳を取り除いて、食物と一緒にガラス管の中に隔離しておいた母親の虫は、二頭で、十三日のあいだに三十個の卵を産んだ。つまり一頭がそれぞれ十五個ずつ、言い換えれば一日におよそ一個ずつ産んだことになる。産卵は五か月近く続くのであるから、たった一頭の母親の産む卵の数は全部で二百ばかりになるわけだ。

三、四週間経つと孵化が始まる。そのことは、卵の色が白から淡い赤茶色に変わっていくことから、あらかじめ知ることができる。卵の殻《から》から出てすぐのときには、この微小な子供は赤茶色で、毛も何もまったく生えておらず、外見からす

▼ガラス管の中に隔離されたハカマカイガラムシの雌。

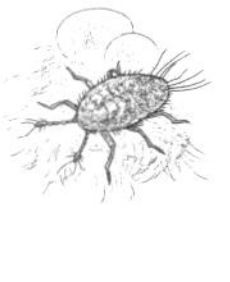
▼孵化したばかりのハカマカイガラムシの幼虫。

るとごく小さいクモのようだ。その長い触角が、クモの第四対《つい》目の脚《あし》のように見えるからよけいにそんなふうに見えるのである。ほどなく、幼虫の背には縦に四列の微細な白い房がぽつぽつ現われ、裸の地肌はそれらの隙間から覗《のぞ》いているだけになっていく。この白い房が蠟の上着のできはじめなのである。

一年の三分の一、またはそれ以上も続く長い産卵期間、比較的短期間で起こる孵化、そして最後にだんだんと分泌されてできあがってくる衣裳――これらのことから、どうして母親の袋の中に白い卵と赤茶色の卵があるのか、そして裸の子供と、いくらか衣裳を身につけた子供とがみな一緒に混在しているのか、が説明される。つまり、この袋は、いわば倉庫なのである。言葉を変えれば、数か月にもおよぶ長い期間、産み落とされた卵や孵化した子供たちがここに蓄えられることになるのだ。

この倉庫の中で、素晴らしく心地よい綿にくるまれて、幼虫は卵から孵《かえ》り、成長し、外気の厳しさに晒されるまえに蠟の着物を身に纏うのである。

カラキアスユーフォルビアの枝から枝へと、母親はゆっくりゆっくり倉庫の中の子供たちを運んでいく。出ていく者たちのことは別に気にかけてはいない。子供たちはそれぞれ、自分に力がついたと感じると、好きなときに移住を始め、近所に身を落ちつける。住まいの出口は開いたままであるから、外に出ようと思え

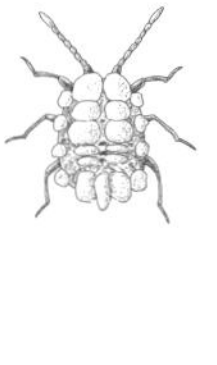

▼背中にぽつぽつと白い蠟状物質を分泌するハカマカイガラムシの幼虫。

18 **ナルボンヌコモリグモ** ナルボンヌ子守蜘蛛。*Lycosa narbonensis* 体長23～28㎜ クモ目コモリグモ科コモリグモ属。→第2巻11章。→第8巻23章。→第9巻1～3章。

ば身のまわりの綿を少し掻《か》き分《わ》けるだけでよいのだ。

[18]ナルボンヌコモリグモは背中に子供たちを乗せて運んでいるけれど、優しさと安全性の点では、ハカマカイガラムシにはるかに劣っている。この放浪者のような母グモの背中には隠れる場所が少しもないし、こうした雑居状態では子供たちはぱらぱら頻繁に落下するのだが、それを防ぐ手立てはまったくないのだ。ハカマカイガラムシのほうはもっとうまいことを思いついていて、上着の裾で覆いを造り、尻尾の房で柔らかい羽毛蒲団を造ってやるのである。

これに劣らないものを見つけようと思ったら、このカラキアスユーフォルビアにつく虱《しらみ》のような虫から、生物の段階をどんどん上に辿《たど》っていって、哺《ほ》乳類《にゅうるい》のなかで最初に出現したカンガルー、[19]オポッサムその他、子供を腹の袋の中で育てる有袋類《ゆうたいるい》まで遡らなければならない。有袋類の場合、未熟なまま生まれてきた、形もさだかでない新生児は、乳首に吸いつき、母親の腹の袋、つまり〝育児嚢《マルスピウム》〟の中で発育を終えるのである。

ハカマカイガラムシの袋を指すのにも、この育児嚢《マルスピウム》という用語を使うことにしよう。両方の袋には類似点が多いけれど、それでもやはり虫のほうが獣《けもの》よりずっと勝っている。生命の世界では、とるに足りない生物においてこのうえもなく素晴らしい形で始まったものが、高等な生物においては、いかにも凡庸な姿になり

▼子グモを背負う母グモ。

19　**オポッサム**　哺《ほ》乳類《にゅうるい》有袋《ゆうたい》目《もく》オポッサム科 Didelphidae の仲間。雌は未熟な子を出産し、腹部にある袋の中で育てる。

▼キタオポッサム（北オポッサム）*Didelphis virginiana*　オポッサム目オポッサム科オポッサム属。

さがってしまうという例が頻繁にみられる。育児嚢《マルスピウム》という独創的な発明においても、カイガラムシの場合のほうがオポッサムよりはるかに優れているのだ。

道端でかんかん照りの太陽に灼《や》かれることなく、もっと快適にこの虫の生活史を観察するために、私は見事に茂ったカラキアスユーフォルビアをひと株、大きな鉢《はち》に移植して、研究室の窓際に置いた。三月のうちに私は、この植物に三、四ダースばかり、ハカマカイガラムシを放しておいた。どれもそれなりに発達した育児嚢《マルスピウム》をつけている連中である。室内での飼育は望みどおりうまくいった。カラキアスユーフォルビアは実に元気よく茂ってくれたし、その住民もまた大いに殖《ふ》えていったのだ。

袋は卵でいっぱいに満たされ、ついで幼虫でいっぱいとなった。子供たちは適度に発育し、その数も、毎日毎日増殖して、袋から外に出ていくと、カラキアスユーフォルビアの上にてんでに散らばったのである。

暑さの盛りのころには、この植物の上に雪でも降ったかと思われるようであった。それほど、この白くなった植民地《コロニー》には虫がいっぱいたかっていたのだ。

そこにはおびただしい数の新しい虫たちが生まれていたが、連中は体の大きさに差があるものの、いずれも彼らを産んだ母親たちよりは小さいので簡単に見分けがつく。特に連中には育児嚢《マルスピウム》がまったくないのではっきりわかるのだ。育児嚢《マルスピウム》

▼研究室の窓際に置かれたひと株のカラキアスユーフォルビア。

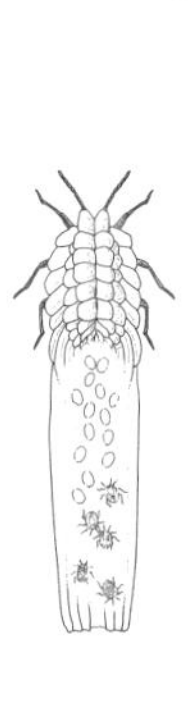

▼卵と幼虫で満たされたハカマカイガラムシの卵嚢《らんのう》。ファーブルは育児嚢《マルスピウム》と呼んでいる（透視図）。

が形成されるのは、もっとずっとあとになって、食樹植物《ホスト・プラント》の根元で冬を越してからのことなのである。

　これらの新しく生まれてきた者たちは、その年齢によって体が大きかったり小さかったりする。というのも、おかみさんたちはけっして中断することなく子供を産みつづけるからである。そしてこの子供たちはどれも同じ衣裳を着、外観はみな同じである。とはいえ、最初ざっと見たときには気がつかなかったのだが、若干の違いがあるために、ふたつの集団《グループ》に分けておく必要がある。それは、ほとんど例外的といってもいいほどのごく限られた者たちの集団《グループ》と、それ以外の圧倒的多数の者たちからなる集団《グループ》とである。

　八月になると両者の違いは非常に鮮明になってくる。葉の端っこに、あちらにも、こちらにも、何やら漠然とした形のカプセルというか、いかにも軽そうな蠟の包みに体を覆われたものがぽつんぽつんとついている。それに対して、群れのほかの者、というよりほとんど全員といっていいぐらいの者たちは、口吻を茎に刺し込んで吸汁《きゅうじゅう》しつづけているのだ。

　一所懸命汁を吸いつづけている者たちと距離をおいている、この孤独な連中は何者であろう——これは変態の途中にある雄たちなのだ。私はこの脆いカプセルをいくつか開けてみた。するとその真ん中の、母虫の袋の中に詰まっている綿に

▼カラキアスユーフォルビアにたかるハカマカイガラムシ。母親のまわりに一齢幼虫《いちれいようちゅう》が群がっている。

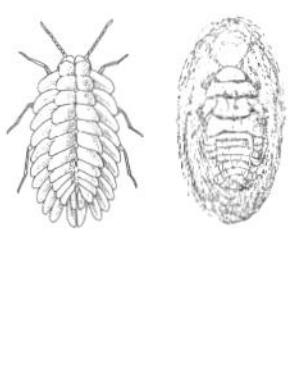

▼母親の卵嚢から出てきた子供。右がごく限られた者、左が圧倒的多数の者。

似た柔らかそうな羽毛蒲団の寝台の上に、まるで発育不全のような翅《はね》をつけた蛹《さなぎ》がひとつ、載っていた。そして九月の初めに、その蛹から最初の雄の成虫たちを私は手に入れたのであった。

実に、なんともこれは奇妙な虫である！　肢《あし》が長く、触角も長いその姿は、ある種のカメムシ[20]の仲間のようである。体は黒色で、変態を遂げたときに砕けた蠟のカプセルの細かい粉まみれになっている。翅は鉛《なまり》のような灰色で、翅端《したん》は丸くなり、休んでいるときには重なり合って、腹端《ふくたん》をはるかに超えて伸びている。体の後方には白い綿毛の羽根飾りがあり、きわめて長くて真っすぐであるが、おそらく幼虫のときの上着と同様蠟製なのであろう。これは非常に壊れやすい飾りで、虫が観察用のガラス管の中の、何枚かの葉のあいだをただ少し歩きまわっただけで、おおかた取れてなくなってしまうのだ。

ときに喜びのあまりか、虫は尾端《びたん》を、立てた翅のあいだに持ち上げることがある。放射状の毛の束は、扇《おうぎ》のような形に広げられる。虫は格好をつけるためであろう、まるでクジャクのように尻尾の飾りを広げているのである。婚礼を華やかなものにするためにこの虫は、尻に彗星の尾をつけていたのだ。それを扇形に広げたりたたんだり、また開いたりしてゆらゆら揺らし、太陽にきらめかせている。気持ちの高ぶりがおさまると、装身具はふたたび閉じられ、腹はまた翅に覆い隠

20 **カメムシ**　亀虫。半翅目（セミ・カメムシ類）Hemipteraの仲間。カメムシ、トコジラミ、タイコウチ、セミ、アワフキムシ、ヨコバイ、アブラムシなどの仲間。口器《こうき》が液体を吸う管《くだ》状《じょう》の口吻《こうふん》になっている。不完全変態で育つ。

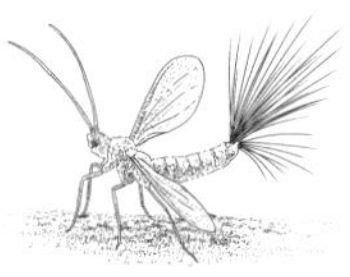

▼立てた翅《はね》のあいだに尾端《びたん》を持ち上げるハカマカイガラムシの雄。

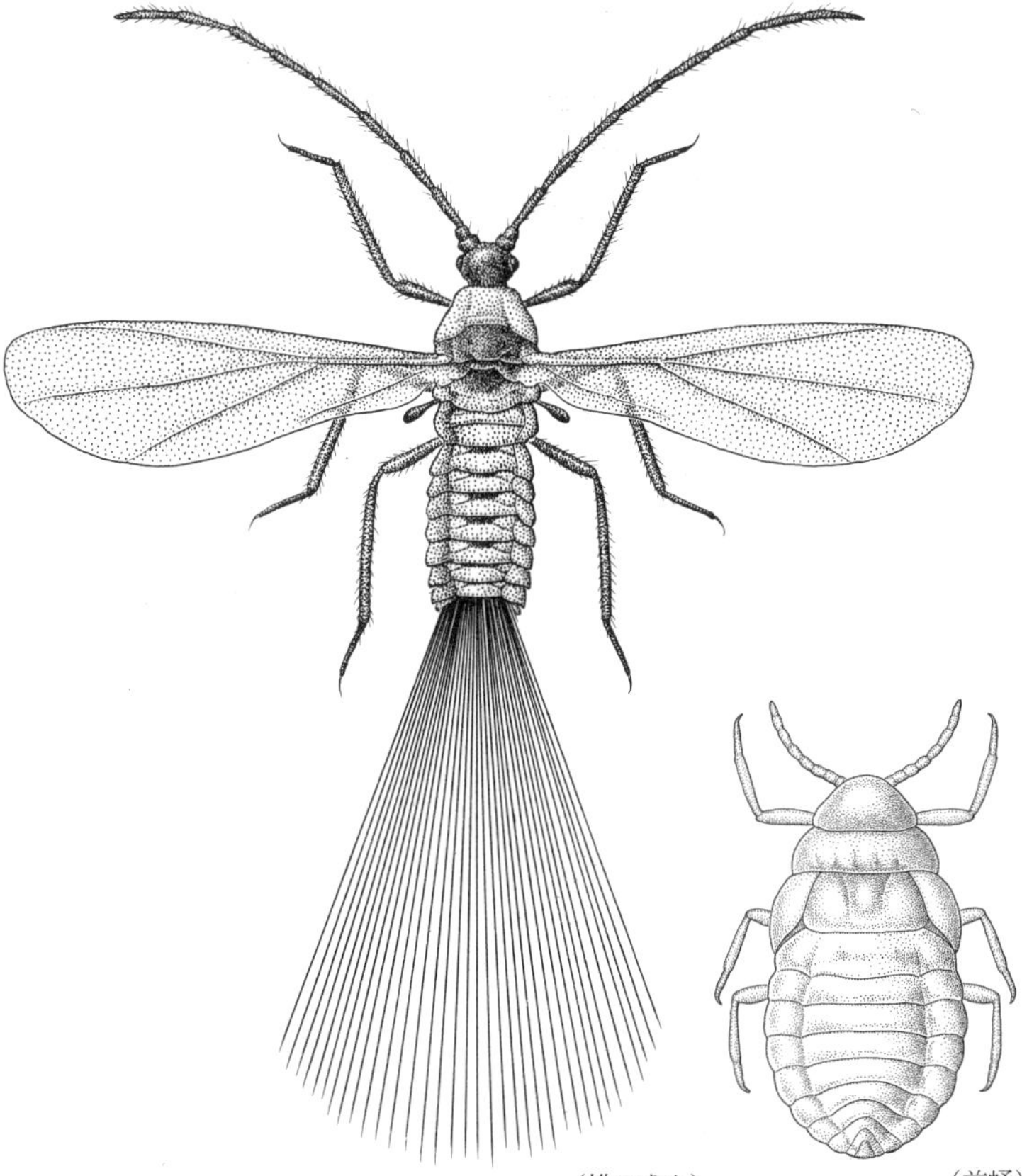

（雄の成虫）　（前蛹）

Orthezia urticae

ハカマカイガラムシ　袴介殻虫。旧学名は *Dorthesia characias* 一齢《いちれい》幼虫《ようちゆう》の体長0.5㎜　雄の開張７㎜　半翅目（セミ・カメムシ類）ハカマカイガラムシ科ハカマカイガラムシ属。雌の成虫とは異なり翅《はね》をもつ。三齢時に、前蛹《ぜんよう》、そして蛹《さなぎ》に変態したのち羽化《うか》する。後翅《こうし》は退化して棒状の平均棍《へいきんこん》になっており、前翅《ぜんし》だけで飛翔する。雄の成虫には口器《こうき》がなく、食物を摂《と》ることはない。精巣《せいそう》が発達し、交尾《こうび》を終えるとすぐに死んでしまう（図は Kuwana I., *Coccidae of japan*, I., 1907 より改写）。

される。
頭部は小さく、触角は長い。腹部末端には、短く尖《とが》った突起があり、これは鉤《フック》のようになった交尾《こうび》の道具である。口器《こうき》の部分には、ユーフォルビアの茎に突き刺すための口吻のようなものはまったくその形跡すらないのだが、実際のところ、この頭の小さな色男には、そんなものがあったところでどうすることもできまい。この雄はただいっとき、手近の雌と戯《たわむ》れ、交尾*し、死ぬ。そのためにだけ、羽化《うか》してきたのだ。

それに、その役割にしたところが、どうあっても必要、というほどではないように思われるのだ。研究室のカラキアスユーフォルビアの上では、第二世代の雌の頭数は数千にもなるのだが、私が手に入れた雄は、全部で三十頭ほどしかいないのである。概算でも、雌は雄の百倍も多い。これだけのハーレムに対して、羽根飾りをもつ洒落者《ダンディー》たちでは足りるはずがない。

それにまた、雄たちはこの仕事に本腰をいれているようにもみえない。雄は自分のカプセルの残骸から出てくると、粉にまみれた体をいくらかきれいにし、塵《ちり》を払い、ちょっと翅をはばたいてみると、虫たちが逃げないように、閉めきったままにしてある窓ガラスのほうに、ふらふらと飛んでいくのがみられる。婚礼の

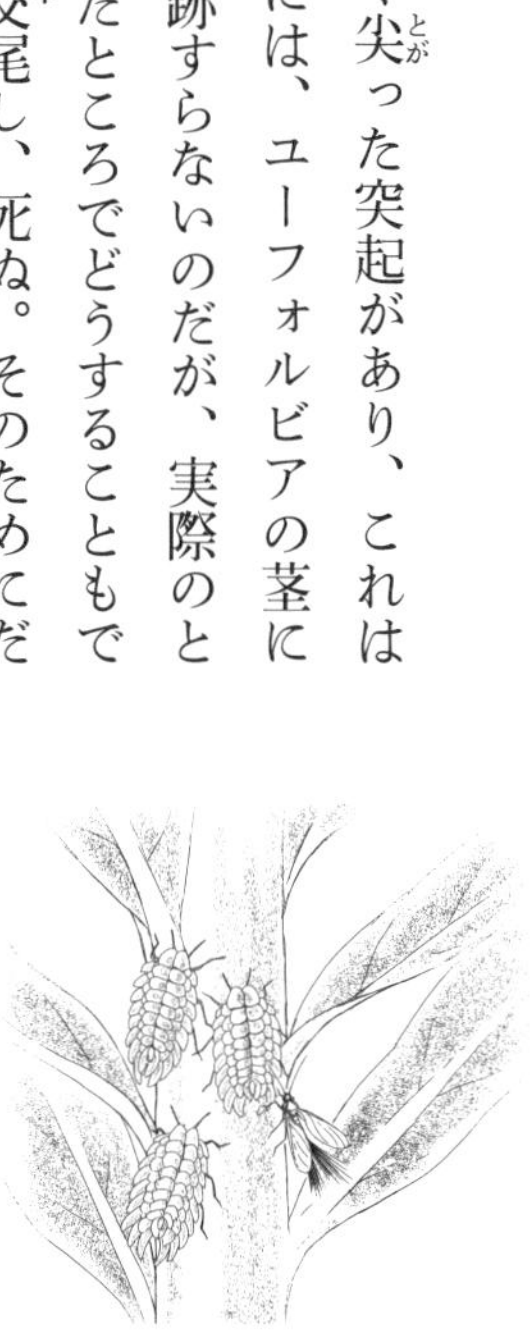
▼雌と戯《たわむ》れる雄の成虫。

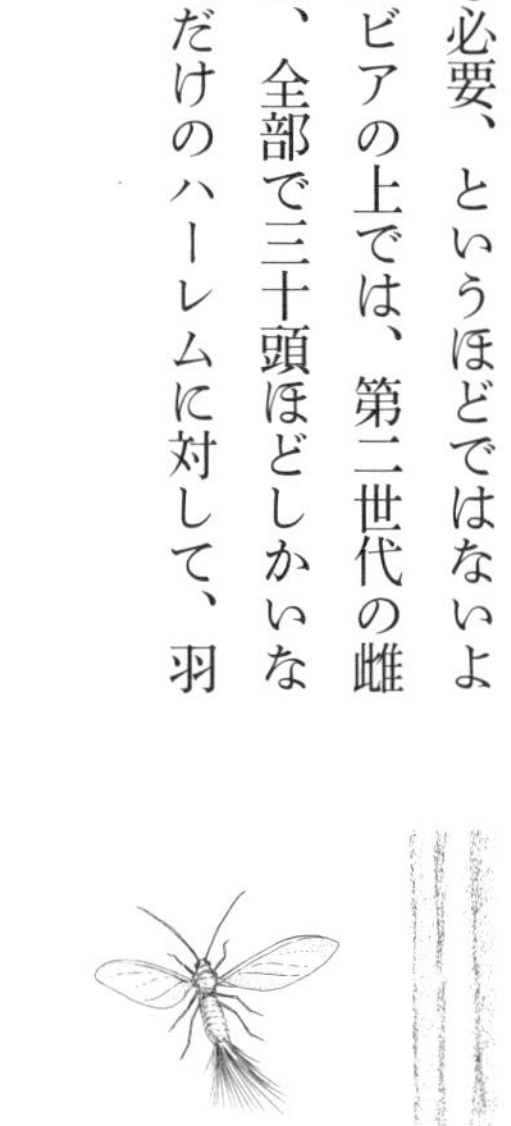
▼飛翔する雄。

興奮より、光の饗宴のほうにずっと強く惹《ひ》きつけられるのだ。

部屋の中があまり明るくないことが、ここで連中がこれほどまでに、生殖に関して冷淡であることの原因のようだ。広大な野原の、太陽の光がさんさんと射すところでなら、連中もきっと、年頃の雌の群れのなかでその装身具を強調してみせ、情熱溢《あふ》れる番《つがい》ができていたことであろう。

しかし、もっともいい条件のもとで交尾が行なわれたとしても、雄の数にくらべて雌の数は不釣り合いに、ずっとずっと多いのだ。とすると、雄に選ばれた雌は、たくさんの雌のなかのごく少数、百頭に一頭程度であることははっきりしている。それでもいつかは、雌はすべて子孫をもつことになる。ハカマカイガラムシという、この奇妙な虫の場合、種《しゅ》の繁栄を持続していくためには、いくらかの雌がときどき受精すれば充分なのだ。選ばれた雌に伝えられた、いわば推進力は、しばらくのあいだ受け継がれる遺産となる。毎年、少数の番が、全体のなかに、枯渇してしまったエネルギーを蘇らせさえすればそれでよいのである。

ハナバチ[21]の仲間の巣でよくみられる寄生のハチ、オナガコバチ[22]が、同様に雄の数がひどく少ない例を以前にみせてくれたが、ハカマカイガラムシとオナガコバチという、こんなとるにも足りないふたつの虫が、生殖の理論に関しては、まだまだ研究されねばならない広大な領域が存在することを、われわれに語りかけて

21　**ハナバチ**　花蜂。膜翅目《まくしもく》（ハチ・アリ類）ハナバチ科（ミツバチ類）の仲間。花の蜜や花粉を食物とする。

22　**オナガコバチ**　尾長小蜂。膜翅目（ハチ・アリ類）オナガコバチ科オナガコバチ属 *Monodontomerus* の仲間。他種のハチの巣に卵を産みつける寄生バチ。全長が一センチ以下の小型種が多い。→第3巻10章。

▼ハナバチヤドリオナガコバチ（花蜂宿尾長小蜂）*Monodontomerus obscurus* 体長3～4㎜　オナガコバチ科オナガコバチ属。雌は長い産卵管をもつ。

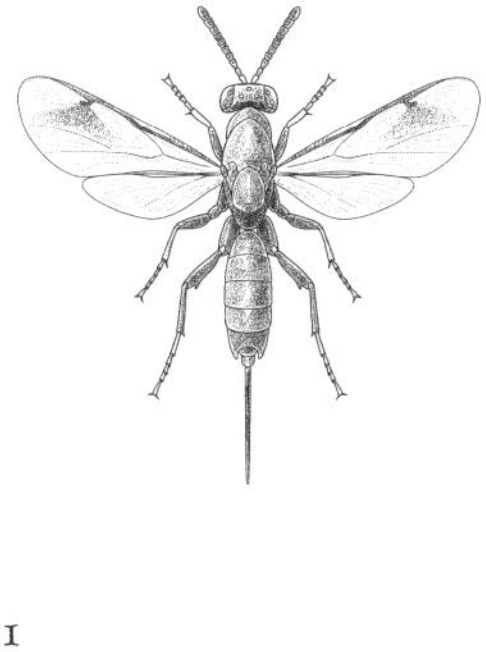

いるのだ。おそらくふたつの性という不可解な問題を解明するうえで、これらの虫が、いつの日にか、われわれにさまざまなことを教えてくれることであろう。

そうこうするうち、育児嚢《マルスピウム》をつけた、老いた母親のハカマカイガラムシは、日を追ってカラキアスユーフォルビアの上から姿を消していく。卵巣の中身が尽きて袋が空《から》になると、彼女たちは地上に落下し、そこでアリに体をばらばらにされてしまうことになる。

クリスマスのころになってもまだ、食樹植物《ホスト・プラント》の上で生きているのは若い虫だけであって、その育児嚢《マルスピウム》は、春がまた戻ってきてからでなければ形成されないであろう。厳しい冬がくると、この虫の群れはカラキアスユーフォルビアの根元のところ、積もった落ち葉の下へと降りていく。彼らは三月の末になると、またそこから出てくることになる。そしてゆっくりゆっくり植物を這い登り、育児用の袋を身につけてふたたび、*発展の円環《サイクル》を繰り返すのである。

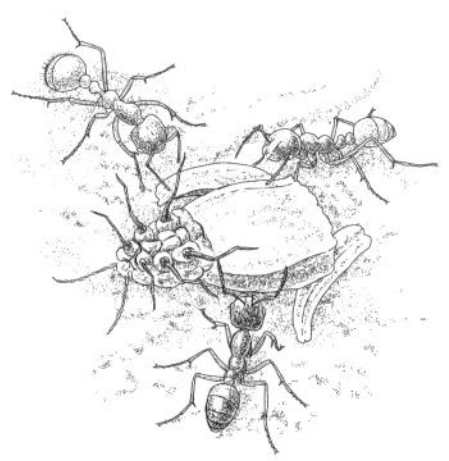

▼死んだハカマカイガラムシの雌にたかるアリ。

24章　ハカマカイガラムシ　訳注

331頁　上位の者か下位の者か　ファーブルは、生物の種《しゅ》が変化するという進化論を認めてはいない。しかし生物には段階があり、上位の者と下位の者とが存在するという考えは自然に受け入れている。これは当時西洋で広く信じられてきたキリスト教的自然観に基づく発想で、神を最上位に置き、それと同《ホモ》じ存在として人間《ヒト》を位置づけ、以下に神が創ったとされる生物を恣意的に〝高等〟から〝下等〟へと順々においていくというものである。現在でも俗に生物を〝高等〟あるいは〝下等〟と称することもあるが、厳密には、系統的に分化の程度が進んだものを高位群と呼び、分化せずに祖先の形質を保っているものを低位群と呼ぶ。

　これまで地球上に現われた生物の多くは絶滅しているが、それらは必ずしも〝下等〟であったり、不適応であったりしたわけではない。生物の存在は環境と切りはなして考えられないが、その環境には〝歴史的な側面〟が備わっている。火山の大噴火や津波、隕石の来襲など、偶発的な環境の変化のなかで生き残るためには、たんなる適応以外の〝幸運〟も作用する。そのため進化の歴史においてはこれまで数回の大絶滅を経て、生物相の大転換が起こっている。その意味で、現存する生物が必ずしも〝高等〟であるわけではない。生物間の激しい競争に晒《さら》されず、環境の激変にも巡りあわずに現在まで命脈を保っている〝生きた化石〟がそのことを雄弁に物語っているのだ。

332頁　人もマルメロも同じこと　この格言の意味するところは、人間が真に才能を発揮するためには、飢えと忍耐とが必要である。そして人間も、渋いマルメロ（セイヨウカリン）が藁《わら》の上で熟して甘くなるように、長いあいだ地味な苦労を経験しなければ味のある人間にはなれない、ということではないだろうか。なお、この格言の原文は、

L’homme est comme la nèfle : il n’est rien qui vaille
S’il n’a mûri longtemps au grenier, sur la paille.

であり、一行目と二行目の終わりの単語「vaille《ヴァーユ》（価値がある）」と「paille《パーユ》（藁）」が韻を踏んでいる。

333頁　ハカマカイガラムシ　ハカマカイガラムシ *Orthezia urticae* は、ハカマカイガラムシ科 Ortheziidae に含まれ、次章に登場するケルメスタマカイガラムシ *Kermes*

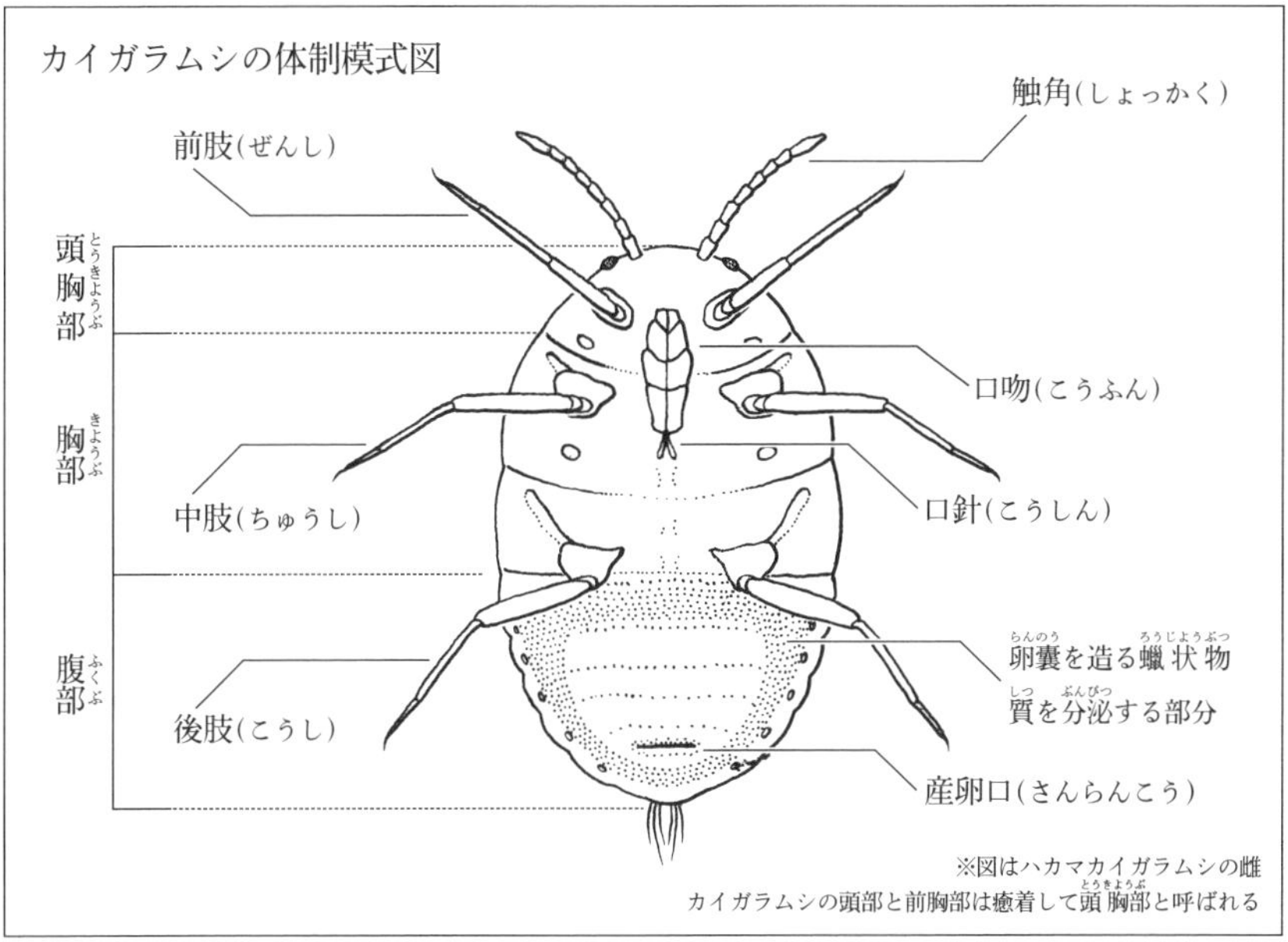

カイガラムシの体制模式図

※図はハカマカイガラムシの雌
カイガラムシの頭部と前胸部は癒着して頭胸部《とうきょうぶ》と呼ばれる

ilicis のほうは、タマカイガラムシ科 Kermesidae に含まれる。ハカマカイガラムシの学名（種小名）*urticae* には「イラクサの」という意味があるが、これはカラキアスユーフォルビアの生えていない地域に生息するハカマカイガラムシの食樹植物《ホスト・プラント》がイラクサであることに由来する。

カイガラムシの多くは、仲間ごとに姿かたちや生態が特化しているために、ひとくくりには語ることができない。これは実に多様性に富んだ魅力的な虫なのである。ここでは、ハカマカイガラムシを中心に解説し、部分的にほかの仲間の例を挙げて、カイガラムシの全体像に触れてみたい。

カイガラムシ（介殻虫《かいがらむし》）の多くは、体が分泌物《ぶんぴつぶつ》に覆《おお》われ、針のような口（口針《こうしん》）を植物に刺して汁を吸うアブラムシの仲間である。「介」という字には「甲殻《こうかく》」や「甲羅《こうら》」という意味があり、通常は貝類の殻《から》のことを指すが、そこから転じて「鎧《よろい》」を意味することもある。英語ではカイガラムシを Scale insect《スケール・インセクト》 と呼ぶが、Scale には魚類や爬虫類《はちゅうるい》の「鱗《うろこ》」や植物の「鱗片《りんぺん》」などの意味がある。この介殻は、分泌物や脱皮殻《だつぴがら》が固まってできたもので、専門的には虫体被覆物《たいひふくぶつ》と呼ばれる。カイガラムシの商標《トレードマーク》ともいえるこの介殻を、雄は前蛹《ぜんよう》になる直前まで造りつづけるが、成虫《ちゅう》になるとその中から脱出する。ただし例外も多く、硬い虫体被覆物をもたず、粉状の被覆物に覆われるコナカイガラムシ科 Pseudococcidae や、綿状の被覆物に覆われるワタフキカイガラムシ科 Margarodidae などもいる。また25章のケルメスタマカイガラムシの介殻は、分泌物《ぶんぴつぶつ》ではなく虫自身の体表が硬化したものである。

ハカマカイガラムシの雄は、二齢《にれい》を経て前蛹《ぜんよう》から蛹《さなぎ》になり、翅《はね》をもつ成虫に羽化《うか》する。雌は三齢を経て脱皮をせずにそのまま成虫になるが、翅をもたず、頭部、胸部、腹部の区別もはっきりしない、成虫らしからぬ、まるで幼虫のような姿のままで成熟する。このような形態を幼型成熟《ようけいせいじゅく》（ネオテニー）という。この成虫になる齢数《れいすう》も仲間ごとにそれぞれ例外があり、ハカマカイガラムシは三齢を経て四齢で成虫になるが、ほかのカイガラムシでは二齢を経て三齢で成虫になるものも少なくない。

ふつう半翅目《はんしもく》の仲間は、セミの羽化などをみてもわかるように、蛹の段階を経ずに不完全変態で成虫になる。したがって、カイガラムシの雄は、例外的な存在であるといえる。ただし、完全変態の蛹とは形態が異なるため、カイガラムシの蛹は擬蛹《ぎよう》と呼ばれることもある。いっぽうで蛹の定義のひとつに、口器《こうき》の消失という考え方がある。この定義に従えば、カイガラムシの〝蛹〟も、いったんは口が消失した状態になっているため、蛹と呼ぶことができる。

羽化したハカマカイガラムシの雄の成虫は虫体被覆物をもたず、翅を生じるが、その翅は前翅《ぜんし》だけで、後翅《こうし》は退化して平均棍《へいきんこん》になっている。また雌のように口吻《こうふん》はもたない。つまり雄は成虫になると食物を摂《と》らず、翅を使って移動し、雌を探して交尾《こうび》を行なうことにのみ集中するのである。このように雌雄《しゆう》の成長過程と成虫の姿が大きく異なるという点が、カイガラムシ全体の大きな特徴である。

カイガラムシの仲間は、世界に七千三百種《しゅ》、日本に十二科約四百種が知られる。しかし、今後研究が進めば種数はさらに増加するものと予想されている。もともとは熱帯起源の昆虫であるが、南極と北極を除いて植物のある地域ならどこにでも分布している。なお、新生代第三紀（六千五百万年前〜百六十四万年前）の琥珀《こはく》（樹液の化石）の中から、現在の属とほぼ同様の姿をしたカイガラムシが発見されており、その当時から形態を変えることなく現存している一群であることがわかっている。

カイガラムシの類縁関係を理解するために、その正確な分類上の位置を記しておかねばならない。第7巻16章「アワフキムシ」や、第8巻5章「カメムシ」も同じ半翅目《はんしもく》（セミ・カメムシ類）Hemiptera に含まれるが、近年その分類に対する考え方が変わってきたので、新旧の分類をここで紹介する。従来、半翅目は、前翅《ぜんし》の基部が革質《かくしつ》になった異翅亜目《いしあもく》（カメムシ類）Heteroptera と、前翅が膜状になった同翅亜目《どうしあもく》（ヨコバイ類）Homoptera とに大別されていた。同翅亜目はさらに、口吻の形状や位置によって腹吻群《ふくふんぐん》（アブラムシ科、カイガラムシ科、コナジラミ科、キジラミ科）Sternorrhyncha、頸吻群《けいふんぐん》（ヨコバイ科、アワフキムシ科、ハゴロモ科）Auchenorrhyncha、鞘吻群《しょうふんぐん》（セミ科）Coleorrhyncha に分類されていたのである。

　そして近年、多くの研究者によって支持されている分類の体系は、半翅目を腹吻亜目《ふくふんあもく》 Sternorrhyncha、頸吻亜目《けいふんあもく》 Auchenorrhyncha、異翅亜目《いしあもく》 Heteroptera の三つに分ける考え方である。これらのなかで、カイガラムシは腹吻亜目に含まれる。同亜目には、キジラミ上科 Psylloidea、コナジラミ上科 Aleurodoidea、アブラムシ上科 Aphidoidea、カイガラムシ上科 Coccoidea の四上科がある。

　このように半翅目の分類の考え方に新旧はあるが、いずれの場合にも四十九の科に分けられ、これらのなかでカイガラムシは大きくとらえると、アブラムシに近い仲間といえる。『昆虫記』には、これまでアブラムシの仲間として、アブラムシ（第1巻14章、第2巻10章など）やワタムシ（第8巻10〜13章）などが登場しているが、そのときこれらの虫を指すためにフランス語の一般名詞としてファーブルが用いていた、puceron《ピュスロン》（アブラムシ）は、本章と次章ではほとんど使われずに、それぞれ固有の名前か、単に「虫」という言葉が用いられている。

　以上みたようにカイガラムシは広義には口吻を腹面《ふくめん》にもつアブラムシの仲間に含まれるわけだが、この仲間について『昆虫記』では、ワタムシのことが第8巻10章から13章にかけて詳述されている。このワタムシも世代によって姿と住み場所を複雑に変化させながら一生を送るのであるが、ファーブルがその生態に肉薄できたのは、それ以前の一八六〇年代に、フランスのブドウに大被害をもたらしたブドウネアブラムシ（フィロキセラ）の研究を行なっていたからであろう。本章および次章の考察には、ファーブル自身による観察だけでなく、これらの研究の成果が生かされているものと推測される。ちなみに、フランスのブドウとワインに大被害をもたらしたブドウネアブラムシは、その後根絶された。この災厄を生きのび、現在樹齢百六十年を経たブドウで造られたワインは〝プレ・フィロキセラワイン〟として珍重されている。

336頁　**錐《きり》のような口吻《こうふん》**　液体を吸うことに特化した半翅目《はんしもく》（セミ・カメムシ類）の口器は口吻《こうふん》と呼ばれる。セミやアブラムシ、そしてカイガラムシは、植物の汁を吸うが、実際に植物組織に刺し入れられるのは口吻の中に収められた、さらに細い糸のような口針《こうしん》である。

350頁　**交尾し、死ぬ**　このファーブルの観察によるとフランスのハカマカイガラムシの成虫は、雌雄《しゆう》とも秋に出現し、交《こう》尾《び》後雄は死に、雌はそのまま越冬することが明らかにされている。おそらく日本の北海道や高地にも分布するハカマカイガラムシや、日本に広く分布している近縁のヤスシハカマカイガラムシ *Orthezia yasushii* も同様に雌が成虫で越冬しているものと考えられる。これら日本産二種のハカマカイガラムシは、ファーブルが観察したように、雄がみられることはきわめて少ない。そのため、多くの個体が単為《たんい》（単性《たんせい》）生殖《せいしょく》で繁殖しており、したがって、どの齢《れい》で越冬しているのかがよくわかっていなかった。

いずれのハカマカイガラムシの卵も、越冬した雌が産んだものが五月から六月に孵化《ふか》する。晩秋までに雌雄ともに成虫に育ち、交尾をし、雄は死に、雌のみが越冬するのである。

352頁　発展の円環《サイクル》を繰り返す　第8巻10章から13章で詳述されたカイガラムシに近縁なワタムシの仲間は、世代によって姿と住む場所を変えて複雑な一生を送る。この虫の生態や生活史は、雌雄《しゆう》の成虫の姿が大きく異なる点や、雌が〝産卵〟をせず、体内で孵化《ふか》した幼虫が食樹に固着した母親の死体から出てくる点、そして冬のあいだ落ち葉や地中で過ごす点など、近縁なカイガラムシのそれに似ている部分がある（第8巻12章訳注「生活の円環《サイクル》」参照）。そうしたカイガラムシの生態や〝複雑〟な「発展の円環《サイクル》」に関しては、おもに農作物の〝害虫〟として、駆除を目的に生態的な研究が進んできたのである。

昆虫学者の大町文衛《おおまちふみえ》（一八九八―一九七三年）は、一九四一年（昭和十六年）、朝日新聞の夕刊に連載した『日本昆虫記』の第二十三回目に「化物の介殻蟲」と題してカイガラムシについて以下のように述べている。

親も子も雌ばかりの蚜蟲

可愛《あい》らしい利口な昆《こん》虫が實は人間に直接《せつ》、間接《せつ》に多大の損害《そんがい》を與《あた》へる憎《にく》むべき動物と判《わか》つてみると洵《まこと》に興《きよう》ざめであるがやむを得ない。聲《こゑ》を大きくしていふと昆《こん》虫の大多數は大小輕《けい》重の差《さ》はあれ、皆害《がい》虫といつてもよいほどである。有用虫を除《のぞ》いてはそれらの害《がい》虫を殺《ころ》してくれるトンボや寄《き》生蜂《ばち》などのみが益虫なのである。

そしてその害《がい》の最大なるものは植《しょく》物を食ふもの殊《こと》にわれ〱の作つてゐる植《しょく》物、すなはち作物、蔬菜《そさい》、果樹《じゅ》、あるひは森《しん》林の樹《じゅ》木などへの加害《がい》である。中には雑《ざつ》草を食つて間接《せつ》にわれ〱に利益を與《あた》へてくれる感《かん》心なものもあるが、これらの害《がい》虫が年々農林業に及ぼす損害《そんがい》は殆《ほとん》ど測り知るべからざるほど莫《ばく》大であるのは遺憾《ゐかん》である。（中略）

24　ハカマカイガラムシ

介殻虫は蚜虫《あぶらむし》よりずつとひどい害《がい》をおよぼす大害虫《がい》で、しかも外國から過《あやま》つて輸《ゆ》入された舶《はく》來の種類《るゐ》が殊《こと》にひどい害《がい》をしてゐるに至つては言語道斷《だん》であらうと思ふ。

介殻《かいがら》虫の形態《たい》はまた變《かは》つてゐて雄は一對《つい》の翅をもち大体普《ふ》通の昆《こん》虫の形をしてゐるが、口器《き》がないのである。害《がい》をするのは雌でこれはまた一片《へん》の薄《うす》い肉片《にくへん》のやうで頭《あたま》、胸《むね》、腹《はら》の區別もなく、脚《あし》もなく眼《め》もない。たゞ發達してゐるのは口器《き》だけ、虫の化《ばけ》物のやうで、この口を植《しよく》物に刺《さ》し込んでせつせと樹液《じゆえき》を吸《す》ふのである。そしてその名のごとく介殻状《かいがらじやう》の被覆《ひふく》物に覆《おほ》はれて保護《ご》されてゐるが、それが、樹《き》にべつたりついてゐるところはぞつとするほど氣持が惡い。

介殻《かいがら》虫は非常に繁殖《はんしよく》力が強く、一匹《ひき》の雌が一年に十五億位の子孫《そん》を生ずる計算といふ。有名な種類《るゐ》はサンホーガ介殻《かいがら》虫、イセリア介殻《かいがら》虫、矢根介殻《やのねかいがら》虫、ルビー蠟《ろう》虫などで、その被害《ひがい》は隨《ずい》分大きい。しかもこの虫がつくと煤病といふ病菌《きん》が一緒《しよ》について葉《は》が煤《すゝ》けて見苦しくなる。

この中でもルビー蠟《ろう》虫は最近ことに急速《そく》に蔓延《まんえん》して被《ひ》害《がい》が著しく三重縣あたりでも困《こま》つてをり、これがためにこの虫のつく庭木の價格《かかく》が著しく低落したほどである。

大町のこの文章には、江戸時代の農学者以来の、害虫を憎む気持ちがあふれている。実際、強力な農薬が発明されるまで、農業におよぼす昆虫の被害は甚大なものであった（なお文中の「サンホーガ介殻虫《かいがら》」は「サンホーゼ介殻虫《かいがら》」の誤植と思われる）。

それにしても、ここまで悪しざまに言われると、少しカイガラムシの味方をしたくなるが、いずれにせよ、この虫は、農作物の害虫として恐れられてきたわけである。その害は、吸汁《きゆうじゆう》によるものや、ウイルス媒介のほかに、甘露《かんろ》（honeydew《ハニーデュー》）や排泄物《はいせつぶつ》に微生物（病原菌）が増殖して病気を引き起こすこと、根にとりついて樹勢《じゆせい》をそぐ種《しゆ》がいること、などが挙げられる。特に病原菌による被害は農業上極めて深刻なもので、果実などが煤《すす》を塗ったようになる煤病を引き起こす。膏薬病の〝膏薬〟の正体は、カイガラムシが出す分泌物を栄養源とする担子菌《たんしきん》が発達させた菌糸《きんし》である。カイガラムシはこの菌糸によって守られ、一種の共生関係にある。このように多くのカイガラムシは、自分の造る虫体被覆物《ちゆうたいひふくぶつ》や菌糸などに身を守られているため、これらの〝鎧《よろい》〟をもたない、孵化したての時期に農薬を散布することが駆除のために効果的だと考えられている。

大町は、紀行文作家で評論家としても著名であった大町《おおまち》桂月《けいげつ》（一八六九―一九二五年）の次男である。昆虫学者であるとともに文をよくし、コオロギの研究から「コオロギ博士」などの愛称で親しまれた。右に引用した『日本昆虫記』の連載が始まったのは太平洋戦争直前のことで、連載の第三十六回には「今日も兵隊さんから手紙を貰《もら》つた。昆《こん》虫記を讀んでなつかしいといふ便りである」との書き出しもみられる。また最終回では「セリニヤンの聖者《せいじや》」ファーブルについても触れており「フアブルの昆《こん》虫に對する愛《あい》は溺愛《できあい》であつた」と記されている（当時はファーブルを「フアブル」と表記していた）。

なお次の25章ではケルメスタマカイガラムシについて詳述されるが、本種は、ラックカイガラムシやコチニールカイガラムシとともに古くから赤い色素を得るための原料として利用されてきた。これはカイガラムシとしては例外的に〃益虫〃であり、一般にはあまり気づかれていないが、これらのカイガラムシは、食品などの着色色素としてわれわれの日常のなかでもっとも身近に利用されている昆虫なのである。

25

ケルメスタマカイガラムシ

母親の体内で育つ幾千もの子供

コモリグモやサソリは子供を背中に乗せて子守をする――ハカマカイガラムシは体の中で子守をする――セイヨウヒイラギガシをよく調べてみると黒光りする小さな球が見つかる――これは昆虫のなかでもとりわけ風変わりなケルメスタマカイガラムシである――まるで液果《えきか》のようだが昆虫なのだ――五月の末に中を開けると数千もの卵が詰まっていた――六月の末、孵化《ふか》した幼虫は母親の体内から脱出する――幼虫はどこに行くのか――翌年の四月、小枝を虫眼鏡で調べていると一頭の小さな虫が視界をよぎった――母親の殻《から》から脱出してきた者と同じ姿だ――翌日、この虫は脱皮すると小さな球になった――ヒイラギガシからは二種の虫が採集できた――多くは球体の者で、数が少ないほうはナメクジのような姿だ――後者は雄の幼虫なのだろう

扉絵　ケルメスタマカイガラムシの雌が出す甘露《かんろ》を舐《な》めるアリ

巣を造って子供を保護することは、母性愛の高度な現われだが、これに匹敵するまた別の育て方があって、ときによっては感嘆せざるをえないほどの愛情の深さを発揮しているものである。

ナルボンヌコモリグモ[1]は、紡《つむ》ぎ疣《いぼ》に卵囊《らんのう》をつけて、脚《あし》にぱたぱたぶつかるのも厭《いと》わず、ぶら下げて歩いていく。そのあと半年間というもの母グモは、ぎっしり背中にひしめきあっている子グモの群れを乗せたまま歩いていくのだ。

同様にサソリ[2]は、子供たちを背中に乗せて子守をする。この虫は、子供たちが旅立っていくまで二週間ほどのあいだ、背中に乗せたままにして体力をつけさせてやる。

ハカマカイガラムシ[3]は、白い蠟《ろう》を分泌《ぶんぴつ》して、腹部の先端にえも言われぬ繊細な筒袖《マフ》を造ってやり、幼虫はその中で孵化《ふか》すると、綿のような房飾《ふさかざ》りを身につけ、ゆっくりと成熟してから移住していく。このふんわりした小部屋のような筒袖《マフ》には穴がひとつ開いていて、中に籠《こ》もっている幼虫たちが、食樹植物《ホスト・プラント》[4]のカラキアス

1　**ナルボンヌコモリグモ**　ナルボンヌ子守蜘蛛。*Lycosa narbonensis*　体長23〜28㎜　クモ目《もく》コモリグモ科コモリグモ属。→第2巻11章。→第8巻23章。→第9巻1〜3章。

2　**サソリ**　蠍。節《せっ》足《そく》動《どう》物《ぶつ》門《もん》鋏《きょう》角《かく》亜《あ》門《もん》クモ綱《こう》サソリ目《もく》Scorpiones の仲間。→本巻17章訳注。

3　**ハカマカイガラムシ**　袴介殻虫。*Orthezia urticae*（旧*Dorthesia characias*）体長8〜10㎜　半《はん》翅《し》目《もく》（セミ・カメムシ類）ハカマカイガラムシ科ハカマカイガラムシ属。→本巻24章。

ユーフォルビアに付着して自分ひとりで生きていけるようになると、そこから一頭、また一頭と出ていくようになっている。

かざりけのない虫たちのなかでも、とりわけとるに足りない者、セイヨウヒイラギガシ[5]のカイガラムシは、もっと巧妙な方法を思いついている。母親虫の皮膚が黒檀《こくたん》の防壁のように硬くなり、体そのものが、とても攻め落とすことのできぬ砦《とりで》となって、それを子供たちの揺《ゆ》り籠《かご》として遺《のこ》してやるのだ。

五月になったら、暑い陽《ひ》を浴びながら、セイヨウヒイラギガシの細い枝を、根気よく、ていねいに調べてみよう。同じように、プロヴァンスの農民たちには avaús《アバユス》 と呼ばれ、植物学者にはケルメスガシ[6]と呼ばれている、小さな葉がちくちく尖《とが》って、手で触ると痛い小灌木《しょうかんぼく》も調べてみよう。

ひょいと跨《また》ぎ越《こ》せるほど丈《たけ》の低いこの貧相な灌木も、実《じつ》のところはまぎれもないコナラの仲間なのである。そのことはざらざらした殻斗《かくと》にすっぽり嵌《は》まった見事などんぐりが実ることからもわかる。このケルメスガシのほうからも、セイヨウヒイラギガシからと同じように、たっぷりと、カイガラムシを採集することができるであろう。しかし、普通のコナラの仲間、オウシュウナラ[7]のことは放っておこう。今われわれが探索しているカイガラムシは、その木には一頭も見つからないであろうからだ。探してみる値打ちがあるのは、最初に挙げた二種の木だけ

4　**カラキアスユーフォルビア**　*Euphorbia characias*　草丈1m　トウダイグサ科トウダイグサ属の多年草。カラキアスはラテン語で灯台草を指す。

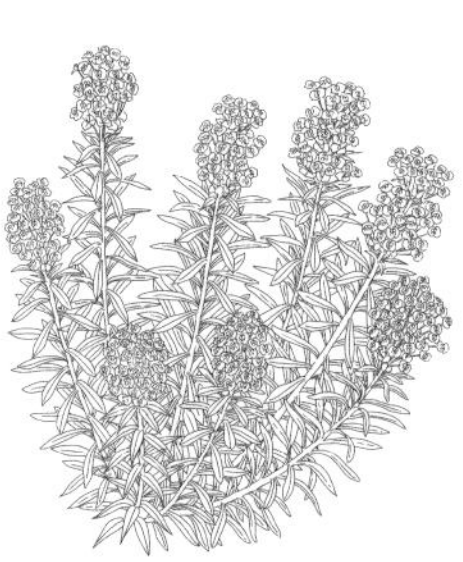

5　**セイヨウヒイラギガシ**　西洋柊樫。*Quercus ilex*　樹高10〜20m　ブナ科コナラ属の常緑硬葉樹。仏名は yeuse《ユーズ》 あるいは chêne vert《シエーヌ・ヴエール》。

6　**ケルメスガシ**　ケルメス樫。*Quercus coccifera*　樹高は最大で約3m　ブナ科コナラ属の常緑樹。プロヴァンス地方の石灰岩質の乾燥した地域に分布。ケルメスタマカイガラムシが付着して樹液を吸うことから、仏

なのである。

これらの木を探してみると、小粒のエンドウ[8]の豆ぐらいの大きさで、黒光りする小さな球が、ここにも少し、あそこにも少しというぐあいに、けっして多くはないが、見つかることであろう。これこそが、ケルメスタマカイガラムシ[*9]、昆虫のなかでもとりわけ風変わりな虫である。

これが、動物なんだって？　まさか……事情を知らない人なら、そう思うであろう。そしてクロスグリ[10]か何か、液果《えきか》の類《たぐい》だと思い込んでしまう。それにこの球を歯で噛《か》んでみると、かりっと割れて、かすかな苦みの混じった甘い味がするだけに、なおさら木の実《み》と間違えやすいのだ。

しかし、美味《おい》しいといってもいいぐらいのこの実が、植物ではなく、動物、それも昆虫であることは間違いないのだ。もっと詳しく虫眼鏡で見てみよう。頭部、腹部、肢《あし》はどこかにあるのかと、調べてみる。頭部などというものはまったくない。腹部や肢にしても同様で、そんなものは少しもないのだ。体全体が大衆的な宝石屋の店によく売っているような、黒玉《こくぎょく》[11]でできた偽《にせ》の真珠みたいなのである。

せめて昆虫である証《あかし》として、いくつかの体節《たいせつ》に分かれているだろうか——全然。これは磨き上げた象牙と同じくらいなめらかな物体なのだ。これには体の震えか何か、少しでも移動能力をもっている証拠になるようなしるしはないのか——全

名では chêne kermès《シエーヌ・ケルメス》「ケルメスタマカイガラムシの樫《かし》」と呼ばれるようになった。

7　**オウシュウナラ**　欧州楢。*Quercus robur*　樹高25m　ブナ科コナラ属の落葉高木。仏名は rouvre《ルーヴル》。

8　**エンドウ**　豌豆。*Pisum sativum*　豆の直径6〜10㎜　マメ科エンドウ属の蔓性《つるせい》一年草。→第8巻2章訳注。

9　**ケルメスタマカイガラムシ**　→367・391頁図、解説。→訳注。

10　**クロスグリ**　黒酸塊。*Ribes nigrum*　スグリ科スグリ属の落葉低木。果実は黒っぽい濃紫《こむらさき》で甘酸っぱい。仏名は cassis《カシス》。

11　**黒玉**　水中で化石化（鉱物に置換）した樹木。宝石の一種として用いられる。英語では jet《ジェット》と呼ばれる。

然ない。石のようにじっとして動かないのだ。

おそらくは、この球の下側の面、小枝にくっついている部分に、何か動物の構造のような痕跡が見つかるかもしれない。この物体は液果のように、潰《つぶ》れたりすることなく、きれいにぽろっと剝《は》がれる。下側の面は少し窪《くぼ》んでいて、白い蠟《ろう》状物質《じょうぶつしつ》をまぶしたようになっており、これが漆喰《しっくい》の働きをして枝にくっついているのだ。アルコールの中に二十四時間浸《つ》けておくと、この物質は溶解して、これから調べようと思っている部分が露出した。

虫眼鏡で観察してみる。詳しく見ても、球のような虫の体の下面に、どんなに小さなものであれ、虫の体を固定するための、肢なり鉤《かぎ》なりは見つけることができないし、樹皮に刺し込んで、虫が生きていくのに食物として必要不可欠な樹液を吸うための口吻《こうふん》さえも見つからないのだ。背中の部分ほどではないけれど、腹側もなめらかで、のっぺりしている。実際、ケルメスタマカイガラムシは、たんに枝に糊《のり》づけされているだけで、それ以外に枝とはなんの繋《つな》がりももっていないかのようだ。

しかしそんなはずはない。この黒真珠は栄養を吸収していて大きくなるし、リキュール製造工場で造られるような液体を、休むことなく染《し》み出《だ》させているのだ。

▼セイヨウヒイラギガシの枝についている黒玉《こくぎょく》のようなケルメスタマカイガラムシ。

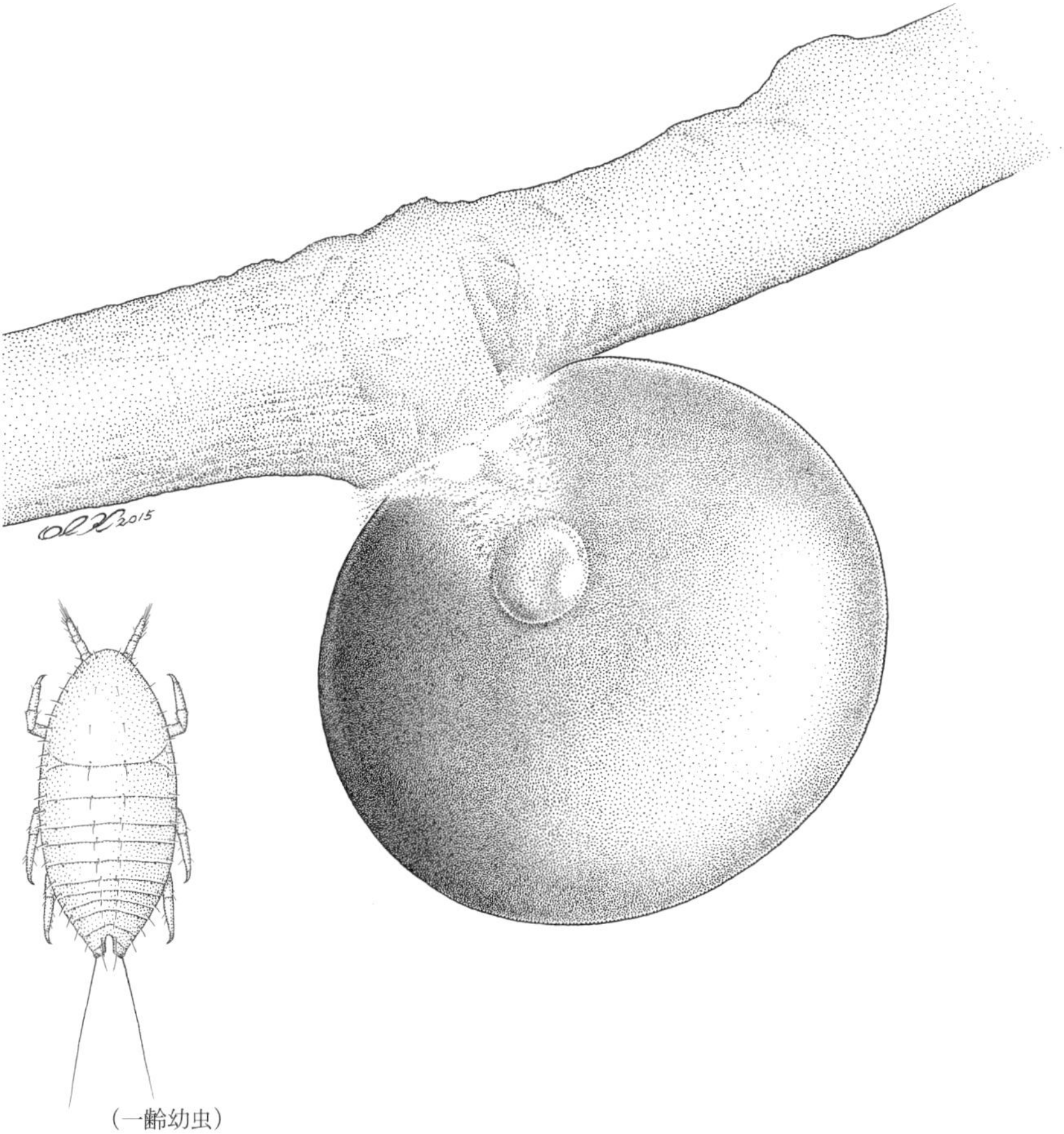

（一齢幼虫）

Kermes ilicis　（雌の成虫）

ケルメスタマカイガラムシ　ケルメス球介殻虫。雌の体長6～7㎜　一《いち》齢幼虫《れいようちゅう》の体長0.5㎜　半翅目《はんしもく》（セミ・カメムシ類）タマカイガラムシ科タマカイガラムシ属。雌の成虫は球形で、表皮は硬化して植物の果実（液果《えきか》）のようになる。本属の学名 *Kermes* はコナラ属 *Quercus* の語源とされる。この仲間のものはコナラ属の特定の種《しゅ》、本種ならケルメスガシ *Quercus coccifera* やセイヨウヒイラギガシ *Quercus ilex* に寄生する（幼虫の図は *Nearctic Kermesidae* p.131を改写）。→訳注。

こうしたものを体外に出しつづけるのには、すくなくとも、水気の多い樹皮に穴を開けるための口吻ぐらいはもっていなければならない。

だから、この虫には口吻があるにちがいないのだが、小さすぎて、私の衰えた目ではそれが認められないだけなのだ。おそらく、このケルメスタマカイガラムシをとまっている木から引き剝がすと、その瞬間、この汁液《じゅうえき》を吸うための道具は引っ込められて体内に収まり、*見えなくなってしまうのであろう。

この小さな球がくっついている枝の、根のほうを向いた半球上に、球を巡る円周の大半を占めるほど幅の広い溝がえぐられた形になっている。この溝の下側の端、ちょうどカイガラムシの体が枝に接着している基部と、枝そのものとの境目のあたりに、小さいボタン穴のような肛門が開いている。この穴を通じてのみ、ケルメスタマカイガラムシは、外の世界と関係を保っているのだ。これはさまざまな役割をはたす戸口であるが、まず何より*甘露《かんろ》を排出する泉なのである。

ケルメスタマカイガラムシがいっぱいにたかっているセイヨウヒイラギガシの小枝を何本か採取して、切り口をコップの水の中に浸《ひた》しておいてみよう。しばらくのあいだ、葉は生き生きしていてくれるであろう。これだけの条件が整えば、虫は充分快適に暮らしていくことができると思われる。

ほどなく、カイガラムシのボタン穴から無色透明の液体が染み出してきて、二日ほどのあいだにそれが、液体を出した虫の体そのものと同じくらいの大きさの滴《しずく》になっていく。重くなりすぎると、この滴はぽたりと落下するが、カイガラムシの体を伝って流れ落ちることはない。排出口は、虫の体の後ろのほうにあるからである。するとまた別の滴がすぐにできはじめる。この泉は時をおいて染み出すものではなく、絶え間なく湧いているのである。この泉からは、途切れることなく甘露が溢《あふ》れ出《だ》しているわけだ。

この蒸留器《じょうりゅうき》のような虫の滴を、小指の先につけて舐《な》めてみよう。美味《おい》しい！香りといい風味といい、これはほとんど蜂蜜に負けないほどのものである。もしこのケルメスタマカイガラムシが大量飼育に適したものであって、その甘露も集めやすかったならば、これは甘味料の貴重な製造者となることだろう。だが、熱心にそれを絞りとるのは、人間ではない、他《た》の者と決まっているのである。

他の者とはほかでもない、あのひどく根気のいい収穫者のアリ[12]のことだ。アリたちはアブラムシ[13]よりももっと、このカイガラムシのほうを好み、こっちに駆《か》けつけてくる。そもそもアブラムシは甘露をひどく出し惜しむので、長いことかけて刺激したり、ぽってりした腹をくすぐったりしたすえにやっと、二本の角《つの》[14]の先から、ほんのひと口ぶんを出してくれるだけなのだ。

その点ケルメスタマカイガラムシは気前がいい。どんなときでも自分のほうか

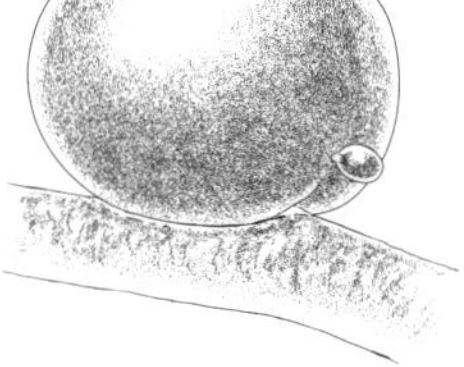
▼ケルメスタマカイガラムシの肛門から染み出る甘露《かんろ》。

12　**アリ**　蟻。膜翅目《まくしもく》（ハチ・アリ類）アリ科 Formicidae の仲間。

13　**アブラムシ**　油虫。半翅目《はんしもく》（セミ・カメムシ類）アブラムシ科など複数の科の総称。植物の汁を吸う。一年に数世代が出現。世代によって形態や生息場所を変え、それぞれ有性（両性）生殖と単為《たんい》（単性）生殖により繁殖する。→第8巻10章訳注。

14　**二本の角**　腹部の尾端《びたん》ちかくに生えた二本の突起。角状《かくじょう》管《かん》と呼ばれる。

ら進んで、飲みたい連中に大樽《おおだる》から飲ませてやり、しかもそうやって酒のほどこしをするときは、なみなみとついでやるのである。

だからアリどもはこの酒造りのもとに詰めかけている。連中はカイガラムシの周囲を取り囲み、三頭も四頭もが一度に集まって、甘露の大樽の飲み口を舐めまわす。ケルメスタマカイガラムシがセイヨウヒイラギガシの葉群《はむら》のどれほど高い梢《こずえ》にいようと、アリたちは見事にカイガラムシの居場所を嗅ぎつけてしまう。一頭のアリがいかにも仔細ありげに木を登っていくのを見つけたら、目でそのあとを追っていけばいいのだ。アリは真っすぐに黒い球のような酒場まで案内してくれる。ケルメスタマカイガラムシがまだごく若く、体も小さくて、この虫の観察に慣れていない人の目には見つからないような場合でも、アリは頼りになる案内役となってくれる。このカイガラムシは、ごく小さな個体でさえ酒場を開いており、開店の当初から、店は大きな連中のものと同じように千客万来なのだ。

広々した野原の木の上の場合、甘露が染み出すと、あとからあとから勤勉なアリたちが吸いとってしまうので、この泉から湧き出すその量がどれくらい豊かであるかを計ることはできない。この丸い小さな樽は絶えず舐めとられているので、注ぎ口のまわりに湿ったところさえ見られないくらいなのだ。この美酒の樽から

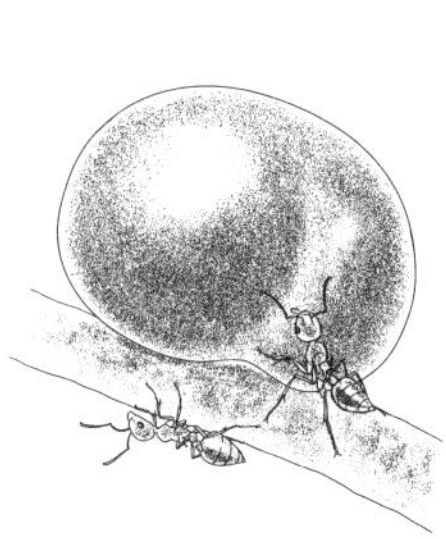

▼ケルメスタマカイガラムシが分泌《ぶんぴつ》する甘露を舐《な》めるアリ。

湧き出す甘露の量をちゃんと調べるには、カイガラムシのついた小枝を、飲み助《のすけ》のアリたちから遠く別のところに隔離しておかなければならない。

するとアリのいないところでは、リキュールがずいぶん早く、びっくりするほどの大きさの滴になることがわかる。染み出してきた甘露の分量は、虫自身の体より大きくなり、しかもなおも湧き出しつづけているのだ。甘露造りの仕事には休みがなく、そのうえ、なくなったかと思うと、あとからあとから無尽蔵に湧き出してくる。

アリは、彼らにとっての牝牛ともいうべき存在であるアブラムシを飼育している。もしもアリたちが、セイヨウヒイラギガシのカイガラムシを、牧場のような場所に集めて飼うことができるなら、アブラムシなんかを飼育するのとはくらべものにならないほど効率のよい牧畜ができることであろう。

しかし、カイガラムシは一頭ずつばらばらに暮らしており、数も少ないうえに、一か所に集めようと思っても引っ越しなんかさせることは不可能なのだ。付着している場所から一度剝がしてしまうと、ほかの場所には定着できずに死んでしまう。だからアリは、この虫を葉群の一部に集めてひとつの群れにしようなどとはいっさい考えず、そのままの状態でうまく利用している。アリは賢明にも、不可能をまえにしておとなしく引き下がるのである。

こんなにも量が多く、また食通たちから高く評価されているこの美酒は、いったいなんのためにあるのだろうか。アリたちのためにわざわざ、湧き出させているのだろうか。そうでないといえるだろうか。

でもまあ、*結局はそういうことなのだろう——アリはその数の多さからいっても、収穫能力の高さからいっても、生き物全員が参加する自然界の[15]ピクニック、つまり自分もそれだけの犠牲を払うべき、食ったり食われたりの世界において、重大な役割を担っている。その仕事の見返りに、アブラムシの乳房のような角《かく》状管《じょうかん》と、ケルメスタマカイガラムシの甘露の泉とを授けられているのだ。

五月の末に、この黒い小壜《アンプル》のようなカイガラムシの殻《から》を壊してみよう。中を開けてざっと見たところでは、硬いけれどかりっと欠けやすい殻の下には、卵が見えるだけだ。実際、卵以外にはまったく何もない。その中には、リキュール製造家の道具類、つまり蒸留壜《じょうりゅうびん》がずらりと並んでいるものだとばかり思っていたのに、卵巣《らんそう》がその中をいっぱいに塞《ふさ》いでいるのだ。なんのことはない、ケルメスタマカイガラムシは卵の詰まった容器のようなものである。

卵は白く、数にして三十個ほどの小さな集団《グループ》になっているというか、群れごとに集まっており、それらの粒々は、並び方からして、[16]セイヨウキンポウゲの痩果《そうか》の集まりを連想させる。これらの卵の塊《かたまり》のまわりを、非常に繊細な気管の房が

15 **ピクニック** pique-nique《ピクニク》 とはフランス語で、野山など、野外で行なう軽食会を指すが、もともとは各自が料理を持ち寄って催す食事会を意味した。ここでは生態系内における生物の食べる、食べられる関係を比喩的にこう述べている。

▼ケルメスタマカイガラムシの殻《から》の内部（ファーブルの記述に基づいた透視図）。

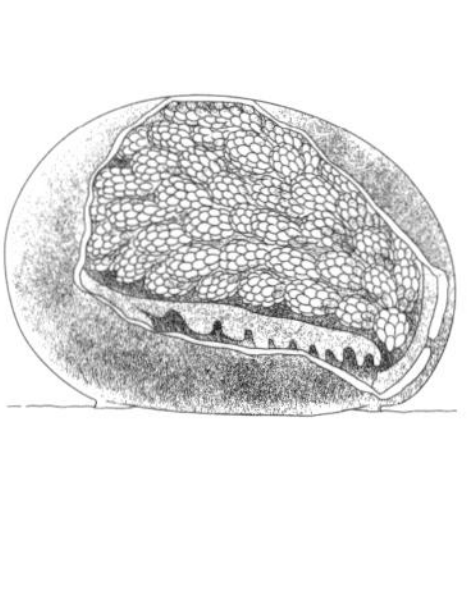

16 **セイヨウキンポウゲ** 西洋金鳳花。*Ranunculus acris* 草丈25〜90㎝ キンポウゲ科キンポウゲ属の多年草。

取り巻き、雑然とこんがらがった状態で包んでいるので、卵塊《らんかい》がいくつあるのか、その正確な数をかぞえることはできない。おおまかにいって百個ほどというところ。したがって、卵の総数は数千ということになるだろう。

こんなにおびただしい数の子孫を、このケルメスタマカイガラムシはいったいどうするつもりなのであろうか――食物連鎖の下位にあるほかの多くの虫たちと同様にこの虫も、いわば生き物の世界全体の食物を造りだす錬金術師として、栄養の基礎を生産する係を務めているのだ。その過程でこの虫は、極端なまでに子孫の数を殖《ふ》やすことによって、自分たちが滅亡することの脅威を払いのけるのである。

カイガラムシは、アリという、しつこいにはちがいないが危害を加えることはない客に、甘露を飲ませてもてなし、そのいっぽうで、ある天敵の虫に卵を食わせて養っている。もし、この天敵自身もまた、情け容赦もなく間引かれるのでなかったら、カイガラムシは破滅の憂《う》き目《め》をみることになるであろう。

私は、その卵料理《オムレツ》の大好きな天敵の虫が働いているところを目撃したことがある。そいつはまるきりとるに足りない蛆虫《うじむし》で、卵塊から卵塊へと這っていき、卵《らん》鞘《しょう》の中に入っている卵を空《から》にしていくのである。ふつうそれは一個体のカイガラムシの中に一頭しかいないが、たまに二、三頭、あるいはそれ以上が住みつい

▼セイヨウキンポウゲの花と痩《そう》果《か》（左）。痩果とは果肉のない果実のこと。

ていることもある。これらの虫がカイガラムシの殻につけた脱出口を調べてみた私の記録では、その最大の数は十頭であった。

どこもかしこも角質の殻に覆《おお》われた、いわば侵入不可能な金庫の中に、この虫はいったいどうやって入り込んだのであろうか。それはもちろん、甘露が溢れ出すボタン穴から、卵であったときに侵入させられたに決まっている。寄生者の母親がいきなり姿を現わし、この穴を見つけると、甘露をひと口舐め、くるりと体の向きを変えて産卵管を刺し込んだのだ。無理な力を振るうまでもなく、天敵はこうして要塞の中に入り込んだのである。

これはカイガラムシの腹の中を熱心に食い荒らすコバチ[17]の仲間である。仕事のやり方はとてもてきぱきしていて、六月の上旬には成虫の姿になって、カイガラムシの母親の殻の中から出てくる。ケルメスタマカイガラムシの幼虫とくらべると、これは巨人といってもよいぐらいで、体長は二ミリもある。卵が挿入された狭い穴は、今ではもう通り抜けられないので、中に閉じ込められていた寄生者のハチはその鋭い歯で辛抱強く齧《かじ》り、壁に脱出口を開ける。その結果、殻には最終的に、中にいた寄生者の数だけ丸い穴が開けられることになる。そしてハチが出ていくと、このカイガラムシの殻は空っぽになる。あんなにたっぷりあった卵は跡かたもなくなっているのである。

17　**コバチ**　小蜂。膜翅目コバチ上科の総称。小型で、ほかの昆虫に寄生するものが多い。ジガバチのように麻酔を用いず、いきなり獲物（卵、幼虫、蛹《さなぎ》、成虫）に卵を産みつけるため「寄生バチ」と呼ばれる。

▼タマカイガラムシの寄生者サビイロトビコバチ *Microterys ferrugineus*　雌の体長1.7～2.0㎜　トビコバチ科ミクロテリス属。

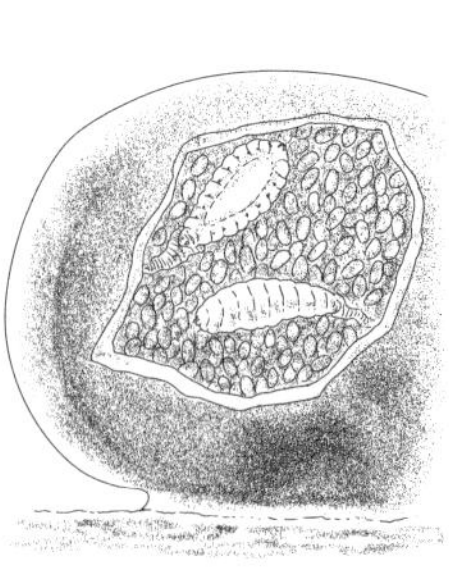

▼ケルメスタマカイガラムシの卵を食い荒らすコバチの幼虫。

卵巣に食い入るこのハチは、全体が濃紺色である。暗い色をして丸く湾曲した翅《はね》は、甲虫の翅鞘《ししょう》のようにぴったりと体に張りついており、ハチというよりは、どことなく鞘翅《しょうし》目《もく》の仲間のように見える。頭部は平らで、前胸《ぜんきょう》の幅を超えて左右にはみ出しており、大腮《おおあご》は強力で、堅固な壁に穴を開けるのにいかにも都合がよさそうである。触角は長く、絶えずびりびりと震えており、途中でくいっと曲がって、先端は少し膨《ふく》れて白い輪で飾られている。ずんぐりむっくりしたこのハチは足早にちょこちょこと歩く。ケルメスタマカイガラムシの腹の中を空っぽになるまで食い荒らして、いかにも満足そうに、翅を磨いたり、触角《しょっかく》にブラシをかけたりする。

このハチは昆虫分類の検索表に名を記されているだろうか。私は知らないし、またべつに知りたくもない。いい加減なラテン語の学名が、ここまで書いてきたこの寄生バチについての数行の記述以上のことを、読者に教えることになるとも思えないからだ。

六月も終わりにさしかかるころ、カイガラムシは甘露の分泌をしばらくまえからやめていて、アリたちはもうこの一杯飲み屋に来なくなっている。これはカイガラムシの内部で重大な変化が起きている証拠である。外観にはしかし、変わり

▼コバチの幼虫に食い荒らされたケルメスタマカイガラムシの内部。

▼ケルメスタマカイガラムシの体から脱出するコバチ。

はない。あいかわらず黒くて艶《つや》があり、かっちり締まって表面はなめらかで、蠟《ろう》を吹いて白くなっている下の面でしっかり土台にくっついている小さな球である。

この黒檀の球のてっぺんの部分、つまり土台に張りついている側と反対の、地球でいえば北極にあたるところをナイフの先で破ってみよう。殻はタマオシコガネ[18]の翅鞘と同じくらい硬くてぽろりと欠けやすい。そして内部には、汁気の多い果肉のようなものは少しも残っていない。中身は、白い微粒子と赤茶色の微粒子とが混じった、乾いた粉末状のものからなっている。

この粉を、小さなガラス管にとって、虫眼鏡で見てみよう。そこに見えるのは、まさにたまげるような光景である。粉がもぞもぞ動いている。灰が生きているのだ。しかもあまりに数が多くて、数えてみるのも恐ろしくなるほどだ。無数の生き物たちがひしめいている。たった一頭のカイガラムシを後世に残すために、無数といってもよいほどの子供が生まれるのだ。

まだ孵化するほど成熟していない卵は、白い色をしているから、それと見分けることができる。六月の終わりごろにはそういう白い卵はごく少数になっている。ほかの卵は、中に入っている小さな幼虫のために色がついていて、薄い赤茶色や、オレンジ色になっている。いちばん数が多いのは、白っぽい微粒子の塊で、これは孵化したあとのしわくちゃになった卵の殻である。

18　**タマオシコガネ**　球押黄金。鞘翅目《しょうしもく》（甲虫類）コガネムシ科タマオシコガネ属 *Scarabaeus* の仲間。いわゆるスカラベ。本属は世界に約百種が知られ、多くはアフリカに分布する。フランスでは五種がみられる。

ところで、この襤褸屑《ぼろくず》のような卵の殻は、もともと胚子《はいし》が母親の卵巣の中で、小さな群れごとの集まりになっていたときとまったく同じように、頭状花序《とうじょうかじょ》のように放射状《ほうしゃじょう》に並んでいる。この細かな事実から、産卵は行なわれなかったことがわかる。つまり、卵はただ母親の腹の中から外に産み出されなかっただけではなく、屋根のようになって全員を保護してくれる殻で仕切られた、特別の場所から移動することさえなかったのだ。卵は、形成されたその場で孵《かえ》るのである。卵の群れは、配置も状態もそのままで、いわば子供たちの花束《ブーケ》となったのだ。

かつてミノガ[19]は、母親が産卵をしないですませ、母親の腹の中の、もともと卵があったその場所で子供が孵るという、奇怪な生まれ方の例をすでに見せてくれた。外見からいうと幼虫よりもっとみすぼらしい、この不格好な母親のガ（蛾）のことを思い起こしてみよう。ミノガの母親は、腹の中の卵で体がぱんぱんに膨らんだまま、蛹《さなぎ》の殻に引《ひ》き籠《こ》もって乾いてしまい、卵はその腹の中で孵化することになるのだ。ミノガの母親はいわば干からびた袋となり、子供は生まれてから外に出てくるわけだ。ケルメスタマカイガラムシの場合も同様である。

私はカイガラムシの孵化を見ることができた。生まれたばかりの子供たちは卵の殻から出てこようとじたばたする。大半の連中はそれに成功して、薄い卵の抜

19 **ミノガ**　蓑蛾。鱗翅目《りんしもく》（チョウ・ガ類）ミノガ科 Psychidae の仲間。幼虫は小枝や葉を糸で綴《つづ》って自分の入る鞘《さや》（蓑《みの》）を造る、いわゆるミノムシ。成虫の雌も翅《はね》をもたず鞘の中に入ったままで、ミノムシと俗称される。→第7巻21～22章。

▼ナミミノガ（並蓑蛾）*Psyche casta*　開張13㎜　鱗翅目（チョウ・ガ類）ミノガ科ヒメミノガ属。雄が腹部を伸ばして鞘の中に潜《ひそ》む雌（ミノムシ）と交尾《こうび》をしている（透視図）。

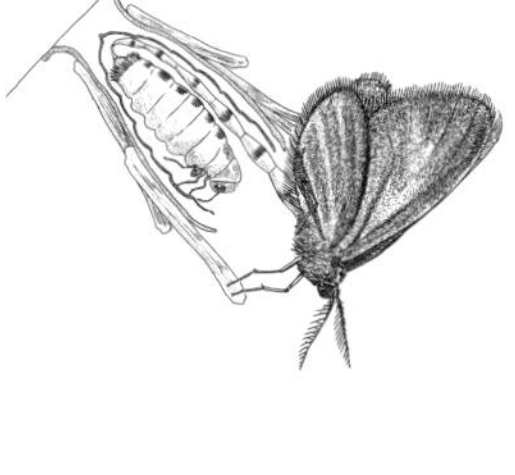

け殻を、それがくっついていたもとの箇所に、放射状に並んだ状態のままで残しておく。ほかの者たち、——これもやはり数が多いのだが——この連中は、卵の薄い抜け殻をその群れから引き剝がし、そのまま尻につけて長いあいだ引きずっている。それはかなりしっかり体にくっついているので、微小な幼虫は抜け殻をつけたまま球状の殻の戸口を抜け、外に出てからやっと、それがはずれることもあるほどだ。

そういうわけで、幼虫たちが生まれた小枝の上の、球状の母親から少し離れたところに、脱ぎ捨てた白い卵の殻が数多く見つかるのだが、ことのなりゆきを注意深く見守っていないと、ケルメスタマカイガラムシの孵化は、母親の体の外で行なわれると思い込んでしまいそうである。外部にあるこの薄い皮に騙《だま》されてはいけない。子供たちは全員、金庫のような母親の体の中で孵化するのである。

今や黒檀の球のような母親の体の中いっぱいになってうごめいている、埃《ほこり》のような幼虫たちを採集したあとで、今度はその球を調べてみよう。その内部は、横の仕切りで二層に分かれているが、この仕切りは、干からびた母親の遺体の、かすかな名残りである。ケルメスタマカイガラムシの体組織は、ごくわずかなものにすぎなかったので、今はこの薄い仕切り膜が残っているだけなのだ。殻の中にあったこれ以外の内容物は、みな卵巣なのである。したがって仕切りの上の階も

▼母親の近くに脱ぎ捨てられた白い卵の殻と幼虫。

下の階と同じく、生まれたばかりの子供たちがいっぱいに詰まっているのである。

この下の階の部屋からは、脱出のときになると、簡単に外に出ることができる。球がくっついている底のあたりには、戸口がいつも大きく開いているのだ。それは例のボタン穴のような裂け目である。

しかし、仕切りで下の階と隔てられた上の階からは、どうやって出ていくのであろうか。子供たちはあんなに脆弱《ぜいじゃく》でか細いのだ、膜を破りおおせることなどとてもできまい。もっと詳しく見てみよう。

仕切りの中央には丸い窓がひとつ開いているのだ。下の階の子供たちは、住居の出口のボタン穴からそのまま外に出ていくことができる。そして上の階の者たちは、その床の中央に開いた丸い穴を通って、出口に行きつくのである。乾燥すれば膜に穴が開くとは、いたれりつくせりの素晴らしい仕掛けである。干からびた皮膜の仕切りと化したケルメスタマカイガラムシの母親は、そこに脱出の穴を開けるのだ。もしそれがなかったら、子供たちの半分は閉じ込められて死なねばならないところである。

幼虫は体が小さいので、肉眼ではほとんど見ることができないほどだ。倍率の高い虫眼鏡で見ると、前方よりも後方が細い、卵形の体つきをした、淡い赤茶色の微小な虱《しらみ》のような姿が見える。六本の肢は実に活発に動く。やがて成長すると

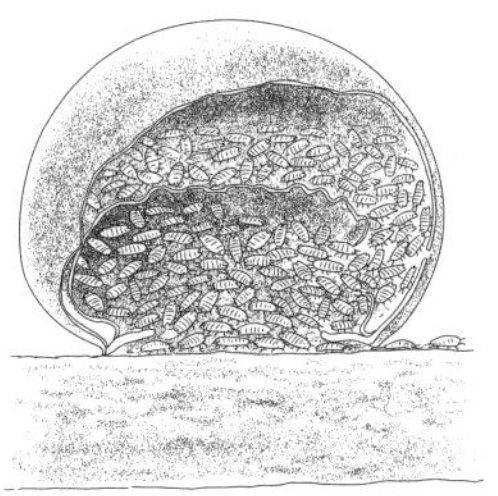

▼ケルメスタマカイガラムシの雌の体内の構造（ファーブルの記述に基づく想像図）。

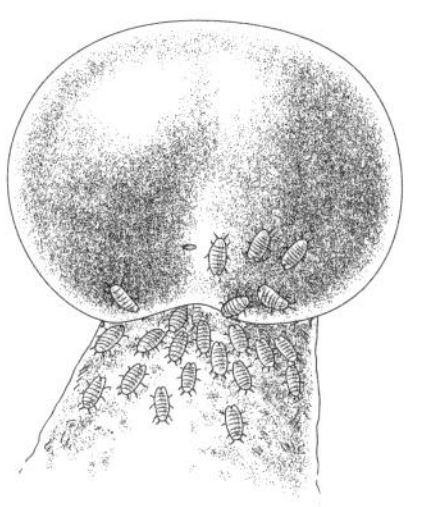

▼母親の体から脱出してくる幼虫。枝に付着した内側に脱出口がある。

完全に停止状態になる無気力なこの虫も、生まれたばかりのときには、とことこ歩く姿で孵化してくるのだ。二本の長い触角は揺れており、腹部の端には二本の長い半透明な毛が生えているが、これはよくよく注意して見ないと見逃してしまいそうである。さらに二つの黒い眼点がある。

私がこの観察に使用している小さいガラス管の中で、微小な虫たちは非常に忙しそうにしている。触角を伸ばし、ゆらゆらさせながらうろつきまわっているのだ。よじ登ったり降りたり、またもや登ったり、途中にある卵の殻の、皺《しわ》くちゃになった薄い膜に躓《つまず》いたりしながら往ったり来たり、そこら中を歩きまわっている。幼虫が出発の準備をしていることは、はっきりしている。微小な虫は広い世界に出て駆けまわりたいのである。いったい何が欲しいのか。どうやら食樹植物《ホスト・プラント》の枝が欲しいのだ。これが必要になることを私はもちろん予想していた。

荒地《アルマス》の庭にはセイヨウヒイラギガシがたった一本だけ生えている。高さ三、四メートルの逞《たくま》しい灌木である。六月のなかばごろ、幼虫たちが姿を現わしはじめたころおいに、三十個ばかりのケルメスタマカイガラムシの球を、それがついていた枝から取り外さず、枝ごとこの木につけてみた。

充分気をつけるつもりでいても、カイガラムシの幼虫がセイヨウヒイラギガシの木の上に散りぢりになってしまったら、連中がいったいどこに行くか、そのあ

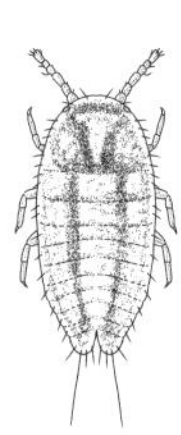

▼ケルメスタマカイガラムシの幼虫。

▼荒地《アルマス》の庭に生えるセイヨウヒイラギガシ。

とを辿《たど》るのは容易なことではないと思われる。旅人はあまりに小さく、樹木の国土はあまりに広大なのである。それに、この灌木の梢の、葉の一枚一枚、小枝の一本一本を虫眼鏡で調べることなんか、実際にできはしないし、どれほど忍耐力があったところで途中で挫《くじ》けてしまうであろう。

数日後に、私は目の届く範囲を調べてみた。すでに幼虫の脱出が起きていた。それも、道々残されている白い卵の殻の数からして、多数の者が脱出していたのだ。ところが幼虫はというと、連中は、小枝の樹皮の上にも、葉の上にも、どこにも見つからないのである。どれもこれもみな、手の届かない、高い梢のほうに登ってしまったのであろうか。それともほかの所へ行ったのか。これがまず最初に解決しなければならない問題だ。移民たちを絶対に見逃すことのないような条件のもとで解決を試みよう。

腐って分解した枯れ葉の腐植土《ふしよくど》を、いくつかの植木鉢《うえきばち》の中に入れ、高さ一アンパン[20]から二アンパンのセイヨウヒイラギガシの若木を移植した。それぞれの木の小枝にゴム糊の滴を垂らして、ケルメスタマカイガラムシの球を五、六個、出口のボタン穴を塞がないよう、充分気をつけながら張りつけた。この人工の小さな林を、直射日光を避けて、研究室の窓の前に置いてやったのである。

七月の二日に、私はカイガラムシ幼虫の脱出に立ち合った。暑さがいちばん激

20　アンパン　empan《アンパン》　十七世紀以来プロヴァンス地方を中心に使われていた長さの単位。二〇～二二・五センチ。

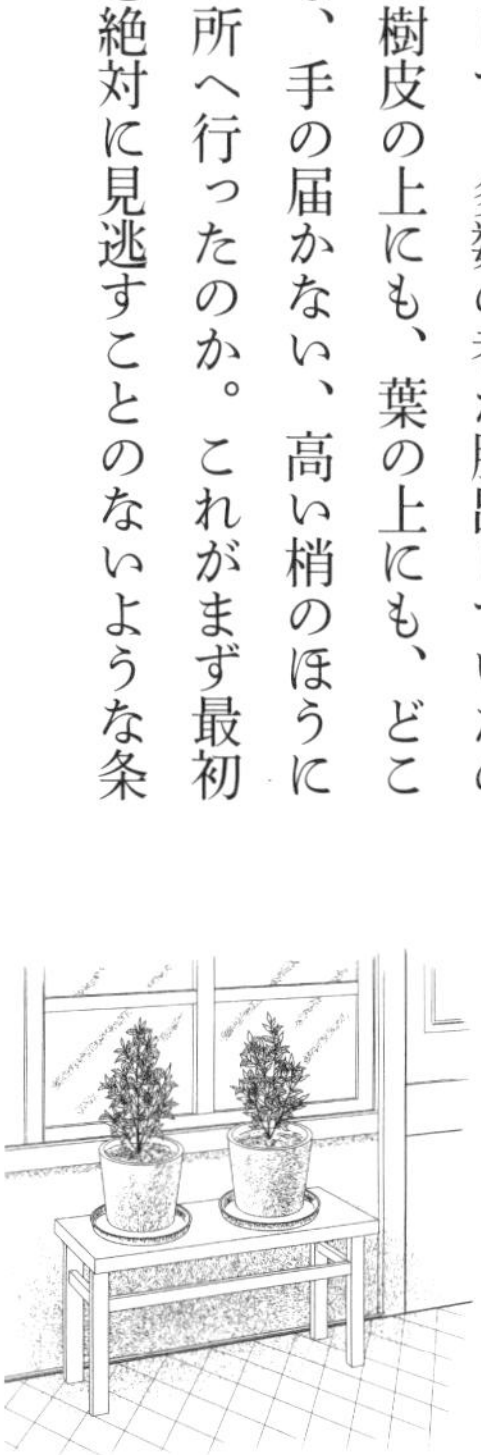

▼観察用に移植したカイガラムシの雌がついたセイヨウヒイラギガシの若木。

しい午後二時ごろ、幼虫たちは無数の群れを作って、母親の殻の呰から出ていった。幼いカイガラムシたちは急いでボタン穴型の裂け目、つまりこの家の正門から出てくる。尻に卵の抜け殻を引きずっている者がたくさんいる。彼らはしばらくのあいだ母親の球状の殻の上に立ち止まり、そのあと近くの細い枝に散っていく。なかには木の頂《いただき》のほうまで登り詰める者もかなりいるけれど、それで満足しているようにはみえない。また中には、幹に沿って降りてくる者たちもいる。そんなぐあいだから、私にはこの虫たちの群れがどこを目指して動きまわっているのかまったくわからないのだ。

おそらく自由で広々した世界に第一歩を踏み出した喜びによる、混乱のいっときがあるのだろう。小さな虫たちは解放の歓喜に身をゆだね、あてどもなくさまよっているのだ。かまわないでおこう。いずれ静かになることであろう。

実際、次の日になると、セイヨウヒイラギガシの木にはただ一頭の幼虫も見られない。全員、幹からほど近い植木鉢の黒土の上に降りてしまったのだ。この土は、少しまえに水を撒《ま》いてやったので、腐食して粉々になった葉の滋養分でいっぱいになっている。

そこの、人の爪とほぼ変わらない大きさの場所に、幼虫の一隊は密集した群れ*になって固まっている。そのなかの一頭たりとも身動きする者はいない。それほ

▼枝や幹の上を歩きまわる幼虫。

ど、この牧草地というか、水飲み場に満足しているようにみえる。連中は満ち足りて、じっとしたまま食事をしているようなのだ。

私は彼らが喜ぶように手助けをしてやった。涼しくして、少し日蔭にしてやるためにこの水飲み場を、あらかじめコップの水に浸して軟らかくした何枚かのセイヨウヒイラギガシの枯れ葉で覆ってやったのである。さて、これからは、幼虫たちよ、おまえたちの好きなように頑張って生きのびていくのだ。私にはほかに何もしてやれないのだから。

私は今、おまえたちの生活史のもっとも重要な一点、ある細かな事実を知ったばかりだ。その事実というのは、もしそれが得られなければ、私の残りの研究に結論の出る可能性がまったく失われてしまう、というほど重要なものだ。私の当初の推測は、きわめて合理的なものではあったが、根本のところで間違っていた。子供たちは、母親にならって、セイヨウヒイラギガシに居つくのではなく、生まれた木の根元の土へと降りていくのだ。彼らはそこで、苔《こけ》と枯れ葉とのあいだには、多少なりとも涼しい隠《かく》れ家《が》を見つける。そしてそこで、すくなくとも初めのうちは、染み出してくる汁を飲んで体力をつけるのだ。

もっとあとでは、連中は何を摂《と》って暮らしているのであろう——私にはそれについて述べることはできない。五、六日のあいだ、幼虫たちはみな同じ箇所に群

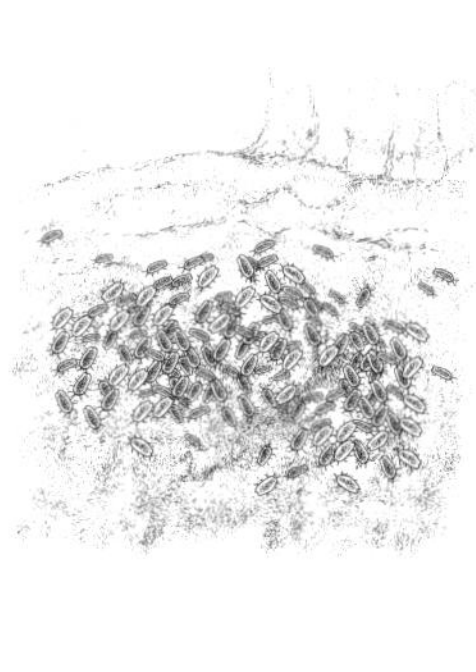

▼地面で一か所に集まる幼虫の群れ。

がったまま、そこにとどまっている。どれ一頭として群れを離れる者はなく、土の中に潜っていく者もない。

そのうちに虫の数は減っていく。少しずつみんな消えてしまうのだ。まるで蒸発でもして、もともと無にも等しかった存在が、完全に無のほうに帰してしまうようである。そして微粒子の群れが消えたあとには、なんの痕跡も残されていない。

どうやら、鉢植えのセイヨウヒイラギガシは、幼虫たちが健康に生きていくための条件を充分には満たしていなかったらしい。そこには木だけでなく、芝草《しばくさ》や地下茎《ちかけい》のあるイネ科の植物、つまり土の浅いところに密に細かい側根《そっこん》を張る草本《そうほん》植物《しょくぶつ》の雑多な集まりなど、ケルメスタマカイガラムシの幼虫が口吻を刺し込めるものがなければならなかった——どうもそういうことではないだろうか。

私は野外のセイヨウヒイラギガシの根元を調査してみた。この木にカイガラムシがいっぱいたかっていることは五月に確認してある。だから幼虫たちはその周囲の狭い範囲内にいるはずだ。こんな貧弱な虫が遠くまで旅することなどできるはずがないのだ。木のまわりの地面に生えているさまざまな植物を私は注意深く調べてみた。掘り返したり、根っこから引き抜いたりして、私は辛抱強く、虫眼鏡を片手に、地下茎や根株《ねかぶ》を一本一本調べてみた。秋にも、冬にも、何度も何度も続けてやってみたが、こんなに大変な捜索をしていても、いい結果は得られなかった。この微小な虫は見つからなかったのである。

翌年になって春が巡ってくると、木の根元には必ずしも草が生えていなくてもいいのだということを知らされることになった。荒地《アルマス》の庭のセイヨウヒイラギガシに戻ることにしよう。私はその葉群に、成熟したケルメスタマカイガラムシの球を三十個ほど、枝ごとくっつけておいたのだった。そこから隊商《キャラバン》のように、幼虫が移民の大群となって出ていった。

そして今、木の根元のまわり、数歩ばかりの範囲の地面は、完全に剝《む》き出《だ》しになっている。最近、鋤《すき》で草を削り取ったこの一隅《いちぐう》には、芝の茎一本、草の一本さえ生えていないのだ。セイヨウヒイラギガシそのものの根は考慮にいれなくてよいものと思われる。この木の根は、この虫がとても到達できそうにない深い土の中にあるからである。

それでもしかし、五月になると、それ以前にはケルメスタマカイガラムシなぞついていなかったこの灌木に、黒い球体がいっぱいに付着しているのである。私が移植してやったカイガラムシの子孫は元気に暮らしているのだ。丸い殻から出てきた虫たちは、地面の中で厳しい季節を過ごし、暖かさが戻るとともに木の上に帰ってきて、そこで小さな球に変身したのだ。草の根一本さえ見つからないこの不毛の土地で、連中は何を食べて生きてきたのであろうか。おそらくは何も食べなかったのであろう。

彼らは、物を食べる所を探すというよりもむしろ、居場所を探そうと地下に降りていったのだ。彼らの隠れ家が——あらゆる点から考えて、そうとしか思えないのだが——地表からあまり深くないところにある、土の塊の割れ目ぐらいのものであったら、冬の寒さに対する備えとして、それはあまりに不完全なものである。これほど無防備な状態にいる幼虫たちのどれほどのものが、厳しい気候のせいで死に絶えたことであろう。卵を食い荒らす天敵の被害に、季節の厳しさという、もっと恐ろしい災禍が加わるのだ。それゆえケルメスタマカイガラムシは、一頭の子孫を残すために、幾千もの子供を産むのである。

この虫の、これからあとの生活史についての知見は、そう簡単には得られない。四月になる。私の老後を慰めてくれる三人の子供たちは、若者の鋭い目で私を手伝ってくれた。彼らの助けがなかったら、私がくわだてた、見えるか見えないかぎりぎりの、こんな小さな虫の生態調査なんか、あきらめざるをえないところであろう。前年に、充分目が届く範囲のセイヨウヒイラギガシの茂みにケルメスタマカイガラムシがたくさんいることを私は確認しておいた。そして虫がたくさん

▼五月に荒地《アルマス》のセイヨウヒイラギガシで見つかったケルメスタマカイガラムシ。

ついている枝のそれぞれに白い糸で、印をつけておいたのである。
私の小さな協力者たちは、その箇所の、葉の一枚一枚、小枝の一本一本を、忍耐強く調べてくれた。私としては虫眼鏡でひととおり見たあとで、採集したものを胴乱《どうらん》[21]の中に入れておく。詳しいことはゆるゆると研究室で観察するのだ。

四月七日のことであった。私がもうこれ以上探しても駄目かと思いはじめたとき、一頭の小さな虫が、虫眼鏡の視界をよぎった。こいつだ！　こいつにちがいない！　去年、生まれた殻から出てくるのを見たのと同じものを、私は今、ふたたび目にしているのだ。その見かけの感じも、形も、色合いも、大きさも、少しも変わっていない。そいつはあたふたとさまよい歩いている。おそらく居心地のいい場所を探しているのだ。樹皮のほんのわずかな襞《ひだ》の陰にも、しょっちゅう姿が隠れてしまう。この貴重な微粒子のような虫のついている小枝を、私は釣鐘形《つりがねがた》の金網の中に入れておいた。

翌日、この虫はどうやら脱皮をしたようだ。よちよち歩いていた幼虫は、じっと動かない小さな球になってしまった。これが球形のケルメスタマカイガラムシの始まりである。私はたった一度だけしか、こうした素晴らしい発見の幸運には巡りあえなかった。充分な数の材料が手に入っていたら、もっと詳細な研究がで

21 **胴乱**　植物採集に使われる楕円筒形《だえんとうけい》のブリキ容器。→本巻17章脚注。

▼発見された小さな虫。

きたはずなのだが。

セイヨウヒイラギガシを訪ねるのが少し遅かったのだ。三月のうちに調査しておくべきであった。そのころであったら、この虫が地面から出てきて、脱皮をするためにヒイラギガシの葉群にふたたび登っていくところを目撃することができたであろうと思う。そして観察の材料は一頭ではなく、幾頭も手に入ったはずなのだ。

とはいえ、ふんだんに手に入れられるとは思えない。なぜなら、冬の厳しさのために、最初はあれほどうじゃうじゃいた子供たちは酷《ひど》い目《め》に遭《あ》っただろうからである。子供たちは数十万もの数で木を降りたのだったが、ふたたび登るときには貧相な集団となっている。よい季節になったころの黒い球の数の少なさがそのことを証明している。

木に登った連中はどうなるのか――私が手に入れた、たった一頭の虫が、そのことについてかなり明快に証言してくれている。それは点のように小さな球体になったのだ。のちにケルメスタマカイガラムシになることの、疑う余地のないしるしである。枝の切り口をコップの水につけておいたにもかかわらず、ほんの数日のうちにこの球は干からびてしまった。だが幸いなことに、私はそれよりやや大きめの、同様の球体を何頭か手に入れていた。そして、そのセイヨウヒイラギガシの上で採集したものには、二つの種《しゅ》がみられたのだ。

　二種のうち数の多いほうは球体で、年齢によって大きさに差がある。そのうちもっとも小型のものは、せいぜい一ミリぐらいしかない。腹面は平べったく、体の縁《へり》には雪のように白い縁どりがある。やがてこれが蠟状物質の土台になるのだ。背面は丸く、赤茶けた色合い、あるいは薄い栗色をしており、雑然と白い細かな房飾りが配されている。

　こういう衣装を身につけているカイガラムシは、熱帯の海にいるある種の貝、たとえばホシダカラ[22]などを連想させる。甘露工場はもう稼働しており、体の後ろのほうには透明な滴が溜まっていて、アリがそれを飲みにやってきている。何週間か経つと、その色は黒檀のような黒色になり、球はエンドウの豆粒ほどの大きさになる。今やケルメスタマカイガラムシはその最終の段階に辿りついたのだ。

　数の少ないほうは、半分丈《たけ》の縮んだ小さな、ナメクジ状に長く伸びている。腹面は平らで、その面全体でべたりと枝についている。背面は凸型で、いくぶん鮮やかな琥珀色《こはくいろ》だ。この面には白く浮き出た小さな粒々がちりばめられ、それが五列、あるいは七列縦に並んでいる。琥珀のような色をしているところといい、白い粉で飾られているようなところといい、この虫はどこか、砂糖の粉を振りかけたお菓子の「猫の舌《ラング・ド・シャ》」[23]に似て見える。こっちのほうのお尻からは甘露は全然出

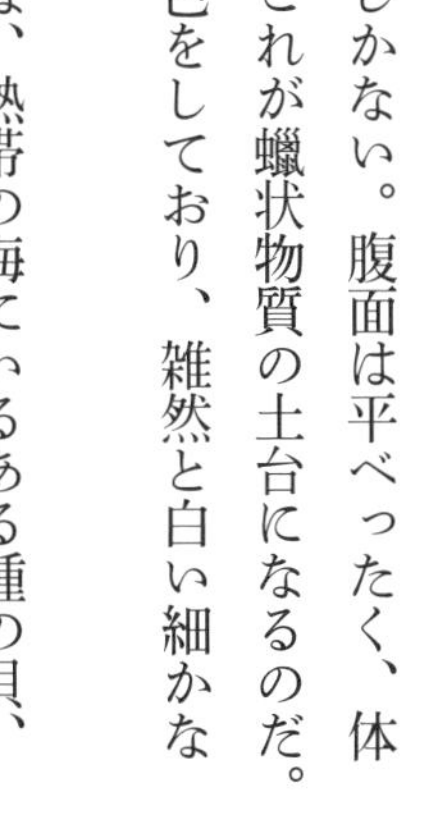
▼野外のセイヨウヒイラギガシで採集した二種《しゅ》のカイガラムシ。

22　**ホシダカラ**　星宝。*Cypraea tigris*　殻高110㎜　吸《きゅう》腔目《こうもく》タカラガイ科ホシダカラ属の巻き貝。

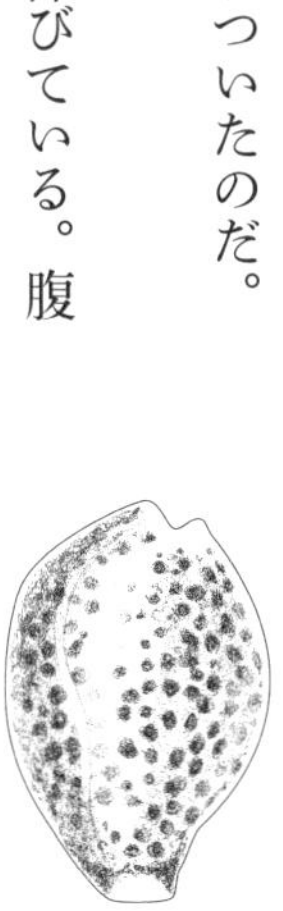

23　**猫の舌《ラング・ド・シャ》**　長楕円形《ちょうだえんけい》に薄く焼かれたビスケット。その形から猫の舌にたとえられる。原綴《げんてつ》はlangue de chat《ラング・ド・シャ》。

ていない。だからそこにはアリも来ていないのである。
この第二の形状は、幼虫状態の雄であると私は思う。私の推測では、このなかから交尾《こうび》に適した[24]有翅虫《ゆうしちゅう》が出てくるのだ。しかし、この推測を確かめることは私にはできない。私がもっていたナメクジ型の観察の材料は、萎《しお》れた枝の上で死んでしまったし、研究室の外で連中がどうなっていくかを観察することなど、私の忍耐力の限界を超えている。

ケルメスタマカイガラムシについての、このいかにも*不完全な生活史の記録から、特にひとつの点を記憶にとどめておきたい。それは、産卵ということから解放されている巨大な卵巣ともいうべき母親の虫は、その体自体が乾燥して硬い容器になり、子供たちはその中で移動することもなく孵化するということだ。そしてこのかさかさに乾いた母親の形見の中で、子供たちは旅立ちのときまで、幾千という数でうようよとひしめいている。通常の子孫を造る方法を思いきり単純化して、この母親は、子供を養うただの保育器に変身してしまうのである。

24　**有翅虫**　カイガラムシやアブラムシなどの成虫で、その生活環のうち、ある季節ある環境のもとで生ずる二型のうち、翅をもつ個体。固着生活を送る無《む》翅虫《しちゅう》に対し、飛行によって異性を探したり、生息域を広げたりする移動型の形態。

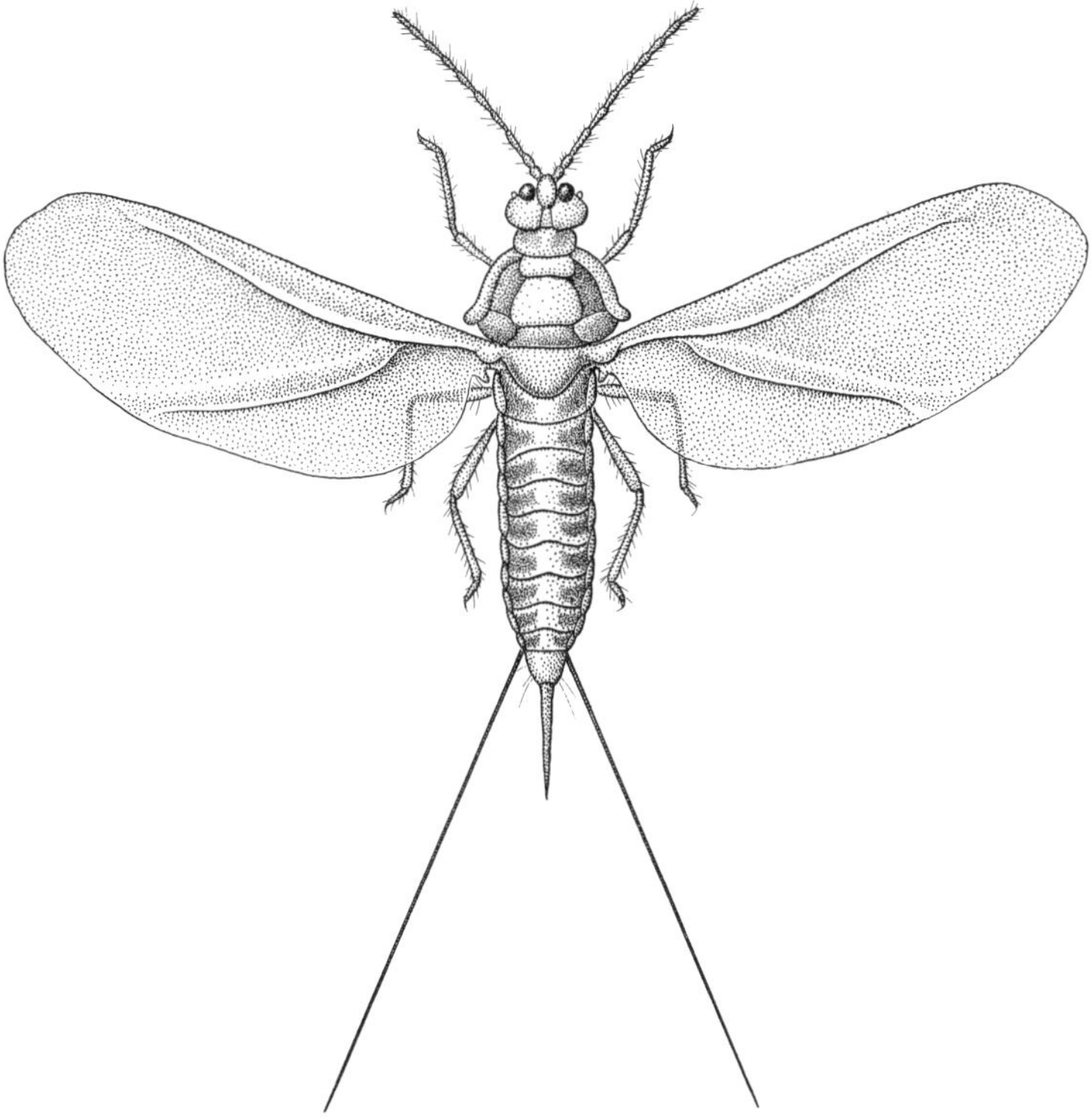

Kermes ilicis　（図は雄〔成虫〕）

ケルメスタマカイガラムシ　ケルメス球介殻虫。雄の体長1.8〜2.2㎜　半翅目《はんしもく》（セミ・カメムシ類）タマカイガラムシ科タマカイガラムシ属。雄の成虫は有翅型《ゆうしがた》で飛行によって分散する。後翅《こうし》は退化して平均棍《へいきんこん》になっている。口は退化しており食物を摂《と》ることはない。交尾《こうび》のためだけに羽化《うか》し、その寿命は１週間ほどだと考えられている。389頁の下図は、殻の中で羽化《うか》した状態の雄で、殻の下から尾毛《びもう》が２本見えている。（図はTEREZNIKOVA, E., *Фауна украины*〔Fauna Ukraine〕p.63 を改写）。

25章　ケルメスタマカイガラムシ　訳注

365頁　ケルメスタマカイガラムシ　本章の主人公であるケルメスタマカイガラムシ *Kermes ilicis* が寄生する食樹植物《ホスト・プラント》のケルメスガシ *Quercus coccifera* や、セイヨウヒイラギガシ *Quercus ilex* の学名（属名）*Quercus*《ケルクス》は、タマカイガラムシの属名 *Kermes*「ケルメスの」と関係があり、セイヨウヒイラギガシの種小名《しゅしょうめい》 *ilex* とカイガラムシの種小名 *ilicis* は、表記は少し異なるが、ともに「樫《かし》」を意味する。このように学名からみても、これらの木と虫は相互に深い繋《つな》がりがあることがうかがえる。

本文でも触れられているように、表皮が硬化して球形になるケルメスタマカイガラムシの雌の成虫は、木に固着して肢《あし》も失い、とても生きた虫には見えない。古代において、これがケルメスガシの〝実《み》〟だと思われていたとしても不思議はない。しかし、実であれ虫であれ、こんなちっぽけなものが、古代から人々の関心を惹《ひ》きつけてきた。それは、このカイガラムシが重要な物産として利用されてきたからである。

地中海沿岸で採取されるカイガラムシは、古代ローマ時代（紀元前七五三年建国）から中世にかけて、赤色（洋紅《ようこう》色《しょく》、臙脂色《えんじいろ》）の染料として珍重されていた。その後、ラックカイガラムシ *Kerria lacca* や、中米のアステカ族が利用していたコチニールカイガラムシ *Dactylopius coccus* がメキシコからヨーロッパに輸出され、赤い色素の原料としてアフリカ大陸大西洋沿岸のカナリア諸島などで生産されるようになった。

洋紅色は英語で carmine《カーマイン》と呼ばれる。これはラテン語の carminus《カルミヌス》が語源で〝虫から得られた赤い色素〟という意味をもつ。さらに carminus はアラビア語の qirmiz《キルミッ》などに由来する言葉で、英語の crimson《クリムソン》「深紅色《しんこうしょく》」の語源もこの qirmiz なのだという。これら〝ケルメス〟に関連する言葉は、さらに遡《さかのぼ》ると古代インドのサンスクリット語に辿《たど》りつくといわれる。

また、ケルメスの語源には別の説もあって、ケルメスガシの属名 *Quercus* とは、ケルト語の quer（美しい）＋cuez（樹）に由来するのだという。

ちなみにラックカイガラムシの Lac《ラック》とは、サンスクリット語で「十万」を意味する Laksha《ラクシャ》が語源である。これは小さな虫が無数に集まっているようすを意味している。

奈良の東大寺正倉院には、西域から伝えられたラックカイガラムシの分泌物《ぶんぴつぶつ》が「紫鉱《しこう》」として保存されている。当時は、薬用に供されていたらしい。この紫鉱から得られる色素が臙脂《えんじ》である。臙脂という名は、古代中国の紅花《べにばな》の産地燕支山《えんじさん》（現在の甘粛《かんしゅく》省《しょう》中北部）に由来するもので、もともとは紅花染めを意味した。

ラックカイガラムシやコチニールカイガラムシから得られる赤い色素は、現在でもハムやソーセージ、清涼飲料、トマトケチャップ、洋酒、キャンデーなどの食品や、化粧品、織物などに利用されており、日本では、世界で生産される総量のおよそ一〇パーセントが消費されている。日本人にとってカイガラムシは、実はいちばん〝身近な〟昆虫なのである。

新大陸からもたらされたコチニールカイガラムシは、少量でよく染まるため、その養殖が盛んになるとヨーロッパにおけるケルメスタマカイガラムシの需要は失われてしまった。しかし〝ケルメス〟という言葉は、今なお色や生物の名前に残され、人類とこの虫との長い歴史を連綿と伝えているのである。

368頁　見えなくなってしまう　ファーブルは木に固着しているケルメスタマカイガラムシを引《ひ》き剝《は》がして観察している。カイガラムシの仲間は、口吻《こうふん》から口針《こうしん》を植物組織に長く刺し込み吸汁《きゅうじゅう》している。ファーブルは、剝がしたとたん、口吻は「体内に収まり、見えなくなってしまうのであろう」と予想しているが、実際には剝がした段階で深く刺し込まれている口針は切れてしまうのである。このためファーブルの目では確認できなかったものと考えられる。

◆甘露《かんろ》　ケルメスタマカイガラムシは、植物の表面にとりついて口針《こうしん》を師管《しかん》に刺し込み、液体（師管液《しかんえき》）を吸汁《きゅうじゅう》する。この液体は体内の中腸《ちゅうちょう》に送られて必要な養分を摂取されるが、多量の糖分は残されたままになっている。その後この液体は、濾室《ろしつ》と呼ばれる機構から直接後腸《こうちょう》に送られる。いっぽう、マルピーギ管で処理された体内の老廃物も後腸に戻され、濾室から送られた糖分を多く含んだ液体とともに、肛門から体外に排出される。これが、甘露《かんろ》（honeydew《ハニーデュー》）と呼ばれるものである。

372頁　結局はそういうことなのだろう　カイガラムシは、べつにアリのために甘露《かんろ》を出しているわけではない。カイガラムシにとって、甘露はあくまでも栄養分を吸収したあとの老廃物にすぎない。カイガラムシの仲間には、この甘露を吹き飛ばすように排出するものと、ゆっくり時間をかけて、じわっと排出するものとがある。ケルメスタマカイガラムシの場合は後者の例であるが、これらのカイガラムシはアリなどに甘露を〝掃除〟してもらわないと肛門が詰まってしまうのである。この甘露はアリの食物になるが、糖分を含むため煤病《すすびょう》や膏薬病《こうやくびょう》を引き起こす病原菌の発生源となり、農作物に多大な害をもたらすこともある。

　カイガラムシの研究者である河合省三《かわいしょうぞう》博士は、トルコで、マツの蜂蜜《はちみつ》なるものを入手した。だが、考えてみるまでもなく、マツの花は、花粉を風の働きによって受粉させる風媒花《ふうばいか》である。蜜《みつ》で虫をおびきよせて受粉させる虫媒《ちゅうばい》花《か》とは異なる。つまりマツには蜜がないのである。実際には、このマツの蜂蜜は、マツにつくカイガラムシの甘露《かんろ》をミツバチが集めたものだったのだ。カイガラムシがマツの樹液を濃縮してそれを甘露として排出し、ミツバチがさらに濃縮した、正真正銘のマツの蜂蜜だったというわけである。さらに河合博士は、ナンキョクブナ *Nothofagus* の蜂蜜も入手している。ナンキョクブナの花も風媒花で蜜を出さないが、これに寄生するカイガラムシがいる。ふつう、このカイガラムシの甘露は、アリによって集められている。ところが、ニュージーランド産のナンキョクブナにつくカイガラムシは、ミツバチを誘引する物質を分泌《ぶんぴつ》しているらしく、甘露はハチによって濃縮され、蜂蜜として巣に蓄えられる。これを人間が失敬したわけだ。

382頁　**密集した群れ**　孵化《ふか》して母親の体内から脱出した幼虫は、一定の場所で群れていることが観察されている。こうしたタマカイガラムシの幼虫の一時的な集合性は、ほかのカイガラムシではみられず、その理由はまだ明らかになってはいない。

390頁　**不完全な生活史の記録**　ファーブルは、本章でケルメスタマカイガラムシの全生活史を解明することはできなかった。ここでは、そのことを正直に告白している。しかし本章には、この種《しゅ》は、硬い容器《カプセル》となった雌成虫の体内で卵胎《らんたい》生《せい》で幼虫を産むことや、一齢幼虫《いちれいようちゅう》が土の中に移動して越冬することなど、これまであまり知られていなかった生態が記録されている。

Prunus laurocerasus …… セイヨウバクチノキ
Quercus coccifera …… ケルメスガシ
Quercus ilex …… セイヨウヒイラギガシ
Quercus robur …… オウシュウナラ
Ranunculus acris …… セイヨウキンポウゲ
Ribes nigrum …… クロスグリ
Rosmarinus officinalis …… ローズマリー
Tamarix chinensis …… ギョリュウ
Ziziphus …… ナツメ属

Lycosa	コモリグモ属
Lycosa narbonensis	ナルボンヌコモリグモ
Merops apiaster	ヨーロッパハチクイ
Nemesia caementaria	スナトタテグモ
Palpigradi	コヨリムシ目
Pandinus imperator	ダイオウサソリ
Polydesmus complana	ヒラタヒメヤスデ
Porcellionidae	ワラジムシ科
Proscorpius osborni	プロスコルピウス（サソリの化石種）
Pulmonata	クモ亜綱
Pupa	プパ属
Schizomida	ヤイトムシ目
Scolopendra	オオムカデ属
Scolopendra morsitans	タイワンオオムカデ
Scorpiones	サソリ目
Solatopupa similis（旧 *Pupa cinerea*）	ハイイロベッコウマイマイ
Stylommatophora	柄眼亜目
Tegenaria domestica	イエタナグモ
Thomisus onustus	シロアズチグモ
Tityus serrulatus	チチュウスサソリ（ブラジリアン・イエロー・スコーピオン）
Trigonotarbi	ワレイタムシ目（化石種）
Turdus merula	クロウタドリ
Uroctea compactilis	ヒラタグモ（日本産）
Uroctea durandi（旧 *Clotho durandii*）	クロトヒラタグモ
Uropygi	サソリモドキ目
Vertigo pygmaea（旧 *Pupa quadridens*）	ヨツバベッコウマイマイ
Vipera	クサリヘビ属
Vipera berus	ヨーロッパクサリヘビ

――植物――

Arbutus unedo	ヤマモモモドキ
Cistus	キストゥス属
Crataegus oxyacantha	セイヨウサンザシ
Cydonia oblonga	マルメロ
Erica	エリカ属
Euphorbia characias	カラキアスユーフォルビア
Helichrysum stoechas	ハハコムギワラギク
Lavandula	ラウァンドゥラ属
Mespilus germanica	セイヨウカリン
Nothofagus	ナンキョクブナ
Phoenix dactylifera	ナツメヤシ
Pistacia terebinthus	テレビント
Pisum sativum	エンドウ

Amblypygi …… ウデムシ目
Androctonus amoreuxi …… エジプシャン・イエロー・スコーピオン
Androctonus australis …… イエロー・ファットテール・スコーピオン
Anthracomarti …… マルワレイタムシ目（化石種）
Antrodiaetidae …… カネコトタテグモ科
Arachnida …… クモ綱
Araneae …… クモ目
Araneidae …… コガネグモ科
Araneus（旧 *Epeira*）…… オニグモ属
Araneus angulatus（旧 *Epeira angulata*）…… カドオニグモ
Argiope bruennichii（旧 *Epeira fasciata*）…… ナガコガネグモ
Argiope lobata（旧 *Epeira sericea*）…… ナナイボコガネグモ
Argyroneta aquatica …… ミズグモ
Arthropoda …… 節足動物門
Buthus（旧 *Scorpio*）…… キョクトウサソリ属
Buthus occitanus（旧 *Scorpio occitanus*）…… ラングドックサソリ
（コモン・イエロー・ユーロピアン・スコーピオン）
Chelicerata …… 鋏角亜門
Chilopoda …… ムカデ綱
Chiracanthium japonicum …… カバキコマチグモ（日本産）
Cryptopneustida …… クモ上綱
Cryptops …… メナシムカデ属
Cryptops japonicus …… ニホンメナシムカデ（日本産）
Ctenizidae …… トタテグモ科
Cuculus …… カッコウ属
Cypraea tigris …… ホシダカラ
Didelphidae …… オポッサム科
Didelphis virginiana …… キタオポッサム
Diplopoda …… ヤスデ綱
Erinaceidae …… ハリネズミ科
Erinaceus europaeus …… ヨーロッパハリネズミ
（ナミハリネズミ）
Euscorpius flavicaudis（旧 *Scorpio europaeus*）…… クロサソリ
Fringilla montifringilla …… アトリ
Glomerida …… タマヤスデ目
Haptopoda …… コスリイムシ目（化石種）
Hydrachnellae …… ミズダニ類
Isometrus maculatus …… マダラサソリ
Julida …… ヒメヤスデ目
Latouchia swinhoei typica …… キシノウエトタテグモ（日本産）
Leiurus quinquestriatus …… オブトサソリ（デスストーカー）
Liocheles australasiae …… ヤエヤマサソリ（日本産）
Lithobius …… イシムカデ属
Lithobius pachypedatus …… モモブトイシムカデ（日本産）

Melanargia galathea lachesis f.*duponti* …………………… セイヨウシロジャノメ
（ラケシス亜種デュポンティ型）
Melolontha …………………………………………………… コフキコガネ属
Melolontha melolontha ………………………………… オウシュウコフキコガネ
Microterys ferrugineus ………………………………… サビイロトビコバチ
Monodontomerus ………………………………………… オナガコバチ属
Monodontomerus obscurus ……………………………… ハナバチヤドリオナガコバチ
Myrmeleontidae ……………………………………………… ウスバカゲロウ科
Omophlus lepturoides …………………………………… チャバネクチキムシ
Opatrum ………………………………………………………… オパトルム属
Opatrum sabulosum ……………………………………… タテミゾスナゴミムシダマシ
Ortheziidae ……………………………………………………… ハカマカイガラムシ科
Orthezia urticae（旧 *Dorthesia characias*）………………… ハカマカイガラムシ
Orthezia yasushii ………………………………………… ヤスシハカマカイガラムシ（日本産）
Orthoptera ……………………………………………………… 直翅目
Oryctes nasicornis ………………………………………… オウシュウサイカブト
Papilio machaon …………………………………………… キアゲハ
Pieris brassicae …………………………………………… オオモンシロチョウ
Polyphylla fullo（旧 *Melolontha fullo*）……………………… マツノヒゲコガネ
Pseudococcidae ……………………………………………… コナカイガラムシ科
Psychidae ……………………………………………………… ミノガ科
Psyche casta ………………………………………………… ナミミノガ
Psylloidea ……………………………………………………… キジラミ上科
Sasakia charonda ………………………………………… オオムラサキ（日本産）
Saturnia pyri ………………………………………………… オオクジャクヤママユ
Scarabaeus …………………………………………………… タマオシコガネ属
Scarabaeus typhon ……………………………………… ティフォンタマオシコガネ
Sternorrhyncha ……………………………………………… 腹吻亜目・腹吻群
（アブラムシ科、カイガラムシ科、
コナジラミ科、キジラミ科）
Tachysphex …………………………………………………… タキスフェックス属
Tachysphex costae ………………………………………… カマキリトガリアナバチ
Tettigoniidae ………………………………………………… キリギリス科
Thaumetopoea pityocampa（旧 *Cnethocampa pityocampa*）… マツノギョウレツケムシ
Tinea translucens ………………………………………… イガ
Tromatobia …………………………………………………… ヤドリヒラタヒメバチ属
Tromatobia ornata ………………………………………… カザリヤドリヒラタヒメバチ
Vanessa atalanta …………………………………………… アタランタアカタテハ
Vespa crabro ………………………………………………… モンスズメバチ
Zeuzera pyrina（旧 *Zeuzera aesculi*）……………………… オウシュウゴマフボクトウ

――昆虫以外の動物――

Acrocephalus scirpaceus ………………………………… ヨーロッパヨシキリ
Agelena labyrinthica ……………………………………… イナヅマクサグモ

Carabidae……オサムシ科
Carabus auratus……キンイロオサムシ
Carabus coriaceus（旧 *Procrustes coriaceus*）……サメハダオサムシ
Cerambycidae……カミキリムシ科
Cerambyx cerdo（旧 *Cerambyx heros*）……カシミヤマカミキリ
Cerambyx scopolii……クロミヤマカミキリ
Cetoniinae……ハナムグリ亜科
Cicadidae……セミ科
Cicindela……ハンミョウ属
Clytra……ヨツボシナガツツハムシ属
Coccoidea……カイガラムシ上科
Coleorrhyncha……鞘吻群（セミ科）
Cryptus……クリプトゥス属
Culicidae……カ科
Curculio……シギゾウムシ属
Dactylopius coccus……コチニールカイガラムシ
Decticus albifrons……カオジロキリギリス
Diptera……双翅目
Dorcus parallelipipedus……ヨーロッパオオクワガタ
Ephippiger……エフィピゲル属
Fordinae……チチュウワタムシ亜科
Formicidae……アリ科
Geometridae……シャクガ科
Geotrupes……センチコガネ属
Gryllotalpa……ケラ属
Gryllotalpa gryllotalpa……オウシュウケラ
Gryllus campestris……イナカコオロギ
Hemiptera……半翅目
Heteroptera……異翅亜目（カメムシ類）
Homoptera……同翅亜目（ヨコバイ類）
Hyles euphorbiae（旧 *Celerio euphorbiae*）……ユーフォルビアスズメ
Hyles livornica……アカオビスズメ
Hymenoptera……膜翅目
Ichneumonidae……ヒメバチ科
Kermesidae……タマカイガラムシ科
Kermes ilicis……ケルメスタマカイガラムシ
Kerria lacca……ラックカイガラムシ
Lepidoptera……鱗翅目
Locusta migratoria（旧 *Pachytylus cinerascens*）……トノサマバッタ
Lucanus cervus……ヨーロッパミヤマクワガタ
Mantis religiosa……ウスバカマキリ
Margarodidae……ワタフキカイガラムシ科
Melanargia galathea lachesis……セイヨウシロジャノメ（ラケシス亜種）

ラングドックサソリ……………………………………………… *Buthus occitanus*
（コモン・イエロー・ユーロピアン・スコーピオン） （旧 *Scorpio occitanus*）
ワラジムシ科……………………………………………………… Porcellionidae
ワレイタムシ目（化石種）……………………………………… Trigonotarbi

——植物——
エリカ属…………………………………………………………… *Erica*
エンドウ…………………………………………………………… *Pisum sativum*
オウシュウナラ…………………………………………………… *Quercus robur*
カラキアスユーフォルビア……………………………………… *Euphorbia characias*
キストゥス属……………………………………………………… *Cistus*
ギョリュウ………………………………………………………… *Tamarix chinensis*
クロスグリ………………………………………………………… *Ribes nigrum*
ケルメスガシ……………………………………………………… *Quercus coccifera*
セイヨウカリン…………………………………………………… *Mespilus germanica*
セイヨウキンポウゲ……………………………………………… *Ranunculus acris*
セイヨウサンザシ………………………………………………… *Crataegus oxyacantha*
セイヨウバクチノキ……………………………………………… *Prunus laurocerasus*
セイヨウヒイラギガシ…………………………………………… *Quercus ilex*
テレビント………………………………………………………… *Pistacia terebinthus*
ナツメ属…………………………………………………………… *Ziziphus*
ナツメヤシ………………………………………………………… *Phoenix dactylifera*
ナンキョクブナ…………………………………………………… *Nothofagus*
ハハコムギワラギク……………………………………………… *Helichrysum stoechas*
マルメロ…………………………………………………………… *Cydonia oblonga*
ヤマモモモドキ…………………………………………………… *Arbutus unedo*
ラウァンドゥラ属………………………………………………… *Lavandula*
ローズマリー……………………………………………………… *Rosmarinus officinalis*

●学名和名対照リスト 〈第９巻 下〉

——昆虫——
Acherontia atropos …………………………………………… ドクロメンガタスズメ
Acrida ungarica（旧 *Truxalis nasuta*）…………………… オウシュウショウリョウバッタ
Acrididae ………………………………………………………… バッタ科
Aeshnidae ………………………………………………………… ヤンマ科
Aleurodoidea …………………………………………………… コナジラミ上科
Aphidoidea ……………………………………………………… アブラムシ上科
Arthropoda ……………………………………………………… 節足動物門
Asida …………………………………………………………… アシダ属
Asida sabulosa ………………………………………………… ニセスナゴミムシダマシ
Auchenorrhyncha ……………………………………………… 頸吻亜目・頸吻群
（ヨコバイ科、アワフキムシ科、
ハゴロモ科）

コガネグモ科……………………………………………… Araneidae
コスリイムシ目（化石種）………………………………… Haptopoda
コモリグモ属……………………………………………… *Lycosa*
コヨリムシ目……………………………………………… Palpigradi
サソリ目…………………………………………………… Scorpiones
サソリモドキ目…………………………………………… Uropygi
シロアズチグモ…………………………………………… *Thomisus onustus*
スナトタテグモ…………………………………………… *Nemesia caementaria*
節足動物門………………………………………………… Arthropoda
ダイオウサソリ…………………………………………… *Pandinus imperator*
タイワンオオムカデ……………………………………… *Scolopendra morsitans*
タマヤスデ目……………………………………………… Glomerida
チチュウスサソリ………………………………………… *Tityus serrulatus*
（ブラジリアン・イエロー・スコーピオン）
トタテグモ科……………………………………………… Ctenizidae
ナガコガネグモ…………………………………………… *Argiope bruennichii*
（旧 *Epeira fasciata*）
ナナイボコガネグモ……………………………………… *Argiope lobata*（旧 *Epeira sericea*）
ナルボンヌコモリグモ…………………………………… *Lycosa narbonensis*
ニホンメナシムカデ（日本産）…………………………… *Cryptops japonicus*
ハイイロベッコウマイマイ……………………………… *Solatopupa similis*（旧 *Pupa cinerea*）
ハリネズミ科……………………………………………… Erinaceidae
ヒメヤスデ目……………………………………………… Julida
ヒラタグモ（日本産）……………………………………… *Uroctea compactilis*
ヒラタヒメヤスデ………………………………………… *Polydesmus complana*
プパ属……………………………………………………… *Pupa*
プロスコルピウス（サソリの化石種）…………………… *Proscorpius osborni*
柄眼亜目…………………………………………………… Stylommatophora
ホシダカラ………………………………………………… *Cypraea tigris*
マダラサソリ……………………………………………… *Isometrus maculatus*
マルワレイタムシ目（化石種）…………………………… Anthracomarti
ミズグモ…………………………………………………… *Argyroneta aquatica*
ミズダニ類………………………………………………… Hydrachnellae
ムカデ綱…………………………………………………… Chilopoda
メナシムカデ属…………………………………………… *Cryptops*
モモブトイシムカデ（日本産）…………………………… *Lithobius pachypedatus*
ヤイトムシ目……………………………………………… Schizomida
ヤエヤマサソリ（日本産）………………………………… *Liocheles australasiae*
ヤスデ綱…………………………………………………… Diplopoda
ヨーロッパクサリヘビ…………………………………… *Vipera berus*
ヨーロッパハチクイ……………………………………… *Merops apiaster*
ヨーロッパハリネズミ（ナミハリネズミ）……………… *Erinaceus europaeus*
ヨーロッパヨシキリ……………………………………… *Acrocephalus scirpaceus*
ヨツバベッコウマイマイ………………………………… *Vertigo pygmaea*（旧 *Pupa quadridens*）

ミノガ科……………………………………………………… Psychidae
モンスズメバチ………………………………………………… *Vespa crabro*
ヤスシハカマカイガラムシ（日本産）…………………… *Orthezia yasushii*
ヤドリヒラタヒメバチ属……………………………………… *Tromatobia*
ヤンマ科………………………………………………………… Aeshnidae
ユーフォルビアスズメ………………………………………… *Hyles euphorbiae*
（旧 *Celerio euphorbiae*）
ヨーロッパオオクワガタ……………………………………… *Dorcus parallelipipedus*
ヨーロッパミヤマクワガタ…………………………………… *Lucanus cervus*
ヨツボシナガツツハムシ属…………………………………… *Clytra*
ラックカイガラムシ…………………………………………… *Kerria lacca*
鱗翅目…………………………………………………………… Lepidoptera
ワタフキカイガラムシ科……………………………………… Margarodidae

――**昆虫以外の動物**――

アトリ…………………………………………………………… *Fringilla montifringilla*
イエタナグモ…………………………………………………… *Tegenaria domestica*
イエロー・ファットテール・スコーピオン……………… *Androctonus australis*
イシムカデ属…………………………………………………… *Lithobius*
イナヅマクサグモ……………………………………………… *Agelena labyrinthica*
ウデムシ目……………………………………………………… Amblypygi
エジプシャン・イエロー・スコーピオン………………… *Androctonus amoreuxi*
オオムカデ属…………………………………………………… *Scolopendra*
オニグモ属……………………………………………………… *Araneus*（旧 *Epeira*）
オブトサソリ（デスストーカー）………………………… *Leiurus quinquestriatus*
オポッサム科…………………………………………………… Didelphidae
カッコウ属……………………………………………………… *Cuculus*
カドオニグモ…………………………………………………… *Araneus angulatus*
（旧 *Epeira angulata*）
カネコトタテグモ科…………………………………………… Antrodiaetidae
カバキコマチグモ（日本産）……………………………… *Chiracanthium japonicum*
キシノウエトタテグモ（日本産）………………………… *Latouchia swinhoei typica*
キタオポッサム………………………………………………… *Didelphis virginiana*
鋏角亜門………………………………………………………… Chelicerata
キョクトウサソリ属…………………………………………… *Buthus*（旧 *Scorpio*）
クサリヘビ属…………………………………………………… *Vipera*
クモ上綱………………………………………………………… Cryptopneustida
クモ綱…………………………………………………………… Arachnida
クモ亜綱………………………………………………………… Pulmonata
クモ目…………………………………………………………… Araneae
クロウタドリ…………………………………………………… *Turdus merula*
クロサソリ……………………………………………………… *Euscorpius flavicaudis*
（旧 *Scorpio europaeus*）
クロトヒラタグモ……………………………………………… *Uroctea durandi*（旧 *Clotho durandii*）

コナジラミ上科……… Aleurodoidea
コフキコガネ属……… *Melolontha*
サビイロトビコバチ……… *Microterys ferrugineus*
サメハダオサムシ……… *Carabus coriaceus*
（旧 *Procrustes coriaceus*）
シギゾウムシ属……… *Curculio*
シャクガ科……… Geometridae
鞘吻群（セミ科）……… Coleorrhyncha
セイヨウシロジャノメ（ラケシス亜種）……… *Melanargia galathea lachesis*
セイヨウシロジャノメ……… *Melanargia galathea lachesis* f.*duponti*
（ラケシス亜種デュポンティ型）
節足動物門……… Arthropoda
セミ科……… Cicadidae
センチコガネ属……… *Geotrupes*
双翅目……… Diptera
タキスフェックス属……… *Tachysphex*
タテミゾスナゴミムシダマシ……… *Opatrum sabulosum*
タマオシコガネ属……… *Scarabaeus*
タマカイガラムシ科……… Kermesidae
チチュウワタムシ亜科……… Fordinae
チャバネクチキムシ……… *Omophlus lepturoides*
直翅目……… Orthoptera
ティフォンタマオシコガネ……… *Scarabaeus typhon*
同翅亜目（ヨコバイ類）……… Homoptera
ドクロメンガタスズメ……… *Acherontia atropos*
トノサマバッタ……… *Locusta migratoria*
（旧 *Pachytylus cinerascens*）
ナミミノガ……… *Psyche casta*
ニセスナゴミムシダマシ……… *Asida sabulosa*
ハカマカイガラムシ科……… Ortheziidae
ハカマカイガラムシ……… *Orthezia urticae*
（旧 *Dorthesia characias*）
バッタ科……… Acrididae
ハナバチヤドリオナガコバチ……… *Monodontomerus obscurus*
ハナムグリ亜科……… Cetoniinae
半翅目……… Hemiptera
ハンミョウ属……… *Cicindela*
ヒメバチ科……… Ichneumonidae
腹吻亜目・腹吻群……… Sternorrhyncha
（アブラムシ科、カイガラムシ科、コナジラミ科、キジラミ科）
膜翅目……… Hymenoptera
マツノギョウレツケムシ……… *Thaumetopoea pityocampa*
（旧 *Cnethocampa pityocampa*）
マツノヒゲコガネ……… *Polyphylla fullo*（旧 *Melolontha fullo*）

●和名学名対照リスト〈第9巻 下〉

――昆虫――

アカオビスズメ……………………………………………… *Hyles livornica*
アシダ属……………………………………………………… *Asida*
アタランタアカタテハ……………………………………… *Vanessa atalanta*
アブラムシ上科……………………………………………… Aphidoidea
アリ科………………………………………………………… Formicidae
イガ…………………………………………………………… *Tinea translucens*
異翅亜目（カメムシ類）…………………………………… Heteroptera
イナカコオロギ……………………………………………… *Gryllus campestris*
ウスバカゲロウ科…………………………………………… Myrmeleontidae
ウスバカマキリ……………………………………………… *Mantis religiosa*
エフィピゲル属……………………………………………… *Ephippiger*
オウシュウケラ……………………………………………… *Gryllotalpa gryllotalpa*
オウシュウコフキコガネ…………………………………… *Melolontha melolontha*
オウシュウゴマフボクトウ………………………………… *Zeuzera pyrina*（旧 *Zeuzera aesculi*）
オウシュウサイカブト……………………………………… *Oryctes nasicornis*
オウシュウショウリョウバッタ…………………………… *Acrida ungarica*（旧 *Truxalis nasuta*）
オオクジャクヤママユ……………………………………… *Saturnia pyri*
オオムラサキ（日本産）…………………………………… *Sasakia charonda*
オオモンシロチョウ………………………………………… *Pieris brassicae*
オサムシ科…………………………………………………… Carabidae
オナガコバチ属……………………………………………… *Monodontomerus*
オパトルム属………………………………………………… *Opatrum*
カ科…………………………………………………………… Culicidae
カイガラムシ上科…………………………………………… Coccoidea
カオジロキリギリス………………………………………… *Decticus albifrons*
カザリヤドリヒラタヒメバチ……………………………… *Tromatobia ornata*
カシミヤマカミキリ………………………………………… *Cerambyx cerdo*（旧 *Cerambyx heros*）
カマキリトガリアナバチ…………………………………… *Tachysphex costae*
カミキリムシ科……………………………………………… Cerambycidae
キアゲハ……………………………………………………… *Papilio machaon*
キジラミ上科………………………………………………… Psylloidea
キリギリス科………………………………………………… Tettigoniidae
キンイロオサムシ…………………………………………… *Carabus auratus*
クリプトゥス属……………………………………………… *Cryptus*
クロミヤマカミキリ………………………………………… *Cerambyx scopolii*
頸吻亜目・頸吻群…………………………………………… Auchenorrhyncha
（ヨコバイ科、アワフキムシ科、ハゴロモ科）
ケラ属………………………………………………………… *Gryllotalpa*
ケルメスタマカイガラムシ………………………………… *Kermes ilicis*
コチニールカイガラムシ…………………………………… *Dactylopius coccus*
コナカイガラムシ科………………………………………… Pseudococcidae

DELANGE, Y., *Fabre, l'homme qui aimait les insectes*, J.-C. Lattès, 1981
DUFOUR, L., *Histoire anatomique et physiologique des scorpions,* Nabu Press, 2011
FABRE, A., *Jean-Henri Fabre, le naturaliste, figure du Rouergue*, Imprimerie Carrère, 1929
GAUTHIER, A., *La Corse, une île-montagne au cœur de la Méditerranée*, Delachaux et Niestlé, 2002
GIRERD, B., *La flore du département de Vaucluse, Nouvel inventaire 1990*, Alain Barthélemy, 1991
GOODERS, J., INNES, B., *The Illustrated Encyclopedia of Birds*, vol.1-5, Marshall Cavendish, 1979
GREGOIRE, M.-P., *Le pays Rouergat*, René Dessagne, *ca.*1980
GROSSAND, C., GROSSO, R., *Le Vaucluse autrefois*, Horvath, 1986
HARRIS, T., *The Natural History of the Mediterranean*, Pelham Books, 1982
HAUPT, J. et H., *Guide des mouches et des moustiques*, Delachaux et Niestlé, 2000
JONES, D., *The Country Life Guide to Spiders of Britain and Northern Europe,* Country Life Books, 1983
KLAUSNITZER, B., *Beetles*, Exeter Books, 1983
KUWANA I., *Coccidae (Scale insect) of japan.,* Stanford University, 1902
KUWANA I., *Coccidae of japan, I. A synoptical list of Coccidae of Japan with descriptions of thirteen new species. Bulletin of the imperial central agricultural experiment station, japan.,* 1907
LA FONTAINE, J. de, *Œuvres complètes*, tome 1, Gallimard, 1991
MARCHANDIAU, J.-N., *Outillage agricole de la Provence d'autrefois*, Edisud, 1984
MAURON, M., *Jean-Henri Fabre, à la rencontre de l'homme et du poète dans l'œuvre du savant*, Alain Barthélemy, 1981
MISTRAL, F., *Lou Tresor dóu Félibrige ou Dictionnaire provençal-français embrassant les divers dialectes de la langue d'oc moderne*, Marcel Petit C.P.M., 1979
PFLEGER, V., *Guide des coquillages et mollusques*, Hatier, 1989
POLIS, G. A., *The Biology of Scorpions*, Stanford University Press, 1990
ROBERTS, Michael J., *Guide des araignées de France et d'Europe,* Delachaux et Niestlé, 2009
ROLLET, P., *La vie quotidienne en Provence au temps de Mistral*, Hachette, 1972
ROSTAND, J., *Insectes*, Flammarion, 1936
RUBIO, M., *Scorpions, a complete pet owner's manual,* Barron's, 2008
SLEZEC, A-M., *Jean-Henri Fabre en son harmas de 1879 à 1915,* Edisud, 2011
STEHR, F. W., *Immature Insects*, vol.1,2, Kendall/Hunt, 1987-91
STICHMANN-MARNY, U., KRETZSCHMAR, E., STICHMANN, W., *Guide Vigot de la faune et de la flore*, Vigot, 1997
TEREZNIKOVA, E., *Фауна украины.,* Наукова думка, 1902
TORT, P., *Fabre le miroir aux insectes*, Vuibert/Adapt, 2002
Actes du congrès, Jean-Henri Fabre, Anniversaire du jubilé (*1910-1985*)*, Paris et le Vaucluse, 13-18 Mai 1985,* Le Léopard d'or, 1986
Encyclopœdia universalis, version 9 (DVD), 2004
Grand dictionnaire universel du XIXe siècle, 24 tomes et 4 suppléments, Larousse, 1866-76
Larousse du XXe siècle en six volumes, Larousse, 1928-33

日高敏隆『帰ってきたファーブル』（人文書院）平成５年
平嶋義宏監修『日本産昆虫総目録』（九州大学農学部昆虫学教室）平成元年
平嶋義宏　森本桂　多田内修『昆虫分類学』（川島書店）平成元年
J-H・ファーブル　林達夫　山田吉彦訳『昆虫記』1〜20（岩波書店）昭和５〜27年
J-H・ファーブル　日高敏隆　林瑞枝訳『ファーブル植物記』（平凡社）昭和59年
プリニウス　中野定雄他訳『プリニウスの博物誌』Ⅰ〜Ⅲ（雄山閣出版）昭和61年
古川晴男訳・解説『少年少女ファーブル昆虫記』１〜６巻（偕成社）昭和37〜38年
牧野富太郎『原色牧野植物大図鑑』（北隆館）昭和61年
宮下直編『クモの生物学』（東京大学出版会）平成12年
村松嘉津『新版プロヴァンス随筆』（大東出版社）平成16年
M・メーテルリンク　高尾歩訳『ガラス蜘蛛』（工作舎）平成20年
八木沼健夫　石津博典『原色日本蜘蛛類大図鑑』（保育社）昭和49年
八木沼健夫　平嶋義宏　大熊千代子『クモの学名と和名――その語源と解説』（九州大学出版会）平成２年
安松京三『昆虫と人生』（新思潮社）昭和43年
八尋克郎　桝永一宏編『ファーブルにまなぶ』（日仏共同企画「ファーブルにまなぶ」展実行委員会）平成19年
山崎俊一　海野和男『NHK「ファーブル昆虫記」の旅』（日本放送出版協会）昭和63年
ラ・フォンテーヌ　今野一雄訳『ラ・フォンテーヌ寓話』上下（岩波書店）平成14年
ルクレーティウス　樋口勝彦訳『物の本質について』（岩波書店）平成25年
G・V・ルグロ　平岡昇　野沢協訳『ファーブル伝』（講談社）昭和54年
G・V・ルグロ　平野威馬雄訳『ファーブルの生涯』（筑摩書房）昭和63年
D・マクファーランド編　木村武二監訳『オックスフォード動物行動学事典』（どうぶつ社）平成５年
巌佐庸他編『岩波生物学辞典』第５版（岩波書店）平成25年
『園芸植物大事典』１〜６（小学館）昭和63〜平成２年
『世界文化生物大図鑑　貝類』改訂新版（世界文化社）平成16年
『日本大百科全書』（小学館／CD-ROM 版）
『繭と鋼――神奈川とフランスの交流史』（明治大学）平成26年

ALBOUY, V., *Réaumur, Histoire des insectes,* Jérôme Millon, 2001
AUBER, L., *Atlas des coléoptères de France, Belgique, Suisse*, tome 1, 2, N. Boubée, 1971
BAER, R.G., BULLINGTON, S.W., KOSZTARAB, M., *Nearctic Kermesidae, Morphology and systematics of scale insects No. 12.,* Virginia Polytechnic Institute and State University Blacksburg, Virginia, 1985
BAYER, E., BUTTLER, K.P., FINKENZELLER, X., GRAU, J., *Guide de la flore méditerranéenne*, Delachaux et Niestlé, 1990
BETEILLE, R., *La vie quotidienne en Rouergue avant 1914*, Hachette, 1973
BETEILLE, R., DELMAS, J., *Aveyron*, J. Delmas, 1987
BILY, S., *Coléoptères*, Librairie Gründ, 1990
BOONE, C., *Léon Dufour (1780-1865), savant naturaliste et médecin,* Atlantica, 2003
BRESSON, G., *Réaumur, Le savant qui osa croiser une poule avec un lapin*, D'Orbestier, 2001
CAMBEFORT, Y., *L'œuvre de Jean-Henri Fabre*, Delagrave, 1999
CHATENET, G. du, *Guide des coléoptères d'Europe*, Delachaux et Niestlé, 1986
CHINERY, M., *Collins Guide to the Insects of Britain and Western Europe*, Collins, 1986

●参考文献

朝比奈正二郎他監修『原色昆虫大図鑑』Ⅰ〜Ⅲ（北隆館）昭和38〜40年
浅間茂　石井規雄　松本嘉幸『校庭のクモ・ダニ・アブラムシ』（全国農村教育協会）平成14年
池田博明　新海明　谷川明男『クモの巣と網の不思議――多様な網とクモの面白い生活』（夢工房）平成15年
石井象二郎『昆虫博物館』（修学館）昭和63年
石川良輔編『節足動物の多様性と系統』（裳華房）平成20年
石原保『系統農業昆虫学』（養賢堂）昭和32年
岩田久二雄　古川晴男　安松京三編集『日本昆虫記』Ⅰ〜Ⅵ（講談社）昭和34年
ウェルギリウス　河津千代訳『牧歌・農耕詩』（未来社）昭和56年
ウェルギリウス　泉井久之助訳『アエネーイス』上下（岩波書店）平成16年
梅谷献二編著『虫のはなし』Ⅰ〜Ⅲ（技報堂出版）昭和60年
梅谷献二　加藤輝代子『クモのはなし』Ⅰ〜Ⅱ（技報堂出版）平成元年
梅谷献二　安富和男『毒虫の話――よみもの昆虫記』（北隆館）昭和44年
H・E・エヴァンズ　羽田節子　山下恵子訳『昆虫学の楽しみ』（思索社）平成２年
大杉栄　安成四郎他訳『ファブル科学知識全集』（アルス）昭和４年
大谷剛監修『ファーブル写真昆虫記』１〜12（岩崎書店）昭和61〜62年
大町文衛『日本昆虫記』（朝日新聞社）昭和24年
奥井一満『五分の魂――ファーブルが知らなかった虫の話』（平凡社）平成４年
小野展嗣『クモ学――摩訶不思議な八本足の世界』（東海大学出版会）平成14年
小野展嗣『日本産クモ類』（東海大学出版会）平成21年
小野展嗣編『動物学ラテン語辞典』（ぎょうせい）平成21年
河合省三『日本原色カイガラムシ図鑑』（全国農村教育協会）昭和57年
ジョン・F・M・クラーク　奥本大三郎監訳　藤原多伽夫訳『ヴィクトリア朝の昆虫学――古典博物学から近代科学への転回』（東洋書林）平成23年
M・グラント　J・ヘイゼル　西田実他訳『ギリシア・ローマ神話事典』（大修館書店）昭和63年
黒澤良彦他『原色日本甲虫図鑑』Ⅰ〜Ⅳ（保育社）昭和59〜61年
桑名伊之吉『日本介殻虫図説　後編』（青木嵩山堂）大正６年
阪口浩平『図説世界の昆虫』１〜６（保育社）昭和54〜58年
A・シートン　藤原英司訳『シートン動物記１　私が知っている野生動物』（集英社）平成７年
素木得一『基礎昆虫学』（北隆館）昭和41年
関口晃一『クモの生活』（同和春秋社）昭和27年
C・ダーウィン　島地威雄訳『ビーグル号航海記』中（岩波書店）昭和56年
C・ダーウィン　荒俣宏訳『新訳　ビーグル号航海記』上下（平凡社）平成25年
C・ダーウィン　八杉龍一訳『種の起原』上下（岩波書店）平成２年
C・ダーウィン　渡辺政隆訳『種の起源』上下（光文社）平成21年
津田正夫　奥本大三郎監修『ファーブル巡礼』（新潮社）平成19年
寺田寅彦『寺田寅彦全集』第５巻（岩波書店）平成22年
Y・ドゥランジュ　ベカエール直美訳『ファーブル伝』（平凡社）平成４年
栃木県立博物館編『プロヴァンス発見』（栃木県立博物館）平成14年
A・ドーデー　桜田佐訳『風車小屋だより』（岩波書店）昭和33年
錦三郎『飛行蜘蛛』（笠間書院）平成17年
日本聖書協会編『舊新約聖書』（日本聖書協会）平成３年
日本鳥類目録編集委員会編『日本鳥類目録』改訂第７版（日本鳥学会）平成24年
H・バルザック　平岡篤頼訳『ゴリオ爺さん』（新潮社）昭和47年

ジャン＝アンリ・カジミール・ファーブル　Jean-Henri Casimir FABRE

フランスの博物学者。一八二三年、南仏ルーエルグ山地のサン＝レオンに生まれる。少年時代から生活苦と闘いながら勉学にいそしみ、師範学校に進学。教師になってからも独学で数学、物理学、博物学を学び学士号を取得。カルパントラの小学校に勤務したあと、コルシカ島で国立中等学校《リセ》の物理の教師になり、さらにアヴィニョンでも国立中等学校《リセ》の物理の教師を務める。そのころから昆虫の行動観察に目ざめ、研究論文を次々に発表。様々な賞を獲得し、ファーブルの名前はフランスを中心に広く知られるようになる。五十五歳のとき、広大な庭をもつセリニャンの家に移住。自らアルマス（荒地）と名づけた自宅兼研究所で昆虫の観察に打ち込む。その前後三十年間の記録が『昆虫記』（全十巻）である。一九一五年、アルマスで永眠。享年九十一。

奥本大三郎　OKUMOTO Daisaburo

フランス文学者。作家。一九四四年、大阪市に生まれる。東京大学仏文科卒業、同大学院修了。主な著書に『虫の宇宙誌』（読売文学賞）、『楽しき熱帯』（サントリー学芸賞）、『斑猫の宿』（ＪＴＢ紀行文学大賞）などがある。ファーブルについての著作も多く『博物学の巨人　アンリ・ファーブル』、〈ジュニア版〉『ファーブル昆虫記』（全八巻・産経児童出版文化賞）などが幅広い世代に読まれている。「ＮＰＯ日本アンリ・ファーブル会」を設立。東京の千駄木の自宅に昆虫の標本やファーブルの遺品を展示する「ファーブル昆虫館」を開館。埼玉大学名誉教授。ＮＰＯ日本アンリ・ファーブル会理事長。

●イラスト　小堀文彦
川島逸郎
海野和男
●写真　今森光彦
鈴木格
●脚注・訳注　奥本大三郎
伊地知英信
●校閲　大野英士
南條竹則
●編集　伊地知英信
仲新
●校正　大西寿男、河野道子、吉良宏二、山本修司
●編集協力　宮崎香純
●装幀・デザイン　太田徹也
●協力（敬称略）　大野正男、小川隆一、小野展嗣、河合省三、小宮輝之
塚谷裕一、東浦祥光

完訳《かんやく》 ファーブル昆《こん》虫《ちゅう》記《き》 第9巻 下

二〇一五年五月三〇日 第一刷発行

著者 ジャン＝アンリ・ファーブル
訳者 奥本大三郎《おくもとだいさぶろう》
発行者 堀内丸恵
発行所 株式会社 集英社
〒一〇一―八〇五〇 東京都千代田区一ツ橋二―五―一〇
電話 編集部（〇三）三二三〇―六二九六
読者係（〇三）三二三〇―六〇八〇
販売部（〇三）三二三〇―六三九三［書店専用］
印刷所 大日本印刷株式会社
製本所 加藤製本株式会社

ISBN978-4-08-131018-0 C0345

ファーブル昆虫記
全10巻（全20冊）

★
第1巻 上

スカラベ・サクレ／卵はいつ糞球に産みつけられるのか／タマムシツチスガリの腐敗しない獲物／コブツチスガリ／キバネアナバチは三回刺す／アナバチたちの獲物／ラングドックアナバチの狩り／本能の賢さ／本能の愚かさ／ほか

★
第1巻 下

ヴァントゥー山に登る／アラメジガバチの越冬／ジガバチ類の狩りと帰巣／ハナダカバチの狩り／ハナダカバチに寄生するもの／未知の土地でも迷わない理由を探る／ヌリハナバチの巣造り／ヌリハナバチの奇妙な論理／ほか

★
第2巻 上

アルマス、念願の地を手に入れる／アラメジガバチの麻酔術／鮮やかな狩りを司るものは何か／トックリバチの巣造り／ドロバチの巣穴／ナヤノヌリハナバチの方向感覚／我が家の猫の物語／アカサムライアリの帰巣能力／ほか

★
第2巻 下

昆虫の心理についての短い覚え書き／ナルボンヌコモリグモの毒牙／クモを捕らえるベッコウバチ／キイチゴに集まるツツハナバチと寄生者／スジハナバチの寄生者スジハナバチヤドリゲンセイ／ツチハンミョウの寄生と過変態／ほか

★
第3巻 上

ツチバチの狩り／ツチバチの幼虫は獲物を殺さずに食べ進む／狩られるものたちの生理と生態／ツチバチの狩りの困難さ／寄生者と狩人／寄生の起源／ヌリハナバチに寄生するホシツリアブ、シリアゲコバチ、オナガコバチ／ほか

★ 第3巻 下

カマキリを狩るトガリアナバチ／幼虫が捕食性のツチハンミョウの仲間／代用食で虫を飼う／進化論への一刺し／蓄える食物の量に、なぜ差があるのか／ツツハナバチの小部屋／雌バチには産む卵の性別がわかるのか／ほか

★ 第4巻 上

キゴシジガバチの泥の巣／クモを狩るヒメベッコウ／昆虫に理性はあるのか／ツバメとスズメ／獲物や巣の材料を変更する能力／最小の労力で仕事をする／葉で小部屋を造るハキリバチ／綿と樹脂で巣を造るモンハナバチ／ほか

★ 第4巻 下

筒を利用するドロバチ／ミツバチ殺しのミツバチハナスガリ／獲物が異なっても変わらない狩りバチの麻酔術／ツチバチの狩り／ベッコウバチの狩り／私への反論と返答／ハナバチの毒／カミキリムシ／樹木に卵を産むキバチ／ほか

★ 第5巻 上

はじめに／スカラベの糞球／糞球から梨球を造る／スカラベの幼虫と羽化／オオクビタマオシコガネとヒラタタマオシコガネ／巣穴で糞球を守るイスパニアダイコクコガネの雌／エンマコガネとヒメテナガダイコクコガネ／ほか

★ 第5巻 下

地上の衛生を守るセンチコガネ／センチコガネの繁殖／セミとアリの寓話／セミの羽化／何のためにセミは歌うのか／セミの産卵と孵化／カマキリの狩り／雄と雌の出会い／カマキリの孵化と天敵／クシヒゲカマキリ／ほか

★印は既刊

ファーブル昆虫記
全10巻（全20冊）

★

第6巻 上

夫婦で子育てをするアシナガタマオシコガネ／ツキガタダイコクコガネとヤギュウヒラタダイコクコガネ／私の家系／私の学校／パンパの糞虫／虫の色彩／モンシデムシの奇妙な習性／カオジロキリギリスとアオヤブキリの生態／ほか

★

第6巻 下

イナカコオロギの巣と歌／バッタの野原で果たす役割／小さな虫の完璧さ／マツノギョウレツケムシの巣／植木鉢の縁を回り続ける毛虫の行列／毛虫の天気予報／毒を抽出して自分の皮膚に塗る／昆虫の毒の由来とその意味／ほか

★

第7巻 上

オオヒョウタンゴミムシ／死んだふりをする虫、しない虫／石の中に眠るゾウムシ／アザミの住人ゴボウゾウムシ／幼虫の食物を知る本能／ドングリに卵を産むカシシギゾウムシ／葉巻を造るハマキチョッキリ／オトシブミ／ほか

★

第7巻 下

クビナガハムシの幼虫と寄生バエ／習性は発達するのか／アワフキムシ／ヨツボシナガツツハムシの土の壺／アヒルの沼の思い出／トビケラの幼虫／ミノガの繁殖／ミノムシ／オオクジャクヤママユ／チャオビカレハ／ほか

★

第8巻 上

ハナムグリに見られる〝親より先に生まれる子供〟の謎／自然界の収税吏マメゾウムシ／豆の大きさとマメゾウムシの幼虫の数／カメムシの頑丈な卵／セアカクロサシガメの孵化／コハナバチの巣の門番／コハナバチの繁殖／ほか

★印は既刊

★

第8巻 下

テレビントにできる虫癭《むしこぶ》／ワタムシの移住と繁殖／キンバエの蛆虫／死体に集まるエンマムシとカツオブシムシ／コブスジコガネ／スズメバチ／スズメバチの巣に住むベッコウハナアブ／ナガコガネグモ／ナルボンヌコモリグモ／ほか

★

第9巻 上

ナルボンヌコモリグモの巣／母親の背中に乗る子グモの群れ／風による子グモの分散／花に潜むシロアズチグモ／コガネグモの網の張り方／粘着性の糸／クモの電信線／クモの網と幾何学／数学の思い出／小さな机の思い出／ほか

★

第9巻 下

イナヅマクサグモの巣／石の裏に巣を紡ぐクロトヒラタグモ／ラングドックサソリの巣穴／大食と断食／サソリの毒が効く虫、効かない虫／毒の実験／雌雄の出会いと求愛行動／母親の背中に乗るサソリの子供／カイガラムシ／ほか

第10巻 上

ミノタウロスセンチコガネの巣穴／巣穴の観察装置／番《つがい》の暮らし／ハシラゾウムシとオオモウズイカ／ヒロムネウスバカミキリの幼虫の味／ウシエンマコガネの飼育／幼虫と蛹／マツノヒゲコガネ／断食実験／ほか

第10巻 下

昆虫のなかの例外／キンイロオサムシの御馳走／庭つくりの虫／クロバエの産卵／幼虫の寄生者コバチ／ハシグロヒタキの思い出／きのこを食べる昆虫／忘れ得ぬ実験／アリザリンと日々の糧／ツチボタル／オオモンシロチョウ／ほか

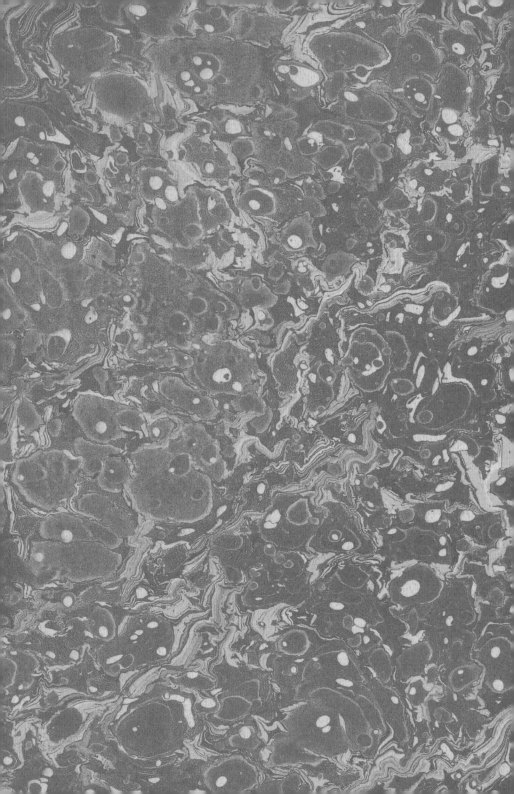

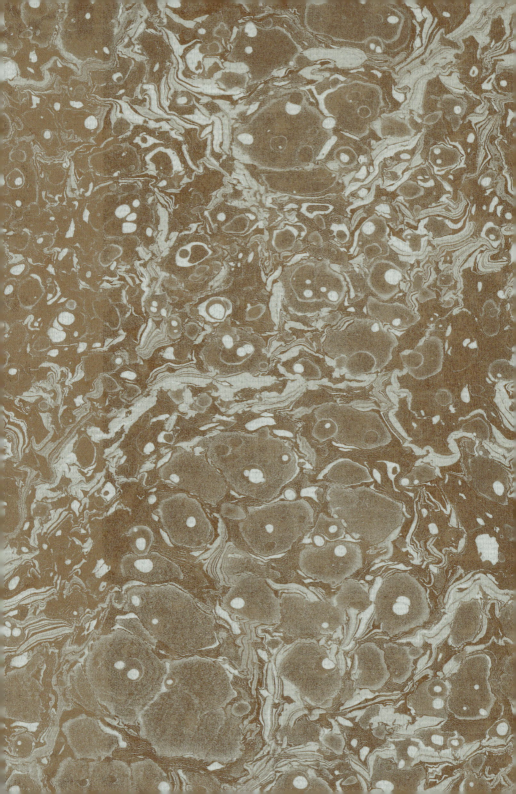